고속철도 궤도 동역학

고속철도 궤도 동역학
High Speed Railway Track Dynamics

초판 1쇄 인쇄일	2022년 5월 3일
초판 1쇄 발행일	2022년 5월 12일

지은이	샤오얀 레이(Xiaoyan Lei)
옮긴이	서사범
펴낸이	최길주

펴낸곳	도서출판 BG북갤러리
등록일자	2003년 11월 5일(제318-2003-000130호)
주소	서울시 영등포구 국회대로72길 6, 405호(여의도동, 아크로폴리스)
전화	02)761-7005(代)
팩스	02)761-7995
홈페이지	http://www.bookgallery.co.kr
E-mail	cgjpower@hanmail.net

ⓒ Xiaoyan Lei, 2022

ISBN 978-89-6495-248-1 93530

* 저자와 협의에 의해 인지는 생략합니다.
* 잘못된 책은 바꾸어 드립니다.
* 책값은 뒤표지에 있습니다.

고속철도 궤도 동역학

High Speed Railway Track Dynamics

샤오얀 레이(Xiaoyan Lei) 저 / 서사범 역

모델, 알고리즘 및 응용

Models, Algorithms and Applications

BG 북갤러리

책 소개

고속철도는 속도의 뚜렷한 이점, 안전, 승차감, 환경친화적인 설계, 큰 용량, 낮은 에너지 소비, 전천후의 수송 등에서 다른 교통기관과 비교하여 경쟁력이 높다. 최근까지 세계적으로 고속철도의 건설이 호황이었다. 고속철도 설계와 건설의 빠른 발달에 적응하기 위해서는 고속철도 궤도 동역학에 관한 가일층(加一層)의 이론적 연구가 필수적이다. 이 책은 원저자(Xiaoyan Lei)와 그의 팀이 10년에 걸쳐 수행한 고속철도 궤도 동역학에 관한 관련 연구결과의 체계적인 요약으로서, 고속철도의 기본이론에 관련된 경계문제를 탐구하며, 고속철도차량－궤도 연결시스템의 동적 이론, 모델, 알고리즘 및 공학적 응용을 망라한다.

본래의 개념, 체계적인 이론 및 고급 알고리즘을 특징으로 하는 이 책은 책 내용의 정확성과 완전성에 중점을 둔다. 모든 장은 비교적 서로 관련되어 있지만 비교적 독립적이며, 독자들이 책을 훑어보거나 특정 주제에만 초점을 맞출 수 있게 하였다. 이론과 실행을 결합하여 고속철도 궤도 동역학의 최신 연구결과와 개발을 독자에게 소개하기를 희망하면서 풍부한 정보를 제공한다.

이 책은 토목공학, 교통, 고속도로 및 철도공학 분야의 학부생, 대학원생, 교육자, 기술자 및 전문가에 대한 교과서나 참고서로 사용될 수 있다.

원본 서문

중국 고속철도의 건설과 운영은 최근에 국가 경제의 건전하고 빠른 개발에 크게 이바지하면서 괄목할 만한 성과를 거두었다. 중국 고속철도는 사회 전 분야에서 크게 호평을 받았으며 세계 고속철도의 개발에서 또 하나의 사례가 되었다. 중국은 2015년 말까지 고속철도 선로를 17,000km 이상 건설하였으며, 이 선로연장은 세계에서 가장 길다. 중국은 고속철도시스템의 분야에서 세계적으로 가장 포괄적인 기술, 가장 강한 통합능력, 가장 빠른 주행속도, 가장 긴 운영연장 및 가장 큰 규모의 건설이 인정된다.

중국에서의 고속철도 건설은 늦게 시작되었으며, 따라서 충분한 이론적이고 실질적인 경험을 축적하지 못하였다. 의심할 여지 없이, 고속철도의 건설과 운영 과정 동안에 일련의 기술 문제와 도전에 직면하였으며, 이것은 강한 학리적이고 기술적인 지원이 필요하였다. 고속철도 궤도구조는 레일, 레일패드와 체결장치, 궤도슬래브, 시멘트 아스팔트 모르터 채움층, 콘크리트 기층, 노반 및 지반(또는 교량)으로 구성된다. 그러나 궤도구조에는 재료 성질과 구조에서 큰 차이, 많은 기술적 어려움 및 복잡한 사용 환경이 있다. 게다가 열차속도는 200~300km/h 이상이다. 이들의 모든 문제는 차륜-레일 동역학에 밀접하게 관련된다. 따라서 고속철도 궤도 동역학은 열차의 안전 운행을 보장하는 핵심 기본 학문 분야이다. 열차속도가 상승할 때, 기관차·차량과 궤도구조 간의 상호작용은 상당히 증가한다. 동적 시스템의 환경은 더 나빠지며, 따라서 고속열차의 안전성과 안정성 및 궤도 구조의 신뢰성은 혹독한 시험에 직면한다. 열차가 고속으로 주행하고 있을 때, 승차감에 대한 선로의 평면(방향)과 종단면(고저)의 영향 및 주변 환경에 대한 주행 열차의 영향은 커질 것이며, 열차사고의 결과는 더 위험해질 것이다. 이들의 모든 것은 고속철도 궤도 동역학에 기초하여 분석하여야 한다. 그러므로 고속열차와 궤도 상호작용 메커니즘의 깊이 있는 연구는 고속철도시스템의 설계와 고속열차의 운행에 필요한 이론적인 지침을 제공할 것이다.

《고속철도 궤도 동역학》이란 제목을 붙인 이 책은 저자와 그의 연구팀이 수행한 고속철도 궤도 동역학에 관한 이론적이고 실질적인 연구 결과물의 요약이다. 이 책은 고속철도 궤도 동역학 이론, 모델, 알고리즘 및 공학 응용에 초점을 맞추면서 저자와 연구팀의 최근 연구 결과물을 질서정연하게 소개한다. 이 책은 주로 첨단 연구내용, 완전한 이론적 시스템, 정확하고 효율적인 모델과 알고리즘 및 풍부한 공학적 응용으로 특징지어진다. 이 책에서 특히 언급할 가치가 있는 것은 차량과 궤도 연결시스템의 동적 분석을 위한 궤도요소와 차량요소 모델과 알고리즘, 이동 요소 방법에 관한 저자의 연구, 차량과 궤도 연결시스템의 동적 분석을 위한 교차 반복, 자갈궤도와 무도상 궤도 간의 궤도 과도구간에 관한 동적 거동 분석 및 중첩된 지하철로 유발된 환경적 진동의 분석이며, 이것은 혁신과 응용 가치가 크다. 일련의 연구 결과물은 〈진동과 제어의 저널〉, 〈철도와 신속 수송의 저널〉 및 〈소음과 진동의 저널〉과 같은 관련 저명 국제 학술저널에 게재되었으며, 이것은 국내외에서 동료 학자들에게 널리 인정되고 인용되었다.

나는 이 책의 출판이 중국 고속철도 궤도설계, 건설, 운영에 대하여 중요한 이론적인 길잡이를 제공하며, 철도공학 학문 분야의 과학적 발달과 철도기술 향상을 촉진하는 데 크게 이바지하고 중국 고속철도의 지속 가능한 발전을 실현할 것이라고 강하게 믿는다.

2016년 1월

Mengshu Wang

중국공학원의 학자

(Academician of Chinese Academy of Engineering)

원저자 머리말

세계 최초의 고속철도가 건설되고 운영에 들어간 이후에 고속철도는 속도, 편리성, 안전, 안락함, 환경친화적 설계, 대용량, 낮은 에너지 소비, 전천후 수송 등의 뚜렷한 장점 때문에 타 교통수단에 비교하여 크게 경쟁력이 있다. 국제철도연합(UIC)의 통계에 따르면, 2013년 11월 1일 현재, 세계 다른 나라와 지역의 고속철도 총영업연장은 11,605km이다. 4,883km의 고속철도가 건설 중이며 12,570km의 고속철도는 건설하기로 계획되어 있다. 중국의 고속철도 총영업연장은 11,028km이고 12,000km의 선로가 건설 중이다. 중국의 고속철도 총영업연장은 세계 고속철도 총영업연장의 절반을 차지한다. 중국은 세계에서 가장 긴 고속철도의 영업연장과 가장 큰 규모의 건설연장을 가진 나라로 되었다. 한편, 중국의 18 도시(홍콩 포함)는 2,100km의 총연장을 가진 도시철도를 소유하며 2,700km의 선로가 건설 중으로서 세계에서 1위를 차지하고 있다. 고속철도와 철도수송시스템은 사회경제적 발전을 촉진하는 중요한 동력으로 되었다. 고속철도 기술의 독자적인 혁신은 주요한 국가전략상의 요구로 되었다.

그러나 열차 주행속도의 상승, 교통밀도의 증가 및 수송 하중의 증가에 따라 열차와 궤도 간의 상호작용이 심해졌다. 철도발전의 이 변화에 적응하기 위하여 세계의 모든 나라가 철도기술 혁신을 강화하고 철도공학의 새로운 기술, 설계, 프로세스 및 현대적인 관리법을 폭넓게 채택하였다. 따라서 현대적 철도궤도의 개념이 부각되었다. 현대적 철도궤도는 고속철도와 중량 철도의 출현과 함께 개발되었으며, 그리고 이것은 여객수송의 고속 요구와 화물수송의 중량 요구를 충족시켜야 한다. 현대적인 궤도는 재래의 궤도와 비교하여 다음과 같은 특징을 갖고 있다. ① 높은 표준의 노반, ② 새로운 레일 하부기초, ③ 무겁고 매우 긴 장대레일, ④ 궤도 유지보수의 과학적 관리 및 ⑤ 안전 운행의 조직화와 철도와 환경의 조정. 재래 궤도 동역학과 구조해석방법은 현대적인 철도궤도 해석과 설계의 요구를 명백하게 충족시킬 수 없다. 최근 수십 년 동안의 컴퓨터와 수치 방법의 급속한 발전에 따라, 궤도 동역학과 궤도 공학에 새로운 이론과 방법이 적용되며, 과거에는 해결하기가 불가능해 보였던 많은 문제와 철도 현대화 과정에서 나타나는 복잡한 문제들을 해결할 수 있게 하였다.

이 책은 필자와 연구팀이 십 년간에 걸쳐 수행한 고속철도 궤도 동역학에 관련된 이론상의 그리고 적용된 연구 결과물의 체계적인 요약이다. 지난 수십 년에 중국 자연과학재단(502680001, 5056800012, 50978099, U1134107, 51478184), 국제협력과 교환 연구과제(2010DFA82340), 장시성(jiangxi province, 江西省)의 자연과학재단(0250034, 0450012), 중국-오스트리아, 중국-영국 및 중국-미국 협력 자연 연구과제, 교육부의 '대학과 대학교의 핵심교수를 위한 후원 연구과제'(GG-823-10404-1001), 중국 철도국의 자연과 기술 개발계획(98G33A), 장시성의 걸출한 자연과 기술 혁신팀(20133BCB24007) 및 장시성의 핵심 학문과 기술의 주요 인사의 연수 프로그램(020001)과 같은 많은 연구과제가 후원한 필자와 연구팀은 고속철도 궤도 동역학, 철도교통이 유발한 환경 진동과 소음 및 궤도 동역학의 공학적 적용에 관하여 깊고 체계적인 연구를 수행했으며 대부분 궤도 동역학 이론의 한계 문제에 속하는 유익한 연구를 달성하였다. 연구팀의 참가자들은 다음과 같다. Xiaoyan Lei, Liu Linya, Feng Qingsong, Zhang Pengfei, Liu Qingjie, Luo Kun, Luo Wenjun, Fang Jian, Zhang BIn, Xu BIn, Wang Jian, Tu Qinming, Zemg Qine, Lai Jianfei, Wu Shenhua, Sun Maotang 및 Xiong Chaohau.

이 책의 초안은 몇 년 동안 동(東)중국교통대학교에서 도로 및 철도공학의 대학원생 전공을 위한 교과서로 이용되었다. 이 책은 15개 장으로 나뉜다. 1. 궤도 동역학 연구내용과 관련 기준, 2. 궤도구조의 동적 분석을 위한 해석법, 3. 궤도구조의 동적 분석을 위한 푸리에 변환법, 4. 고가 궤도구조의 동적 거동의 분석, 5. 궤도 틀림 파워 스펙트럼과 수치 시뮬레이션, 6. 차량–궤도 연결시스템의 수직 동적 분석을 위한 모델, 7. 차량–궤도 연성(連成) 진동(coupling vibration)분석을 위한 교차–반복 알고리즘, 8. 이동 요소 모델과 그것의 알고리즘, 9. 궤도요소와 차량요소에 대한 모델과 알고리즘, 10. 이동 좌표계의 유한요소로 차량–궤도 연결시스템의 동적 분석, 11. 차량–궤도–노반–지반 연결시스템의 수직 동적 분석용 모델, 12. 열차–자갈궤도–노반 연결시스템의 동적 거동의 분석, 13. 열차–슬래브궤도–노반 연결시스템의 동적 거동의 분석, 14. 자갈궤도와 무도상 궤도 간 과도구간의 동적 거동의 분석, 15. 중첩된 지하철로 유발된 환경 진동분석.

5개 장의 내용, 즉 차량–궤도 연성 진동 분석을 위한 교차 반복 알고리즘, 궤도요소와 차량요소에 대한 모델과 알고리즘, 차량–궤도 연결시스템의 동적 분석을 위한 이동 좌표계, 자갈궤도와 무도상 궤도 간 과도구간의 동적 거동 분석 및 중첩된 지하철로 유발된 환경 진동분석은 유사 연구와 비교하여 뚜렷한 특징이며, 필자의 독창적인 연구 결과물로 간주할 수 있다.

이 책은 독자들에게 독창적인 개념, 체계적인 이론 및 고급 알고리즘과 함께, 고속철도 궤도 동역학에 관한 국내외의 최근 연구 결과물과 개발을 소개한다. 이것은 내용의 정확성과 완전성에 중점을 둔다. 모든 장은 서로 연관되어 있지만, 상대적으로 독립적이며. 이것은 독자들이 책을 대충 훑어보거나 특별한 주제에 집중하는 것을 가능하게 한다. 이 책은 독자들을 이해시키고 돕고자 풍부한 정보를 제공하도록 이론과 실제를 결합한다. 이 책에 관련된 어떠한 비판과 제안도 환영하며 감사할 것이다.

필자는 이 책을 발간하는 데에 있어 필자의 연구과업과 이 책의 출판을 위해 자금을 대고 후원하며 도운 기관들과 사람들에게 진실한 감사의 뜻을 표하고 싶다! 필자는 장기간의 보살핌, 지도, 도움에 관하여 중국공학원 Du Qinghau 교수와 Wang Mengshu 교수, 상하이 철도국의 수석 엔지니어 Guan Tianbao 씨 및 통지대학교(Tongji university, 同濟大學) Tong Dasun 교수와 Wang Wusheng 교수에게 특별한 감사의 뜻을 표하고 싶다. 특히 이 책의 서문을 쓰느라고 애쓴 아카데미 회원 Wang에 감사드린다. 필자는 또한 번역 과업을 위한 ECJTU의 외국어학교 번역팀, Tang Bin, Lu Xiuyng, Yang Zuhua, Liu Qingxue 및 Huang Qunhui에게 큰 은혜를 받았다. 마지막이지만 중요하게. 필자의 동료, 대학원생 및 Science Press의 Wei Yingjie 씨에게 진심 어린 감사를 드린다. 이 책의 출판은 그들이 협력하여 이룩한 결과이다.

Xiaoyan Lei
Kongmu 호반에서
2016

역자 서문

우리나라는 2004년 4월 1일에 국내 최초의 고속철도인 경부고속철도의 제1단계 건설구간(광명~대구)이 개통된 이후에 제2단계 건설구간(대구~부산, 2010. 10.), 호남고속철도(2015. 4.), 수도권(수서, SR) 고속철도(2016. 12.), 원주~강릉(경강선) 고속철도(2017. 12.)가 잇따라서 개통됨에 따라 고속철도시대가 이루어졌습니다.

이러한 철도시스템의 기술적 바탕인 철도공학은 전문화된 공학기술로서 발전하여왔습니다. 그러나 국내에서는 1900년대 후반의 일시기에 도로 위주의 교통정책으로 인하여 철도산업이 크게 위축됨에 따라 국내 일반대학교에서의 철도공학 관련 강좌는 거의 중지되었습니다. 이에 따라 철도공학은 철도종사자들을 중심으로 그 명맥을 근근이 이어 오던 중에 경부고속철도의 건설을 계기로 일부 대학교에서 철도공학 관련학과나 강좌를 개설하고 있습니다. 하지만 철도공학 관련 서적 중에서 궤도역학(軌道力學) 관련 서적은 충분하지 못한 것이 현실입니다.

역자는 《궤도역학 1》(자갈궤도의 역학)을 번역하고, 《궤도역학 2》(콘크리트궤도의 역학)를 저술하여 발간한 바 있습니다만(도서출판 BG북갤러리, 2009. 6.), 내용이 충분하지 못하다는 생각이 들기도 합니다. 그 후에 궤도의 동적인 특성과 그 품질에 관한 내용의 역서인 《궤도 동역학 입문》을 추가로 발간한 바 있습니다만(서현기술단, 2017. 10.), 출판사의 정식 출판이 아닌 사내교육용이라 기술전파의 면에서 아쉬운 마음이 컸습니다.

그러던 차에 궤도 동역학(軌道 動力學)을 체계적으로 정리한 《High Speed Railway Track Dynamics》이란 책을 도서출판 북갤러리의 최길주 사장님의 배려로 획득할 수 있게 되어 매우 기뻤습니다. 그래서 이 책의 내용을 국내의 기술자들에게 전파하여 국내 기술발전에 도움이 되도록 하려는 목적으로 당해 서적을 번역하였습니다.

역자는 노안에 따른 시력저하 등의 어려운 여건 속에서도 국내철도기술 발전에 조금이라도 이바지되도록 심혈을 기울여서 이 책을 번역했습니다만, 번역상의 미비점이 간혹 있을지도 모르니 여러분의 많은 지적과 조언을 부탁드립니다. 아울러 궤도역학 관련 기타 내용은 〈철도저널〉 등에 기고한 역자의 학술기사를 참고하시기 바랍니다.

끝으로, 이 책의 원서를 구매해 역자에게 제공하여 주시고, 궤도기술의 발전을 위하여 저작권자와 출판 협의 및 원서 출판사와 독점 저작권 계약을 하시고 출판과정에서 번역내용을 교열하심으로써 이 책이 발간되도록 수고를 많이 하신 도서출판 북갤러리 관계자들께 감사의 말씀을 드립니다.

2022. 1. 온수골에서

공학박사 · 철도기술사 徐士範

목차

제1장 궤도 동역학 연구내용과 관련 기준

제2장 궤도구조의 동적 분석을 위한 해석법

제3장 궤도구조의 동적 분석을 위한 푸리에 변환법

제4장 고가 궤도구조의 동적 거동의 분석

제5장 궤도 틀림 파워 스펙트럼과 수치 시뮬레이션

제6장 차량-궤도 연결시스템의 수직 동적 분석을 위한 모델

제7장 차량-궤도 연성 진동분석을 위한 교차–반복 알고리즘

제8장 이동 요소 모델과 그것의 알고리즘

제9장 궤도요소와 차량요소에 대한 모델과 알고리즘

제10장 이동 좌표계의 유한요소를 이용한 차량-궤도 연결시스템의 동적 분석

제11장 차량-궤도-노반-지반 연결시스템의 수직 동적 분석용 모델

제12장 열차, 자갈궤도 및 노반 연결시스템의 동적 거동의 분석

제13장 열차, 슬래브궤도 및 노반 연결시스템의 동적 거동의 분석

제1장 궤도 동역학 연구내용과 관련 기준

증가하는 열차속도, 교통밀도 및 새로운 차량과 궤도구조의 더 넓은 적용에 따라 차량과 궤도 간의 상호작용은 점점 더 복잡해졌다. 따라서 열차 주행 안전과 안정성은 증가한 동응력에 영향을 더 많이 받는다. 차량이 궤도에 가한 동하중은 이동 차축 하중, 고정 점의 동하중, 이동 동하중 등의 세 부류로 나뉜다. 차축 하중은 차량 동역학에 무관하고 크기에서 일정할지라도 차축의 이동하는 하중 부하 지점 때문에 궤도-노반-지반 시스템에 대한 동하중이다. 이동 차축 하중이 궤도의 임계속도(critical velocity)에 육박하자마자 궤도는 격렬하게 진동한다. 고정 점의 동하중은 레일이음매, 장대레일의 용접 슬래그(slag, 역주 : 용접부가 냉각된 후 응고된 잔여 용제) 및 분기기 크로싱과 같이 궤도에 고정된 가지런하지 않은 곳을 지나가는 차량의 충격에서 생긴다. 이동 동하중은 차륜-레일의 고르지 못한 접촉에서 유발된다. 열차-궤도시스템의 동적 분석은 복잡한 차륜-레일 관계와 상호작용 메커니즘을 조사하기에 좋은 토대를 마련하며, 이것은 차량과 궤도구조 설계를 다루고 최적화하기 위한 필수적인 준거를 제공한다.

1.1 궤도 동역학 연구의 개관

국내외의 학자들은 현재에 이르기까지 궤도 동역학 모델과 수치 방법의 확립에 관해 풍부한 연구결과를 달성했다. 궤도 동역학 모델에 관한 연구는 단순한 것에서 복잡한 것으로의 발달과정을 경험했다. 역사적으로, 이동 하중과 차량구조는 구조 동역학에서, 특히 열차-궤도시스템에서 초기의 실제적인 문제이었다. Knothe와 Grassie [1~3]는 궤도 동역학과 주파수 영역의 차량-궤도 상호작용에 관한 몇몇 논문을 발표하였다. Mathews[4, 5]는 푸리에 변환방법(Fourier transform method, FTM)으로 무한의 탄성 기초 보(infinite elastic foundation beam) 위 이동 하중의 동적 문제와 이동 좌표계(moving coordinate system)에 대한 해법을 구하였다. 주파수 영역 분석으로서의 푸리에 변환방법은 몇몇 관련 연구에서 Trochanis[6], Ono와 Yamada[7]가 적용하였다. Jezequel[8]은 열차 하중을 등속운동(uniform motion)의 집중 힘과 횡 전단(剪斷) 효과(transverse shear effect)로 간주하여 궤도구조를 탄성 기초 위 무한의 베르누이-오일러 보(infinite Bernoulli-Euler beam)로 단순화하였다. 티모센코(Timoshenko) [9]는 시간 영역에서의 단순 지지 보 위에서 이동하중에 대한 지배 미분방정식을 알아냈으며, Warburton은 해석방법을 이용하여 이 방정식을 풀었고, 그는 또한 보의 처짐이 일정한 속도로 이동하는 하중 하에서 최대에 도달함을 입증하였다[10]. Cai 등 [11]은 이동 하중 하에서 주기적인 지지에 걸친 무한 보의 동적 응답을 모드 중첩(modal superposition)으로 연구하였다.

앞에서 언급한 모든 연구는 궤도 보를 연속체(continuum)로 간주하여 지배 미분방정식을 해석방법으로 풀었다. 이들의 접근법은 단순할지라도 궤도 동역학에서 제한된 중요성을 제공하는 복수 자유도(DOF)의 차량-궤도시스템에 대해서는 실현가능하지 않다. 최근에는 유한요소법(FEM)이 실용적 공학 프로젝트에 널리 적용되고 있다. 유한요소법은 궤도구조를 유한요소로 이산화(離散化, discretizing)하고 각각의 요소에 대한 변위 함수를 가정하여 요소행렬(element matrix)을 공식화하고 유한요소방정식을 도출하는 것을 포함한다. Venancio Filho[12]는 균질 보 위에서 하중을 이동시킴으로써 유한요소법이 동적 응답을 분석하는 수치 방법으로 어떻게 사용되는지를 개설하였다. 유한요소법은 열차-궤도 동역학에 관련되는 문제에 대한 일반적인 해법이라고 볼 수 있다. Olsson[13]은 다양한 모델들, 진동 모드들 및 궤도표면 틀림들의 영향을 분석하는 데 유한요소법을 적용하였으며 교량 진동문제를 시뮬레이션하기 위하여 슬래브와 기둥 요소들을 채택하였다. Fryba[14]는 탄성 기초 보 위의 균일한 이동 하중에 대하여 확률적인 유한요소 분석방법을 제안하였다. Thambiratnam와 Zhuge는 임의 길이의 탄성 단순 지지 보에 대한 유한요소분석법을 확립했다[15, 16]. Nielsen Igeland[17]은 복잡한 모드 중첩을 적용함으로써 대차, 레일, 침목 및 노반을 전체적으로 통합하여 레일마모, 차륜 플랫 및 침목 매달림(뜸)과 같은 영향 인자(influence factor)를 분석하는 유한요소모델을 수립하였다. Zheng과 Fan[18]은 열차-궤도시스템의 안정성 문제를 연구하였다. Koh 등[19]은 새로운 이동 요소 방법을 제시하였으며, 이것은 열차와 함께 이동하는 상대좌표를 기반으로 하여 공식화한 반면에 보통의 유한요소법은 고정좌표를 기반으로 한다. Auersch[20]는 3차원 공간의 도상 패드(역주 : 매트)가 있거나 없는 궤도구조모델을 분석하기 위하여 유한요소법과 경계요소법(境界要素法, boundary element method, BEM)을 연결하는 공동해법(joint solution)을 확립하였으며, 도상 패드 강성, 차량의 스프링 하(下) 질량(unsprung mass), 궤도품질및 노반 강성과 같은 파라미터의 영향을 논의하였다. Clouteau[21]는 유한요소법(FEM)-경계요소법(BEM) 연결방법에 기반을 둔 지하철 진동분석에 효율적인 알고리즘을 제안하였다. 알고리즘의 요점(要點)은 플로케 변환(Floquet transform)을 적용함으로써 터널 방향을 따라서 궤도 주기성(週期性, periodicity)을 고려하는 것이다. Andersen과 Jones는 유한요소-경계요소법을 연결함으로써 2차원과 3차원 모델 간의 차이를 비교하였으며, 그들은 2차원 모델이 정성(定性)분석에 적합함과 적절한 결과를 빠르게 얻을 수 있음을 발견하였다[22, 23]. Thomas[24]는 곡선 구간에서 고속열차의 사(蛇)행동에 대한 횡풍(橫風)의 영향을 분석하고, 열차의 동적 응답에 대한 횡 풍력(crosswind strength)과 차량 파라미터의 영향을 분석하기 위한 다(多) 물체(multi-body) 차량-궤도 모델을 확립하였다. Gandesh Babu[25]는 노반, 도상 및 레일패드의 파라미터 변화를 고려하여 유한요소법으로 프리스트레스트콘크리트 침목과 목침목 궤도구조의 궤도계수(track modulus)를 분석하였다. Cai[26]는 지반을 투과성(porous) 탄성 반(半)-무한 영역 매체로 처리하였으며 비오(Biot) 투과성 탄성 동역학 이론에 기초하여 열차가 통과할 때의 지반 환경 진동에 대한 차륜-레일 상호작용의 영향을 연구하였다.

1990년대 초반 이후로 중국의 많은 연구자가 차량-궤도 연결 동역학의 분야에서 이론적 연구를 다루고 적용하였다. Zhai Wanming은 1992년에 그의 학술논문 '차량-궤도시스템의 수직 모델과 그것의 연결 동역학'[27] 및 1997년에 그의 학술논문 '차량-궤도 연결 동역학'[28]을 발표하였다. 그는 2002년에 국내외의 차량-궤도 연결 동역학에 관한 연구역사와 진보를 요약하는 '차량-궤도 연결 동역학의 새로운 진보'[29]라는 제목을 붙인 또 다른 논문을 발표하였다. Lei, Xiaoyan과 그의 연구팀도 궤도 동역학의 모델과 수치 모델에 관한 체계적인 연구를 수행하였다[30~32]. 그는 1998년에 그의 학술논문 '철도궤도구조의 수치 분석'을 공표하였으며, 이것은 차량과 궤도 연결시스템의 진동방정식을 풀기 위하여 일차 현가장치를 가진 단일 차륜의 궤도 모델, 일차와 이차 현가장치를 가진 반-차량과 전체 차량의 궤도 모델 및 수치 방법을 상세하게 도입하였다[33]. 이 분야에서 언급할 가치가 있는 더 많은 중국의 연구가 있다. Xu Zhisheng은 차량-궤도 연결 동역학 이론에 따른 티모센코 보(Timoshenko beam) 모델에 기초한 차량-궤도 연성(連成) 진동(coupling vibration)에 대한 분석 소프트웨어를 개발하였다. 게다가 그는 차량-궤도시스템의 수직 진동특성을 분석하였으며 오일러 보(Euler beam) 모델에 기초를 둔 소프트웨어에서 얻은 시뮬레이션 결과와 비교하였다[34, 35]. 그의 연구결과는 양쪽의 소프트웨어에 대한 시뮬레이션결과가 기본적으로 같지만, 더 높은 주파수 영역에서 두 방법 간의 고유주파수 차이는 티모센코 보(Timoshenko beam) 모델이 차륜-레일 시스템의 고주파수 특성을 더 좋게 반영함이 분명하다는 것을 보여준다. Xie Weiping와 Zheb Bin은 푸리에 변환과 잔류이론(Residue theory)을 적용함으로써 가변의 이동 하중 하에서 무한의 윙클러 보(infinite Winkler beam)에 대한 안정된 동적 응답의 분석 수식을 구하였다. 그들의 해법은 Kenney의 고전적 해법 과정과 비교하여 명백한 물리적인 의미가 있다[36]. Luo[37]는 장대레일의 동적 유한요소모델을 확립함으로써 레일 고유진동수와 온도 힘 간의 관계를 연구하였으며, 이것은 레일, 레일체결장치 및 침목을 포함하고 동적 모델 계산에 대한 레일 단면성질, 레일마모, 레일패드와 체결장치 강성(stiffness, 剛度) 및 비틀림 강성(torsional rigidity)의 영향을 조사하였다. 결과는 제안된 모델이 레일의 종 방향 힘(축력)과 장대레일 궤도구조의 진동특성 간의 본질적인 연관성을 보다 정확하게 분석할 수 있음을 보여주었다. Wei Qingchao는 리니어모터(linear motor) 지하철시스템에 대한 수평과 수직 차량-궤도 연결 동역학 시뮬레이션을 확립하였다. 그는 서로 다른 궤도구조(매설 긴 침목의 궤도나 슬래브궤도), 서로 다른 서브 플레이트(subplate) 지지 강성(bearing stiffness) 및 감쇠의 조건 하에서 리니어모터 차량과 궤도구조의 동적 응답을 계산하고 그에 따른 비교분석을 하였다[38]. 그의 연구결과는 다음과 같다 : 매설 긴 침목을 가진 궤도에서의 차체 수직가속도는 슬래브궤도에서의 것보다 약간 더 큰 데 반하여, 슬래브궤도의 레일 횡 가속도와 수직 변위는 매설 긴 침목을 가진 궤도의 것보다 약간 더 크다; 서브 플레이트의 증가하는 감쇠는 궤도의 슬래브 진동을 줄이는 데 유익하다; 차륜-레일 힘, 레일 변위 및 모터 에어 갭(motor air gap)에 대한 서브 플레이트 강성의 영향은 작다; 서브 플레이트 강성이 증가할 때, 슬래브 변위는 감소하는 반면에 가속도는 증가한다. Gao 등[39]은 분기기, 교량구조물 및 평면 설계(layout)를 고려하여 용접 분기기 공간적 연결(spatial coupling) 모델을 수립하였으며 온도 힘, 수직 하중, 레일 횡 변위로부터 그것의 기계적 성질을 분석하였다. Feng[40]은 푸리에 변환과 전달행렬을 이용하여 레일 접점에서 자갈궤도-노반-기초 시스템의 유연도 행렬(flexible matrix)을 도출하였다. 그는 궤도 틀림의 관점에서 차량-자갈궤도-노반-층상(層狀) 기초에 대한 수직 연성 진동의 분석모델을 확립하였으며 단일 TGV 고속열차가 유발한 성토 본체-기초 시스템의 진동을 분석하였다. 한편, 그는 성토 본체 진동에 대한 열차속도, 궤도 틀림, 노반 강성 및 성토 흙 강성의 영향을 연구했다. 그의 연구결과는 다음과 같다 : 성토 본체의 수직 변위는 이동 열차 차축 하중에 기인한다; 열차속도의 증가에 따라 성토 진동의 '변동성(volatility)'은 상당히 증가한다; 노반 강성과 성토 흙 강성은 성토 진동에 상당한 영향을 미친다. Bian Xuecheng과 Chen Yunmin은 단속(斷續) 지지 침목의 영향을 다른 동적 하부구조 방법을 이용하여 이동하중을 받는 궤도와 층상(層狀) 지반의 연성 진동을 연구하였다[41, 42]. 그들은 나중에 계층화된 전달행렬 방법으로 지반 진동문제를 더욱 연구하였다[43]. Xie[44, 45], Nie[46], Lei[47~50]. He[51] 및 Li[52]는 단-층 또는 복수-층 궤도 구조 모델을 설정하기 위하여, 따라서 고속열차로 생긴 궤도 진동과 지반 진동을 분석하기 위하여 분석적 파수(波數)-주파수 영역 방법을 적용하였다. 그들의 연구는 다음과 같이 요약된다 : 열차속도가 빠를수록 궤도와 지반의 진동 응답은 더 커진다; 열차속도가 지반 표면파 속도 이하, 근처, 또는 이상일 때, 지반 진동이 다르게 나타날 수 있다; 열차가 특정한 임계속도에 도달될 때, 궤도와 지반의 강한 진동이 나타날 것이다; 그리고 고속열차가 연약지반 기초 위를 통과할 때, 마찬가지로 강한 진동 현상이 발생할 수 있다. 타이완대학교의 Wua Yean-Seng과 Yang Yeong-Bin은 고가 철도의 이동 하중으로 유발된 지반 진동을 분석하기 위한 반(半)-분석모델을 제안하였으며 이동 차축 하중을 받는 탄성 지지 보에 기초하여 교각 상부에 작용하는 힘을 구하였다. 그들은 집중 파라미터 모델(lumped parameter model)로 교각기초와 주변 흙 간의 상호작용 힘을 연구했으며, 이로부터 탄성 반(半)-공간 지반의 진동 레벨을 구하였다[53]. 베이징교통대학교의 Xia He와 Cao Yanmei 등은 분석적 파수(波數)-주파수 영역 방법으로 열차-궤도-지반 연결모델을 수립하였다. 그들은 지반-궤도시스템을 3차원 층상(層狀) 지반 위 주기적 지지를 가진 오일러 보(Euler beam) 모델로 평가하였으며 이동 열차 차축 하중과 궤도 틀림으로 발생한 동적 차륜-레일 힘을 받는 지반 진동 응답을 예증하였다[54].

Liu 등[55]은 대다수의 경우에 차륜-레일 진동이 명백한 연결특징을 가진 공간진동과 동일시되므로 차륜-레일 시스템의 공간연성 진동모델을 개발하는 것이 필요하다고 주장하였다. Li와 Zeng[[56]은 차량-궤도 연결 동역학의 방법으로 차량-직선 구간(tangent) 궤도 공간연성 진동 분석방법을 확립하였으며, 이것은 궤도를 30-자유도 공간의 궤도요소로 이산화(離散化)하는 것과 인위적 대차 크롤 파(artificial bogie crawl wave, 역주 : crawl wave; 사행동 파형)를 가진원(加振源, excitation source)으로 사용하는 것이 특징이다. Liang[57]과 Su[58]는 노반 구조의 진동영향을 상세히 탐구하였으며 차량-궤도-노반의 수직 연성 진동에 관한 연구를 수행하였다. Wang[59], Luo[60, 61] 및 Cai Chengbiao는 참고문헌 [27, 28]을 이용하여, 높은 속도, 상승하는 속도, 또는 빠른 열차가 교량-노반 과도(過渡)구간(transition section)을 통과할 때의 관련된 동적 문제를 연구하였으며, 그것은 고속철도 노반-교량 과도구간의 기초보강, 변형제어 및 합리적인 길이에 관한 이론적 근거를 제공한다. Wang[62]과 Ren[63]은 각각 차량-궤도 연결 동역학 이론으로 차량과 분기기 간의 상호작용을 탐구하였고 그들의 연구결과를 중국의 속도향상 분기기의 동적 분석에 적용하였으며, 이것은 속도향상 분기기의 개선된 설계를 위한 참고를 제공할 수 있다.

궤도에 대한 차량 동적 작용이 무작위 과정(random process)이므로 차륜-레일 상호작용의 메커니즘을 포괄적으로 이해하기 위해서는 차량-궤도시스템의 불규칙진동(random vibration)을 분석하는 것이 적절할 수 있다. 차량-궤도 연결의 불규칙진동은 일반적으로 두 가진(加振, excitation) 모델, 즉 고정-점 가진 모델과 이동-점 가진 모델에 따라서 연구된다. 고정-점 가진 모델은 차량과 궤도가 정지되어 있다고 가정함으로써 특정한 속도에서의 궤도 틀림 가진의 후진(後進) 운동(backward movement)에 초점을 맞춘다. 이동–점 가진 모델은 먼저 궤도 틀림의 파워 스펙트럼(power spectrum)에 기초한 궤도 틀림 표본을 반전시킴(reversing), 그다음에 수치 적분 방식을 통한 시스템의 시간 영역 응답에 대해 해결함 및 최종적으로 열차가 궤도에서 일정한 속도로 이동한다고 가정함으로써 시간 영역 응답의 푸리에 변환으로부터 시스템 응답의 파워 스펙트럼을 도출함을 포함한다. Chen[64], Lei[65], Lei와 Mao[66]은 이동–점 가진 모델로 차량–궤도 연결시스템의 불규칙진동 응답을 계산하였으며, 그것은 비선형 차륜–레일 접촉 힘을 고려한다. 그러나 이 접근법은 축차(逐次) 적분법으로 인해 큰 양의 계산이 필요하다. 한편, 시간 영역 분석결과의 응답에 기초한 궤도 스펙트럼 도치(inversion)와 파워 스펙트럼의 평가에서 구한 궤도 틀림의 시간 영역의 표본 양쪽 모두에는 일부 분석오차가 있을 수 있다. Lu 등[67]은 차량–궤도 불규칙진동 분석모델을 설정하고 의사(疑似) 가진(pseudo–excitation) 방법과 이중 알고리즘(dual algorithm)을 제안하였으며, 이것은 10–자유도를 가진 차량의 수직과 회전 진동영향을 고려하고 궤도를 레일, 침목 및 도상을 가진 무한의 주기적인 오일러 보(Euler beam)로 시뮬레이션하였다. 차량이 정지되어 있다고 가정하면 반대 방향으로 열차속도로 이동하는 궤도의 가진(加振) 하에서 궤도표면에 이동 불규칙 틀림 스펙트럼(moving random irregularity spectrum)이 존재할 수 있다고 그들은 주장한다.

전술의 문헌 고찰을 통해, 국내외 학자들이 궤도 동역학 모델과 접근법 분야에서 풍부한 연구결과를 성취했다고 무난하게 결론지을 수 있다. 이와 관련된 보다 심층적인 연구가 진행 중이라는 점을 지적해야 한다.

1.2 궤도 동역학 연구내용

열차가 궤도를 따라 주행할 때, 열차와 궤도는 둘 다 다음과 같은 요인으로 인해 모든 방향으로 진동을 유발할 수밖에 없다.

1. 기관차 동적 힘. 그것은 증기기관차 차륜 편심 블록의 주기적인 힘(cyclic force)과 디젤기관차 동력장치의 진동을 포함한다.
2. 속도. 기관차와 열차는 특정한 속도로 틀림이 있는 궤도를 따라 주행할 때 동적 작용을 유발한다.
3. 궤도 틀림. 그것은 레일표면 마모, 고르지 않은 기초 탄성, 일부 침목의 파손, 레일체결장치 성능의 부족, 서로 다른 궤도 부품들 사이의 틈, 침목 아래의 느슨한 구속에 기인한다.
4. 레일이음매 및 장대레일 용접 슬래그(slag). 열차가 레일이음매와 용접 슬래그를 통하여 주행할 때, 추가의 동적 힘이 유발될 것이다.
5. 차륜 장착(wheel installment)의 편심에 기인하는 지속적 불규칙 및 차륜 플랫과 고르지 않은 차륜 답면 마모에 기인하는 충격 불규칙(impulse irregularity)

열차의 차량은 차체, 대차, 1차 현가장치와 2차 현가장치 및 윤축으로 구성된다. 열차와 궤도는 열차가 궤도를 따라 주행할 때 연결시스템을 구성한다. 그러한 시스템의 동적 분석은 주로 다음을 포함한다.

1. 궤도를 따른 열차안전의 탐구

    열차가 궤도를 따라 주행할 때는 열차가 구조적 진동을 유발한다고 알려져 있다. 열차와 궤도연결시스템의 시뮬레이션 분석을 통하여, 열차와 궤도에 대한 동응력과 처짐, 횡 힘, 탈선계수 및 윤하중 감소율과 같은 파라미터들이 도출될 수 있으며, 여기서 궤도 위를 주행하는 기관차와 차량의 안전이 평가될 수 있다.

2. 열차 승차감 품질(riding quality)의 탐구

    기관차와 객차의 승차감 품질은 기관사와 승객의 안락함으로 평가된다. 열차가 궤도를 따라 주행할 때, 승차감 품질을 확보하기 위하여 차량 진동주파수와 가속도 및 진동진폭이 제어되어야 한다.

3. 이론적 분석과 실험적 연구를 통한 기존 궤도의 평가, 기관차, 차량유닛 및 궤도구조의 파라미터 선택과 최적화. 이것은 새로운 궤도설계의 가이드라인을 제공할 수 있다.

끊임없이 증가하는 열차속도, 늘어나는 화물열차 하중 및 사용조건의 다양화에 따라, 차륜-레일 동역학을 면밀하게 연구하는 것이 매우 중요하다.

1.3 안전과 승차감 품질의 허용치 및 철도환경 기준

1.3.1 일반 열차에 대한 안전한계

열차안전의 평가파라미터는 탈선계수, 횡 힘(橫力), 윤하중 감소율, 전복(顚覆)계수 등등이다. 중국에서 일반 열차에 대한 안전평가표준은 '동적 성능의 평가와 인증시험을 위한 철도차량 시방서'(GB5599-85)와 '기관차 동적 성능의 평가와 인증을 위한 시방서'(TB/T—2630—93)이다.

표 1.1 기관차 탈선계수 한계

탈선계수	우수	양호	조건부
Q/P	0.6	0.8	0.9

비고 : P는 기관차의 차륜과 레일 간의 수직 힘(垂直力)을 나타내고, Q는 차륜과 레일 간의 횡 힘(橫力)을 나타낸다.

탈선계수는 탈선이 횡 힘을 받는 레일 두부에 대한 차륜 림(rim)의 점진적인 상승에 기인하는지 어떤지를 평가하기 위한 파라미터이다. 중국의 기관차 탈선계수 한계는 **표 1.1**에 나타내며 중국의 화차와 객차에 대한 탈선계수 한계는 **표 1.2**에 나타낸다[68].

표 1.2 화차와 객차의 탈선계수 한계

탈선계수	1차 한계(조건부)	2차 한계(안전)
Q/P	≤ 1.2	≤ 1.0

많은 나라에서 별개의 안전표준이 확립됐음에도 불구하고, 열차안전에 관한 원리가 같다는 점에 주목해야 한다. 예를 들어, 유럽 국가들에서는 탈선계수를 2-미터 가동구간 내에서 $Q/P < 0.8$에 대해 평균하는 반면에 일본의 평가표준은 $Q/P \leq 0.8$(지속시간 $t \geq 0.05s$) 및 $\dfrac{Q}{P} \leq \dfrac{0.04}{t}$ ($t \leq 0.05s$)이다.

횡 힘(橫力) 한계는 열차 주행이 궤간 확장(스파이크 쏠림현상)이나 심한 궤도변형을 유발하는지 어떤지를 평가하는 데 적용된다. 횡 힘 한계는 **표 1.3**에 나타낸다.

표 1.3 횡 힘(橫力) 한계

횡 힘	1차 한계(조건부)	2차 한계(안전)
Q	$Q \leq 29 + 0.3P$	$Q \leq 19 + 0.3P$

윤하중 감소율은 탈선이 궤도의 한쪽에 대한 윤하중의 과도한 감소에 기인하는지 어떤지를 평가하는 데 적용한다. 윤하중 감소율의 한계를 **표 1.4**에 나타낸다.

전복(顚覆)계수는 횡 풍력, 원심력 및 횡 진동 관성력으로 인해 열차가 전복될 것인지 어떤지를 파악하기 위하여 적용한다. 전복계수 한계는 다음과 같이 도출된다.

$$D = \frac{P_d}{P_{st}} < 0.8 \tag{1.1}$$

여기서, P_d는 차량에 가해진 횡 동하중이고, P_{st}는 정(靜) 윤하중이다. 전복에 대한 임계조건은 $D = 1$이다.

표 1.4 윤하중 감소율 한계

윤하중 감소율	1차 한계(조건부)	2차 한계(안전)
$\dfrac{\Delta P}{P} = \dfrac{P_1 - P_2}{P_1 + P_2}$	≤ 0.65	≤ 0.60

비고 : ΔP는 윤하중 감소를 나타내고 P는 두 차륜의 총 윤하중을 나타낸다.

1.3.2 정기 열차에 대한 승차감 품질 한계

승차감 품질은 승차감 지수와 진동가속도로 각각 계산된다. 승차감 지수는 다음과 같이 도출된다.

$$W = 2.7\sqrt[10]{a^3 f^5 F(f)} = 0.896\sqrt[10]{\frac{A^3 F(f)}{f}}$$

(1.2)

여기서, W는 승차감 지수를 나타내고, a(cm)는 진동 변위진폭을 나타내며, A(cm/s²)는 진동가속도진폭을 나타낸다. f(Hz)는 진동주파수를 나타낸다. $F(f)$는 **표 1.5**에 나타낸 것처럼, 주파수 보정계수라고 알려진, 진동주파수에 관련된 함수이다.

표 1.5 주파수 보정계수

수직 진동		횡 진동	
0.5~5.9 Hz	$F(f) = 0.325 f^2$	0.5~5.4 Hz	$F(f) = 0.8 f^2$
5.9~20 Hz	$F(f) = 400/f^2$	5.4~26 Hz	$F(f) = 650/f^2$
>20 Hz	$F(f) = 1$	>26 Hz	$F(f) = 1$

전술한 승차감 지수는 단일 주파수의 연속 진동에 적용된다. 실제로는 차량 진동이 불규칙하다. 측정된 가속도가 차량 진동의 전체 고유주파수를 포함하므로, 각(各) 주파수의 각각 다른 가속도의 승차감 지수를 통계적으로 밝히기 위해서는 주파수에 기초하여 분류되어야 한다. 그러므로 종합적인 승차감 지수는 다음과 같이 계산된다.

$$W = (W_1^{10} + W_2^{10} + W_3^{10} + \cdots + W_n^{10})^{\frac{1}{10}}$$

(1.3)

여기서, W_1, W_2, $\cdots$, W_n은 주파수 스펙트럼 분석으로 구해진 각(各) 주파수의 가속도진폭으로부터 도출된 각각의 승차감 지수를 나타낸다.

일반적으로 말하면, 승차감 지수에 대한 측정시간은 18s이다. 주파수 스펙트럼은 고속 푸리에 변환(fast Fourier transform, FFT)으로 도출될 수 있으며, 그다음에 가중된 주파수로 승차감 지수가 구해진다.

기관차 승차감 지수의 주요 평가파라미터는 차체의 수직과 횡 진동가속도, 게다가 운전실의 가중된 가속도의 유효치이다. 중국의 기관차 승차감 지수 한계는 **표 1.6**에 주어진다.

표 1.6 기관차 승차감 지수 한계

승차감 품질	$A_{\max}$ (m/s²)		A_w (m/s²)		W
	수직	횡	수직	횡	
우수	2.45	1.47	0.393	0.273	2.75
양호	2.95	1.96	0.586	0.407	3.10
조건부	3.63	2.45	0.840	0.580	3.45

비고 : $A_{\max}$는 최대 진동가속도를 나타낸다. A_w는 가중된 가속도의 유효치를 나타내고, 주파수 인자는 기관사의 느낌과 피로를 고려하며, 이것은 기관차의 현가장치를 평가하기 위한 승차감 지수에 해당한다. W는 승차감 지수를 나타낸다.

화차와 객차의 승차감 품질은 승객의 안락과 화물 인도의 온전함을 나타내며, 각각 승차감 지수와 진동가속도로 평가된다. 중국의 화물열차와 여객열차에 대한 승차감 품질에 대한 한계는 **표 1.7**에 나타낸다.

표 1.7 화물열차와 여객열차에 대한 승차감 품질 한계

승차감 품질	승차감 지수 W	
	여객열차	화물열차
우수	〈 2.5	〈 3.5
양호	2.5~2.75	3.5~4.0
조건부	2.75~3.0	4.0~4.25

비고 : ① 수직과 횡 승차감 품질에 대한 평가는 같다. ② 화물열차 최대 진동가속도는 또한 그것의 진동 세기의 한계이며, 수직 진동은 0.7g, 횡 진동은 0.5g이다.

1.3.3 속도향상 열차에 대한 안전과 승차감 품질 한계

중국 철도부가 발행한 '기존 철도의 속도향상에 대한 임시 기술규정'에 따르면, 안전과 승차감 품질지수는 각각 **표 1.8, 1.9** 및 **1.10**에 나타낸 것처럼 화물과 여객 기관차의 속도향상을 위한 동적 성능표준, 속도향상 여객열차와 EMU의 주요 기술성능 시방서 및 정기 화물열차의 속도향상을 위한 주요 기술성능 시방서에 적합하여야 한다.

표 1.8 속도향상 화물과 여객 기관차의 동적 성능표준

파라미터	표준
탈선계수	≤ 0.8
윤하중 감소율	준-정적 : ≤ 0.65, 동적 : 〈 0.8
횡 윤축 힘(kN)	$Q \leq 0.85(10 + P_0/3)$, P_0 : 정(靜) 윤하중(kN)
차체의 진동가속도(m/s²)	수직 : 우수 2.45, 양호 2.95, 조건부 3.63
	횡 : 우수 1.47, 양호 1.76, 조건부 2.45
승차감 품질지수(수직과 횡)	우수 2.75, 양호 3.10, 조건부 3.45

비고 : 만일 탈선계수가 〉 0.8이라면, t 의 지속시간이 검토돼야 한다. 연속측정의 경우, 최대 탈선계수는 $(Q/P)_{max} \leq 0.04/t$ ($t <$ 0.05s)를 충족시켜야 한다. 불연속 측정의 경우에, 0.8을 초과하는 두 개의 연이은 탈선계수 피크는 허용되지 않아야 한다. 만일 윤하중 감소율이 〉 0.65라면, t 의 지속시간이 또한 검토되어야 한다. 연속측정의 경우에, 최대 윤하중 감소율은 $(\Delta P/P) < 0.8$ ($t < 0.05$s)를 충족시켜야 한다. 불연속 측정의 경우에, 0.65를 초과하는 두 개의 연이은 윤하중 감소율 피크는 허용되지 않아야 한다.

표 1.9 속도향상 여객열차와 EMU에 대한 기술 시방서

파라미터	표준
탈선계수	≤ 0.8

윤하중 감소율	≤ 0.65
횡 윤축 힘(kN)	$Q \leq 0.85\{10 + (P_{st1} + P_{st2})/3\}$, P_{st1}, P_{st2} : 각각 우측과 좌측 차륜의 정(靜) 윤하중(kN)
승차감 품질지수(수직과 횡)	우수 2.5, 양호 2.75, 조건부 3.0(새 열차에 대해)

비고 : 이것은 동력분산 EMU와 동력집중 여객열차에 적용할 수 있다. 동력집중 동력차는 기관차 표준에 대한 기술 시방서를 따라야 한다.

표 1.10 속도향상 정기 화물열차에 대한 기술 시방서

파라미터	표준
탈선계수	≤ 1.0 (2차 한계), ≤ 1.2 (1차 한계)
윤하중 감소율	≤ 0.6 (2차 한계), ≤ 0.65 (1차 한계)
횡 힘(橫力) (kN)	$Q \leq 0.29 + 0.3 P_{st}$, P_{st} : 정(靜) 윤하중(kN)
횡 윤축 힘 (kN)	$Q \leq 0.85\{15 + (P_{st1} + P_{st2})/2\}$, P_{st1}, P_{st2} : 각각 우측과 좌측 차륜의 정(靜) 윤하중(kN)
차체 진동가속도 (m/s^2)	수직 : ≤ 7.0, 횡 : ≤ 5.0
승차감 품질지수(수직과 횡)	우수 3.5, 양호 4.0, 조건부 4.25(새 열차에 대해)

표 1.11 경계 소음한계 $L_{A_{eq}}$ (dB) (GB 12525–1990)

주간	70
야간	70

1.3.4 중국의 철도소음 표준

1990년 11월에 중국에서 발행된 '철도와의 경계에 대한 철도소음의 방사 표준과 측정방법'(GB 12525–90)은 **표 1.11**에 나타낸 것처럼 철도경계 소음한계를 명쾌하게 설정하였다[70]. 혼잡한 도시지역을 통과하는 경우에, 방사소음은 '음(音) 환경품질 표준'(GB 3096–2008)을 준수하여야 한다. 표준은 **표 1.12**에 나타낸 것처럼 도시지역의 다섯 가지 유형에 대한 환경소음의 최대한계를 명시한다[71].

표 1.12 도시지역의 환경소음 한계 $L_{A_{eq}}$ (dB)

부류		주간	야간
0		50	40
1		55	45
2		60	50
3		65	55
4	4a	70	55
	4b	70	60

비고 :
0. 특별한 조용함이 요구되는 재활 및 요양지역에 적용 가능
1. 조용함이 유지되어야 하는 주거, 보건의료, 문화와 교육, 과학연구와 계획 및 시청지역과 같은 기능을 주로 하는 지역에 적용 가능
2. 상업금융과 터미널시장과 같은 기능을 주로 하는 지역이나 주거, 상업, 공업기능이 함께 혼합된 지역에 적용 가능, 따라서 주거를 위해 조용함이 유지돼야 한다.
3. 주변 지역에 대한 공업 소음의 심한 영향이 방지되어야 하는 공업생산과 창고 물류와 같은 기능을 주로 하는 지역에 적용 가능
4. 주변 지역에 대한 교통소음의 심한 영향이 방지되어야 하는 간선도로에서 일정한 거리 내의 지역에 적용 가능. 4a와 4b의 두 가지 유형이 포함된다. 4a는 주로 고속도로(expressway), 제1급 공공도로(highways), 제2급 공공도로, 도시고속도로, 도시 간선도로, 도시 하위−유통업자(sub−distributor), (지상의) 대량교통기관 및 내륙 수로의 양쪽에 적용된다. 반면에 4b는 주로 간선철도에 적용된다.

1.3.5 외국의 철도소음 표준

소음 레벨(sound level) A는 저주파수에 대한 인간 귀의 덜 민감함이 고려되고 저주파수에 대하여 더 큰 보정량을 갖기 때문에, 모든 종류의 소음(noise)에 대한 인간의 주관적인 판단을 더 잘 반영할 수 있으며, 따라서 소음 평가에서 널리 사용된다. 게다가, 소음 지속기간의 영향을 고려하여, 교통으로 생긴 소음을 평가하는 데에 등가 연속 소음 레벨 A−가중 L_{eq}가 채용된다. $L_{A_{eq}}$는 또한 교통소음처럼 철도소음의 우선적 평가치이다. 프랑스와 일본은 고속철도에 대하여 일일 열차운행량이 변경할 수 없을 만큼이기 때문에 $L_{A_{max}}$를 채용한다. 일부의 유럽 국가들은 철도소음에 대하여 도로교통소음보다 약간 더 낮은 표준을 채용한다. 스위스에서 철도소음에 대한 한계는 5dB(A)만큼 완화할 수 있다. 만일 매일 통과하는 열차의 횟수가 지나치게 작다면, 한계는 15dB(A) 만큼 완화될 수 있다. 철도소음 한계에 대한 허용 완화는 광범위한 사회조사에 기반을 둔다. 같은 값의 $L_{A_{eq}}$에 대하여, 철도소음의 영향이 도로교통소음보다 덜 심하다는 것이 일반적으로 인정된다. **표 1.13**과 **1.14**는 일부의 국가와 지역의 철도소음 한계를 예시한다.

표 1.13 일부 국가와 지역의 철도소음 한계 / dB(A)

나라	평가지표	선로 유형	주간	휴게시간	야간	모니터링 사이트
오스트레일리아	$L_{A_{eq,\,24h}}$	새로운 철도선로	70			−
	$L_{A_{max}}$		95			
오스트리아	$L_r = L_{A_{eq}} - 5$	신선과 재구성철도선로	60~65		50~55	−
덴마크	$L_{A_{eq,\,24h}}$	새로운 철도선로	60			야외 자유지역
	$L_{A_{max}}$	새로운 철도선로	85			
	$L_{A_{eq,\,24h}}$	기존선로	65			
프랑스	$L_{A_{eq,\,12h}}$	새로운 고속철도선로	60~65			야외 자유지역
독일	$L_r = L_{A_{eq}} - 5$	새로운 주거지역	50~55		40~45	야외 자유지역
		재구성 철도선로	59		49	
영국	$L_{A_{eq}}$	새로운 주거지역	50		42	야외 자유지역
		절연대책이 있는 신선	68		63	
홍콩, 중국	$L_{A_{eq,\,24h}}$	새로운 주거지역	65			−

일본	$L_{A_{max}}$	東北 신칸센의 새 표준	70			야외 자유지역
한국	$L_{A_{eq}}$	신선·기존선 환경표준	65		55	–
네덜란드	$L_{A_{eq}}$	신선·기존선 허용최대치	70(+3)	65(+3)	60(+3)	야외 자유지역
노르웨이	$L_{A_{eq.\,24h}}$	새로 건설된 철도	60			야외 자유지역
	$L_{A_{max}}$	새로 건설된 철도	80			
	$L_{A_{max}}$	기존의 선로	76			
스웨덴	$L_{A_{eq.\,24h}}$	신선과 새로 건설된 지역	60			야외 자유지역
		기존의 선로	75			
스위스	$L_r = L_{A_{eq}} - 5$ $K = -5 \sim -15$ 열차수에 좌우	새로 건설된 철도	55		45	야외 자유지역
		영향 한계치	60		50	
		경고치	70		65	

표 1.14 외국의 고속열차에 대한 소음한계 / dB(A)

고속열차	열차의 속도 (km/h)						
	160	200	240	250	270	300	400
중국 정기 급행열차	85	88	–	91	–	–	–
독일 ICE-V 고속열차	79	82	–	85	–	89	102
독일 Transrapid 마그레브 열차	–	84	–	89	–	92	100
프랑스 TGV-PSE 고속열차	–	92	–	95	–	–	–
프랑스 TGV-A 고속열차	–	87	–	–	–	94	100
스페인 Talgo-Pendular 고속열차	–	82	–	–	–	–	–
일본 동북(東北) 신칸센	–	–	80	–	81	–	–

1.3.6 중국의 기관차와 여객열차에 대한 소음 표준

철도망이 주요 도시, 소도시 및 지방까지 연장됨에 따라 철도 환경보호에 대한 사람들의 관심이 증가하였다. 철도소음은 철도 환경보호에서 주된 사안이다. 그것은 승객, 철도직원 및 선로 연선 주민들의 건강에 직결될 뿐만 아니라 열차의 안전에도 관련된다. 예를 들어, 만일 운전실의 소음, 진동, 온도 또는 습도가 적절히 제어되지 않으면, 직원과 승무원의 기분과 생산성에 영향을 줄 것이며, 그것은 안전문제로 귀착될 수 있다.

중국의 철도 기관차와 여객열차에 대한 소음한계를 **표 1.15~1.19**에 나타낸다.

표 1.15 철도 기관차에 대한 방사소음 한계 / dB(A)

소음	전기기관차	디젤기관차	증기기관차
방사소음한계	90	95	100

비고 : ① 궤도 중심으로부터 7.5m에서, 궤도표면으로부터 1.5m에서 그리고 필요시에 3.5m에서 측정, ② 정비된 기관차에 대한 허용 오차는 3dB(A)를 초과할 수 없다. ③ 삑 하고 울리는 소음은 고려되지 않는다. ④ 속도는 120km/h 이하이다.

표 1.16 기관차 운전실에 대한 소음한계 / dB(A)

기관차의 유형	시험속도 (km/h)		정상 소음	등가 음 레벨 L_{eq}
	여객	화물		
디젤기관차	90	70	80	85
전기기관차	90	70	78	85
증기기관차	80	60	85	90

비고 : ① 디젤과 증기기관차에 대하여, 운전실 바닥 면으로부터 1.2m에서 측정, ② 새로운 또는 정비된 기관차에 대하여 내부의 정상 소음을 평가. ③ 운행 중인 기관차에 대하여 등가 연속 음 레벨 $L_{A_{eq}}$을 채용

표 1.17 철도 기관차에 대한 소음한계 / dB(A)

소음의 유형	디젤과 전기기관차	증기기관차
정상 소음	80	85
등가 음 레벨 $L_{A_{eq}}$	85	90

비고 : 소음 모니터링은 30m에서 24h 동안 측정된 70dB(A)를 초과할 수 없다.

표 1.18 총괄제어 열차(multiple unit train)에 대한 소음한계 / dB(A)

총괄제어 열차 유형	운전실	객실	부수차		DMU의 기계실
			쿠션형 객실	半쿠션형 객실	
EMU	78	75	65	68	–
DMU	78	75	65	69	90

표 1.19 여객열차에 대한 소음한계 / dB(A)

쿠션형 침상	半쿠션형 침상과 쿠션형 좌석	半쿠션형 좌석, 식당차, 수하물차, 우편차의 승무원실(냉방완비)	半쿠션형 좌석, 식당차, 수하물차, 발전차의 승무원실(無냉방)	주변 좌석, 식당차의 주방, 우편차의 수하물과 사무실	발전기 차의 제어실
65	68	68	70	75	80

비고 : ① 여객열차가 80km/h의 속도로 주행하고 있을 때, 바닥으로부터 1.2m에서 측정, ② 열차가 운행되지 않고 있지만, 냉방장치와 발전기가 전용량으로 가동하고 있을 때, 궤도 중심으로부터 3.5m에서, 궤도표면으로부터 1.9m에서 측정한 열차 밖의 허용 소음은 80dB(A)이다. ③ 열차가 정지하고 있지만, 냉방장치와 발전기가 전용량으로 가동하고 있을 때, 내부소음은 주행 중인 열차에 대한 허용 소음보다 3dB(A) 더 낮다.

1.3.7 중국 도시지역의 환경 진동 표준

중국 도시지역 환경 진동의 표준은 **표 1.20**에 나타낸다. 이 표는 모든 유형의 도시지역에 대한 수직 진동 레벨 Z의 표준값을 규정하며 연이은 정상(定常) 진동, 충격 진동 및 불규칙진동에 적용된다[72].

표 1.20 도시지역 환경 진동의 표준 / dB (GB 10070–88)

지역의 유형	시간	수직 진동 레벨 Z의 표준값
특별거주지역	주간	65
	야간	65
거주, 문화와 교육지역	주간	70
	야간	67
혼합지역, CBDs(역주 : 표 1.23의 비고 3항 참조)	주간	75
	야간	73
공업지역	주간	75
	야간	72
간선도로의 양쪽	주간	75
	야간	72
간선철도의 양쪽	주간	80
	야간	80

비고 :

(1) '주간'과 '야간'은 지방풍습과 번갈아 찾아오는 계절에 따라 지방정부가 규정한다.

(2) '간선도로의 양쪽'은 차량 흐름이 100/h를 넘는 도로의 옆을 나타낸다.

(3) '간선철도의 양쪽'은 20 열차 이상의 일간 흐름을 가진 철도에서 바깥 레일에서 30m 떨어진 거주지역을 나타낸다.

(4) 측정과 평가는 '도시지역의 환경 진동에 대한 측정방법' (GB 10071–88)에 따라 수행된다.

1.3.7.1 수직 진동레벨 Z

수직 진동레벨 Z는 다음과 같이 나타낸다.

$$VL_Z = 20\lg\left(a'_{rms}/a_0\right) \tag{1.4}$$

$$a'_{rms} = \sqrt{\sum a_{frms}^2 \times 10^{0.1c_f}} \tag{1.5}$$

$$a_{frms} = \left[\frac{1}{T}\int_0^T a_f^2(t)dt\right]^{1/2} \tag{1.6}$$

여기서, a_0는 기준 가속도이며, 일반적으로 $a_0 = 10^{-6}$m/s²이다. a'_{rms}는 보정된 가속도 RMS(m/s²)이다. a_{frms}는 주파수 f의 진동가속도 RMS이다. T는 진동의 측정시간이다. c_f는 수직 진동가속도의 감각 보정치이다.

구체적인 값은 **표 1.21**에 나타낸다.

표 1.21 수직과 수평 진동가속도의 감각 보정치 (ISO2631/1–1985)

보정치		1/3옥타브의 중심주파수(Hz)								
		1	2	4	6.3	8	16	31.5	63	90
수직	보정치(dB)	−6	−3	0	0	0	−6	−12	−18	−21
수직	허용 편차(dB)	+2 −5	+2 −2	+1.5 −1.5	+1 −1	0 −2	+1 −1	+1 −1	+1 −2	+1 −3
수평	보정치(dB)	3	3	−3	−7	−9	−15	−21	−27	−30
수평	허용 편차(dB)	+2 −5	+2 −2	+1.5 −1.5	+1 −1	+1 −1	+1 −1	+1 −1	+1 −2	+1 −3

1.3.7.2 수직 진동레벨 Z의 계산

수직 진동레벨 Z에 대한 계산단계는 다음과 같다.

1. 고속 푸리에 변환(fast Fourier transform, FFT) 방법으로 분석하기 위하여 가속도 기록 $a(t)$의 구간을 선택하고 파워 스펙트럼밀도함수(power specific density function, PSDF) $s_a(f)$를 계산한다.

$$s_a(f) = 2\frac{|a(f)|^2}{T} \tag{1.7}$$

여기서, $|a(f)|$ = FFT 진폭, $T = a(t)$의 기간(time period), f = 주파수(Hz)

2. 특정 주파수대역의 총 파워 P_{f_l, f_u}를 계산한다.

$$P_{f_l, f_u} = \int_{f_l}^{f_u} s_a(f)df \tag{1.8}$$

여기서, f_l, f_u 및 f_c는 각각 하위 대역, 상위 대역 및 중심주파수이다. 주파수대역의 계산은 국제 표준 ISO2631에서 명시한 것처럼 1/3 옥타브 밴드를 채용한다. 1/3 옥타브 밴드의 상위, 하위 및 중심주파수 간의 관계는 다음과 같다. **표 1.22**를 참조하라.

$$f_c = \sqrt[6]{2}f_l = \frac{f_u}{\sqrt[6]{2}}$$

표 1.22 1/3 옥타브 밴드의 중심주파수, 상위와 하위주파수(Hz)

중심주파수	상위와 하위주파수	중심주파수	상위와 하위주파수	중심주파수	상위와 하위주파수
4	3.6~4.5	16	14.3~17.8	63	56.2~70.8
5	4.5~5.6	20	17.8~22.4	80	70.8~89.1

6.3	5.6~7.1	25	22.4~28.2	100	89.1~112
8	7.1~8.9	31.5	28.2~35.5	125	112~141
10	8.9~11.1	40	35.5~44.7	160	141~178
12.5	11.1~14.3	50	44.7~56.2	200	178~224

3. 제곱평균 평방근(RMS, 역주 : 실효치) a_{frms}을 계산한다.

$$a_{frms} = \sqrt{P_{f_l,f_u}}\qquad(1.9)$$

4. 보정된 가속도 RMS를 계산한다.

$$a'_{rms} = \sqrt{\sum a_{frms}^2 \times 10^{0.1c_f}}\qquad(1.10)$$

5. 가속도 레벨 Z, VL_z(dB)를 계산한다.

$$VL_Z = 20\lg\left(a'_{rms}/a_0\right)\qquad(1.11)$$

여기서, a'_{rms}는 진동가속도의 RMS이다(m/s²); a_0는 기준 가속도이며, 일반적으로 $a_0 = 10^{-6}$m/s²로 취한다.

1.3.8 도시대중교통에 기인하는 건물 진동에 대한 제한

도시대중교통에 기인하는 건물 진동과 2차 소음의 제한과 측정방법에 관한 표준은 **표 1.23**에 나타낸 것처럼 2009년 3월에 중국의 주택·도시−지방개발부가 제정하였다[73].

표 1.23 도시대중교통에 따른 건물에 대한 실내진동 한계(dB)

지역의 유형	적용 범위	주간(6:00~22:00)	야간(22:00~6:00)
1	특별 거주지역	65	62
2	거주, 문화와 교육지역	65	62
3	혼합지역, CBDs	70	67
4	공업지역	75	72
5	간선도로의 양쪽	75	72

비고 :
1. '특별 거주지역'은 특별한 조용함이 요구되는 거주지역을 나타낸다.
2. '거주, 문화와 교육지역'은 순수 거주지역 및 문화, 교육, 보호시설의 사용을 위한 지역을 나타낸다.
3. '혼합지역'은 공업, 상업 및 경량교통이 명확하게 구분되지 않는 지역을 나타내고, 'CBDs'는 집중된 상업 중심가 지역이다.
4. '공업지역'은 도시나 지방의 공업적 사용을 위하여 명확하게 분할된 지역이다.
5. '간선도로의 양쪽'은 차량흐름이 100/h 이상인 도로의 양쪽을 나타낸다.

모니터링 사이트(monitoring site)는 건물 안쪽의 지반바닥에 또는 외벽의 0.5m 이내의 건물기초에 위치할 수 있다. 수직 진동가속도의 데이터는 각(各) 중심주파수의 진동가속도 레벨을 얻기 위하여 **그림 1.1**에 나타낸 바와 같이 또는 **표 1.24**로 가감한 바와 같이 1/3 옥타브에 따른 중심주파수의 가중계수 Z로 처리한다.

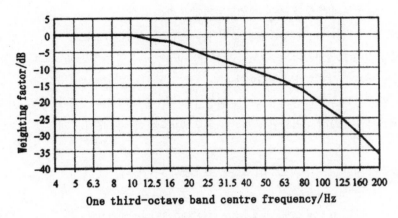

그림 1.1 1/3옥타브 밴드 중심주파수의 가속도 가중계수 Z

표 1.24 1/3옥타브 밴드 중심주파수의 Z 가속도 가중계수

1/3옥타브의 중심주파수 (Hz)	4	5	6.3	8	10	12.5	16	20	25
가중계수 (dB)	0	0	0	0	0	−1	−2	−4	−6
1/3옥타브의 중심주파수 (Hz)	31.5	40	50	63	80	100	125	160	200
가중계수 (dB)	−8	−10	−12	−14	−17	−21	−25	−30	−36

1.4 고속철도에 대한 궤도 유지보수의 표준

이론적 분석과 실행은 한편으로는 고속 주행의 안전과 안정에 직접 영향을 주는 궤도 틀림이, 그리고 다른 한편으로는 궤도 틀림으로 유발된 동하중이 궤도품질 저하와 틀림의 발달을 더욱 가속시킨다는 것을 입증하였다. 그러므로 장기간에 걸쳐 좋은 상태를 유지하고 고속 주행의 안전과 안정을 보장하기 위해서는 실제 운용에서 과학적이고 경제적인 유지보수가 필요하다.

고속철도 관리와 유지보수는 궤도 검측과 고속열차와 궤도에 대한 궤도 틀림의 동적 영향에 기초한다. 궤도 검측은 진보된 궤도검측차, 레일탐상차 및 그 밖의 검사장치, 게다가 철도 유지보수직원의 육안 순회검사로 수행된다. 궤도상태의 과학적인 평가는 검측을 통하여 행하여진다. 측정 데이터와 평가 결과에 따라서 궤도상태의 다양한 파라미터가 서로 다른 레벨에 따라 관리될 것이며 적절한 유지보수계획이 만들어질 것이다. 고속 주행의 안전과 안정에 심하게 영향을 주는 국부적 잔존 궤도 틀림과 궤도결함에 관하여는 긴급보수조치와 열차속도 제한이 취해져야 한다.

1.4.1 프랑스 고속철도에 대한 궤도 유지보수의 표준

프랑스 고속철도의 궤도 유지보수와 관리는 궤도 틀림 상태에 따라 네 가지 레벨로 구분될 수 있다.

1. 목표치—새로운 선로의 부설과 보수 후에 도달되어야 하는 품질표준
2. 경고치—면밀하게 관찰되어야 하는 궤도 틀림에 도달하거나 초과하는 값
3. 조정치—해당 값에 도달하거나 초과하는 현장이나 지구에 관하여는 일반적으로 15일 이내에 목표치에 도달되도록 필요한 유지보수가 수행되어야 한다.
4. 속도제한—해당 값에 도달하거나 초과하는 현장이나 구간에 대해서는 열차가 감속하여야 하며, 그것을 조정하고 제거하기 위하여 인력작업을 포함하여 무엇이든지 가능한 조치가 채용될 수 있다.

프랑스 고속철도에 대한 궤도 유지보수의 표준은 **표 1.25**에 나타낸다.

표 1.25 프랑스 고속철도에 대한 궤도 유지보수와 관리의 표준

| 부류 | 횡 진동가속도 (m/s^2) | | 궤도 고저(면) (mm) | | 궤도방향(줄) (mm) | |
	차체	대차	기저 길이 12.2m의 반(半) 피크	기저 길이 31m의 피크-피크	기저 길이 10m의 반(半) 피크	기저 길이 32m의 피크-피크
목표치	–	–	3	–	2	–
경고치	1.2	3.5	5	10	6	12
조정치	2.2	6	10	18	8	16
속도제한	2.8	8	15	24	12	20

1.4.2 일본 신칸센 고속철도에 대한 궤도 유지보수와 관리의 표준

일본 신칸센 고속철도의 궤도 유지보수와 관리는 궤도 틀림 상태에 따라 다섯 가지 레벨로 구분될 수 있다. 속도가 더욱 상승함에 따라 유지보수 표준에 40m 현(弦)이 추가되었다. 일본 신칸센 고속철도의 궤도 유지보수와 관리의 표준은 **표 1.26**에 나타낸다.

표 1.26 일본 신칸센 고속철도에 대한 궤도 유지보수와 관리의 표준

부류			작업승인의 목표치	계획보수의 목표치	승차감 유지보수의 목표치	안전 유지보수의 목표치	서행속도 유지보수의 목표치
궤도 틀림 (mm)	10m현	고저(면)	≤4	6	7	10	15
		방향(줄)	≤3	4	4	6	9
		궤간	≤±2	+6, −4	+6, −4	+6, −4	–
		수평	≤3	5	5	7	–
		평면성/2.5m	≤3	4	5	6	–

궤도 틀림	40m	고저(면)	7~10				
(mm)	현	방향(줄)	6~7				
차체 진동	수직, g/(진폭)		–	0.25	0.25	0.35	0.45
가속도	횡, g/(진폭)		–	0.20	0.20	0.30	0.35

비고 :

(1) 작업승인의 목표치 – 유지보수와 궤도부설(engineering construction) 후에 도달되어야 하는 목표품질 값

(2) 계획보수의 목표치 – 유지보수 계획 시에 결정해야 하는 궤도 틀림 보수의 목표치

(3) 승차감 유지보수의 목표치 – 좋고 안락한 상태의 열차운행(train)을 보장하는 목표치

(4) 안전 유지보수의 목표치 – 궤도 틀림의 값이 이 값에 도달하거나 초과할 때(그것은 고속 주행의 안전에 심하게 영향을 미칠 것이다), 기한(일반적으로 15일 이내) 전에 긴급보수 조치가 취해져야 한다.

(5) 서행속도 유지보수의 목표치 – 궤도 틀림의 값이 이 값에 도달하거나 초과할 때는 열차가 감속하여야 하며 그것을 제거하기 위하여 무엇이든지 가능한 조치가 채용될 수 있다.

1.4.3 독일 고속철도에 대한 궤도 유지보수와 관리의 표준

독일 고속철도의 궤도 유지보수와 관리는 **표 1.27**에 나타낸 것처럼 다섯 가지 레벨로 구분될 수 있다.

1. SR_0 – 이것은 궤도 틀림의 높은 안전보전과 궤도 가지런함(선형 맞춤)의 좋은 상태를 의미한다.

2. SR_A – 이것은 안전보전 손실 값(safety reserve release value)이라고 불린다. 그것의 초과는 궤도 틀림이 안전보전에 영향을 미치기 시작하는 것을 나타내며, 신중한 평가가 필요하다.

3. SR_{100} – 이것은 궤도 틀림이 안전보전뿐만 아니라 기술과 경제 보전(economic reserve)에 영향을 미치는 것을 나타내며, 보수를 준비할 필요가 있다.

4. SR_{lim} – 이것의 초과는 궤도 틀림이 안전보전, 게다가 기관차와 차량 및 궤도 손상에 큰 영향을 미치는 것을 나타내며(평균은 허용하지 않는다), 긴급보수를 필요로 한다.

5. $SR_{ultimate\ value}$ – 이것은 안전에 직접 영향을 미치는 한계치이다. 즉, 궤도 틀림의 안전보전이 이미 유효하지 않게 된다. 고속열차는 제한속도 이내에서 주행하여야 하며 그것을 제거하기 위하여 무엇이든지 필요한 보수수단이 채용될 필요가 있다.

독일 고속철도는 궤도 틀림을 직접 평가함에 더하여 궤도 틀림이 유발한 기관차와 차량의 응답 값을 **표 1.28**에 나타낸 것처럼 관리한다.

표 1.27 독일 고속철도에 대한 궤도 유지보수와 관리의 표준

번호	부류	측정기준선 (m)	피크 유형	SR_0	SR_A	SR_{100}	SR_{lim}	$SR_{ultimate\ value}$
1	고저(mm)	2.6/6.0	피크/피크	6	10	14	20	35
2	평면성(mm)	2.5	평균/피크	1.3	2.0	3.0	–	–
3	수평(mm)	–	평균/피크	4	6	8	12	20
4	방향(mm)	4.0/6.0	피크/피크	6	10	14	20	35

표 1.28 궤도 틀림에 대한 기관차와 차량의 응답 표준

번호	평가지표	평가 레벨 계수 k				
		기준값	SR_0	SR_A	SR_{100}	$SR_{\lim}$
1	횡력(kN)	$\{10+(2/3)Q\}k$	0.5	1.0	1.3	1.5
2	횡 가속도 피크/피크(m/s^2)	$2.5k$	0.7	1.0	1.3	1.5
3	횡 가속도 RMS 값	$0.5k$	0.4	1.0	1.3	1.5
4	최대 수직력(kN)	$170k$	0.8	1.0	1.3	1.5
5	최소 수직력(kN)	$Q_0 k$	0.6	0.4	0.3	–
6	수직가속도 피크/피크(m/s^2)	$2.5k$	0.7	1.0	1.3	1.5
7	수직가속도 RMS 값	$0.5k$	0.4	1.0	1.3	1.5

비고 : 표에서, Q_0는 정(靜) 윤하중을 나타낸다. RMS(root-mean-square)는 제곱평균 평방근을 나타낸다.

$$x_{rms} = \left(\frac{1}{T} \int_0^T x^2 dx \right)^{1/2}$$

1.4.4 영국 고속철도에 대한 궤도 유지보수와 관리의 표준

영국 고속철도의 궤도 틀림 관리는 대개의 나라의 것과 같으며, 잔존 궤도 틀림과 구간 틀림 상태 양쪽 모두를 포함한다. 영국 고속철도에 대한 궤도 틀림 유지보수와 관리에는 200m 궤도요소 당의 표준편차 σ가 이용되며, 그것으로 적절한 유지보수 프로그램이 만들어진다.

근년에 열차속도가 더욱 상승함에 따라 파장 42m에 대한 궤도 틀림 유지보수 표준의 표준편차 외에 42~84m 파장의 표준편차도 포함된다. 영국 고속철도에 대한 잔존 궤도 틀림과 구간 궤도 틀림의 표준은 각각 **표 1.29**와 **1.30**에 나타낸다.

표 1.29 영국 고속철도에 대한 궤도 유지보수의 표준

파장(m)	진폭표준(mm)	
	열차가 안정 요건을 충족시킬 수 있을 때	증가한 동하중 조건이 충족될 때
0.5	–	0.1
1	–	0.3
2	–	0.6
5	–	2.5
10	5	–
20	9	–
50	16	–

표 1.30 영국 궤도 틀림에 대한 표준편차의 관리표준

속도 (km/h)	고저(면)(mm)				방향(줄)(mm)			
	< 42m 파장		42~84m 파장		< 42m 파장		42~84m 파장	
	평균	최대	평균	최대	평균	최대	평균	최대
175	1.8	2.9	3.2	5.7	1.1	1.9	2.6	4.6
200	1.5	2.4	2.7	4.7	0.9	1.6	2.2	3.9
225	1.3	2.0	2.3	4.0	0.8	1.4	1.8	3.2
250	1.1	1.7	1.9	3.3	0.7	1.1	1.5	2.7

1.4.5 한국 고속철도에 대한 궤도 선형의 측정 표준(동적)

한국 고속철도는 궤도검측에 Plasser의 EM120을 채용(역주 : 실제는 Roger-1000K 이용)하고 있다. 한국 고속철도에 대한 궤도선형의 측정 표준은 **표 1.31**에 나타낸다.

표 1.31 한국 고속철도에 대한 궤도선형의 측정표준

부류	측정 현(弦)	신선의 최대편차(mm)	임시보수 표준(mm)	속도제한 표준(mm)
고저(면)	짧은 현 10m	2	10	15
	긴 현 30m	5	18	24
방향(줄)	짧은 현 10m	3	8	12
	긴 현 30m	6	16	20
평면성	3m	3	7	15

비고 :
(1) 10m 짧은 현의 측정치는 150~200km/h의 속도에 적용한다.
(2) 30m 긴 현의 측정치는 250~300km/h의 속도에 적용한다.
(3) 값이 임시보수 표준에 도달하거나 초과할 때, 즉각적인 보수가 수행되어야 한다(실제 상황에 따라, 보수가 1개월, 2주 이내에, 또는 즉시 수행되어야 한다).
(4) 값이 속도제한 표준에 도달하거나 초과할 때, 속도제한 조치가 즉시 취해져야 한다(실제상황에 따라, 속도제한은 230km/h, 170km/h이거나, 또는 더 낮을 수 있다).

1.4.6 중국 고속철도에 대한 궤도 유지보수의 표준

중국 고속철도에 대한 궤도 유지보수와 관리의 표준은 **표 1.32**에 나타낸 것처럼 여객전용선로 300~350km/h에 대한 궤도 동적 기하구조(선형)의 편차치를 포함한다. 고속 본선에 대한 궤도 정적 기하구조(선형)의 편차치는 **표 1.33**에 나타낸다. 고속 본선에 대한 분기기 정적 기하구조(선형) 공차의 편차치는 **표 1.34**에 나타낸다.

표 1.32 여객전용선로 300~350 km/h에 대한 궤도 동적 선형의 편차치

부류		작업승인	계획보수	편안	임시보수	200km/h 속도제한
		–	I	II	III	IV
1.5~42m 파장	고저(면)(mm)	3	5	8	10	11
	방향(줄)(mm)	3	4	5	6	7
1.5~120 m 파장	고저(면)(mm)	4	7	9	12	15
	방향(줄)(mm)	4	6	8	10	12
궤간(mm)		+3, −2	+4, −3	+6, −4	+7, −5	+8, −6
수평(mm)		3	5	6	7	8
평면성(mm)		3	4	6	7	8
차체의 수직가속도(m/s²)		–	1.0	1.5	2.0	2.5
차체의 횡가속도(m/s²)		–	0.6	0.9	1.5	2.0

표 1.33 고속철도 본선에 대한 궤도 정적 선형 허용오차의 편차치

부류	임시 보수치	속도제한 보수치	
		200km/h 속도제한	160km/h 속도제한
고저(면)(mm)	7	8	11
방향(줄)(mm)	5	7	9
궤간(mm)	+5, −3	+6, −4	+8, −6
수평(mm)	7	8	10
평면성(mm)	5	6	8

비고 :
(1) 방향(줄) 편차는 10m 현 측정방법에 따른 최대 벡터이다.
(2) 고저(면) 편차는 10m 현 측정방법에 따른 최대 벡터이다.
(3) 평면성의 기본길이는 2.5m이다.

표 1.34 고속철도 본선에 대한 분기기 정적 선형 허용오차의 편차치

부류	작업승인	임시보수치	속도제한 보수치	
			200km/h 속도제한	160km/h 속도제한
고저(면)(mm)	2	7	8	11
직선궤도 방향(줄)(mm)	2	5	7	9
곡선궤도 방향(줄)(mm)	2	4	–	–
분기기 궤간(mm)	+2, −1	+5, −2	+6, −4	+8, −6
분기기 선단(tip track) 궤간	+1, −1	+3, −2	+6, −4	+8, −6
수평(mm)	2	7	8	10
리드곡선 역(逆) 초과 (exceeding reversely)(mm)	0	3	–	–
평면성(mm)	2	5	6	8
조사 간격(check gauge)(mm)	1,391mm 이상			

비고 :
(1) 방향(줄) 편차는 10m 현 측정방법에 따른 최대 벡터이다.
(2) 고저(면) 편차는 10m 현 측정방법에 따른 최대 벡터이다.
(3) 평면성의 기본길이는 2.5m이다.
(4) 특수 분기기의 궤간 공차 편차는 설계도면에 따라 체크된다.

1.4.7 유럽 고속열차와 궤도연결시스템의 탁월진동수와 민감 파장

유럽 고속열차와 궤도연결시스템의 탁월진동수 범위와 민감 파장은 **표 1.35**에 나타낸다. 차량−궤도연결시스템의 구조설계에서 차량과 궤도구조의 탁월진동수는 연결시스템의 탁월진동수에 가깝게 됨을 피하여야 한다.

표 1.35 유럽 고속열차와 궤도연결시스템의 탁월진동수 범위와 민감 파장

구조	탁월진동수 범위(Hz)	민감 파장과 주기적 궤도 틀림을 유발하는 파장(m)			
		160km/h	200km/h	300km/h	350km/h
차체	1~2	22.0~44.0	27.8~55.6	41.5~83.0	48.5~97.0
대차	8~12	3.5~5.0	4.6~7.0	6.9~10.4	8.1~12.1
궤도	30~60	0.7~1.4	0.9~1.8	1.4~2.8	1.6~3.2

1.5 역사적 건물구조의 진동 표준

역사적 건물은 사회정책, 경제 및 문화발전의 연구를 위하여 큰 가치가 있는 모든 연령대의 건물에 적용된다. **그림 1.2, 1.3, 1.4 및 1.5**는 국가 핵심 문화유적보호지이다. **그림 1.6과 1.7**은 성급(省級) 지방과 현급(縣級)

그림 1.2 Beijing(北京)의 용헤 라마 사원(Yonghe Lama Temple) (국립)

그림 1.3 Nanchang(南昌)의 바이 난창 봉기 박물관(Museum of Bayi Nanchang Uprising) (국립)

지방의 핵심 문화유적보호지이다. **그림 1.8**은 당나라의 Yonghui 4년에 건축된 텐광館(Tengwang Pavilion)이며, 남중국의 3대 유명 탑 중에서 선도적인 탑이다. 텐광館은 역사상 29번 개축되었으며 여러 번 파괴되어 다시 세워져 왔다. 현재의 텐광館은 1989년 10월 8일에 세워졌다. 그것은 1985년에 Liang Sicheng이 이끈

그림 1.4 Heyuan(河源), Guangdong(廣東)의 구이펑(亀峰) 탑(Guifeng Pagoda) (국립)

그림 1.5 Tianshui(天水), Gusu(姑蘇)의 마이지산 그로토스(Maiji Mountain Grottoes) (국립)

'텐광館 복원계획의 초안 도면'에 따라 재건되었으며, 그것은 강과 철근콘크리트 구조를 가진 유사(類似)역사 건물이었다. 그것은 역사상 전통적인 목재 건축과 비교하여 역사적 가치가 없으며, 그것의 예술적 가치는 문화유적의 표준에 못 미친다. 그렇다 하여도 그것은 상당히 유명하다. 텐광館은 국가 핵심 문화유적보호지로 등재되지 않았다.

　역사적 건물의 진동 평가지표는 허용 진동속도를 채용하며, 그것은 구조유형, 보호 수준, 역사적 건물구조에서 탄성파의 전파속도에 따라서 선택되어야 한다. 각각 다른 유형의 역사적 건물들의 허용 진동속도는 **표 1.36~1.39**에 나타낸다.

그림 1.6 Nanchang(南昌)의 장시(江西) 전시장(Jiangxi Exhibition Center) (省立)

그림 1.7 Nanchang(南昌)의 바이 난창 봉기 기념비(Memorial of Bayi Nanchang Uprising) (縣立)

그림 1.8 남중국의 유명한(Famous) 텐광館(Tengwang Pavilion)

표 1.36 역사적 벽돌구조물의 허용 진동속도(mm/s)

보호 수준	제어점 위치	제어점 방향	벽돌구조 V_p (m/s)		
			$\langle 1{,}600$	$1{,}600 \sim 2{,}100$	$\rangle 2{,}100$
국가 핵심 문화유적 보호 유닛	지지구조의 최고점	횡	0.15	0.15~0.20	0.20
성(省) 문화유적 보호 유닛	지지구조의 최고점	횡	0.27	0.27~0.36	0.36
현(縣) 문화유적 보호 유닛	지지구조의 최고점	횡	0.45	0.45~0.60	0.60

비고 : V_p가 1,600과 2,100m/s 사이에 있을 때, 허용 진동속도는 보간법으로 결정할 수 있다.

표 1.37 역사적 석조구조물의 허용 진동속도(mm/s)

보호 수준	제어점 위치	제어점 방향	석조구조 V_p (m/s)		
			$\langle 2{,}300$	$2{,}300 \sim 2{,}900$	$\rangle 2{,}900$
국가 핵심 문화유적 보호 유닛	지지구조의 최고점	횡	0.20	0.20~0.25	0.25
성(省) 문화유적 보호 유닛	지지구조의 최고점	횡	0.36	0.36~0.45	0.45
현(縣) 문화유적 보호 유닛	지지구조의 최고점	횡	0.60	0.60~0.75	0.75

비고 : V_p가 2,300과 2,900m/s 사이에 있을 때, 허용 진동속도는 보간법으로 결정된다.

표 1.38 역사적 목재구조물의 허용 진동속도(mm/s)

보호 수준	제어점 위치	제어점 방향	목재구조 V_p (m/s)		
			$\langle 4{,}600$	$4{,}600 \sim 5{,}600$	$\rangle 5{,}600$
국가 핵심 문화유적 보호 유닛	최상층 기둥의 상단	횡	0.18	0.18~0.22	0.22
성(省) 문화유적 보호 유닛	최상층 기둥의 상단	횡	0.25	0.25~0.30	0.30
현(縣) 문화유적 보호 유닛	최상층 기둥의 상단	횡	0.29	0.29~0.35	0.35

비고 : V_p가 4,600과 5,600m/s 사이에 있을 때, 허용 진동속도는 보간법으로 결정된다.

표 1.39 석굴(grotto)의 허용 진동속도 (mm/s)

보호 수준	제어점 위치	제어점 방향	암석 종류	암석 V_p (m/s)		
국가 핵심 문화유적 보호 유닛	석굴 지붕	세 방향	사암	$\langle 1{,}500$	$1{,}500 \sim 1{,}900$	$\rangle 1{,}900$
				0.10	0.10~0.13	0.13
			자갈	$\langle 1{,}800$	$1{,}800 \sim 2{,}600$	$\rangle 2{,}600$
				0.12	0.12~0.17	0.17
			석회석	$\langle 3{,}500$	$3{,}500 \sim 4{,}900$	$\rangle 4{,}900$
				0.22	0.22~0.31	0.31

비고 : 세 방향은 방사상, 접선 및 수직에 적용된다; V_p가 1,500~1,900, 1,800~2,600 및 3,500~4,900m/s 사이에 있을 때, 허용 진동속도는 보간법으로 결정된다.

1. Knothe KL, Grassie SL (1993) Modeling of railway track and vehicle track interaction at high-frequencies. Veh Syst Dyn 22(3–4):209–262
2. Grassie SL, Gregory RW, Johnson KL (1982) The dynamic response of railway track to high frequency lateral excitation. J Mech Eng Sci 24(2):91–95
3. Grassie SL, Gregory RW, Johnson KL (1982) The dynamic response of railway track to high frequency longitudinal excitation. J Mech Eng Sci 24(2):97–102
4. Mathews PM (1958) Vibrations of a beam on elastic foundation. Zeitschrift fur Angewandte Mathematik und Mechanik 38:105–115
5. Mathews PM (1959) Vibrations of a beam on elastic foundation. Zeitschrift fur Angewandte Mathematik und Mechanik 39:13–19
6. Trochanis AM, Chelliah R, Bielak J (1987) Unified approach for beams on elastic foundation for moving load. J Geotech Eng 112:879–895
7. Ono K, Yamada M (1989) Analysis of railway track vibration. J Sound Vib 130:269–297
8. Jezequel L (1981) Response of periodic systems to a moving load. J Appl Mech 48:613–618
9. Timoshenko S, Young DH, Weaver JRW (1974) Vibration problems in engineering, 4th edn. Wiley, New York
10. Warburton GB (1976) The dynamic behavior of structures. Pergamon Press, Oxford
11. Cai CW, Cheung YK, Chan HC (1988) Dynamic response of infinite continuous beams subjected to a moving force-an exact method. J Sound Vib 123(3):461–472
12. Venancio Filho F (1978) Finite element analysis of structures under moving loads. Shock Vib Digest 10:27–35
13. Olsson M (1985) Finite element modal co-ordinate analysis of structures subjected to moving loads. J Sound Vib 99(1):1–12
14. Fryba L, Nakagiri S, Yoshikawa N (1993) Stochastic finite element for a beam on a random foundation with uncertain damping under a moving force. J Sound Vib 163:31–45
15. Thambiratnam DP, Zhuge Y (1993) Finite element analysis of track structures. J Microcomput Civil Eng 8:467–476
16. Thambiratnam D, Zhuge Y (1996) Dynamic analysis of beams on an elastic foundation subjected to moving loads. J Sound Vib 198(2):149–169
17. Nielsen JCO, Igeland A (1995) Vertical dynamic interaction between train and track-influence of wheel and track imperfections. J Sound Vib 187(5):825–839
18. Zheng DY, Fan SC (2002) Instability of vibration of a moving train and rail coupling system. J Sound Vib 255(2):243–259
19. Koh CG, Ong JSY, Chua DKH, Feng J (2003) Moving element method for train-track dynamics. Int J Numer Meth Eng 56:1549–1567
20. Auersch L (2006) Dynamic axle loads on tracks with and without ballast mats: numerical results of three-dimensional vehicle–track–soil models. J Rail Rapid Transit 220:169–183 (Proceedings of the Institution of Mechanical Engineers. Part F)
21. Clouteau D, Arnst M, Al-Hussaini TM, Degrande G (2005) Free field vibrations due to dynamic loading on a tunnel embedded in a stratified medium. J Sound Vib 283(1–2):173–199

22. Andersen L, Jones CJC (2002) Vibration from a railway tunnel predicted by coupled finite element and boundary element analysis in two and three dimensions. In: Proceedings of the 4th structural dynamics—EURODYN. Munich, Germany, pp 1131–1136

23. Andersen L, Jones CJC (2006) Coupled boundary and finite element analysis of vibration from railway tunnels-a comparison of two and three-dimensional models. J Sound Vib 293(3–5):611–625

24. Thomas D (2010) Dynamics of a high-speed rail vehicle negotiating curves at unsteady crosswind. J Rail Rapid Transit 224(6):567–579 (Proceedings of the Institution of Mechanical Engineers. Part F)

25. Ganesh Babu K, Sujatha C (2010) Track modulus analysis of railway track system using finite element model. J Vib Control 16(10):1559–1574

26. Cai Y, Sun H, Xu C (2010) Effects of the dynamic wheel-rail interaction on the ground vibration generated by a moving train. Int J Solids Struct 47(17):2246–2259

27. Wanming Z (1992) The vertical model of vehicle-track system and its coupling dynamics. J China Railway Soc 14(3):10–21

28. Wanming Z (2007) Vehicle-track coupling dynamics, 3rd edn. Science Press, Beijing

29. Wanming Z (2002) New advance in vehicle-track coupling dynamics. China Railway Sci 23(4):1–13

30. Xiaoyan Lei (1994) Finite element analysis of wheel-rail interaction. J China Railway Soc 16(1):8–17

31. Xiaoyan Lei (1997) Dynamic response of high-speed train on ballast. J China Railway Soc 19(1):114–121

32. Xiaoyan Lei (1998) Research on parameters of dynamic analysis model for railway track. J Railway Eng Soc 2:71–76

33. Lei X (1998) Numerical analysis method of railway track structure. China Railway Publishing House, Beijing

34. Xu Z, Zhai W, Wang K, Wang Q (2003) Analysis of vehicle-track system vibration: comparison between Timoshenko beam and Euler beam track model. Earthq Eng Eng Vib 23(6):74–79

35. Xu Z, Zhai W, Wang K (2003) Analysis of vehicle-track coupling vibration based on Timoshenko beam model. J Southwest Jiaotong Univ 38(1):22–27

36. Xie W, Zhen B (2005) Steady-state dynamic analysis of Winkler beam under moving loads. J Wuhan Univ Technol 27(7):61–63

37. Luo Y, Shi D, Tan X (2008) Finite element analysis of dynamic characteristic on continuous welded rail track under longitudinal temperature force. Chin Q Mech 29(2):284–290

38. Wei Q, Deng Y, Feng Y (2008) Study on vibration characteristics of metro track structure of linear induction motor. Railway Archit 3:84–88

39. Gao L, Tao K, Qu C, Xin T (2009) Study on the spatial mechanical characteristics of welded turnout on the ridges for passenger dedicated lines. China Railway Sci 30(1):29–34

40. Feng Q, Lei X, Lian S (2010) Vibration analysis of high-speed railway subgrade-ground system. J Railway Sci Eng 7(1):1–6

41. Bian X, Yunmin C (2005) Dynamic analyses of track and ground coupled system with high-speed train loads. Chin J Theor Appl Mech 37(4):477–484

42. Bian X (2005) Dynamic analysis of ground and tunnel responses due to high-speed train moving loads. Doctor's Dissertation of Zhejiang University, Hangzhou

43. Bian X, Yunmin C (2007) Characteristics of layered ground responses under train moving loads. Chin J Rock Mech Eng 26(1):182–189

44. Xie W, Hu J, Xu J (2002) Dynamic responses of track-ground system under high-speed moving loads. Chin J Rock Mech Eng 21(7):1075–1078

45. Xie W, Wang G, Yu Y (2004) Calculation of soil deformation induced by moving load. Chin J Geotech Eng 26(3):318–322

46. Nie Z, Liu B, Li L, Ruan B (2006) Study on the dynamic response of the track/subgrade under moving load. China Railway Sci 27(2):15–19

47. Lie X (2006) Study on critical velocity and vibration boom of track. J Geotech Eng 28(3):419–422

48. Lei X (2007) Dynamic analyses of track structure with fourier transform technique. J China Railway Soc 29(3):67–71

49. Lei X (2006) Study on ground waves and track vibration boom induced by high speed trains. J China Railway Soc 28(3):78–82

50. Lei X (2007) Analyses of track vibration and track critical velocity for high-speed railway with fourier transform technique. China Railway Sci 28(6):30–34

51. He Z, Zhai W (2007) Ground vibration generated by high-speed trains along slab tracks. China Railway Sci 28(2):7–11

52. Li Z, Gao G, Feng S, Shi G (2007) Analysis of ground vibration induced by high-speed train. J Tongji Univ (Sci) 35(7):909–914

53. Wua Y-S, Yang Y-B (2004) A semi-analytical approach for analyzing ground vibrations caused by trains moving over elevated bridges. Soil Dyn Earthq Eng 24:949–962

54. Xia H, Cao YM, De Roeck G (2010) Theoretical modeling and characteristic analysis of moving-train induced ground vibrations. J Sound Vib 329:819–832

55. Liu X, Wang P, Wan F (1998) A space-coupling vibration model of wheel/rail system and its application. J China Railway Soc 20(3):102–108

56. Li D, Zeng Q (1997) Dynamic analysis of train-tangent track space coupling time varying system. J China Railway Soc 19(1):101–107

57. Liang B, Cai Y, Zhu D (2000) Dynamic analysis on vehicle-subgrade model of vertical coupled system. J China Railway Soc 22(5):65–71

58. Su Q, Cai Y (2001) A spatial time-varying coupling model for dynamic analysis of high speed railway subgrade. J Southwest Jiaotong Univ 36(5):509–513

59. Wang Q, Cai C, Luo Q, Cai Y (1998) Allowable values of track deflection angles on high speed railway bridge-subgrade transition sections. J China Railway Soc 20(3):109–113

60. Luo Q, Cai Y, Zhai W (1999) Dynamic performance analyses of high-speed railway bridge-subgrade transition. Eng Mech 16(5):65–70

61. Luo Q, Cai Y (2000) Study on deformation limit and reasonable length of high-speed railway bridge-subgrade transition section. Railway Stand Des 6–7:2–4

62. Wang P (1997) Dynamic research on turnout wheel-track system. Doctor's Dissertation of Southwest China Jiaotong University, Chengdu

63. Ren Z (2000) Dynamic research on vehicle-turnout system. Doctor's Dissertation of Southwest China Jiaotong University, Chengdu

64. Chen G (2000) Analysis of random vibration of vehicle-track coupling system. Doctor's Dissertation of Southwest China Jiaotong University, Chengdu

65. Lei X (2002) New methods of track dynamics and engineering. China Railway Publishing House, Beijing

66. Lei X, Mao L (2001) Analyses of dynamic response of vehicle and track coupling system with random irregularity of rail vertical profile. China Railway Sci 22(6):38–43

67. Lu F, Kennedy D, Williams FW, Lin JH (2008) Symplectic analysis of vertical random vibration for coupled vehicle–track systems. J Sound Vib 317:236–249

68. National Standard of the People's Republic of China (1985) Railway vehicle specification for evaluation the dynamic performance and accreditation Test (GB 5599-85). China Railway Publishing House, Beijing

69. Professional Standard of the People's Republic of China (2007) Temporary regulation for Newly Built 300–350 km/h passenger dedicated line. Railway Construction No. 47. China Railway Publishing House, Beijing

70. National Standard of the People's Republic of China (1990) Emission standards and measurement methods of railway noise on the boundary alongside railway line (GB 12525-90). China Environmental Science Press, Beijing

71. National Standard of the People's Republic of China (2008) Standard of environmental noise of urban area (GB3096-2008). China Environmental Science Press, Beijing

72. National Standard of the People's Republic of China (1989) Standard of environmental vibration in urban area (GB 10070-88). China Environmental Science Press, Beijing

73. Professional Standard of the People's Republic of China (2009) Standard for limit and measuring method of building vibration and secondary noise caused by urban rail transit (JGJ/T170-2009). China Architecture & Building Press, Beijing

74. National Standard of the People's Republic of China (2009) Technical specifications for protection of historic buildings against man-made vibration (GB 50452-2008). China Architecture and Building Press, Beijing

제2장 궤도구조의 동적 분석을 위한 해석법

고속철도와 중(重)하중 철도의 지속적인 운행에 따라 궤도구조의 동적 분석은 철도공학 분야에서 중요한 연구주제로 되었다. 이 장에서는 궤도구조의 연속 탄성 보 모델(continuous elastic beam model)을 설정하여 궤도구조의 동적 분석을 위한 해석법을 논의하며, 고속열차가 유발한 지반 표면파와 강한 궤도 진동의 특성이 해석법으로 분석된다. 마지막으로, 궤도 임계속도와 궤도 진동에 대한 강성의 영향이 연구된다.

2.1 고속열차가 유발한 지반 표면파와 궤도 진동

열차속도의 증가는 궤도와 지반 표면에 대하여 열차가 유발한 동적 작용을 증가시킬 수 있다고 이해된다. 이것의 발생은 고속 주행 하에서 특히 심각하다. 연구는 열차속도가 어떤 임계속도에 도달하거나 초과할 때, 고속열차가 궤도구조의 강한 진동을 초래하는 표면파를 유발할 것임을 보여주었다. 한편, 도상과 노반을 통한 파동 전파 때문에 철도선로를 따라 주변 건물의 강한 진동과 구조물−전달 소음(structure−borne noise)이 있을 것이다. 궤도−도상−노반−지반 시스템에는 주로 두 종류의 임계파 속도(critical wave velocity), 즉 지반 표면에 대한 레일리파(Rayleigh wave)의 파동 속도(wave velocity)와 궤도로 전파되는 굽힘파(bending wave)의 최소 위상 속도(minimum phase velocity)가 있으며, 후자는 궤도 임계속도(track critical velocity)라고도 부른다. 궤도 임계속도는 지반 매체(ground media)의 서로 다른 물리적 전파에 따라 달라진다. 궤도기초가 연약지반(soft ground)일 때는 고속열차에 대하여 이들 두 종류의 임계파 속도에 도달하거나 초과하기 쉽다. 스웨덴의 Madshus와 Kaynia[1]는 X2000 고속열차의 시험 중에 이 현상을 발견하였다. 근년에 관련 연구가 수행되었다.

2.1.1 궤도구조의 연속 탄성 보 모델

궤도 임계속도(track critical velocity)와 강한 궤도 진동은 분석을 단순화하기 위하여 다음과 같은 해석법을 이용하여 조사된다. 궤도구조의 연속 탄성 보 모델은 **그림 2.1**에 나타낸 것처럼 설정된다.

달랑베르의 원리(d'Alembert's principle)에 따라, 감쇠를 제외한 궤도 진동에 대한 미분방정식은 다음과 같다.

$$EI\frac{\partial^4 w}{\partial x^4} + m\frac{\partial^2 w}{\partial t^2} + kw = -F\delta(x - Vt) \tag{2.1}$$

여기서, E, I는 탄성계수와 수평축에 관한 단면 2차 모멘트를 의미한다. w는 레일 수직 처짐이고, m은 단위 길이당 궤도 질량이다. k는 등가 궤도 강성이고, δ는 디랙 함수(Dirac function)이다. V는 열차 속도이고, F는 윤축 하중이다.

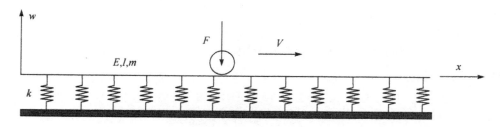

그림 2.1 궤도구조의 연속 탄성 보 모델

다음과 같이 정의하면,

$$\epsilon_1^2 = \frac{m}{4EI}, \quad \epsilon_2^4 = \frac{k}{4EI} \tag{2.2}$$

식 (2.1)은 다음과 같이 변형될 수 있다.

$$\frac{\partial^4 w}{\partial x^4} + 4\epsilon_1^2\frac{\partial^2 w}{\partial t^2} + 4\epsilon_2^4 w = -\frac{F}{EI}\delta(x - Vt) \tag{2.3}$$

먼저, 자유 진동을 고려해보자. $F = 0$이라고 가정하면, 식 (2.3)에 대한 해는 다음과 같다.

$$w(x, t) = e^{\frac{j2\pi(x - ct)}{\lambda}} \tag{2.4}$$

여기서, λ는 진동 파장이고, c는 진동파 전파속도이다.

식 (2.4)를 식 (2.3)에 대입하면 다음을 갖는다.

$$c = \frac{1}{2\epsilon_1}\left\{\frac{\lambda^2\epsilon_2^4}{\pi^2} + \left(\frac{2\pi}{\lambda}\right)^2\right\}^{\frac{1}{2}} \tag{2.5}$$

$\lambda = \dfrac{\sqrt{2}\,\pi}{\epsilon_2}$일 때, c는 최소를 얻으며, 그러면 다음이 도출된다.

$$c_{\min} = \sqrt[4]{\frac{4kEI}{m^2}} \tag{2.6}$$

$c_{\min}$은 궤도구조에서 굽힘파(bending wave)의 최소 위상(位相) 속도(minimum phase velocity)이며, 궤도 임계속도(track critical velocity)라고도 부른다.

다음으로, 윤축 하중 F를 고려하면, 해식(解式, solution)은 $w(x-Vt)$이다. $z=x-Vt$를 도입하면, 식 (2.3)은 다음과 같이 변형될 수 있다.

$$\frac{\partial^4 w}{\partial z^4} + 4\epsilon_1^2 V^2 \frac{\partial^2 w}{\partial z^2} + 4\epsilon_2^4 w = -\frac{F}{EI}\delta(z) \tag{2.7}$$

식 (2.7)에 대한 특성방정식은 다음과 같다.

$$p^4 + 4\epsilon_1^2 V^2 p^2 + 4\epsilon_2^4 = 0 \tag{2.8}$$

위의 특성방정식에 대한 해는 계수에 관련된다. $V < \dfrac{\epsilon_2}{\epsilon_1}$일 때(주 : 기존의 중국과 국제적 궤도구조는 모두 이 부등식을 충족시킨다), 식 (2.8)에 대한 해는 다음과 같다.

$$p = \pm\alpha \pm j\beta \tag{2.9}$$

여기서

$$\alpha = \left(\epsilon_2^2 - V^2 \epsilon_1^2\right)^{\frac{1}{2}}, \quad \beta = \left(\epsilon_2^2 + V^2 \epsilon_1^2\right)^{\frac{1}{2}} \tag{2.10}$$

그리고 식 (2.7)에 대한 해는 다음과 같아야 한다.

$$w(z) = e^{\alpha z}(D_1 \cos\beta z + D_2 \sin\beta z) + e^{-\alpha z}(D_3 \cos\beta z + D_4 \sin\beta z) + \phi(z) \tag{2.11}$$

여기서, $\phi(z)$은 외부 하중에 관련된다.

$z=0$일 때, x는 차륜-레일 접점에 위치한다. $z \neq 0$이고 $\phi(z) = 0$일 때, 식 (2.11)은 다음과 같이 변할 수 있다.

$$\begin{aligned} w_1(z) &= e^{\alpha z}(D_1 \cos\beta z + D_2 \sin\beta z) & z \leq 0 \\ w_2(z) &= e^{-\alpha z}(D_3 \cos\beta z + D_4 \sin\beta z) & z > 0 \end{aligned} \tag{2.12}$$

위의 방정식에서 4개의 미정(未定) 계수(undetermined coefficient)는 $z=0$일 때 4개의 경계조건에서 유도될 수 있다. 그들은 다음과 같다.

$$w_1\big|_{z=0}=w_2\big|_{z=0}, \quad \frac{\partial w_1}{\partial z}\bigg|_{z=0}=0, \quad \frac{\partial w_2}{\partial z}\bigg|_{z=0}=0, \quad EI\frac{\partial^3 w_1}{\partial z^3}\bigg|_{z=0}=\frac{F}{2} \tag{2.13}$$

식 (2.7)에 대한 해는 최종적으로 다음과 같이 산출해낼 수 있다.

$$w(z)=-\frac{F}{8EI\alpha\epsilon_2^2}e^{-\alpha|z|}\left(\cos\beta z+\frac{\alpha}{\beta}\sin\beta|z|\right) \tag{2.14}$$

다수의 이동 윤축 하중을 받는 궤도 진동에 대한 미분방정식은 다음과 같다.

$$EI\frac{\partial^4 w}{\partial x^4}+m\frac{\partial^2 w}{\partial t^2}+kw=-\sum_{i=1}^{N}F_i\delta(x-a_i-Vt) \tag{2.15}$$

여기서, F_i는 i번째 윤축의 하중이다. a_i는 첫 번째 윤축과 i번째 윤축 간의 거리이다. N은 윤축의 총수(總數)이다.

식 (2.15)에 대한 해는 중첩(重疊) 원리를 통하여 단일의 이동 윤축 해식(解式) (2.14)로부터 유도될 수 있다.

2.1.2 궤도 등가 강성과 궤도기초 탄성계수

궤도 등가 강성 k와 궤도기초 탄성계수 E_s는 밀접하게 관련된다. Vesic[7]은 반(半)-무한 영역 위 오일러 보(Euler beam)로 모델링된 궤도 등가 강성과 궤도기초 탄성계수 간의 관계를 산출하였다. 그러한 근거로, Heelis[8]는 궤도 등가 강성 k를 계산하기 위하여 다음의 식을 제안하였다.

$$k=\frac{0.65E_s}{1-v_s^2}\sqrt[12]{\frac{E_s B^4}{EI}} \tag{2.16}$$

여기서, E_s는 궤도기초 탄성계수이다(단위 : MN/m²). v_s는 푸아송비이다. B는 침목 길이이며, 통상적으로 2.5~2.6m이다. EI는 레일 휨 계수(flexural modulus)이다(단위 : MN/m²). k는 궤도 등가 강성이다(단위 : MN/m²).

일반적인 환경하에서, 궤도기초 탄성계수 E_s는 대략적으로 50~100MN/m²이다. $E_s=50\,\text{MN/m}^2$이고, 푸아송비 $v_s=0.35$일 때는 식 (2.16)에 따라 $k=56.148\,\text{MN/m}^2$이다. 연약 기초의 경우에, $E_s=10\,\text{MN/m}^2$이거나 더 낮기조차 하며, $k=9.82\,\text{MN/m}^2$로 귀착된다.

2.1.3 궤도 임계속도

앞에서 언급한 것처럼, 식 (2.6)은 궤도 임계속도에 대한 계산공식이며, 궤도 등가 강성 k, 레일 휨 계수 EI 및 단위 길이당 궤도 질량 m에 관련된다. m의 계산에서는 레일, 침목 및 도상의 질량이 포함되어야 한다. 예를 들어, 만일 레일이 60kg/m이고, 침목 배치가 1760침목/km이며, 도상 어깨 폭이 35cm이고, 도상 밀도가 2,000kg/m³인 경우에, 서로 다른 세 종류의 궤도기초 탄성계수에 상응하는 궤도 임계속도를 **표 2.1**에 나타낸다.

표 2.1 서로 다른 궤도기초 탄성계수에 상응하는 궤도 임계속도

파라미터	E_s (MN/m²)	k (MN/m²)	EI (MN/m²)	m (kg/m)	B (m)	c_{min} (m/s)
조밀한 점토(compacted clay)	50	56.15	13.25	2735	2.5	141.24
롬(loam)	10	9.82	13.25	2735	2.5	91.34
연약 노반(soft subgrade)	5	4.63	13.25	27.35	2.5	75.70

표 2.1에서, $E_s = 10\text{MN/m}^2$일 때는 $c_{min} = 91.34\text{m/s} = 328.8\text{km/h}$이며, $E_s = 5\text{MN/m}^2$일 때는 $c_{min} = 75.70\text{m/s} = 272.5\text{km/h}$임을 알 수 있다. 이들의 두 속도는 고속열차가 쉽게 넘어설 수 있다.

2.1.4 강한 궤도 진동의 분석

2.1.4.1 이동 윤축 하중 하에서의 강한 궤도 진동의 분석

궤도기초 탄성계수가 $E_s = 50\text{MN/m}^2$일 때, 궤도 임계속도는 **표 2.1**에 따라 $c_{min} = 141.24\text{m/s}$이다. 윤축 하중(차축 하중 $F = 170\text{kN}$)이 서로 다른 속도(각각, $V = 110, 130, 135$ 및 140m/s)로 궤도를 따라 이동한다고 가정하면, **그림 2.2**에서 궤도 진동 처짐 곡선으로 나타낸 것처럼, 궤도 진동이 그에 따라서 분석된다. 이 그림에서 윤축이 140m/s로 이동할 때 강한 궤도 진동이 유발될 것임을 알 수 있으며, 그것은 궤도 임계속도에 접근하고 있다.

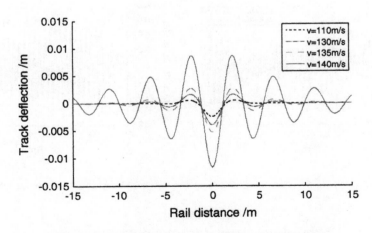

그림 2.2 서로 다른 속도로 이동하는 윤축 하중에 따른 궤도 진동 처짐

2.1.4.2 고속열차가 유발한 강한 궤도 진동의 분석

고속열차가 여러 가지의 속도로 주행할 때의 궤도 진동은 **그림 2.3**의 계산모델로 조사된다. 1량의 TGV 고속동력차와 4량의 TGV 고속부수차로 편성된 열차를 가정한다. TGV 고속동력차와 부수차에 대한 파라미터는 제6장에 주어진다. 계산 결과는 **그림 2.4**와 **2.5**에 주어지며, 각각 $E_s = 50\text{MN/m}^2$와 $E_s = 10\text{MN/m}^2$에 대한 궤도 처짐을 나타낸다. 이들의 두 그림에서는 휨강성(flexural stiffness) $EI = 13.25\text{MN m}^2$(즉, 60kg/m의 두 레일에 대한 휨강성)의 실선과 두 배의 휨강성(즉, 60kg/m의 두 가드레일로 증가)의 점선으로 궤도 처짐에 대한 두 종류의 휨강성의 영향을 나타낸다.

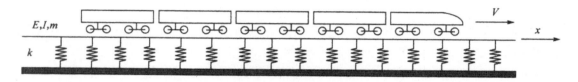

그림 2.3 TGV 고속열차의 계산모델

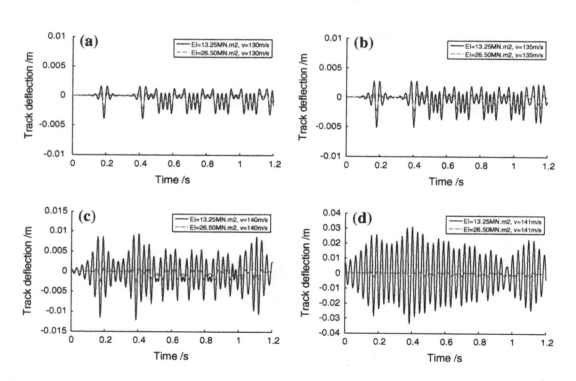

그림 2.4 $E_s = 50\text{MN/m}^2$에 대한 궤도 처짐. (a) 열차속도 130m/s, (b) 열차속도 135m/s, (c) 열차속도 140m/s, (d) 열차속도 141m/s

전술의 계산 결과에 기초하여, 몇 가지 결론은 다음과 같이 요약된다.

① 열차속도가 궤도 임계속도에 가까워질 때는 **그림 2.2, 2.4** 및 **2.5**에 나타낸 것처럼 강한 진동이 유발될 것이다.

② 궤도기초 탄성계수는 궤도 임계속도에 영향을 미치는 주요인(主要因)이다. 특히 궤도기초가 연약 노반일 때는 궤도 임계속도가 훨씬 더 낮으며, 이 속도는 중간속도나 고속의 열차가 쉽게 넘어설 수 있다.

③ 열차속도가 궤도 임계속도보다 낮을 때는 **그림 2.4**(a), (b)와 **2.5**(a), (b)에 나타낸 것처럼 레일 휨강성의 증가가 궤도변형 감소에 대하여 뚜렷한 영향을 미치지 않는다. 그러나 열차속도가 궤도 임계속도에 가까워질 때는 **그림 2.4**(c), (d)와 **2.5**(c), (d)에 나타낸 것처럼 레일 휨강성의 증가가 궤도변형 감소에 대하여 상당한 영향을 미친다.

④ 레일 휨강성은 궤도 진동 파형과 진폭에 특정한 영향을 미친다. 레일 휨강성이 작을 때는 진동 파형이 여러 개이고, 진폭이 더 커지며, 반대의 경우도 마찬가지이다. 열차속도가 궤도 임계속도에 가까워질 때는 **그림 2.4**(c), (d)와 **2.5**(c), (d)에 나타낸 것처럼 이 현상이 특히 명백하다. 진동이 더 빈번할수록, 진폭이 더 커지고, 도상이 액상화될 가능성이 있으며, 이것은 궤도기초의 안정성을 줄일 것이다.

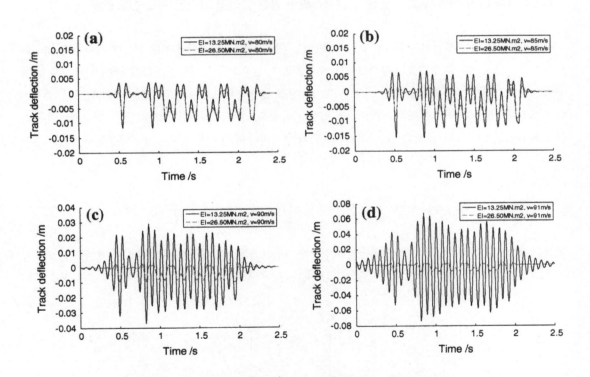

그림 2.5 E_s = 10MN/m²에 대한 궤도 처짐. (a) 열차속도 80m/s, (b) 열차속도 85m/s, (c) 열차속도 90m/s, (d) 열차속도 91m/s

2.2 궤도 진동에 대한 갑작스러운 궤도 강성 변화의 영향

철도선로에는 많은 수의 교량, 건널목 및 딱딱한 암거가 있다. 노반에서 교대나 건널목 및 또는 암거로의 궤도 과도(過渡)구간(transition)에는 고르지 않은 궤도 강성이 나타난다. 일부의 경우에는 갑작스러운 궤도 강성 변화가 있을 것이다. 경험은 열차가 갑작스러운 강성 변화의 지역에서 주행할 때 큰 궤도변형을 초래하는 추가의 동적 작용이 유발될 것임을 나타내었다. 또한, 차량 승차감이 훼손될 것이며, 또는 최악의 경우에 열차운행사고가 유발될 것이다. 국내외에는 철도궤도의 고르지 않은 강성에 관해 풍부한 연구가 있으며[12~17], 비록 약간의 발견이 있기는 하지만, 실험방법으로 제한된다.

이 절에서는 궤도구조의 동적 분석을 위한 해석법으로 궤도 진동에 대한 갑작스러운 궤도 강성 변화의 영향이 조사된다. 단순화된 분석모델을 설정함으로써, 궤도 진동에 대한 궤도 틀림, 기초강성 및 열차속도의 영향이 분석된다.

2.2.1 이동 하중 하에서 궤도 틀림과 갑작스러운 강성 변화를 고려한 궤도 진동모델

분석을 단순화하는 분석법은 일정한 속도 V 로 이동하는 윤축 하중 하에서 궤도 진동에 대한 궤도 틀림과 갑작스러운 강성 변화의 영향을 조사하기 위하여 채용된다. 단순화된 분석모델은 **그림 2.6**에 나타낸다. 좌표 원점은 갑작스러운 강성 변화의 지점에 설정된다. 원점의 왼쪽에 대해서는 궤도기초 강성이 k_1 이고, 처짐은 w_1 이며, 원점의 오른쪽에 대해서는 궤도기초 강성이 k_2 이고, 처짐은 w_2 이다. 예를 들어, 달랑베르의 원리 (d'Alembert's principle)에 따라, w_1 을 취하면, 감쇠를 제외한 궤도 진동에 대한 미분방정식은 다음과 같이 된다.

$$EI\frac{\partial^4 w_1}{\partial x^4} + m\frac{\partial^2 w_1}{\partial t^2} + k_1 w_1 = -\left(F + m_0\frac{\partial^2(w_1 + \eta)}{\partial t^2}\right)\delta(x - Vt) \tag{2.17}$$

여기서, E , I 는 탄성계수와 수평축에 관한 단면 2차 모멘트를 의미한다. w_1 은 레일 수직 처짐이다. η 는 궤도 틀림이다. m 은 단위 길이당 궤도 질량이다. k_1 은 궤도기초 강성이고, F 는 이동 윤축 하중을 나

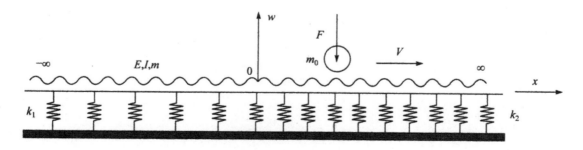

그림 2.6 이동하중 하에서 궤도 진동에 대한 궤도 틀림과 갑작스러운 강성 변화를 고려한 궤도 진동모델

타낸다. m_0는 윤축 질량이다. V는 윤축 이동속도이고, δ는 디랙 함수(Dirac function)이다.

궤도 틀림 η가 코사인 함수라고 가정하면 다음과 같이 된다.

$$\eta = a\left[1 - \cos\frac{2\pi(x - Vt)}{l}\right] \tag{2.18}$$

여기서, a는 궤도 틀림의 진폭이다. l은 궤도 틀림의 파장이다.

다음과 같이 정의하면

$$\epsilon_1^2 = \frac{m}{4EI}, \quad \gamma_1^4 = \frac{k_1}{4EI} \tag{2.19}$$

식 (2.17)은 다음과 같이 변형될 수 있다.

$$\frac{\partial^4 w_1}{\partial x^4} + 4\epsilon_1^2\frac{\partial^2 w_1}{\partial t^2} + 4\gamma_1^4 w_1 = -\frac{1}{EI}\left(F + m_0\frac{\partial^2(w_1 + \eta)}{\partial t^2}\right)\delta(x - Vt) \tag{2.20}$$

전술의 방정식에 대한 해는 $(x - Vt)$, 다시 말해서 $w_1 = w_1(x - Vt)$에 관련된다. $z = x - Vt$를 도입함으로써, 식 (2.20)은 다음과 같이 변한다.

$$\frac{\partial^4 w_1}{\partial z^4} + 4\epsilon_1^2 V^2\frac{\partial^2 w_1}{\partial z^2} + 4\gamma_1^4 w_1 = -\frac{1}{EI}\left(F + m_0\frac{\partial^2(w_1 + \eta)}{\partial t^2}\right)\delta(z) \tag{2.21}$$

식 (2.21)에 대한 특성방정식은 다음과 같다.

$$p^4 + 4\epsilon_1^2 V^2 p^2 + 4\gamma_1^4 = 0 \tag{2.22}$$

전술의 특성방정식에 대한 해는 계수에 관련된다. $V < \dfrac{\gamma_1}{\epsilon_1}$인 경우에, 식 (2.22)는 다음과 같이 풀 수 있다.

$$p = \pm\,\alpha_1 \pm j\beta_1 \tag{2.23}$$

여기서

$$\alpha_1 = \left(\gamma_1^2 - V^2\epsilon_1^2\right)^{\frac{1}{2}}, \quad \beta_1 = \left(\gamma_1^2 + V^2\epsilon_1^2\right)^{\frac{1}{2}} \tag{2.24}$$

따라서 식 (2.21)에 대한 해는 다음과 같이 구할 수 있다.

$$w_1(z) = e^{\alpha_1 z}(D_1 \cos\beta_1 z + D_2 \sin\beta_1 z) + e^{-\alpha_1 z}(D_3 \cos\beta_1 z + D_4 \sin\beta_1 z) + \phi_1(z) \qquad (2.25)$$

여기서, $\phi_1(z)$은 외부 하중에 관련된다.

$z = 0$일 때, x는 차륜–레일 접점에 위치한다. $z \neq 0$일 때는 $\phi_1(z) = 0$이다. $z \rightarrow -\infty$일 때, w_1은 유한의 값이어야 한다. 그러므로 $D_3 = D_4 = 0$, 그리고 식 (2.25)는 다음과 같이 변할 수 있다.

$$w_1(z) = e^{\alpha_1 z}(D_1 \cos\beta_1 z + D_2 \sin\beta_1 z) \qquad z \leq 0 \qquad (2.26)$$

여기서, D_1, D_2는 경계조건과 관련된 미정(未定) 계수이다.

유사하게, 좌표 원점의 오른쪽에 대한 궤도 진동 미분방정식은 다음과 같다.

$$EI\frac{\partial^4 w_2}{\partial x^4} + m\frac{\partial^2 w_2}{\partial t^2} + k_2 w_2 = -\left(F + m_0\frac{\partial^2 (w_2 + \eta)}{\partial t^2}\right)\delta(x - Vt) \qquad (2.27)$$

여기서, w_2는 오른쪽 궤도의 수직 처짐이고, k_2은 오른쪽 궤도의 기초강성이다.

식 (2.17)의 해법에 따라 식 (2.27)을 풀면 다음의 식을 구할 수 있다.

$$w_2(z) = e^{-\alpha_2 z}(D_3 \cos\beta_2 z + D_4 \sin\beta_2 z) \qquad z \geq 0 \qquad (2.28)$$

여기서

$$\alpha_2 = \left(\gamma_2^2 - V^2 \epsilon_2^2\right)^{\frac{1}{2}}, \quad \beta_2 = \left(\gamma_2^2 + V^2 \epsilon_2^2\right)^{\frac{1}{2}} \qquad (2.29)$$

$$\epsilon_2^2 = \frac{m}{4EI}, \quad \gamma_2^4 = \frac{k_2}{4EI} \qquad (2.30)$$

여기서, D_3, D_4는 경계조건과 관련된 미정(未定) 계수이다.

식 (2.26)과 (2.28)에서 4개의 미정(未定) 계수(undetermined coefficient)는 $z = 0$일 때 4개의 경계조건에서 유도될 수 있다. 그들은 다음과 같다.

$$w_1\big|_{z=0} = w_2\big|_{z=0} \qquad (2.31)$$

$$\frac{\partial w_1}{\partial z}\bigg|_{z=0} = \frac{\partial w_2}{\partial z}\bigg|_{z=0} \qquad (2.32)$$

$$\frac{\partial^2 w_1}{\partial z^2}\bigg|_{z=0} = \frac{\partial^2 w_2}{\partial z^2}\bigg|_{z=0} \qquad (2.33)$$

$$-\left.\frac{\partial^3 w_1}{\partial z^3}\right|_{z=0} + \left.\frac{\partial^3 w_2}{\partial z^3}\right|_{z=0} = -\left(\frac{F}{EI} + m_0 \frac{\partial^2 (w_2 + \eta)}{\partial t^2}\right)\Bigg|_{z=0} \tag{2.34}$$

식 (2.26)과 (2.28)을 전술의 네 가지 경계조건에 대입하면, 중복 전개(redundant derivation)를 통하여 다음의 해를 구할 수 있다.

$$w_1(z) = e^{\alpha_1 z}(C_1 \cos\beta_1 z + C_2 \sin\beta_1 z)C_3 \quad z < 0 \tag{2.35}$$

$$w_2(z) = e^{-\alpha_2 z}(C_1 \cos\beta_2 z + \sin\beta_2 z)C_3 \quad z \geq 0 \tag{2.36}$$

여기서

$$C_1 = \frac{2\beta_2(\alpha_1 + \alpha_2)}{(\alpha_1 + \alpha_2)^2 + \beta_1^2 - \beta_2^2}$$

$$C_2 = -\frac{\beta_2\left[(\alpha_1 + \alpha_2)^2 - \beta_1^2 + \beta_2^2\right]}{\beta_1\left[(\alpha_1 + \alpha_2)^2 + \beta_1^2 - \beta_2^2\right]}$$

$$C_3 = -\frac{F + m_0 a(2\pi V/l)^2}{EI(G_1 C_1 + G_2 C_2 + G_3 + G)}$$

$$G = \frac{m_0 V^2}{EI}\left[(\alpha_2^2 - \beta_2^2)C_1 - 2\alpha_2\beta_2\right]$$

$$G_1 = -\alpha_1^3 - \alpha_2^3 + 3\alpha_1\beta_1^3 + 3\alpha_2\beta_2^3$$

$$G_2 = -3\alpha_1^2\beta_1 + \beta_1^3$$

$$G_3 = 3\alpha_2^2\beta_2 - \beta_2^3$$

궤도가속도는 식 (2.35)와 (2.36)으로부터 다음과 같이 유도될 수 있다.

$$\frac{\partial^2 w_1}{\partial t^2} = V^2 e^{\alpha_1 z}\left\{\left[(\alpha_1^2 - \beta_1^2)C_1 + 2\alpha_1\beta_1 C_2\right]\cos\beta_1 z + \left[(\alpha_1^2 - \beta_1^2)C_2 - 2\alpha_1\beta_1 C_1\right]\sin\beta_1 z\right\}C_3 \quad z < 0 \tag{2.37}$$

$$\frac{\partial^2 w_2}{\partial t^2} = V^2 e^{-\alpha_2 z}\left\{\left[(\alpha_2^2 - \beta_2^2)C_1 - 2\alpha_2\beta_2\right]\cos\beta_2 z + \left[(\alpha_2^2 - \beta_2^2) + 2\alpha_2\beta_2 C_1\right]\sin\beta_2 z\right\}C_3 \quad z \geq 0 \tag{2.38}$$

다수의 이동 윤하중 하에서 궤도 진동에 대한 미분방정식은 다음과 같다.

$$EI\frac{\partial^4 w_1}{\partial x^4} + m\frac{\partial^2 w_1}{\partial t^2} + k_1 w_1 = -\sum_{i=1}^{N}\left(F_i - m_{0i}\frac{\partial^2(w_1 + \eta)}{\partial t^2}\right)\delta(x - a_i - Vt) \tag{2.39}$$

여기서, F_i는 i 번째 윤축의 이동 하중이다. m_{0i}는 i 번째 윤축의 질량이다. a_i는 첫 번째 윤축과 i 번째 윤축 간의 거리이다. N은 윤축의 총수(總數)이다.

식 (2.39)에 대한 해는 중첩(重疊) 원리를 통하여 이동 윤축 하중 하에서 해식(解式) (2.35)와 (2.36)으로부터 유도될 수 있다.

2.2.1.1 궤도 진동에 대한 궤도 틀림과 갑작스러운 궤도 강성 변화의 영향

궤도 진동 응답은 궤도 등가 강성 k_1, k_2, 레일 휨 계수 EI, 궤도 틀림의 진폭 a, 파장 l, 윤축 하중 F, 윤축 질량 m_0, 윤축 이동속도 V 및 단위 길이당 궤도 질량 m과 관련된다고 확인된다. m의 계산에서는 레일, 침목 및 도상의 질량이 포함되어야 한다. 궤도 진동에 대한 궤도 틀림과 갑작스러운 궤도 강성 변화의 영향을 더 잘 조사하기 위하여 궤도 가지런함(선형 맞춤)과 틀림(파장 $l = 2m$와 진폭 $a = 1mm$를 가진 주기적 틀림)의 두 조건 하에서 그리고 궤도 강성의 네 가지 경우, 즉 $k_2/k_1 = 1$, $k_2/k_1 = 2$, $k_2/k_1 = 5$ 및 $k_2/k_1 = 10$에 대하여 다음의 분석이 수행된다. **표 2.2**에 분명하게 나타낸 것처럼 서로 다른 조건 하에서 궤도 파라미터는 60kg/m의 레일, 1,760침목/km의 침목 배치, 30cm의 도상 두께, 35cm의 도상 어깨 폭, 2,000kg/m³의 도상 밀도 및 $E_s = 100MN/m^2$의 궤도기초 탄성계수이다.

표 2.2 계산 파라미터

경우	k_1 (MN/m²)	k_2 (MN/m²)	EI (MN m²)	m (kg/m)	m_0 (kg)	F (kN)
경우 1	k_2	118	13.25	2,735	2,000	170
경우 2	$k_2/2$	118	13.25	2,735	2,000	170
경우 3	$k_2/5$	118	13.25	2,735	2,000	170
경우 4	$k_2/10$	118	13.25	2,735	2,000	170

2.2.1.2 이동 윤축 하중을 받는 궤도 진동의 분석

여기서는 서로 다른 속도 $V = 60$, 70, 80 및 90m/s로 이동하는 윤축 하중을 받는 궤도 진동이 분석된다. 한편, 네 종류의 갑작스러운 궤도 강성 변화 및 궤도 가지런함(선형 맞춤)과 틀림(파장 $l = 2m$와 진폭 $a = 1$ mm)의 두 조건도 또한 고려된다. 궤도 처짐과 윤축 이동속도에 따른 가속도의 전체 진폭(total amplitude) 간의 관계는 **그림 2.7**과 **2.8**에 나타낸다. 가속도의 전체 진폭은 진동진폭(vibratory amplitude)의 최대와 최소 간의 차이로 정의된다.

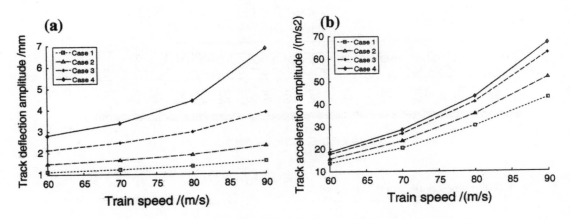

그림 2.7 이동 윤축 하중 하에서 매끈한(선형이 좋은) 궤도에 대한 처짐진폭과 궤도 가속도진폭 : (a) 궤도 처짐진폭, (b) 궤도 가속도진폭

2.2.1.3 고속열차가 유발한 궤도 진동의 분석

여기서는 $V = 90\text{m/s}$의 속도로 주행하는 고속열차에 대한 궤도 진동의 분석이 수행된다. 열차는 1량의 TGV 고속동력차와 4량의 TGV 고속부수차로 편성된다(TGV 고속동력차와 부수차에 대한 파라미터는 제6

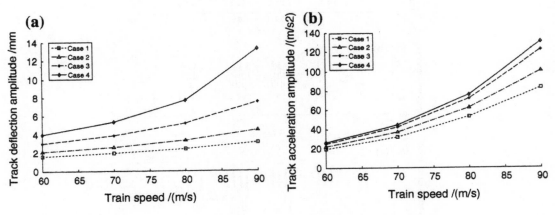

그림 2.8 이동 윤축 하중 하에서 궤도 틀림(파장 $l = 2\text{m}$와 진폭 $a = 1\text{mm}$)에 대한 궤도 처짐진폭과 궤도 가속도진폭 : (a) 궤도 처짐진폭, (b) 궤도 가속도진폭

장에 주어진다). 계산모델은 **그림 2.9**에 나타낸다. 궤도 진동을 분석하는 데에 네 종류의 갑작스러운 궤도 강성 변화 및 궤도 가지런함(선형 맞춤)과 틀림(파장 $l = 2\text{m}$와 진폭 $a = 1\text{mm}$)이 고려된다. 계산 결과는 **그림 2.10~2.13**에 나타낸 것처럼 갑작스러운 강성 변화의 지점에서의 궤도 처짐, 속도, 가속도 및 차륜-레일 힘의 시간 이력 곡선을 포함한다. **그림 2.14**는 서로 다른 궤도 강성비율을 가진 매끈한(선형이 좋은) 궤도에 대

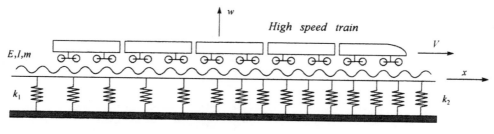

그림 2.9 고속열차로 유발된 궤도 진동의 분석모델

한 동적 계수(dynamic coefficient)를 나타낸다.

전술의 계산 결과부터 다음과 같은 결론이 도출될 수 있다.

① 갑작스러운 강성 변화는 궤도 진동에 영향을 미친다. **그림 2.10~2.13**에 나타낸 것처럼 궤도 강성비율이

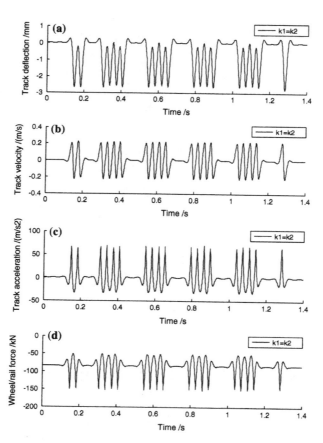

그림 2.10 갑작스러운 강성 변화의 지점에서의 궤도 처짐, 속도, 가속도 및 차륜—레일 힘의 시간 이력 곡선($k_1 = k_2$, $a = 1\text{mm}$)

클수록 더 큰 동적 응답이 유발된다.

② 고정된 궤도 강성비율에 대하여, 열차속도가 빠를수록 구조물의 더 큰 동적 응답이 유발된다. 이것은 **그림 2.7**과 **2.8**에서 분명하게 나타낸다.

③ 궤도 틀림은 궤도 진동에 상당한 영향을 미친다. 궤도 틀림 진폭이 클수록 구조의 더 큰 동적 응답이 유발된다.

④ 궤도 강성비율이 $k_2/k_1 = 1$, $k_2/k_1 = 2$, $k_2/k_1 = 5$ 및 $k_2/k_1 = 10$일 때, 궤도 처짐의 전체 진폭은 균일한 궤도 강성에 대한 것의 1.44, 2.42 및 4.27배이며, 궤도속도의 전체 진폭은 균일한 궤도 강성에 대한 것의 1.27, 1.84 및 2.73배이다. 게다가, 궤도가속도와 차륜–레일 힘의 전체 진폭은 균일한 궤도 강성에 대한 것의 1.18, 1.38 및 1.43배이다. 가속도와 차륜–레일 힘에 관하여, 만일 궤도 강성차이가 5배의 범위 내라면 궤도구조에 상당히 더 큰 영향을 가하는 두 파라미터는 궤도 진동에 더 큰 영향을 미친다; 만일 궤도 강성차이가 5배를 넘는다면, 궤도 진동에 대한 그들 영향의 증가 폭(※ 역자가 '의 증가 폭' 문구 추가)은 감소한다. 이들은 **그림 2.7**과 **2.8**에서 나타낸다.

⑤ 전체 진폭(total amplitude)은 구조진동의 진폭을 나타낸다. 확대된 진폭은 더 강한 구조적 진동을 의미

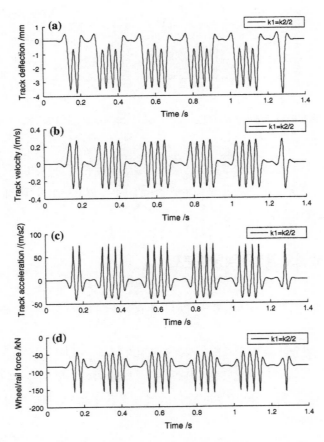

그림 2.11 갑작스러운 강성 변화의 지점에서의 궤도 처짐, 속도, 가속도 및 차륜–레일 힘의 시간 이력 곡선($k_1 = k_2/2$, $a = 1mm$)

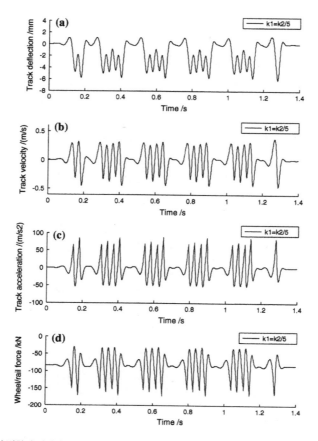

그림 2.12 갑작스러운 강성 변화의 지점에서의 궤도 처짐, 속도, 가속도 및 차륜─레일 힘의 시간 이력 곡선($k_1 = k_2/5$, $a = 1mm$)

하며, 노반 액상화를 유발하고 구조 기초의 안정성을 감소시킬 수 있다. 궤도 강성비율이 5배 이상에 달할 때, 상부와 하부 진동 파형 진폭이 근사(近似)하며, 그것은 궤도구조 안정성에 해로우며 피하여야 한다. 이들은 **그림 2.12**와 **2.13**에서 설명된다.

2.2.2 과도구간에서 궤도 강성의 적당한 분포

과도(過渡) 구간(transition)에서 궤도 강성의 적당한 분포는 다음의 요구사항을 충족시켜야 한다.

① 궤도 과도구간에서 가능한 한 같은 궤도 강성을 확보한다.
② 만일에 같은 강성을 보장하기 어렵다면, 궤도의 동적 처짐, 가속도 및 차륜─레일 접촉력이 너무 많이 변하지 않도록, 따라서 궤도 과도구간의 큰 충격으로 귀착되지 않도록 궤도 강성의 원활한(smooth) 과도(過渡)를 확실하게 한다.

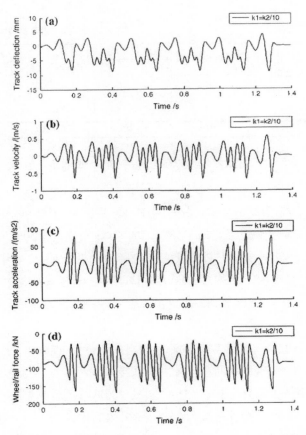

그림 2.13 갑작스러운 강성 변화의 지점에서의 궤도 처짐, 속도, 가속도 및 차륜―레일 힘의 시간 이력 곡선($k_1 = k_2/10$, $a = 1$mm)

과도구간의 궤도 강성을 고르게 하도록 관련된 구간의 탄성을 증가시키기 위해 딱딱한 구간의 침목 위에

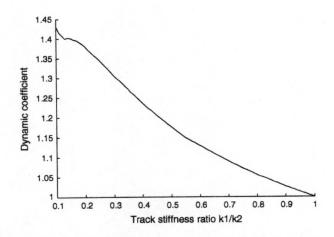

그림 2.14 서로 다른 궤도 강성비율을 가진 매끈한(선형이 좋은) 궤도에 대한 동적 계수(dynamic coefficient)

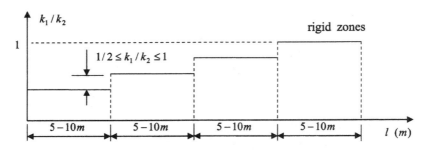

그림 2.15 층상(層狀) 보강 과도구간에서 궤도 강성

탄성 레일패드를 설치하든가, 침목 아래에 고무층이나 도상을 부설하는 것이 바람직하다. 또한, 과도구간에 긴 침목, 가드레일, 그리고 교두(橋頭)에 콘크리트 어프로치 슬래브와 볼스터(bolster, 지지물)를 이용하여 궤도기초 강성을 증가시킬 수 있다. 게다가, 궤도 강성을 증가시키기 위해서는 도상 바닥에 토목 섬유(geosynthetic) 재료를 부설하고, 모래층을 아스팔트 모르터로 치환하거나, 굵은 골재 채움과 보강토 성토를 적용하는 것이 바람직하다. 궤도 강성의 원활한 과도를 위한 거리는 열차속도에 좌우되며, 속도가 빠를수록 거리가 더 길어진다[19].

그림 2.14의 결과에 따르면, $k_1/k_2 = 1/2$일 때, 동적 계수는 $\alpha = 1.17$이다. 이것에 기초하여, 과도구간의 합리적인 궤도 강성의 설계를 위하여 다음의 제언이 제안된다.

① 과도구간에는 간편한 시공을 위하여 보통 3~4층의 층상(層狀) 보강을 택한다.

② 궤도 과도구간에서 열차가 유발한 동적 계수와 각 층의 강성비율은 $\alpha \leq 1.2$와 $1/2 \leq k_1/k_2 \leq 1$과 같은 조건을 충족시켜야 한다.

③ 각각의 층에 대한 원활한 과도구간의 거리는 $l = 5 \sim 10\,\mathrm{m}$이다. 열차속도가 $V \leq 160\,\mathrm{km/h}$일 때는 $l = 5\mathrm{m}$이고, $V \geq 160\mathrm{km/h}$일 때는 $l = 10\mathrm{m}$이다. 이것은 **그림 2.15**에서 분명히 보여준다.

참고문헌

1. Madshus C, Kaynia A (1998) High speed railway lines on soft ground: dynamic response of rail-embankment-soil system. NGI515177-1
2. Krylov VV (1994) On the theory of railway induced ground vibrations. J Phys 4(5):769–772
3. Krylov VV (1995) Generation of ground vibrations by super fast trains. Appl Acoust 44:149–164
4. Krylov VV, Dawson AR (2000) Rail movement and ground waves caused by high speed trains approaching track-soil critical velocities. Proc Instit Mech Eng Part F J Rail Rapid Transit 214 (F):107–116
5. Xiaoyan Lei, Xiaozhen Sheng (2004) Railway traffic noise and vibration. Science Press, Beijing
6. Belzer AI (1988) Acoustics of solids. Springer, Berlin
7. Vesic AS (1961) Beams on elastic subgrade and the Winkler hypothesis. In: Proceedings of the 5th international conference on soil mechanics and foundation engineering vol 1. Paris, France, pp 845–851
8. Heelis ME, Collop AC, Dawson AR, Chapman DN (1999) Transient effects of high speed trains crossing soft soil. In: Barends et al. (eds) Geotechnical engineering for transportation infrastructure. Balkema, Rotterdam, pp 1809–1814
9. Lei X, Sheng X (2008) Advanced studies in modern track theory, 2nd edn. China Railway Publishing House, Beijing
10. Lei X (2006) Study on critical velocity and vibration boom of track. Chin J Geotech Eng 28 (3):419–422
11. Lei X (2006) Study on ground waves and track vibration boom induced by high speed trains. J China Railway Soc 28(3):78–82
12. Kerr AD, Moroney BE (1995) Track transition problems and remedies. Bull 742-Am Railway Eng Assoc Bull 742:267–297
13. Kerr AD (1987) A method for determining the track modulus using a locomotive or car on multi-axle trucks. Proc Am Railway Eng Assoc 84(2):270–286
14. Kerr AD (1989) On the vertical modulus in the standard railway track analyses. Rail Int 235 (2):37–45
15. Moroney BE (1991) A study of railroad track transition points and problems. Master's thesis of University of Delaware, Newark
16. Lei X, Mao L (2004) Dynamic response analyses of vehicle and track coupled system on track transition of conventional high speed railway. J Sound Vib 271(3):1133–1146
17. Lei X (2006) Effects of abrupt changes in track foundation stiffness on track vibration under moving loads. J Vibr Eng 19(2):195–199
18. Lei X (2006) Influences of track transition on track vibration due to the abrupt change of track rigidity. China Railway Sci 27(5):42–45
19. Liu L, Lei X, Liu X Designing and dynamic performance evaluation of roadbed-bridge transition on existing railways. Railway Stand Des 504(1):9–10

제3장 궤도구조의 동적 분석을 위한 푸리에 변환법

고속철도는 중장거리 수송에서 빠름, 안락함, 에너지 절감 및 환경친화와 같은 많은 장점을 갖고 있다. 열차속도의 증가에 따라 궤도와 지반에 대한 열차의 동적 작용은 명백하게 확대되며, 이는 열차가 높은 속도로 주행할 때 더 심해질 것이다. 국내외의 연구[1~4]는 열차속도가 어떤 임계속도에 도달되거나 초과할 때, 고속열차가 궤도구조의 강한 진동을 유발하는 지반 표면파를 유발할 것임을 나타내며, 그것은 열차의 안전과 승차감에 영향을 미치고 더 심각하게는 열차탈선으로 귀착될 수도 있다. 스웨덴의 Madshus와 Kaynia[1]는 고속열차 X2000의 시험에서 고속열차로 유발된 궤도구조의 강한 진동 동안 동적 힘의 계수가 정상적인 경우의 10배였다고 이 현상을 언급하였다. 고속열차가 유발한 표면파와 강한 궤도 진동은 세계의 많은 학자와 철도기술자에게 많은 관심을 끌었다. 근년에는 궤도 진동과 표면파에 관한 상당한 수의 연구들이 출현하고 있다.

이 장에서는 궤도구조의 동적 분석에 푸리에 변환법(Fourier transform method)이 적용된다. 먼저, 궤도구조 진동방정식에 대하여 푸리에 변환이 수행되며, 진동 변위는 푸리에 변환영역에서 해결된다. 다음에, 궤도구조의 진동 응답은 고속 역(逆) 이산 푸리에 변환(fast inverse discrete Fourier transform)을 통하여 구해질 수 있다.

3.1 궤도구조에 대한 단-층 연속 탄성 보의 모델

궤도구조에 대한 단-층(單層) 연속 탄성 보 모델(single-layer continuous elastic beam model)은 **그림 3.1**에 나타낸다. 이것의 진동 미분방정식은 다음과 같다.

$$E_r I_r \frac{\partial^4 w}{\partial x^4} + m_r \frac{\partial^2 w}{\partial t^2} + c_r \frac{\partial w}{\partial t} + k_s w = -\sum_{l=1}^{n} F_l \delta(x - Vt - a_l) \tag{3.1}$$

여기서, E_r, I_r는 각각 레일 탄성계수와 수평축에 관한 단면 2차 모멘트를 나타낸다. $w(x,t)$는 레일 수직 처짐을 나타내고, m_r은 단위 길이당 궤도 질량이다. c_r은 궤도구조의 등가 감쇠이다. k_s는 궤도기초 등가 강성이며, δ는 디랙 함수(Dirac function)이다. V는 열차 이동속도이고, F_l은 l번째 윤축의 1/2 차축 하중을 나타낸다. a_l은 $t = 0$일 때 l번째 윤축과 좌표 원점 간의 거리이다. n은 윤축의 총수(總數)이다.

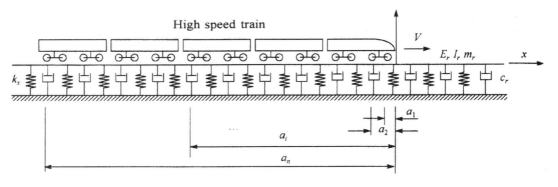

그림 3.1 궤도구조의 단–층 연속 탄성 보 모델(역주 : 우측에 있는 상향 화살표의 기호는 'w'라고 생각됨)

3.1.1 푸리에 변환

푸리에 변환(Fourier transform)은 다음과 같이 정의된다.

$$W(\beta, t) = \int_{-\infty}^{\infty} w(x, t)\, e^{-i\beta x}\, dt \tag{3.2}$$

그리고 역(逆) 푸리에 변환(inverse Fourier transform)은 다음과 같다.

$$w(x, t) = \frac{1}{2\pi} \int_{-\infty}^{\infty} W(\beta, t)\, e^{i\beta x}\, d\beta \tag{3.3}$$

여기서, β는 진동 파수(vibration wave number)를 나타낸다(단위 : rad/m).

식 (3.1)에 푸리에 변환을 적용하면 다음과 같이 된다.

$$E_r I_r (i\beta)^4 W(\beta, t) + m_r \frac{\partial^2 W(\beta, t)}{\partial t^2} + c_r \frac{\partial W(\beta, t)}{\partial t} + k_s W(\beta, t) = -\sum_{l=1}^{n} F_l\, e^{-i\beta(a_l + Vt)} \tag{3.4}$$

차량 하중이 조화 가진(調和加振, harmonic excitation, 역주 : 시스템에 가해지는 특정 주파수의 정현파 (正弦波) 외력), 즉 $F_l = F_l e^{i\Omega t}$ 이라고 가정하면, 식 (3.4)의 오른쪽 항은 다음과 같이 쓸 수 있다.

$$
\begin{aligned}
-\sum_{l=1}^{M} F_l\, e^{-i\beta(a_l + Vt)} e^{i\Omega t} &= -\sum_{l=1}^{M} F_l\, e^{-i\beta a_l} e^{i(\Omega - \beta V)t} \\
&= -\sum_{l=1}^{M} F_l\, e^{-i\beta a_l} e^{i\omega t} \\
&= -\widetilde{F}(\beta) e^{i\omega t} = -\overline{F}(\beta, t)
\end{aligned} \tag{3.5}
$$

여기서

$$\overline{F}(\beta, t) = \widetilde{F}(\beta)e^{i\omega t}, \quad \widetilde{F}(\beta) = \sum_{l=1}^{n} F_l \, e^{-i\beta a_l} \tag{3.6}$$

차량 하중이 조화 가진이라는 사실 때문에, 변위 응답은 다음과 같이 나타낼 수 있다.

$$W(\beta, t) = \widetilde{W}(\beta)e^{i\omega t} \tag{3.7}$$

여기서, $\omega = \Omega - \beta V$와 Ω는 하중 가진 주파수이다(단위 : rad/s).

식 (3.5)와 (3.6)을 식 (3.4)에 대입하면 다음을 산출한다.

$$E_r I_r \beta^4 \widetilde{W}(\beta) - m_r \omega^2 \widetilde{W}(\beta) + i\omega c_r \widetilde{W}(\beta) + k_s \widetilde{W}(\beta) = -\widetilde{F}(\beta) \tag{3.8}$$

식 (3.8)은 다음과 같이 풀어진다.

$$\widetilde{W}(\beta) = -\frac{\widetilde{F}(\beta)}{E_r I_r \beta^4 - m_r (\Omega - \beta V)^2 + i c_r (\Omega - \beta V) + k_s} \tag{3.9}$$

전술의 방정식을 먼저, 식 (3.7)에, 그다음에 식 (3.3)에 대입하고 역 푸리에 변환을 수행한다. 즉

$$\widetilde{w}(x, t) = \frac{1}{2\pi} \int_{-\infty}^{\infty} W(\beta, t) \, e^{i\beta x} d\beta \tag{3.10}$$

최종적인 해는 다음과 같다.

$$w(x, t) = \widetilde{w}(x, t)e^{i\phi} \tag{3.11}$$

여기서, ϕ는 복소변위(復素變位, complex displacement) $\widetilde{w}(x, t)$의 위상 각(phase angle)이다.

3.1.2 역 이산 푸리에 변환

역(逆) 이산(離散) 푸리에 변환(inverse discrete Fourier transform)은 다음과 같이 나타낼 수 있다.

$$\widetilde{w}(x, t) = \frac{1}{2\pi} \int_{-\infty}^{\infty} W(\beta, t) \, e^{i\beta x} d\beta \approx \frac{\Delta\beta}{2\pi} \sum_{j=-N+1}^{N} W(\beta_j, t) \, e^{i\beta_j x} \tag{3.12}$$

다음과 같은 식을 취하면[10],

$$\beta_k = (k - N)\Delta\beta - \frac{\Delta\beta}{2}, \quad k = 1, 2, \ldots, 2N \tag{3.13}$$

그리고 식 (3.13)을 식 (3.12)에 대입하면, 다음을 얻는다.

$$\widetilde{w}(x_m, t) \approx \frac{\Delta\beta}{2\pi} \sum_{k=1}^{2N} W(\beta_k, t)\, e^{i\beta_k x_m} \tag{3.14}$$

여기서

$$x_m = (m - N)\Delta x, \quad m = 1, 2, \cdots, 2N \tag{3.15}$$

그리고

$$\Delta x\, \Delta\beta = \Delta x \frac{2\pi}{L} = \frac{L}{2N}\frac{2\pi}{L} = \frac{\pi}{N} \tag{3.16}$$

여기서, L은 $\left(-\dfrac{L}{2},\ \dfrac{L}{2}\right)$의 공간적 주기(spatial period)이다.

그러므로 다음과 같다.

$$\Delta x = \frac{\pi}{N\Delta\beta}$$

따라서

$$\beta_k x_m = -\left(N - \frac{1}{2}\right)(m - N)\frac{\pi}{N} + (k - 1)(m - N)\frac{\pi}{N} \tag{3.17}$$

식 (3.17)을 식 (3.14)에 대입하면 다음과 같이 된다.

$$\widetilde{w}(x_m, t) \approx \frac{\Delta\beta}{2\pi} e^{-i(N - \frac{1}{2})(m - N)\pi/N} \sum_{k=1}^{2N} W(\beta_k, t)\, e^{i(k-1)(m-N)\pi/N} \tag{3.18}$$

3.1.3 MATLAB의 역 이산 푸리에 변환의 정의

MATLAB(매트랩, 역주 : matrix laboratory)의 역 이산 프리에 변환은 다음과 같이 정의된다.

$$\widetilde{w}_1(x_j, t) = \frac{1}{2N} \sum_{k=1}^{2N} W(\beta_k, t)\, e^{i(k-1)(j-1)\pi/N} \tag{3.19}$$

MATLAB 소프트웨어를 사용한 역 이산 프리에 변환 후에는 결과를 재정리할 필요가 있다. MATLAB에서 재정리된 결과 $\widehat{w}(x_m, t)$와 계산된 결과 $\widetilde{w}_1(x_j, t)$간의 관계는 다음과 같이 요약할 수 있다.

① j가 $1 \sim (N+1)$의 범위 내에 있을 때, $m = j + N - 1$이 변경된다. 즉,

$$\widehat{w}(x_m, t) = \widehat{w}(x_{j+N-1}, t) = \widetilde{w}_1(x_j, t) \tag{3.20a}$$

따라서 다음이 유도된다.

$$\widehat{w}(x_N, t) = \widetilde{w}_1(x_1, t)$$
$$\widehat{w}(x_{N+1}, t) = \widetilde{w}_1(x_2, t)$$
$$\dots$$
$$\widehat{w}(x_{2N}, t) = \widetilde{w}_1(x_{N+1}, t)$$

② j가 $(N+2) \sim 2N$의 범위 내에 있을 때, $m = j - N - 1$이 변경된다. 즉,

$$\widehat{w}(x_m, t) = \widehat{w}(x_{j-N-1}, t) = \widetilde{w}_1(x_j, t) \tag{3.20b}$$

따라서 다음이 유도된다.

$$\widehat{w}(x_1, t) = \widetilde{w}_1(x_{N+2}, t)$$
$$\widehat{w}(x_2, t) = \widetilde{w}_1(x_{N+3}, t)$$
$$\dots$$
$$\widehat{w}(x_{N-1}, t) = \widetilde{w}_1(x_{2N}, t)$$

식 (3.18)과 (3.19)를 비교하면, 다음을 갖는다.

$$\widetilde{w}(x_m, t) \approx \frac{\Delta \beta \cdot N}{\pi} e^{-i(N - \frac{1}{2})(m - N)\pi/N} \widehat{w}(x_m, t) \tag{3.21}$$

식 (3.21)을 식 (3.11)에 대입하면 다음과 같이 된다.

$$w(x_m, t) = \widetilde{w}(x_m, t) e^{i(\phi + \Omega t)} \tag{3.22}$$

여기서, ϕ는 복소변위(復素變位, complex displacement) $\widetilde{w}(x_m, t)$의 위상 각(phase angle)이다.

3.2 궤도구조에 대한 이중–층 연속 탄성 보 모델

슬래브궤도구조는 **그림 3.2**에 나타낸 것처럼 이중–층(二重層) 연속 탄성 보 모델(double–layer continuous elastic beam model)로 단순화될 수 있다. 그것의 진동 미분방정식은 다음과 같다.

$$E_r I_r \frac{\partial^4 w}{\partial x^4} + m_r \frac{\partial^2 w}{\partial t^2} + c_r\left(\frac{\partial w}{\partial t} - \frac{\partial y}{\partial t}\right) + k_p(w-y) = -\sum_{l=1}^{n} F_l \delta(x - Vt - a_l)$$

$$E_s I_s \frac{\partial^4 y}{\partial x^4} + m_s \frac{\partial^2 y}{\partial t^2} + c_s \frac{\partial y}{\partial t} - c_r\left(\frac{\partial w}{\partial t} - \frac{\partial y}{\partial t}\right) + k_s y - k_p(w-y) = 0$$

$$(3.23)$$

여기서, E_r, I_r는 각각 레일 탄성계수와 수평축에 관한 단면 2차 모멘트를 나타낸다. $w(x,t)$는 레일 수직 처짐을 나타낸다. E_s, I_s는 각각 궤도슬래브 탄성계수와 수평축에 관한 단면 2차 모멘트이다. $y(x,t)$는 궤도슬래브 수직 처짐이다. m_r은 단위 길이당 레일 질량이다. m_s은 단위 길이당 궤도슬래브 질량이다. c_r은 레일패드와 체결장치 감쇠이다. k_p는 레일패드와 체결장치 강성이다. c_s은 CAM(시멘트 아스팔트 모르터) 또는 궤도슬래브 기초의 감쇠를 나타낸다. k_s는 CAM 또는 궤도슬래브 기초의 강성을 나타낸다. 그 밖의 파라미터는 식 (3.1)에 명시된다.

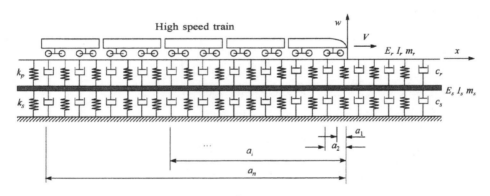

그림 3.2 궤도구조의 이중–층 연속 탄성 보 모델

식 (3.23)에 대하여 푸리에 변환을 수행하고 다음을 가정한다.

$$F(\beta, t) = \widetilde{F}(\beta)e^{i\omega t}$$
$$W(\beta, t) = \widetilde{W}(\beta)e^{i\omega t}$$
$$Y(\beta, t) = \widetilde{Y}(\beta)e^{i\omega t}$$

$$(3.24)$$

여기서

$$\widetilde{F}(\beta) = \sum_{l=1}^{M} F_l e^{-i\beta a_l}$$

그리고 다음이 유도된다.

$$E_r I_r \beta^4 \widetilde{W} - m_r \omega^2 \widetilde{W} + i\omega c_r(\widetilde{W} - \widetilde{Y}) + k_p(\widetilde{W} - \widetilde{Y}) = -\widetilde{F} \qquad (3.25)$$

$$E_s I_s \beta^4 \widetilde{Y} - m_s \omega^2 \widetilde{Y} + i\omega c_s \widetilde{Y} - i\omega c_r(\widetilde{W} - \widetilde{Y}) + k_s \widetilde{Y} - k_p(\widetilde{W} - \widetilde{Y}) = 0 \qquad (3.26)$$

식 (3.25)와 (3.26)에 대한 시뮬레이션 해법을 통하여 다음이 구해진다.

$$\widetilde{W}(\beta) = -\frac{A}{AB - C^2} \widetilde{F}(\beta) \qquad (3.27)$$

$$\widetilde{Y}(\beta) = \frac{C}{A} \widetilde{W}(\beta) \qquad (3.28)$$

여기서

$$A = E_s I_s \beta^4 - m_s \omega^2 + i\omega(c_s + c_r) + k_s + k_p$$

$$B = E_r I_r \beta^4 - m_r \omega^2 + i\omega c_r + k_p \qquad (3.29)$$

$$C = i\omega c_r + k_p$$

식 (3.27)과 (3.28)을 식 (3.24)에 대입하고 역 푸리에 변환을 수행하면, 다음과 같이 된다.

$$\widetilde{w}(x, t) = \frac{1}{2\pi} \int_{-\infty}^{\infty} W(\beta, t) e^{i\beta x} d\beta \qquad (3.30)$$

$$\widetilde{y}(x, t) = \frac{1}{2\pi} \int_{-\infty}^{\infty} Y(\beta, t) e^{i\beta x} d\beta \qquad (3.31)$$

마지막으로, 해는 다음과 같이 구해진다.

$$w(x, t) = \widetilde{w}(x, t) e^{i(\phi_w + \Omega t)} \qquad (3.32)$$

$$y(x,t) = \tilde{y}(x,t)\, e^{i(\phi_y + \Omega t)} \tag{3.33}$$

여기서, ϕ_w와 ϕ_y는 각각 복소 변위(復素 變位, complex displacement) $\tilde{w}(x,t)$와 $\tilde{y}(x,t)$의 위상 각(phase angle)이다.

3.3 고속철도 궤도 진동과 궤도 임계속도의 분석

이 절에서는 궤도구조에 대한 단–층과 이중–층 연속 탄성 보의 모델에 기초하여 고속철도에 대한 궤도구조의 동적 분석이 수행되며, 궤도구조의 임계속도에 대한 계산방법이 제시된다.

3.3.1 MATLAB의 역 이산 푸리에 변환의 정의

궤도 임계속도는 열차속도가 이 속도에 도달하자마자 궤도구조의 강한 진동을 유발하는 특정한 속도를 가리킨다. 궤도구조의 단–층 연속 탄성 보 모델의 경우에, 궤도 임계속도 c_{crit}는 제2장의 식 (2.6)에 주어진다. 즉,

$$c_{crit} = \sqrt[4]{\frac{4k_s EI}{m_r^2}} \tag{3.34}$$

궤도구조의 임계속도는 궤도기초 등가 강성 k_s, 레일 휨 계수 EI, 단위 길이당 궤도 질량 m_r과 관련되어 있다[3, 4]. 단–층 연속 탄성 보 모델의 경우에, 레일, 침목 및 도상의 질량은 m_r의 계산에 포함되어야 한다.

궤도기초 등가 강성 k_s와 궤도기초 탄성계수는 다음의 식과 관련된다[11].

$$k_s = \frac{0.65 E_s}{1 - v_s^2} \sqrt[12]{\frac{E_s B^4}{EI}} \tag{3.35}$$

여기서, E_s는 궤도기초 탄성계수를 나타낸다(단위 : MN/m²). v_s는 푸아송비이다. B는 침목 길이이며, 통상적으로 2.5~2.6m이다. EI는 레일 휨 계수(단위 : MN×m²)이다. 일반적으로, 궤도기초 탄성계수 E_s는 50~100MN/m²이다. 연약 기초의 경우에 $E_s = 10$MN/m²이며 또는 더 낮기조차 하다.

이제, 궤도 진동은 여러 가지의 속도로 주행하는 열차에 대하여 **그림 3.2**에 나타낸 것처럼 상세히 설명된다. 열차는 1량의 TGV 고속동력차와 4량의 TGV 고속부수차로 편성되었다고 가정하자(TGV 고속동력차와 부수차에 대한 계산 파라미터는 제6장에 주어진다). 궤도 파라미터는 60kg/m의 장대레일, 레일 휨 계수 $EI = 2 \times 6.625$MN m², 760침목/km의 침목 배치, 2.6m의 침목 길이, 35cm의 도상 두께, 50cm의 도상 어깨 폭 및 2000kg/m³의 도상 밀도이다. 식 (3.34)와 푸리에 변환을 사용하여 궤도 임계속도가 계산되며 결과는 **표 3.1**에서 비교된다. **그림 3.3**과 **3.5**는 $E_s = 2 \times 50$MN/m²와 $E_s = 2 \times 10$MN/m²일 때 여러 가지 속도에

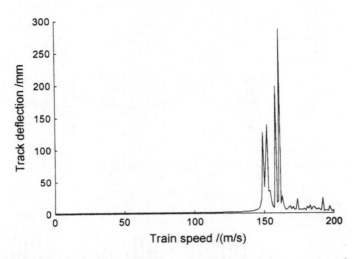

그림 3.3 여러 가지의 열차속도에 상응하는 최대 궤도 진동 처짐($E_s = 2 \times 50\,MN/m^2$)

대하여 상응하는 최대 진동 처짐을 나타낸다. **그림 3.4**와 **3.6**은 $E_s = 2 \times 50MN/m^2$, $V = 149m/s$와 $E_s = 2 \times 10MN/m^2$, $V = 97m/s$일 때 상응하는 푸리에 변환의 레일 처짐을 나타낸다. 이들의 두 그림은 또한 궤도 좌표를 따른 궤도 진동파 분포에 대한 궤도 등가 감쇠의 영향도 보여준다. 이들의 그림으로부터, 연약 노반

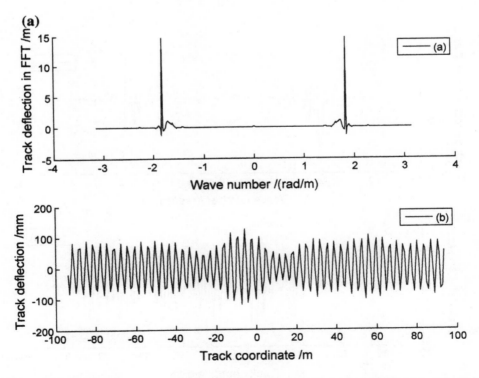

그림 3.4 궤도 처짐에 대한 감쇠의 영향($E_s = 2 \times 50MN/m^2$, $V = 149m/s$) : (a) $c_r = 0$, (b) $c_r = 2 \times 5kNs/m^2$, (c) $c_r = 2 \times 25kNs/m^2$, (d) $c_r = 2 \times 50kNs/m^2$

(b)

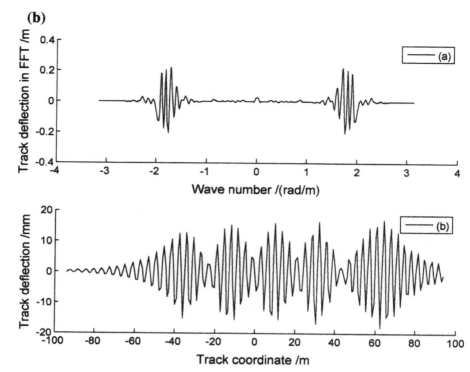

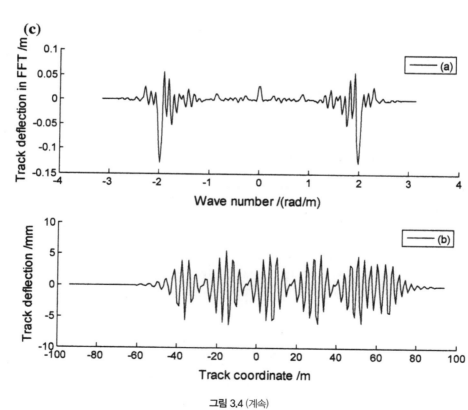

그림 3.4 (계속)

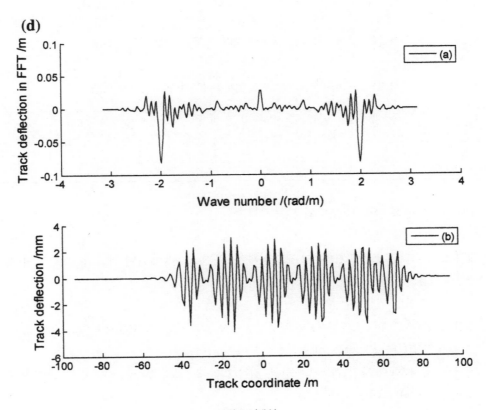

(d)

그림 3.4 (계속)

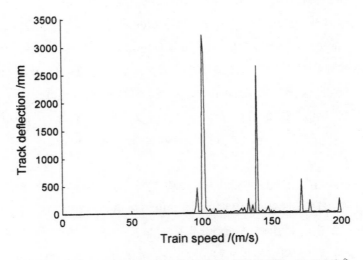

그림 3.5 여러 가지의 열차속도에 상응하는 최대 궤도 진동 처짐($E_s = 2 \times 10 \text{MN/m}^2$)

(soft subgrade)의 경우에 궤도 임계속도가 c_{crit} = 97m/s = 349km/h로 감소할 수 있다는 것을 알 수 있으며, 이 속도는 고속열차가 쉽게 넘어서고, 따라서 강한 궤도 진동을 유발한다.

표 3.1 궤도 파라미터와 최소 궤도 임계속도(단-층 연속 탄성 보 모델)

파라미터	E_s (MN/m²)	c_r (kNs/m²)	m_t (kg/m)	F_l (kN)	c_{crit}(m/s) 푸리에 변환 결과	c_{crit}(m/s) 식 (3.4)
점토 노반	2 × 50	0	3,600	85	149	148.5
연약(soft) 노반	2 × 10	0	3,600	85	97	96.0

3.3.1.1 이중-층 연속 탄성 보 모델의 분석

이제, **그림 3.2**에 나타낸 모델에 기초하여 궤도 임계속도와 궤도 진동에 대한 궤도 파라미터의 영향을 분석해보자. 계산은 다음의 여섯 가지 경우에 대하여 수행된다.

경우 1 : 궤도 임계속도에 대한 레일패드와 체결장치 강성, 각각 $k_p = 2×150$, $2×100$, $2×50$, $2×25$MN/m²의 영향($E_s = 2×50$MN/m², $c_r = c_s = 0$)

경우 2 : 궤도 임계속도에 대한 궤도기초 강성, 각각 $E_s = 2×100$, $2×50$, $2×10$, $2×2$MN/m²의 영향 ($k_p = 2×100$MN/m², $c_r = c_s = 0$)

경우 3 : 궤도 진동에 대한 레일패드와 체결장치 강성, 각각 $k_p = 2×100$, $2×50$, $2×25$, $2×5$MN/m²의 영향($E_s = 2×50$MN/m², $c_r = c_s = 2×50$kNs/m², $V = 149$m/s)

경우 4 : 궤도 진동에 대한 궤도기초 강성, 각각 $E_s = 2×100$, $2×50$, $2×10$, $2×2$MN/m²의 영향($k_p = 2×100$MN/m², $c_r = c_s = 2×50$kNs/m², $V = 149$m/s)

경우 5 : 궤도 진동에 대한 레일패드와 체결장치 감쇠, 각각 $c_r = 0$, $2×25$, $2×50$, $2×100$kNs/m²의 영향 ($E_s = 2×50$MN/m², $k_p = 2×100$MN/m², $c_s = 2×50$kNs/m², $V = 149$m/s)

경우 6 : 궤도 진동에 대한 궤도기초 감쇠, 각각 $c_s = 2×5$, $2×25$, $2×50$, $2×100$kNs/m²의 영향($E_s = 2×50$MN/m², $k_p = 2×100$MN/m², $c_r = 2×50$kNs/m², $V = 149$m/s)

계산 파라미터와 결과는 **표 3.2**와 **3.3**에 나타낸다. **그림 3.7**과 **3.8**은 각각 궤도 임계속도에 대한 레일패드와 체결장치 강성 및 궤도기초 강성의 영향을 보여준다. **그림 3.9~3.12**는 각각 궤도 진동에 대한 레일패드와 체결장치 강성, 궤도기초 강성, 레일패드와 체결장치 감쇠 및 궤도기초 감쇠의 영향을 보여준다. 계산 결과에 근거하여 다음과 같이 몇 가지의 결론이 도출된다.

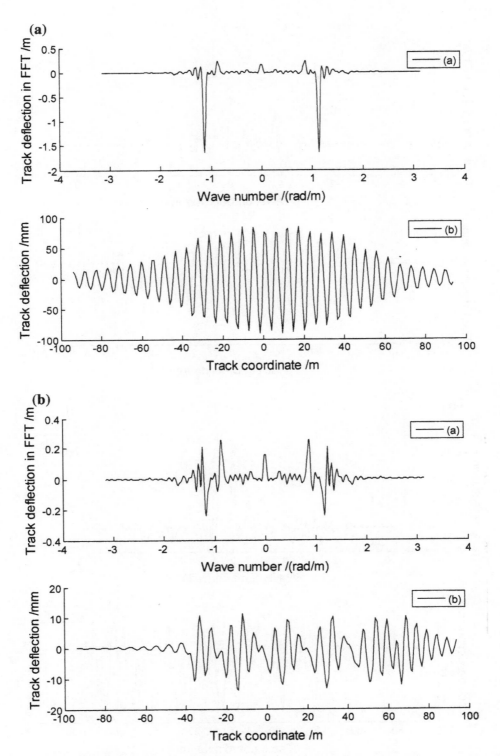

그림 3.6 궤도 처짐에 대한 감쇠의 영향($E_s = 2{\times}10\text{MN/m}^2$, $V = 97\text{m/s}$) : (a) $c_r = 0$, (b) $c_r = 2{\times}5\text{kNs/m}^2$, (c) $c_r = 2{\times}25\text{kNs/m}^2$, (d) $c_r = 2{\times}50\text{kNs/m}^2$

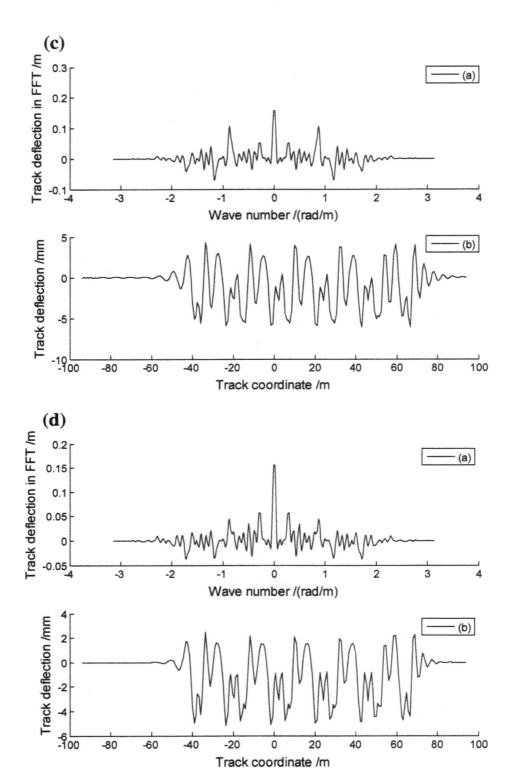

그림 3.6 (계속)

① 궤도 임계속도에 대한 레일패드와 체결장치 강성의 영향은 **표 3.2**와 **그림 3.7**에 나타낸 것처럼 불규칙 (random)하다.

② 궤도기초 강성은 궤도 임계속도에 대하여 상당한 영향을 미친다. 궤도 임계속도는 **표 3.3**과 **그림 3.8**에 나타낸 것처럼 궤도기초 강성의 증가에 따라 증가한다.

③ 궤도 진동에 대한 레일패드와 체결장치 강성의 영향은 **그림 3.9**에 나타낸 것처럼 명백하지 않다.

④ 궤도기초 강성은 궤도 진동에 대하여 영향을 미친다. 궤도기초 강성의 증가는 궤도 안정에 유익하다.

⑤ 레일체결장치 감쇠와 궤도기초 감쇠는 궤도 진동에 민감하다. 감쇠는 강한 궤도 진동의 발생을 감소시킬 수 있다. 그러나 c_r(또는 c_s)가 있을 때, c_s(또는 c_r)의 변화는 궤도 진동에 큰 영향을 주지 않는다.

⑥ 궤도기초 강성 E_s가 바뀌지 않은 채로 있다면, 단−층과 이중−층 연속 탄성 보 모델 및 식 (3.34)로 계산된 최소 궤도 임계속도는 **표 3.1~3.3**에 나타낸 것처럼 거의 같다. 계산을 단순화하기 위해서는 궤도 구조에 대한 최소 임계속도를 계산하는 데에 식 (3.34)가 채용될 수 있다고 제안된다.

일반적으로 궤도구조에는 수많은 임계속도가 있으며 공학 프로젝트에서 주목하여야 하는 최소 임계속도이다. 최소 궤도 임계속도는 연약 노반의 조건에서 낮을 수 있으며, 이 속도는 고속열차가 쉽게 넘어서고 따라서 강한 궤도 진동이나 탈선을 유발한다. 또한, 이중−층 연속 탄성 보 모델에 대한 해석법으로는 궤도 임계속도를 구하기 어렵다는 점도 지적해야 한다.

표 3.2 궤도 파라미터와 최소 궤도 임계속도(경우 1)

파라미터	k_p (MN/m^2)	E_s (MN/m^2)	c_r (kNs/m^2)	c_s (kNs/m^2)	m_r (kg/m)	m_t (kg/m)	c_{crit} (m/s)
경우 1	2 × 150	2 × 50	0	0	120	3,480	139
	2 × 100						149
	2 × 50						129
	2 × 25						123

표 3.3 궤도 파라미터와 최소 궤도 임계속도(경우 2)

파라미터	E_s (MN/m^2)	k_p (MN/m^2)	c_r (kNs/m^2)	c_s (kNs/m^2)	m_r (kg/m)	m_t (kg/m)	c_{crit} (m/s)
경우 2	2 × 100	2 × 100	0	0	120	3,480	158
	2 × 50						148
	2 × 10						97
	2 × 2						83

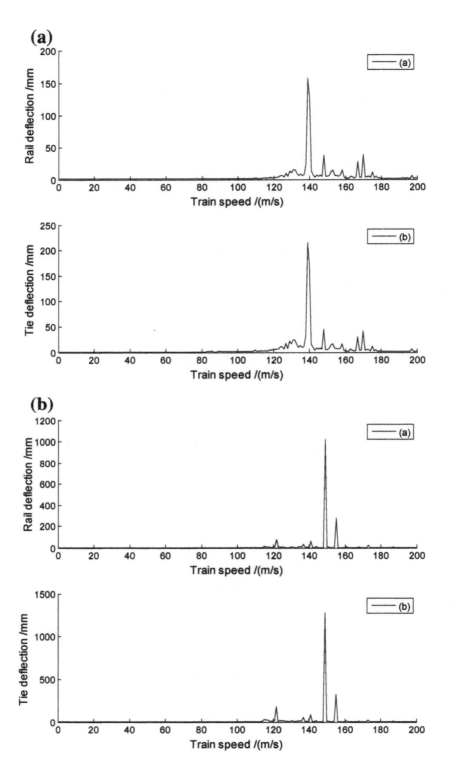

그림 3.7 궤도 임계속도에 대한 레일패드와 체결장치 강성의 영향($E_s = 2 \times 10\text{MN/m}^2$, $c_r = c_s = 0$) : (a) $k_p = 2 \times 150\text{MN/m}^2$, $V_{crit} = 139$ m/s, (b) $k_p = 2 \times 100\text{kNs/m}^2$, $V_{crit} = 149$m/s, (c) $k_p = 2 \times 50\text{kNs/m}^2$, $V_{crit} = 129$m/s, (d) $k_p = 2 \times 25\text{kNs/m}^2$, $V_{crit} = 123$m/s

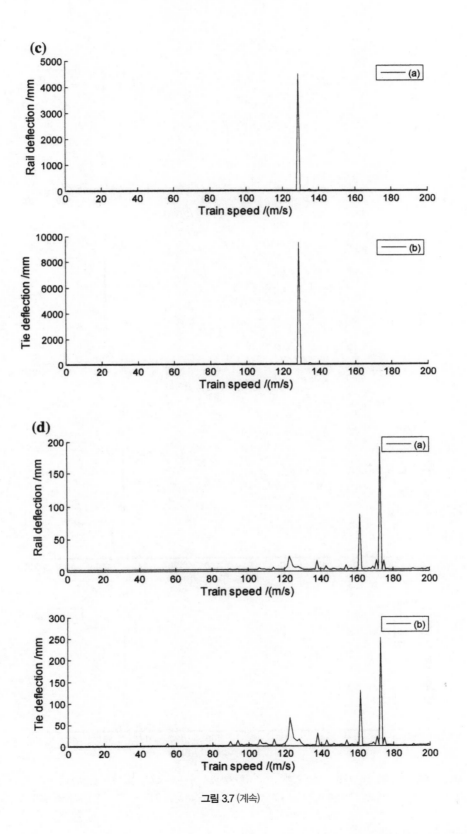

그림 3.7 (계속)

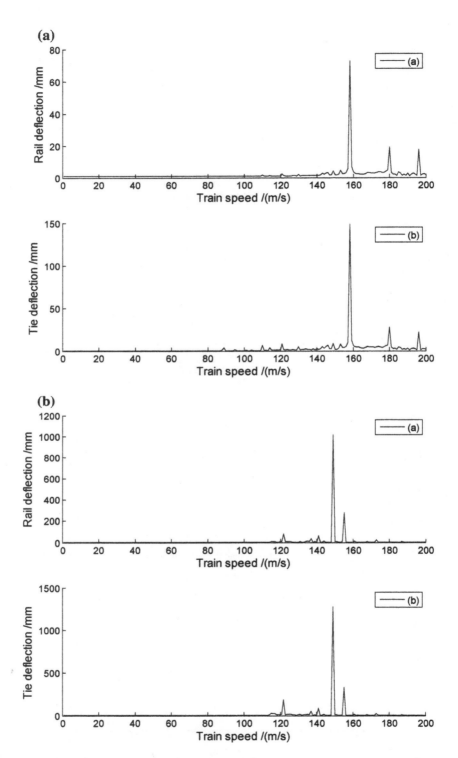

그림 3.8 궤도 임계속도에 대한 궤도기초 강성의 영향($k_p = 2 \times 100 \mathrm{MN/m^2}$, $c_r = c_s = 0$) : (a) $E_s = 2 \times 100 \mathrm{MN/m^2}$, $V_{crit} = 158 \mathrm{m/s}$, (b) $E_s = 2 \times 50 \mathrm{kNs/m^2}$, $V_{crit} = 148 \mathrm{m/s}$, (c) $E_s = 2 \times 10 \mathrm{kNs/m^2}$, $V_{crit} = 97 \mathrm{m/s}$, (d) $k_p = E_s = 2 \times 2 \mathrm{kNs/m2}$, $V_{crit} = 83 \mathrm{m/s}$

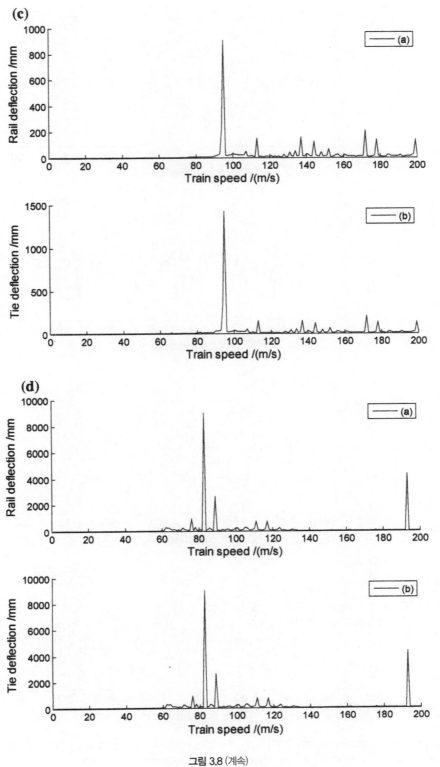

(c)

(d)

그림 3.8 (계속)

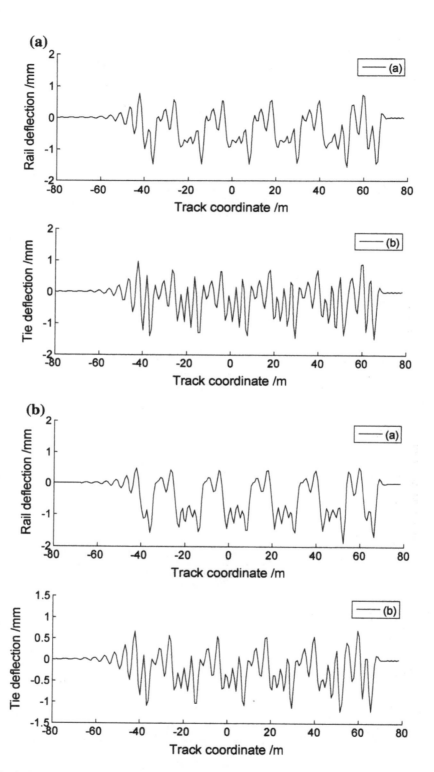

그림 3.9 궤도 진동에 대한 레일패드와 체결장치 강성의 영향($E_s = 2 \times 50 \mathrm{MN/m^2}$, $c_r = c_s = 2 \times 50 \mathrm{kNs/m^2}$, $V = 149 \mathrm{\ m/s}$) : (a) $k_p = 2 \times 100 \mathrm{MN/m^2}$, (b) $k_p = 2 \times 50 \mathrm{\ MN/m^2}$, (c) $k_p = 2 \times 25 \mathrm{MN/m^2}$, (d) $k_p = 2 \times 5 \mathrm{MN/m^2}$

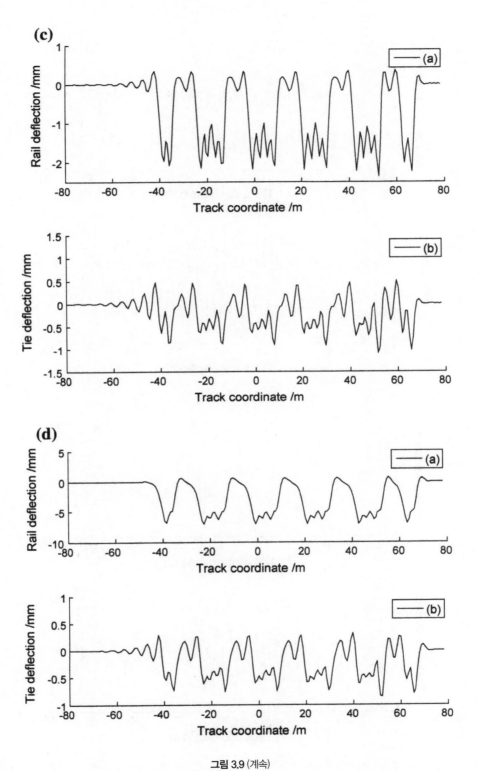

그림 3.9 (계속)

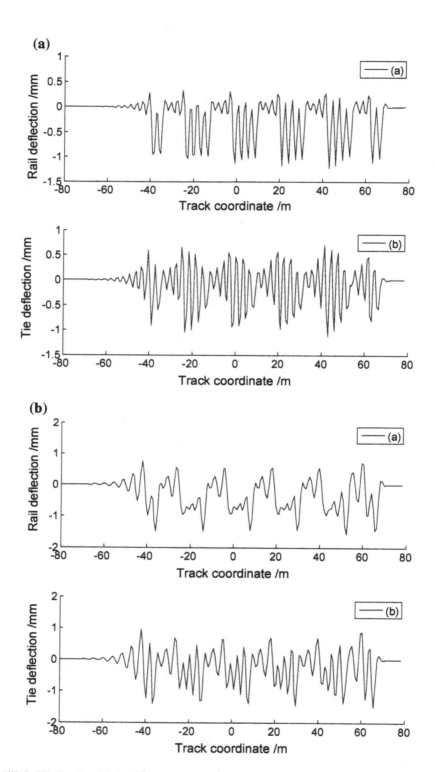

그림 3.10 궤도 진동에 대한 궤도기초 강성의 영향($k_p = 2 \times 100\text{MN/m}^2$, $c_r = c_s = 2 \times 50\text{kNs/m}^2$, $V = 149\text{m/s}$) : (a) $E_s = 2 \times 100\text{MN/m}^2$, (b) $E_s = 2 \times 50 \text{ MN/m}^2$, (c) $E_s = 2 \times 10 \text{ MN/m}^2$, (d) $E_s = 2 \times 2 \text{ MN/m}^2$

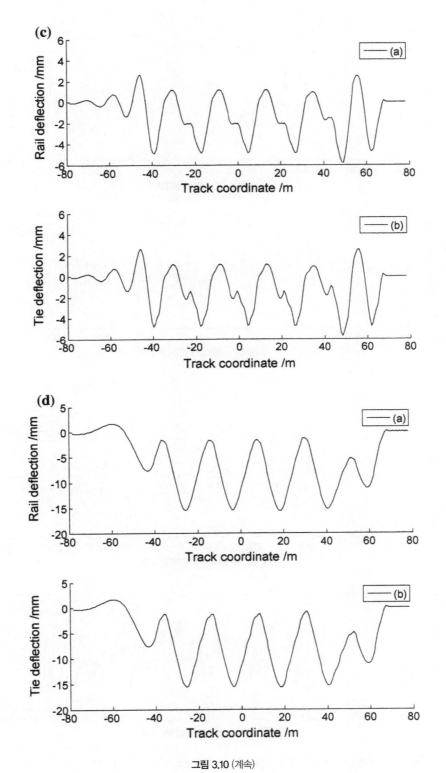

그림 3.10 (계속)

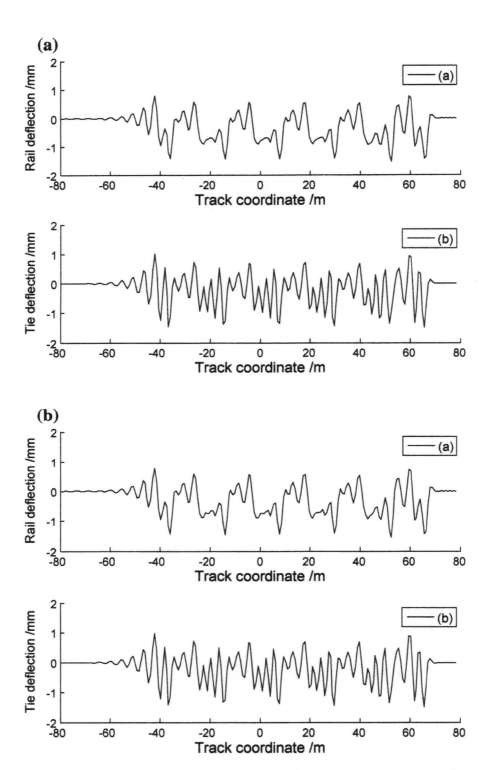

그림 3.11 궤도 진동에 대한 레일패드와 체결장치 감쇠의 영향($E_s = 2×50\text{MN/m}^2$, $k_p = 2×100\text{MN/m}^2$, $c_s = 2×50\text{kNs/m}^2$, $V = 149\text{m/s}$) : (a) $c_r = 0\text{kNs/m}^2$, (b) $c_r = 2×25\text{kNs/m}^2$, (c) $c_r = 2×50\text{kNs/m}^2$, (d) $c_r = 2×100\text{kNs/m}^2$

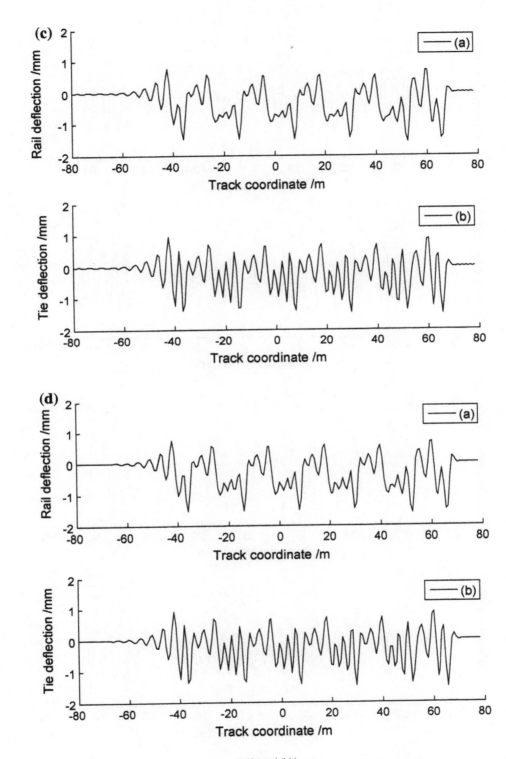

그림 3.11 (계속)

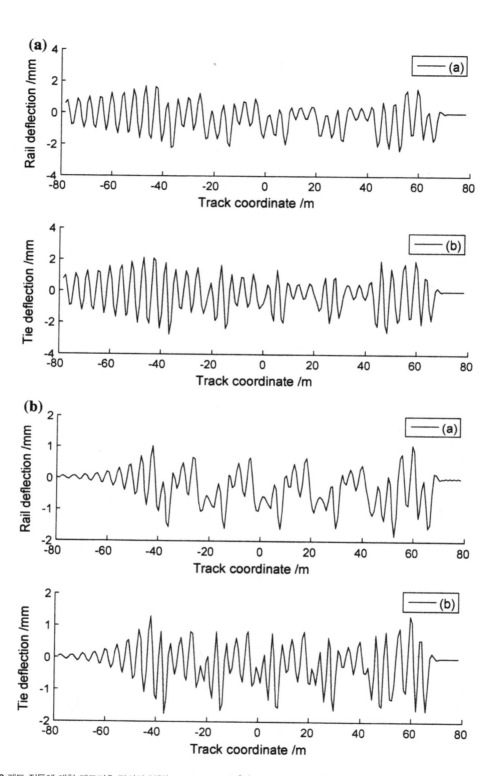

그림 3.12 궤도 진동에 대한 궤도기초 감쇠의 영향($E_s = 2\times50$MN/m², $k_p = 2\times100$MN/m², $c_r = 2\times50$kNs/m², $V = 149$m/s) : (a) $c_s = 2$ $\times5$kNs/m², (b) $c_s = 2\times25$kNs/m², (c) $c_s = 2\times50$kNs/m², (d) $c_s = 2\times100$kNs/m²

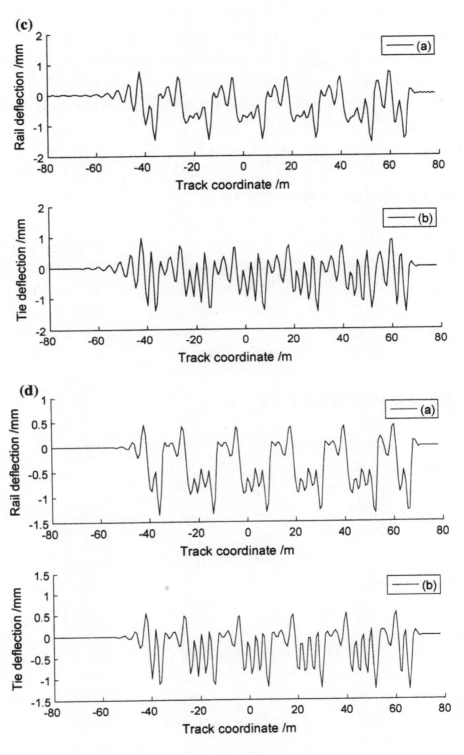

그림 3.12 (계속)

요약하면, 전술의 논의는 궤도구조의 단-층과 이중-층 연속 탄성 보 모델에 기초한 푸리에 변환을 통한 궤도구조의 동적 응답과 궤도 임계속도에 대한 해법을 다루었다. 적용 예로서, 고속열차에 대한 궤도 임계속도는 푸리에 변환으로 조사된다. 그리고 궤도 진동에 대한 레일패드와 체결장치 강성, 궤도기초 강성, 레일패드와 체결장치 감쇠, 궤도기초 감쇠의 영향이 분석되었다. 마지막으로 몇 개의 중요한 결론이 구해졌다. 푸리에 변환은 단순하고 이동 하중을 받는 궤도구조의 동적 분석을 할 수 있으며, MATLAB 소프트웨어의 사용으로 쉬운 프로그래밍의 장점을 갖고 있다.

3.4 객화 혼합교통의 철도용 궤도의 진동분석

중국은 중량의 철도수송을 완화하기 위하여 기존의 선로에 대하여 대규모의 철도 속도향상과 개량을 시행해왔다. 한편, 꽤 많은 여객전용선로가 건설되었다. 운영의 초기 단계에는 일부의 개량된 기존의 선로와 여객전용선로의 경우에 객화 혼합 수송방식이 채용되었다. 이 절에서는 불규칙한 궤도 틀림을 고려하여 개발된 궤도구조의 3-층 연속 탄성 보 모델을 소개하며, 푸리에 변환법을 이용하여 궤도구조의 3-층 연속 탄성 보 모델을 푸는 수치계산법을 논의한다. 마지막으로, 여러 가지의 속도에서 객화 혼합 열차가 유발하는 궤도구조의 상응하는 진동특성이 상세히 조사된다.

3.4.1 궤도구조의 3-층 연속 탄성 보 모델

전통적인 자갈궤도구조는 **그림 3.13**에 나타낸 것과 같은 3-층 연속 탄성 보 모델로 단순화된다. 그리고 그것의 진동 미분방정식은 다음과 같다.

$$E_r I_r \frac{\partial^4 w}{\partial x^4} + m_r \frac{\partial^2 w}{\partial t^2} + c_r \left(\frac{\partial w}{\partial t} - \frac{\partial z}{\partial t} \right) + k_p (w - z) = -\sum_{l=1}^{n} \left(F_l + m_w \frac{\partial^2 \eta}{\partial t^2} \right) \delta(x - Vt - a_l) \quad (3.36)$$

$$m_t \frac{\partial^2 z}{\partial t^2} + c_b \left(\frac{\partial z}{\partial t} - \frac{\partial y}{\partial t} \right) - c_r \left(\frac{\partial w}{\partial t} - \frac{\partial z}{\partial t} \right) + k_b (z - y) - k_p (w - z) = 0 \quad (3.37)$$

$$m_b \frac{\partial^2 y}{\partial t^2} + c_s \frac{\partial y}{\partial t} - c_b \left(\frac{\partial z}{\partial t} - \frac{\partial y}{\partial t} \right) + k_s y - k_b (z - y) = 0 \quad (3.38)$$

여기서, w는 레일 수직 처짐을 나타내고, m_r은 단위 길이당 레일 질량이다. m_s은 단위 길이당 궤도슬래브 질량이다. k_p는 단위 길이당 레일패드와 체결장치 강성이다. z는 침목 수직 처짐을 나타내고, m_t는 단위 길이당 침목 질량이다. k_b는 단위 길이당 도상 강성이고, c_b은 단위 길이당 도상 감쇠이다. y는 도상의 수직 처짐이고, m_b는 단위 길이당 도상 질량이다. k_s는 단위 길이당 노반 등가 강성을 나타내고, c_s는 단위 길이당 도상 등가 감쇠를 나타낸다. δ는 디랙 함수(Dirac function)이고, V는 열차 속도이다. F_l은 l번째 윤축의 1/2 차축 하중을 의미하고, m_w은 l번째 윤축의 질량을 의미한다. a_l은

$t = 0$일 때 l번째 윤축과 좌표원점 간의 거리이다. n은 윤축의 총수(總數)이며, $\eta(x = Vt)$는 불규칙한 궤도 틀림(track random irregularity)을 나타낸다.

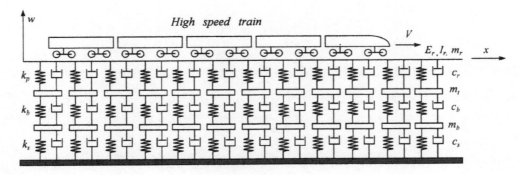

그림 3.13 궤도구조의 3–층 연속 탄성 보 모델

3.4.2 불규칙한 궤도 틀림의 수치 시뮬레이션

불규칙한 궤도 틀림 $\eta(x = Vt)$의 표본함수(sample function)는 다음과 같이 삼각급수(trigonometry series)로 시뮬레이션할 수 있다[13].

$$\eta = \sum_{k=1}^{N_k} \eta_k \sin(\omega_k x + \phi_k) \tag{3.39}$$

여기서, η_k는 기대치(expectation)가 0이고 분산(variance, 평방편차)이 σ_k인 가우스 랜덤 변수(Gaussian random variable)이며, $k = 1, 2, \cdots, N$에 대해 독립적이다. ϕ_k는 $0 \sim 2\pi$의 등분포를 갖는 랜덤 변수(random variable)이며, 또한 $k = 1, 2, \cdots, N$에 대해 독립적이다. η_k와 ϕ_k는 서로 독립적이며 이러한 곱셈법(multiplicative method), 몬테카를로법(Monte Carlo method) 또는 그 밖의 의사(疑似) 랜덤 변수(pseudo random variable) 생성 알고리즘을 사용해 컴퓨터로 생성할 수 있다.

분산(평방 편차) σ_k를 구하기 위하여, 주파수대역 $\Delta\omega$는 다음과 같이 정의된다.

$$\Delta\omega = (\omega_u - \omega_l)/N_k \tag{3.40}$$

여기서, ω_l와 ω_u는 파워 스펙트럼 밀도 함수(power spectral density function)의 하한과 상한 주파수이며, N_k는 충분히 큰 분할 수(sufficient large division number)이다.

다음을 가정하면

$$\omega_k = \omega_l + \left(k - \frac{1}{2}\right)\Delta\omega, \quad k = 1, 2, \cdots, N_k \tag{3.41}$$

다음을 갖는다.

$$\sigma_k^2 = 4S_x(\omega_k)\Delta\omega, \quad k = 1, 2, \cdots, N_k \tag{3.42}$$

전술의 계산에서 식 (3.40)~(3.42)의 ω_l, ω_u 및 ω_k는 공간주파수를 나타낸다(단위 : rad/m). 유효 파워 스펙트럼 밀도 $S_x(\omega_k)$는 ω_l에서 ω_u까지의 범위에서 추정되며, 이 범위를 벗어나면 $S_x(\omega_k)$는 0으로 간주한다. (3.39)에서 (3.42)까지의 방정식으로 구성된 표본함수의 파워 스펙트럼 밀도 함수는 $S_x(\omega)$이며 또한 에르고딕(ergodic)[1]이다[9].

미국의 연방철도청(FRA)은 큰 양의 측정 데이터에 근거하여 궤도 틀림의 파워 스펙트럼 밀도를 구하였으며 그다음에 차단주파수(cutoff frequency)와 거칠기 상수(roughness constant)로 나타낸 함수에 맞추었다. 이들 함수에 대한 파장 범위는 1.524에서 304.8m까지이다. 그리고 궤도 틀림은 6가지 수준으로 분류했다.

미국 궤도 고저(면) 틀림의 파워 스펙트럼 밀도는 다음과 같다.

$$S_v(\omega) = \frac{kA_v\omega_c^2}{(\omega^2 + \omega_c^2)\omega^2} \quad (\text{cm}^2/\text{rad/m}) \tag{3.43}$$

이 식에서, k는 통상적으로 0.25이다. ω_c와 A_v는 **표 3.4**에 나타낸다.

표 3.4 미국 궤도 틀림 스펙트럼파라미터

파라미터	궤도의 각 수준에 대한 파라미터 값					
선로 수준	1	2	3	4	5	6
A_v (cm^2 rad/m)	1.2107	1.0181	0.6816	0.5376	0.2095	0.0339
ω_c (rad/m)	0.8245	0.8245	0.8245	0.8245	0.8245	0.8245

3.4.3 궤도구조의 3-층 연속 탄성 보 모델을 풀기 위한 푸리에 변환

푸리에 변환(Fourier transform)과 역 푸리에 변환(inverse Fourier transform)은 다음과 같이 정의된다.

$$W(\beta, t) = \int_{-\infty}^{\infty} w(x, t)e^{-i\beta x}dt \tag{3.44}$$

---

1) 역주 : 무작위 과정에서 시간에 따른 평균이 확률 공간에서의 평균과 같으면 '에르고딕(ergodic)'하다고 함. ① (수학, 물리학) 충분한 시간이 주어지면 결국 이전에 경험한 상태로 돌아가는 특정 시스템과 관련된 것. ② (통계, 공학) 충분한 크기의 모든 시퀀스(sequence) 또는 표본이 전체를 똑같이 대표하는 과정(process)에 대한 것 또는 관련된 것

$$w(x,t) = \frac{1}{2\pi}\int_{-\infty}^{\infty} W(\beta,t)\, e^{i\beta x} d\beta \tag{3.45}$$

여기서, β는 진동 파수(vibration wave number)를 나타낸다(단위 : rad/m).

식 (3.39)로부터 다음의 식이 유도된다.

$$\frac{\partial^2 \eta}{\partial t^2} = -\sum_{k=1}^{N_k} \eta_k \omega_k^2 v^2 \sin(\omega_k x + \phi_k) \tag{3.46}$$

만일 식 (3.36)의 오른쪽 항에 대해 푸리에 변환이 행하여진다면 다음과 같이 된다.

$$I_{right} = -\left\{\sum_{l=1}^{M}\left(F_l + m_w \frac{\partial^2 \eta}{\partial t^2}\right)e^{-i\beta a_l}\right\}e^{-i\beta vt} = \widetilde{F}(\beta)\, e^{-i\beta vt} \tag{3.47}$$

여기서

$$\widetilde{F}(\beta) = -\sum_{l=1}^{M}\left(F_l + m_w \frac{\partial^2 \eta}{\partial t^2}\right)e^{-i\beta a_l} \tag{3.48}$$

식 (3.36)~(3.38)에 푸리에 변환을 적용하고 다음과 같이 가정하자.

$$F(\beta,t) = \widetilde{F}(\beta)\, e^{i\omega t} \tag{3.49}$$

$$W(\beta,t) = \widetilde{W}(\beta)\, e^{i\omega t} \tag{3.50}$$

$$Z(\beta,t) = \widetilde{Z}(\beta)\, e^{i\omega t} \tag{3.51}$$

$$Y(\beta,t) = \widetilde{Y}(\beta)\, e^{i\omega t} \tag{3.52}$$

여기서, $\omega = \Omega - \beta V$와 Ω는 외부 하중 가진(加振) 주파수이다(단위 : rad/m).
그러면, 다음과 같이 된다.

$$EI\beta^4 \widetilde{W} - m_r \omega^2 \widetilde{W} + i\omega c_r(\widetilde{W} - \widetilde{Z}) + k_p(\widetilde{W} - \widetilde{Z}) = \widetilde{F} \tag{3.53}$$

$$-m_t \omega^2 \widetilde{Z} + i\omega c_b(\widetilde{Z} - \widetilde{Y}) - i\omega c_r(\widetilde{W} - \widetilde{Z}) + k_b(\widetilde{Z} - \widetilde{Y}) - k_p(\widetilde{W} - \widetilde{Z}) = 0 \tag{3.54}$$

$$-m_b \omega^2 \widetilde{Y} + i\omega c_s \widetilde{Y} - i\omega c_b(\widetilde{Z} - \widetilde{Y}) + k_s \widetilde{Y} - k_b(\widetilde{Z} - \widetilde{Y}) = 0 \tag{3.55}$$

전술의 세 방정식 (3.53)~(3.55)에 대해 연립 해식(解式)을 구하면 다음처럼 된다.

$$\widetilde{W}(\beta) = \frac{\left[AB - (i\omega c_b + k_b)^2\right]\widetilde{F}(\beta)}{C\left[AB - (i\omega c_b + k_b)^2\right] - A(i\omega c_r + k_p)^2} \tag{3.56}$$

$$\widetilde{Z}(\beta) = \frac{A(i\omega c_r + k_p)}{AB - (i\omega c_r + k_p)^2}\,\widetilde{W}(\beta) \tag{3.57}$$

$$\widetilde{Y}(\beta) = \frac{i\omega c_b + k_b}{A}\,\widetilde{Z}(\beta) \tag{3.58}$$

여기서, A, B 및 C는 다음과 같다.

$$A = -m_b\omega^2 + i\omega(c_s + c_b) + k_s + k_b$$

$$B = -m_t\omega^2 + i\omega(c_b + c_r) + k_b + k_p$$

$$C = EI\beta^4 - m_r\omega^2 + i\omega c_r + k_p$$

(3.56)에서 (3.58)까지의 세 방정식을 (3.50)~(3.52)에 대입하고 역 푸리에 변환을 수행하면, 다음과 같이 된다.

$$\widetilde{w}(x,t) = \frac{1}{2\pi}\int_{-\infty}^{\infty} W(\beta,t)e^{i\beta x}d\beta$$

$$\widetilde{z}(x,t) = \frac{1}{2\pi}\int_{-\infty}^{\infty} Z(\beta,t)e^{i\beta x}d\beta$$

$$\widetilde{y}(x,t) = \frac{1}{2\pi}\int_{-\infty}^{\infty} Y(\beta,t)e^{i\beta x}d\beta$$

마지막으로, 다음을 구한다.

$$w(x,t) = \widetilde{w}(x,t)e^{i(\phi_w + \Omega t)} \tag{3.59}$$

$$z(x,t) = \widetilde{z}(x,t)e^{i(\phi_z + \Omega t)} \tag{3.60}$$

$$y(x,t) = \widetilde{y}(x,t)e^{i(\phi_y + \Omega t)} \tag{3.61}$$

여기서, ϕ_w, ϕ_z 및 ϕ_y는 각각 복소 변위(復素 變位, complex displacement) $\widetilde{w}(x,t)$, $\widetilde{z}(x,t)$ 및 $\widetilde{y}(x,t)$에 대한 위상 각(phase angle)이다.

(3.50)~(3.52)의 세 방정식에 근거하여, 레일, 침목 및 도상의 진동속도와 가속도, 게다가 도상과 노반에 대한 동적 압력을 계산해낼 수 있다.

3.4.3.1 객화 혼합교통용 궤도구조의 진동분석

현재의 모델은 객화 혼합교통의 중국철도에 대한 궤도 진동을 분석하기 위하여 사용될 것이다[14, 15]. 두 유형의 열차, 즉 여객열차와 화물열차가 고려될 것이다. 여객열차는 1량의 중국 기관차와 8량의 YZ25 객차로 구성되며, 화물열차는 1량의 중국 기관차와 15량의 C60 화차로 구성된다. 차축 하중과 윤축 질량은 각각 YZ25 객차에 대하여 142.4kN과 2,200kg이고 C60 화차에 대하여 210kN과 (관련된 대차 프레임을 포함하여) 3,300kg이다.

표 3.5 궤도에 대한 계산 파라미터

궤도구조	단위 길이당 질량 (kg)	단위 길이당 강성 (MN/m²)	단위 길이당 감쇠 (kN s/m²)
레일	60	80/0.6	50/0.6
침목	340/0.6	120/0.6	60/0.6
도상	2,718	425	90/0.6

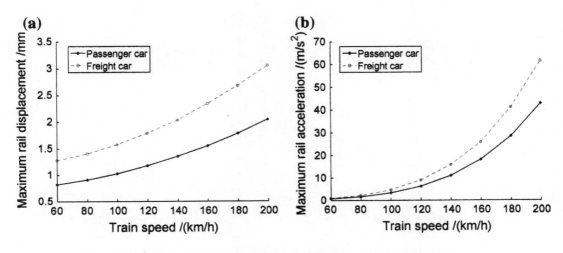

그림 3.14 레일 변위와 레일 가속도에 대한 열차속도의 영향 : (a) 레일 변위, (b) 레일 가속도

고려하는 궤도는 객화 혼합교통의 중국철도 재래선로이고, 60kg/m 장대레일, 자갈궤도, 레일 휨 계수 $EI = 2 \times 6.625\text{MN} \times \text{m}^2$, 0.6m의 침목 간격을 가진 Ⅲ-형 침목으로 구성되며, 또한 궤도 틀림은 여섯 가지 수준으로 시뮬레이션 된다. 그 밖의 계산 파라미터는 **표 3.5**에 주어진다.

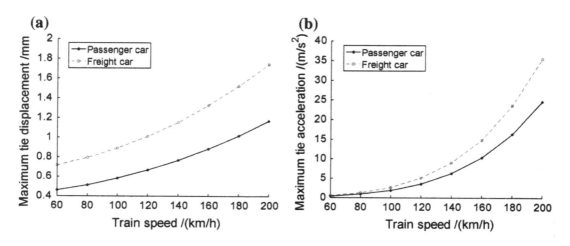

그림 3.15 침목 변위와 침목 가속도에 대한 열차속도의 영향 : (a) 침목 변위, (b) 침목 가속도

계산 결과는 **그림 3.14~3.17**에 나타내며, 각각 레일 변위, 레일 가속도, 침목 변위, 침목 가속도, 도상 변위, 도상 가속도 및 도상과 노반의 동적 압력에 대한 서로 다른 속도로 주행하는 여객열차와 화물열차의 영향을 보여준다.

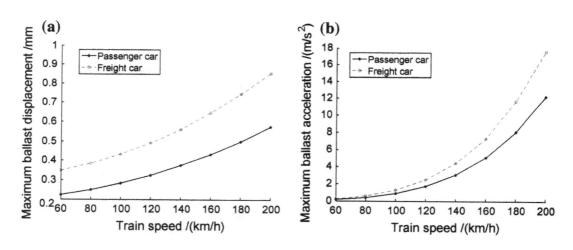

그림 3.16 도상 변위와 도상 가속도에 대한 열차속도의 영향 : (a) 도상 변위, (b) 도상 가속도

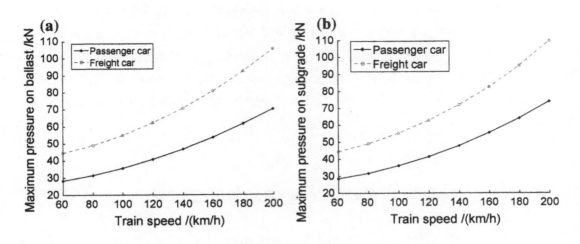

그림 3.17 도상과 노반의 동적 압력에 대한 열차속도의 영향 : (a) 도상에 대한 동적 압력, (b) 노반에 대한 동적 압력

전술의 계산 결과에 근거하여 다음과 같이 몇 가지 결론을 도출할 수 있다.

① 궤도구조의 동적 응답은 여객열차와 화물열차 속도의 증가에 따라 증가한다. 네 가지의 양, 즉 변위, 가속도 및 도상과 노반에 대한 동적 압력 중에서 열차의 속도에 가장 크게 영향을 받는 것은 레일 가속도, 침목 가속도 및 도상 가속도이다. 이들의 가속도는 특히 열차속도가 100km/h를 넘을 때 뚜렷이 구별되게 증가한다.

② 같은 열차속도의 조건 하에서, 화물열차가 유발한 궤도 동적 응답은 여객열차가 유발한 것보다 더 크다. 화물열차가 유발한 궤도 변위, 가속도 및 동적 압력은 여객열차가 유발한 것들보다 각각 45~50%, 40~50% 및 50~60% 더 크며, 그리고 그것은 200km/h의 속도로 주행하는 여객열차가 유발한 궤도 처짐과 동적 압력은 140km/h의 속도로 주행하는 화물열차가 유발한 것들과 같음을 보여준다. 이 현상은 두 가지 이유 때문일 수 있다. ㉮ 화물열차는 여객열차보다 더 큰 차축 하중을 갖고 있다. 즉 각각 210과 142.5kN. ㉯ 화차에 대한 대차중심 간의 거리는 여객열차의 것보다 더 작다. 즉 8.7과 18.8m. 따라서 혼합교통으로 계산된 철도의 경우에 가장 불리한 조건은 화물열차에서 일어날 수 있다. 그리고 더 큰 동적 작용은 열차가 빈 차량과 무거운 차량으로 구성된 경우에 유발될 것이며, 그것은 시험으로 입증되었다.

현재, 중국의 기존 철도는 객화 혼합수송방식을 채용한다. 곡선의 캔트는 화물열차와 여객열차 양쪽 모두를 고려할 필요가 있으므로, 객화 혼합교통은 철도선로의 곡선과 직선 부분에 대하여 더 많은 요구를 제기하는 한편, 최대 중량, 길이 및 속도를 제한하여야 한다. 외국에는 객화 혼합교통의 철도선로와 일본의 신칸센과 같은 고속철도선로가 있다. 그러나 전제조건은 그들의 화차가 중국의 무거운 차량과는 달리 가벼운 유형이라는 점이다. 객화 혼합교통은 궤도에 대해 열차가 유발하는 더 큰 손상을 초래할 수 있다. 여객열차는 자가용차와 비슷하며, 반면에 화물열차는 고속도로 위의 트럭과 비슷하고, 무거운 하중과 낮은 속도에 기인하여 궤도구조에 매우 큰 영향을 미친다. 만일 여객열차 속도가 증가하고 화물열차 속도가 불변인 채로 있다면, 화물열차에 대한 수송용량은 역으로 감소할 것이다. 문제는 여객열차에서 화물열차를 분리함으로써, 그리고 여객과 화물 전용선을 분리함으로써 해결될 수 있다. 여객과 화물교통의 전환을 시행하는 것은 불가피한 추세이다. 중국은 여객전용선로를 건설하려고 노력하여왔으며, 그것이 수송압력을 크게 완화할 수 있음이 확실하다.

3.5 연약 노반 위에 아스팔트 궤도기초가 있는 자갈궤도의 진동분석

북미(北美)의 미국 주도(主導) 철도는 주로 화물수송을 떠맡고 있으며 미국에서 철도선로의 70%가 중량(重量, heavy-haul) 선로이다. 북미에서 중량 열차에 대한 표준 차축 하중은 33톤이며, 최대 차축 하중은 39톤까지에 이른다. 중량 열차는 108화차와 3~6기관차로 구성되며, 그것의 총 중량은 13,600톤에 달한다. 중량 철도의 궤도기초에 대한 하중-지지력(load-bearing capacity)을 높이기 위하여 연약 노반이나 적합하지 않은 지리적 조건을 가진 구간 위에는 도상 아래에 아스팔트층을 부설하는 것이 미국에서 일반적이며 **그림 3.18**에서 분명하게 보여준다. 전형적인 아스팔트층은 3.7m의 폭과 125~150mm의 두께이며, 좋지 못한 지리적 조건을 가진 지역에서는 200mm의 두께일 수 있다. 아스팔트층 위 도상의 두께는 통상적으로 200~300mm의 두께이다. 아스팔트 궤도기초를 가진 자갈궤도의 탄성을 개량하기 위하여, 따라서 대량수송의 특별한 경우에 진동과 소음을 제어하기 위하여 특정 퍼센트의 고무 입자를 아스팔트에 혼합하는 것이 바람직하다. 아스팔트 궤도기초를 가진 자갈궤도는 본선에 대하여 분기기, 터널, 노반-교량 과도구간과 노반-터널 과도구간 및 건널목에서 널리 적용될 수 있다. 실행은 아스팔트 궤도기초를 가진 자갈궤도의 이용이 궤도구조의 안정성을 크게 높이고 궤도 탄성을 증가시킬 수 있음을 입증하였다. 한편, 아스팔트층은 방수가 잘 되며, 이것은 궤도구조의 분니(噴泥, mud pumping)를 방지하고 궤도결함을 줄일 수 있다.

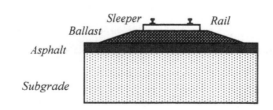

그림 3.18 연약 노반 위에 아스팔트 궤도기초를 가진 자갈궤도의 횡단면

이 절에서는 불규칙한 궤도 틀림(track random irregularity)을 고려하여 궤도구조의 4-층 연속 탄성 보 모델이 설정되며, 궤도구조의 4-층 연속 탄성 보 모델을 풀기 위한 수치 방법이 푸리에 변환으로 논의된다. 한편, 아스팔트 궤도기초를 가진 자갈궤도의 진동분석, 아스팔트층 두께, 아스팔트의 고무 함유량 및 궤도

진동에 대한 연약 지반 탄성계수의 파라미터 분석(parametric analysis)이 수행된다.

3.5.1 궤도구조의 4-층 연속 탄성 보 모델

연약 노반 위에 아스팔트 궤도기초를 가진 자갈궤도구조는 **그림 3.19**에 나타낸 것처럼 4-층 연속 탄성 보 모델로 단순화될 수 있다. 진동 미분방정식은 다음과 같다.

$$E_r I_r \frac{\partial^4 w}{\partial x^4} + m_r \frac{\partial^2 w}{\partial t^2} + c_p\left(\frac{\partial w}{\partial t} - \frac{\partial z}{\partial t}\right) + k_p(w-z) = -\sum_{l=1}^{n}\left(F_l + m_w \frac{\partial^2 \eta}{\partial t^2}\right)\delta(x - Vt - a_l) \tag{3.62}$$

$$m_t \frac{\partial^2 z}{\partial t^2} + c_b\left(\frac{\partial z}{\partial t} - \frac{\partial y}{\partial t}\right) - c_p\left(\frac{\partial w}{\partial t} - \frac{\partial z}{\partial t}\right) + k_b(z-y) - k_p(w-z) = 0 \tag{3.63}$$

$$m_b \frac{\partial^2 y}{\partial t^2} + c_s\left(\frac{\partial y}{\partial t} - \frac{\partial g}{\partial t}\right) - c_b\left(\frac{\partial z}{\partial t} - \frac{\partial y}{\partial t}\right) + k_s(y-g) - k_b(z-y) = 0 \tag{3.64}$$

$$E_s I_s \frac{\partial^4 g}{\partial x^4} + m_s \frac{\partial^2 g}{\partial t^2} + c_g \frac{\partial g}{\partial t} - c_s\left(\frac{\partial y}{\partial t} - \frac{\partial g}{\partial t}\right) + k_g g - k_s(y-g) = 0 \tag{3.65}$$

여기서, w, z, y 및 g는 각각 레일, 침목, 도상 및 아스팔트층의 수직 처짐을 나타낸다. E_r와 I_r는 각각 레일 탄성계수와 수평축에 관한 단면 2차 모멘트이다. m_r은 단위 길이당 레일 질량이고, k_p는 단위 길이당 레일패드와 체결장치 강성이며, c_r는 단위 길이당 레일패드와 체결장치 감쇠이다. m_t는 단위 길이당 침목 질량이고, k_b는 단위 길이당 도상의 강성이며, c_b는 단위 길이당 도상 감쇠이다. m_b는 단위 길이당 도상 질량이고, k_s는 단위 길이당 아스팔트층의 등가 강성을 나타내고, c_s는 단위 길이당 아스팔트층의 등가 감쇠를 나타낸다. E_s와 I_s는 각각 아스팔트층의 탄성계수와 수평축에 관한 단면 2차 모멘트이고, m_s는 단위 길이당 아스팔트층 질량이다. k_g는 단위 길이당 연약 노반의 등가 강성을 나타내고, c_g는 단위 길이당 연약 노반의 등가 감쇠를 나타낸다. x는 궤도길이 방향 좌표이고,

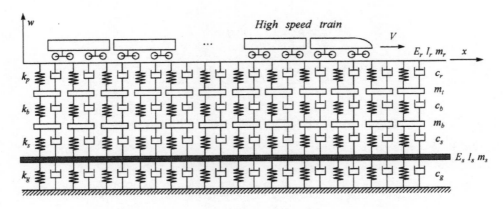

그림 3.19 아스팔트 궤도기초를 가진 자갈궤도의 진동분석을 위한 모델

$\delta(x - Vt - a_l)$는 디랙 함수(Dirac function)이다. V는 열차속도이고, F_l은 l번째 윤축의 1/2 차축 하중이다. m_w은 l번째 윤축의 질량이다. a_l은 $t = 0$일 때 l번째 윤축과 좌표 원점 간의 거리이다. n은 열차 윤축의 총수(總數)이며, $\eta(x = Vt)$는 불규칙한 궤도 틀림(track random irregularity)이다.

3.5.2 궤도구조의 4-층 연속 탄성 보 모델을 풀기 위한 푸리에 변환

푸리에 변환(Fourier transform)과 역 푸리에 변환(inverse Fourier transform)은 다음과 같이 정의된다.

$$W(\beta, t) = \int_{-\infty}^{\infty} w(x, t) e^{-i\beta x} dt \tag{3.66}$$

$$w(x, t) = \frac{1}{2\pi} \int_{-\infty}^{\infty} W(\beta, t) e^{i\beta x} d\beta \tag{3.67}$$

여기서, β는 진동 파수(vibration wave number)를 나타낸다(단위 : rad/m).

식 (3.62)~(3.65)의 네 방정식에 푸리에 변환을 적용하고 $W(\beta, t)$, $Z(\beta, t)$, $Y(\beta, t)$, $G(\beta, t)$ 및 $F(\beta, t)$이 조화함수(調和函數, harmonic function), 즉 다음의 식들과 같다고 가정하자.

$$W(\beta, t) = \widetilde{W}(\beta) e^{i\omega t} \tag{3.68}$$

$$Z(\beta, t) = \widetilde{Z}(\beta) e^{i\omega t} \tag{3.69}$$

$$Y(\beta, t) = \widetilde{Y}(\beta) e^{i\omega t} \tag{3.70}$$

$$G(\beta, t) = \widetilde{G}(\beta) e^{i\omega t} \tag{3.71}$$

$$F(\beta, t) = \widetilde{F}(\beta) e^{i\omega t} \tag{3.72}$$

$$\widetilde{F}(\beta) = \sum_{l=1}^{n} \left(-F_l + m_w \frac{\partial^2 \eta}{\partial t^2} \right) e^{-\beta a_l} \tag{3.73}$$

여기서, $\omega = \Omega - \beta V$와 Ω는 외부 하중 가진(加振) 주파수이다(단위 : rad/m).

그러면, 다음과 같이 된다.

$$(E_r I_r \beta^4 - m_r \omega^2 + i\omega c_p + k_p) \widetilde{W}(\beta) - (i\omega c_p + k_p) \widetilde{Z}(\beta) = \widetilde{F}(\beta) \tag{3.74}$$

$$[-m_t\omega^2 + i\omega(c_b + c_p) + k_b + k_p]\widetilde{Z}(\beta) - (i\omega c_b + k_b)\widetilde{Y}(\beta) - (i\omega c_p + k_p)\widetilde{W}(\beta) = 0 \qquad (3.75)$$

$$[-m_b\omega^2 + i\omega(c_s + c_b) + k_s + k_b]\widetilde{Y}(\beta) - (i\omega c_s + k_s)\widetilde{G}(\beta) - (i\omega c_b + k_b)\widetilde{Z}(\beta) = 0 \qquad (3.76)$$

$$[E_s I_s \beta^4 - m_s\omega^2 + i\omega(c_g + c_s) + k_g + k_s]\widetilde{G}(\beta) - (i\omega c_s + k_s)\widetilde{Y}(\beta) = 0 \qquad (3.77)$$

다음과 같이 정의하면

$$
\begin{aligned}
A_1 &= E_r I_r \beta^4 - m_r\omega^2 + i\omega c_p + k_p \\
A_2 &= -m_t\omega^2 + i\omega(c_b + c_p) + k_b + k_p \\
A_3 &= -m_b\omega^2 + i\omega(c_s + c_b) + k_s + k_b \\
A_4 &= E_s I_s \beta^4 - m_s\omega^2 + i\omega(c_g + c_s) + k_g + k_s
\end{aligned}
\qquad (3.78)
$$

$$
\begin{aligned}
B_1 &= i\omega c_p + k_p \\
B_2 &= i\omega c_b + k_b \\
B_3 &= i\omega c_s + k_s
\end{aligned}
\qquad (3.79)
$$

상기 (3.74)~(3.77)의 네 방정식에 대한 시뮬레이션 해법으로 다음이 구해진다.

$$\widetilde{W}(\beta) = \frac{A_2(A_3 A_4 - B_3 B_3) - A_4 B_2 B_2}{A_1 A_2 (A_3 A_4 - B_3 B_3) - A_1 A_4 B_2 B_2 - (A_3 A_4 - B_3 B_3)B_1 B_1}\widetilde{F}(\beta) \qquad (3.80)$$

$$\widetilde{Z}(\beta) = \frac{(A_3 A_4 - B_3 B_3)B_1}{A_2(A_3 A_4 - B_3 B_3) - A_4 B_2 B_2}\widetilde{W}(\beta) \qquad (3.81)$$

$$\widetilde{Y}(\beta) = \frac{A_4 B_2}{A_3 A_4 - B_3 B_3}\widetilde{Z}(\beta) \qquad (3.82)$$

$$\widetilde{G}(\beta) = \frac{B_3}{A_4}\widetilde{Y}(\beta) \qquad (3.83)$$

식 (3.80)~(3.83)을 (3.68)~(3.71)에 대입하고 푸리에 변환하면 다음과 같이 된다.

$$\widetilde{w}(x,t) = \frac{1}{2\pi}\int_{-\infty}^{\infty} W(\beta,t)\,e^{i\beta x}d\beta \qquad (3.84)$$

$$\widetilde{z}(x,t) = \frac{1}{2\pi}\int_{-\infty}^{\infty} Z(\beta,t)\,e^{i\beta x}d\beta \qquad (3.85)$$

$$\widetilde{y}(x,t) = \frac{1}{2\pi}\int_{-\infty}^{\infty} Y(\beta,t)\,e^{i\beta x}d\beta \qquad (3.86)$$

$$\widetilde{g}(x,t) = \frac{1}{2\pi}\int_{-\infty}^{\infty} G(\beta,t)\,e^{i\beta x}d\beta \qquad (3.87)$$

따라서 다음과 같은 식들이 도출된다.

$$w(x,t) = \widetilde{w}(x,t)\, e^{i\phi_w} \tag{3.88}$$

$$z(x,t) = \widetilde{z}(x,t)\, e^{i\phi_z} \tag{3.89}$$

$$y(x,t) = \widetilde{y}(x,t)\, e^{i\phi_y} \tag{3.90}$$

$$g(x,t) = \widetilde{g}(x,t)\, e^{i\phi_g} \tag{3.91}$$

여기서, ϕ_w, ϕ_z, ϕ_y 및 ϕ_g는 각각 복소 변위(復素 變位, complex displacement) $\widetilde{w}(x,t)$, $\widetilde{z}(x,t)$, $\widetilde{y}(x,t)$ 및 $\widetilde{g}(x,t)$에 대한 위상 각(phase angle)이다.

(3.88)~(3.91)의 네 방정식에 근거하여, 레일, 침목, 도상 및 아스팔트층의 진동속도와 가속도뿐만 아니라 침목, 도상, 아스팔트층 및 연약 노반에 대한 동적 압력도 계산해낼 수 있다.

3.5.3 연약 노반 위에 아스팔트 궤도기초가 있는 자갈궤도의 진동분석

전술에서 제안된 모델에 기초하여 연약 노반 위에 아스팔트 궤도기초를 가진 자갈궤도의 진동분석이 수행되었다[16].

몇 가지의 궤도 파라미터는 다음과 같다. 60kg/m 장대레일, 아스팔트 궤도기초를 가진 자갈궤도, 레일 휨계수 $EI = 2 \times 6.625 \mathrm{MN} \times \mathrm{m}^2$, 2.6m의 침목 길이와 0.6m의 침목 간격을 가진 Ⅲ-형 프리스트레스트콘크리트 침목, 도상 어깨 폭 $b = 30\mathrm{cm}$, 도상 두께 $H_b = 30\mathrm{cm}$ 및 도상 밀도 $\rho = 2000\mathrm{kg/m}^3$. 궤도 틀림은 여섯 가지 수준으로 시뮬레이션된다. 그 밖의 계산 파라미터는 **표 3.6**에 주어진다. 아스팔트 궤도기초의 질량은 두께와 재료의 밀도에 좌우되며 각각의 경우에 서로 다르다. 아스팔트 궤도기초의 등가 강성 k_s와 감쇠 c_s는 **표 3.7**의 데이터로 계산될 수 있다. 바스라기 고무-변성 아스팔트(crumb rubber modified asphalt, CRMA)에 대한 파라미터는 고무-변성 아스팔트가 아스팔트 혼합의 감쇠를 증가시킬 뿐만 아니라 전단 강도도 증가시킬 수 있음을 보여주는 **표 3.7**에 나열된다. 20%의 고무 함유량을 가진 CRMA의 경우에, 감쇠비(damping ratio)는 대략 9.5%이다. 바스라기 고무가 없는 아스팔트 혼합의 경우에, 감쇠비는 대략 5.5%이다. 포화(飽和)되지 않은 노반 흙은 유사한 응력과 변형률(strain) 조건 하에서 CRMA보다 훨씬 더 작은 대략 3.8%의 평균 감쇠비를 갖는다. 단위 길이당 연약 노반의 강성 k_g는 식 (3.35)에 근거하여 연약 노반의 탄성계수 E_s를 이용하여 도출할 수 있다.

열차는 8량의 CRH3 동력차로 구성되며, 200km/h의 열차속도와 함께 차축 하중은 142.5kN이다.

표 3.6 바스라기 고무-변성 아스팔트에 대한 파라미터

궤도구조	단위 길이당 질량 (kg)	단위 길이당 강성 (MN/m²)	단위 길이당 감쇠 (kN s/m²)
레일	60	–	–
침목	340/0.6	80/0.6	50/0.6
도상	2,790	120/0.6	60/0.6
아스팔트층	가변적	가변적	가변적
연약 노반	–	가변적	90/0.6

표 3.7 궤도에 대한 계산 파라미터

경우	고무 함유량 (%)	고무밀도 (kg/m³)	고무 전단(剪斷) 계수 (Mpa)	감쇠비
1	0	2,511	750	0.055
2	10	2,500	890	0.065
3	20	2,480	980	0.095

연약 노반 위에 아스팔트 궤도기초를 가진 자갈궤도의 진동분석은 다음의 세 가지 경우를 고려하여 수행된다[16].

경우 1 : 고무 함유량이 C_a = 20%인 바스라기 고무-변성 아스팔트 궤도기초의 H_a = 10, 15 및 20cm의 세 가지 아스팔트 두께와 E_s = 20MPa의 노반 계수가 궤도 진동에 미치는 영향

경우 2 : 아스팔트 두께가 H_a = 20cm인 바스라기 고무-변성 아스팔트 궤도기초의 C_a = 0, 10 및 20%의 세 가지 고무 함유량과 E_s = 20MPa의 노반 계수가 궤도 진동에 미치는 영향

경우 3 : 고무 함유량이 C_a = 20%이고 아스팔트 두께가 H_a = 20cm인 바스라기 고무-변성 아스팔트 궤

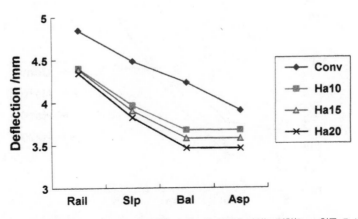

그림 3.20 C_a = 20%와 E_s = 20MPa와 함께 아스팔트 두께 H_a가 궤도의 처짐에 미치는 영향(Slp : 침목, Bal : 도상, Asp : 아스팔트, Conv : 연약 지반 위 재래의 자갈궤도, Ha : 아스팔트층의 두께)

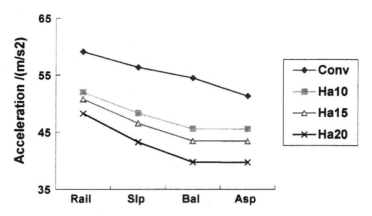

그림 3.21 C_a = 20%와 E_s = 20MPa와 함께 아스팔트 두께 H_a가 궤도의 가속도에 미치는 영향(Slp : 침목, Bal : 도상, Asp : 아스팔트, Conv : 연약 지반 위 재래의 자갈궤도, Ha : 아스팔트층의 두께)

도기초의 경우에 E_s = 20, 25 및 30MPa의 세 가지 노반 계수가 궤도 진동에 미치는 영향

각각의 경우에 대한 결과는 연약 노반 위 재래의 자갈궤도에 대한 것과 비교되었다. 여기에서의 재래 자갈 궤도는 아스팔트층이 같은 두께의 기초 위 보조−도상으로 대체된 것을 제외하고 아스팔트 궤도와 비슷하다.

계산된 산출물은 각각 레일, 침목, 도상 및 아스팔트 궤도기초의 최대 처짐과 레일, 침목, 도상 및 아스팔트 궤도기초의 최대 가속도, 게다가 침목, 도상, 아스팔트 궤도기초 및 노반에 대한 최대 동적 압력(즉, 침목 간격에 가해지는 힘)을 포함한다. 계산 결과는 **그림 3.20∼3.28**에 묘사되며, 궤도 진동에 대한 여러 가지 아스팔트 두께 H_a와 여러 가지 고무 함유량 C_a, 게다가 여러 가지 노반 계수 E_s의 영향을 보여준다.

관련된 계산 결과에 따라 다음과 같이 몇 가지 결론을 도출할 수 있다.

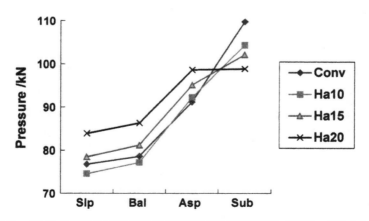

그림 3.22 C_a = 20%와 E_s = 20MPa와 함께 아스팔트 두께 H_a가 궤도에 대한 압력에 미치는 영향(Slp : 침목, Bal : 도상, Asp : 아스팔트, Sub : 노반, Conv : 연약 지반 위 재래의 자갈궤도, Ha : 아스팔트층의 두께)

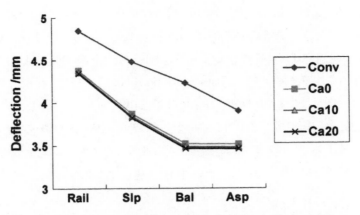

그림 3.23 H_a = 20cm와 E_s = 20MPa와 함께 고무 함유량 C_a가 궤도의 처짐에 미치는 영향(Slp : 침목, Bal : 도상, Asp : 아스팔트, Conv : 연약 지반 위 재래의 자갈궤도, Ca : 아스팔트층의 고무 함유량)

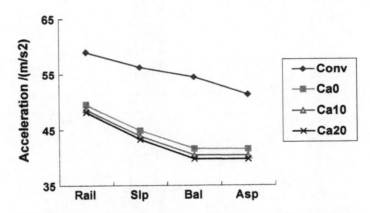

그림 3.24 H_a = 20cm와 E_s = 20MPa와 함께 고무 함유량 C_a가 궤도의 가속도에 미치는 영향(Slp : 침목, Bal : 도상, Asp : 아스팔트, Conv : 연약 지반 위 재래의 자갈궤도, Ca : 아스팔트층의 고무 함유량)

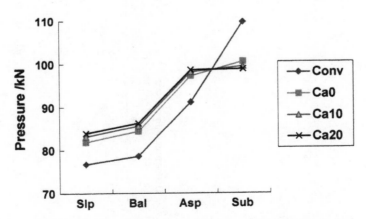

그림 3.25 H_a = 20cm와 E_s = 20MPa와 함께 고무 함유량 C_a가 궤도에 대한 압력에 미치는 영향(Slp : 침목, Bal : 도상, Asp : 아스팔트, Sub : 노반, Conv : 연약 지반 위 재래의 자갈궤도, Ca : 아스팔트층의 고무 함유량)

① 연약 노반 위 자갈궤도의 보조–도상 대신에 아스팔트 궤도기초의 사용은 **그림 3.20∼3.22**에 나타낸 것처럼 레일, 침목, 도상 및 아스팔트 궤도기초의 처짐과 가속도, 그리고 노반에 대한 압력을 상당히 줄일 수 있다. 이 압력은 인근의 건물에 대한 진동을 가진(加振)하는 일차적 원인이다. 압력의 감소는 철도가 유발하는 환경 진동과 구조물–전달 소음(structure–born noise)을 제어하기 위해 필수적이다. 궤도의 동적 응답은 아스팔트 궤도기초 두께의 증가에 따라 감소된다.

② **그림 3.23∼3.25**는 아스팔트와 바스라기 고무–변성 아스팔트 궤도기초 양쪽 모두는 연약 노반 위 자갈 궤도에 대하여 레일, 침목, 도상 및 아스팔트 궤도기초의 처짐과 가속도, 그리고 노반에 대한 압력을 크게 억제할 수 있음을 보여준다. 그러나 바스라기 고무–변성 아스팔트 매트는 보통의 아스팔트 궤도기

그림 3.26 $C_a = 20\%$와 $H_a = 20\text{cm}$와 함께 노반 계수 E_s가 궤도의 처짐에 미치는 영향 (Slp : 침목, Bal : 도상, Asp : 아스팔트, Conv : 연약 지반 위 재래의 자갈 궤도, Es : 노반 계수) (a) $E_s = 20\text{MPa}$, (b) $E_s = 25\text{MPa}$, (c) $E_s = 30\text{MPa}$

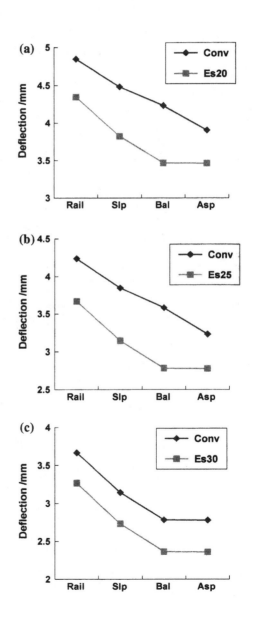

초와 비교하여 궤도의 동적 응답의 감소를 약간 개선할 뿐이다.

③ 바스라기 고무-변성 아스팔트 궤도기초에 대한 강성과 감쇠비 및 단면 2차 모멘트를 고려하면, 궤도 진동을 줄이는 능력에 영향을 미치는 가장 유효한 것은 재료의 휨 저항 계수(resistant bending modulus) $E_s I_s$ 이다. 몇 개의 침목에 걸친 집중 윤하중을 분포시키는 (부분적으로 궤광으로부터 그리고 부분적으로 아스팔트층으로부터의) 궤도의 보 작용(beam action) 때문에, 고탄성(high-modulus) 도상 층은 중량의 윤하중을 효과적으로 줄이는 역할을 한다.

④ **그림 3.26~3.28**은 보조-도상 대신에 아스팔트 궤도기초를 사용하면 연약 노반 위 자갈궤도의 진동을 줄임에 있어 독특한 효과를 가짐을 실증한다. 레일, 침목, 도상 및 아스팔트의 처짐과 가속도에 대한 최

그림 3.27 C_a = 20%와 H_a = 20cm와 함께 노반 계수 E_s 가 궤도의 가속도에 미치는 영향(Slp : 침목, Bal : 도상, Asp : 아스팔트, Conv : 연약 지반 위 재료의 자갈궤도, Es : 노반 계수) (a) E_s = 20MPa, (b) E_s = 25MPa, (c) E_s = 30MPa

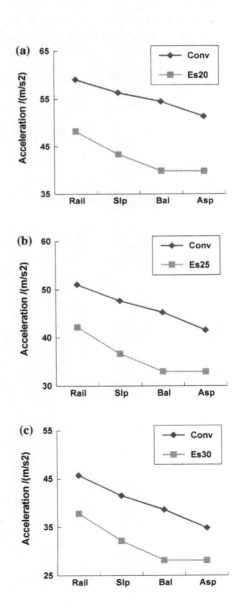

대 감소는 연약 노반 위 재래의 자갈궤도와 비교하여 각각 14.1과 18.6%까지에 이를 수 있다. 노반에 대한 압력의 최대 감소는 14%까지에 이를 수 있다.

⑤ 아스팔트 궤도기초를 가진 자갈궤도는 아스팔트층이 방수(防水)라는 사실 때문에 연약 노반에 걸친 중량 철도나 철도선로에 특별히 적용할 수 있으며 아스팔트 궤도기초를 가진 자갈궤도는 결점이 적고 더긴 사용 수명을 갖는다.

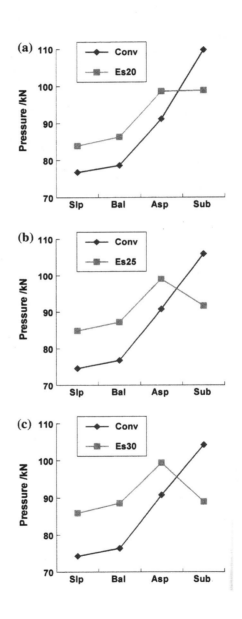

그림 3.28 C_a = 20%와 H_a = 20cm와 함께 노반 계수 E_s가 궤도에 대한 압력에 미치는 영향(Slp : 침목, Bal : 도상, Asp : 아스팔트, Sub : 노반, Conv : 연약 지반 위 재래의 자갈궤도, Es : 노반 계수) (a) E_s = 20MPa, (b) E_s = 25MPa, (c) E_s = 30MPa

참고문헌

1. Madshus C, Kaynia A (1998) High speed railway lines on soft ground: dynamic response of rail-embankment-soil system. GI515177-1
2. Krylov VV (1994) On the theory of railway-induced ground vibrations. J Phys 4(5):769–772
3. Krylov VV (1995) Generation of ground vibrations by super fast trains. Appl Acoust 44:149–164
4. Krylov VV, Dawson AR (2000) Rail movement and ground waves caused by high speed trains approaching track-soil critical velocities. In: Proceedings of the institution of mechanical engineers, part F. Journal of rail and rapid transit, 214(F):107–116
5. Lei X (2006) Study on critical velocity and vibration boom of track. Chin J Geotech Eng 28 (3):419–422
6. Lei X (2006) Study on ground waves and track vibration boom induced by high speed trains. J China Railway Soc 28(3):78–82
7. Lei X (2007) Analyses of track vibration and track critical velocity for high-speed railway with Fourier transform technique. China Railway Sci 28(6):30–34
8. Sheng X, Jones CJC, Thompson DJ (2004) A theoretical model for ground vibration from trains generated by vertical track irregularities. J Sound Vib 272(3–5):937–965
9. Sheng X, Jones CJC, Thompson DJ (2004) A theoretical study on the influence of the track on train-induced ground vibration. J Sound Vib 272(3–5):909–936
10. Sheng X (2002) Ground vibrations generated from trains. Doctor's Dissertation of University of Southampton, UK
11. Vesic AS (1961) Beams on elastic subgrade and the Winkler hypothesis. In: Proceedings of the 5th international conference on soil mechanics and foundation engineering, Paris, France. (1):845–851
12. Lei X (2007) Dynamic analyses of track structure with Fourier transform technique. China Railway Sci 29(3):67–71
13. Lei X, Sheng X (2008) Advanced studies in modern track theory, 2 edn. China Railway Publishing House, Beijing
14. Lei X et al (2007) Vibration analysis of track for railways with passenger and freight traffic. J Railway Eng Soc 29(3):67–71
15. Lei X, Rose JG (2008) Track vibration analysis for railways with mixed passenger and freight traffic. J Rail Rapid Transit Proc Inst Mech Eng 222(4):413–421
16. Lei X, Rose JG (2008) Numerical investigation of vibration reduction of ballast track with asphalt trackbed over soft subgrade. J Vib Control 14(12):1885–1902

제4장 고가 궤도구조의 동적 거동의 분석

더 적은 토지점유, 더 적은 침하, 낮은 건설비와 운용비, 효과적인 도시교통 혼잡 완화와 같은 많은 장점이 있는 고가(高架) 궤도구조(elevated track structure)는 고속철도와 도시 대중교통에서 널리 이용된다. 그러나 그것의 시끄러운 진동소음은 철도 주변의 환경에 어떤 영향을 미친다[1]. 이 장에서는 고가 궤도구조의 분석모델과 3차원 유한요소 모델을 설정하여 고가 궤도구조의 두 가지 유형, 즉 박스 거더와 U−보의 진동 분포 불규칙(vibration distribution irregularity)이 연구되며, 고가 궤도구조가 여러 가지 거리에 따라 유발하는 환경 진동의 감쇠 특성이 분석된다. 마지막으로, 이들 두 모델의 적합성이 비교된다.

4.1 어드미턴스의 기본개념

4.1.1 어드미턴스의 정의

어드미턴스(admittance)는 구조물진동 연구에서 중요한 지표이다. 어드미턴스(Y)는 구조물이 조화 가진(調和加振, harmonic excitation)을 받는 동안에 구조물에 발생한 응답 복소 진폭(應答 複素振幅, response complex amplitude)과 가진(加振) 복소 진폭(excitation complex amplitude) 간의 비율, 즉 단위 하중이

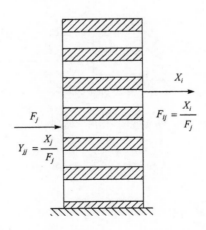

그림 4.1 어드미턴스의 개념(역주 : 그림 오른쪽의 수식 $F_{ij} = X_i / F_j$은 $Y_{ij} = X_i / F_j$이어야 한다고 생각됨)

발생시킨 응답으로 정의된다. 응답은 변위, 속도, 가속도, 응력 및 변형률일 수 있다. 어드미턴스가 구조물의 질량, 탄성 및 감쇠와 같은 구조물의 고유한 특성에 관련이 있음이 이론과 실험으로 입증된다.

그림 4.1에 나타낸 것처럼 만일 점 j에 힘 F_j가 가해지고 어떤 하나의 점 i에서 응답 X_i가 발생한다면, i와 j간의 변위 어드미턴스는 $Y_{ij} = X_i / F_j$로 나타낼 수 있다. 만일 응답 점과 가진 점이 다르다면, 발생한 어드미턴스는 교차점 어드미턴스(cross-point admittance)로 불린다. 임피던스(impedance)는 어드미턴스의 역수(逆數)이다. 즉, $Z_{ij} = 1/Y_{ij}$. 만일 응답 점과 가진 점이 같은 점이면, 발생한 어드미터는 하중 부하점 어드미턴스 $Y_{jj} = X_j / F_j$이라고 한다. **표 4.1**은 기호, 명칭, 수식 및 구조 하중 부하점 어드미턴스의 단위를 나타낸다.

표 4.1 구조물 어드미턴스

기호	명칭	※역주 : 궤도 진동 경우의 명칭	수식
Y_X	변위 어드미턴스, 동적 유연도 (m/N)	리셉턴스(Receptance)	X_j / F_j
Y_V	속도 어드미턴스 (m/s/N)	어드미턴스 또는 모빌리티(Mobility)	V_j / F_j
Y_A	가속도 어드미턴스 (m/s²/N)	이너턴스(Inertance)	A_j / F_j

4.1.2 어드미턴스의 계산모델

앞에서 언급한 것처럼, 안정적인 선형 진동 시스템(stable linear vibration system)의 역학적 어드미턴스(mechanical admittance)는 안정적인 응답(steady response)과 가해진 조화 가진(加振) 복소(複素, complex) 또는 진폭의 비율과 같다. **그림 4.2**에 나타낸 단일 자유도 시스템에 대한 진동 미분방정식은 다음과 같다.

$$m\frac{d^2 x}{dt^2} + c\frac{dx}{dt} + kx = f(t) \tag{4.1}$$

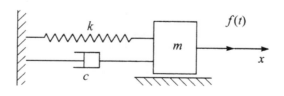

그림 4.2 단일 자유도 시스템 모델

여기서, m은 질량을 의미하며, c는 감쇠 계수이고, k는 강성이며, $f(t)$는 가진(加振) 힘이다.

시스템의 가진 힘이 다음과 같다고 가정하자.

$$f(t) = \overline{F}e^{i\omega t} \tag{4.2}$$

정상상태(steady-state) 변위 응답은 다음과 같다.

$$x(t) = \overline{X}e^{i\omega t} \tag{4.3}$$

속도 응답은 다음과 같다.

$$\dot{x}(t) = i\omega\overline{X}e^{i\omega t} = \overline{V}e^{i\omega t} \tag{4.4}$$

가속도 응답은 다음과 같다.

$$\ddot{x}(t) = -\omega^2\overline{X}e^{i\omega t} = \overline{A}e^{i\omega t} \tag{4.5}$$

시스템의 변위 어드미턴스는 다음과 같이 나타낼 수 있다.

$$Y_x = \frac{X_j}{F_j} = \frac{x(t)}{f(t)} = \frac{\overline{X}e^{i\omega t}}{\overline{F}e^{i\omega t}} = \frac{\overline{X}}{\overline{F}} = \frac{1}{k - \omega^2 m + i\omega c} \tag{4.6}$$

속도 어드미턴스는 다음과 같이 나타낼 수 있다.

$$Y_{\dot{x}} = \frac{\dot{x}(t)}{f(t)} = \frac{\overline{V}e^{i\omega t}}{\overline{F}e^{i\omega t}} = \frac{\overline{V}}{\overline{F}} = i\omega\, Y_X \tag{4.7}$$

그리고 가속도 어드미턴스는 다음과 같이 나타낼 수 있다.

$$Y_{\ddot{x}} = \frac{\ddot{x}(t)}{f(t)} = \frac{\overline{A}e^{i\omega t}}{\overline{F}e^{i\omega t}} = \frac{\overline{A}}{\overline{F}} = -\omega^2\, Y_X \tag{4.8}$$

4.1.3 조화 응답 분석의 기본이론

조화(調和) 응답(應答) 분석(harmonic response analysis)은 여러 가지 주파수에서 구조물의 응답을 계산하기 위하여 조화 하중(harmonic load)을 받는 선형 구조물시스템의 정상상태 응답을 분석하고, 변위-주파수 곡선, 속도-주파수 곡선 및 가속도-주파수 곡선과 같은 주파수 진동에 따른 응답 곡선을 구하는 데 이용된다. 그것의 입력은 힘, 압력 및 강제 변위(forced displacement)와 같은 조화 하중이다.

실제로, 조화 응답 분석은 구조물의 진동방정식을 푸는 것이다.

$$M\ddot{u} + C\dot{u} + Ku = F \tag{4.9}$$

여기서, M 은 질량 행렬(mass matrix)이고, C 는 감쇠 행렬이며, K 은 강성 행렬이고, $\ddot{u}$ 는 노드 가속도 벡터(node acceleration vector)이며, $\dot{u}$ 은 노드 속도 벡터이고, u 은 노드 변위 벡터이며, F 는 구조물에 가해진 하중 벡터이다.

일반적인 상황과는 달리, F 와 u 는 앞에서 말한 진동방정식 (4.9)에 대한 복소(複素) 벡터(complex vector)이다.

$$F = F_{\max}e^{i\Psi}e^{i\omega t} = (F_1 + iF_2)e^{i\omega t} \tag{4.10}$$

$$u = u_{\max}e^{i\Psi}e^{i\omega t} = (u_1 + iu_2)e^{i\omega t} \tag{4.11}$$

따라서 조화 응답 분석을 위한 진동방정식은 다음과 같다.

$$(-\omega^2 M + i\omega C + K)(u_1 + iu_2) = (F_1 + iF_2) \tag{4.12}$$

여기서, $F_{\max}$ 와 $u_{\max}$ 는 각각 하중 진폭과 변위진폭을 의미한다. i 는 허수단위 $\sqrt{-1}$ 이다. ω 는 원(圓) 주파수이다. Ψ 는 하중 함수에 대한 위상 각이다. t 는 시간이다. F_1 과 u_1 는 각각 하중 실수부와 변위 실수부이다. F_2 와 u_2 는 각각 하중 허수부와 변위 허수부이다.

어드미턴스(admittance)의 정의는 구조물 어드미턴스의 진동특성이 조화 응답 분석으로 분석될 수 있음을 보여준다. 유한요소분석 소프트웨어 ANSYS(앤시스)는 특별한 조화 응답 분석 기능이 있다. ANSYS 소프트웨어는 완전(full), 감소 및 모드 중첩(重疊)의 세 가지 해법으로 이루어져 있다. 다음의 절에서 ANSYS 소프트웨어는 구조물의 조화 응답을 분석하기 위해 채택될 것이다. 다음에는 조화(調和) 응답 분석의 결과를 MATLAB 프로그램 도구로 가져와서 고가(高架) 궤도구조의 진동 응답을 조사할 것이다.

4.2 고가 교량구조물의 진동 거동에 관한 분석

고가 교량구조물의 분석적 보 모델과 유한요소 모델을 수립함으로써, 궤도시스템의 진동특성에 대한 고가 교량구조물의 영향을 분석할 수 있다. 분석적 보 모델에서의 교량은 **그림 4.3**에 나타낸 것처럼 자유 경계(free boundary)와 구조적 감쇠와 함께 선형스프링으로 단순화된 받침(支點, bearing)을 가진 오일러 보(Euler beam)로 가정된다[2]. 이 장은 교각–지반–교량연성 진동을 고려함이 없이, 고가 궤도구조의 수직 진동특성을 주로 연구한다. 교각의 수직 강성과 관성이 통상적으로 고무 받침보다 훨씬 더 크기 때문에, 교각은 강성 지지(rigid support)로 단순화될 수 있다. 교량에 대해서는 단순 분석 보 모델이나 유한요소 모델이

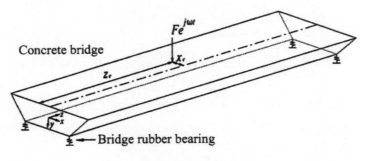

그림 4.3 고가 교량구조물 모델

적용될 수 있다.

4.2.1 분석 보 모델

분석 보 모델에서 교량은 자유 경계를 가진 오일러 보로 가정되며, 횡단면 모델은 **그림 4.4**에서 보여준다. 복선궤도가 교량 상판 위에 부설되며, 궤도 중심선은 상부의 판(top board), 플랜지 및 복부의 접점(junction) 근처에 위치한다. 궤도 중심선이 교량 횡단면의 가로축 대칭 중심에서 벗어나 있으므로, 차량이 주행할 때 교량의 비틀림 진동(torsional vibration)과 휨 진동(bending vibration)이 동시에 일어날 것이다. 따라서 고가 궤도구조의 분석모델에서는 비틀림 진동과 휨 진동(bending vibration)이 고려되어야 하며, 동시에 뒤틀림(warping) 영향을 무시함으로써 분석이 단순화된다.

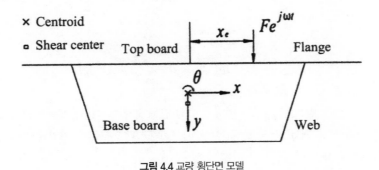

그림 4.4 교량 횡단면 모델

그림 4.4에 나타낸 것처럼, 교량 횡단면 전단중심(剪斷中心)과 교량 중심(重心)이 동일 수직선에 있을 때, 교량의 수직 휨 진동과 oz축(교량 중심선)에 관한 비틀림 진동은 근사적으로 분리된다. 조화 하중 $Fe^{i\omega t}$가 교량 궤도 중심선에 가해지고 좌표가 (x_e, z_e)이라고 가정하고, **그림 4.3**과 **4.4**에 나타낸 것처럼 뒤틀림 효과를 고려하지 않으면, 교량의 휨 진동과 비틀림 진동에 대한 미분방정식은 다음과 같이 된다[2].

$$\rho A \frac{\partial^2 y}{\partial t^2} + EI(1+i\eta)\frac{\partial^4 y}{\partial t^4} = Fe^{i\omega t}\delta(z-z_e) \tag{4.13}$$

$$\rho I_p \frac{\partial^2 \theta}{\partial t^2} - GJ_t(1+i\eta)\frac{\partial^2 \theta}{\partial z^2} = Fx_e e^{i\omega t}\delta(z-z_e) \tag{4.14}$$

여기서, y는 교량의 수직 변위이다. θ는 교량의 비틀림 각이다. ρ는 재료밀도이다. A와 I는 각각 횡단면적과 수평축에 관한 단면 2차 모멘트이다. E는 재료의 탄성계수이다. G는 재료의 전단(剪斷) 계수이다. η는 다양한 재료에 대해 **표 4.2**에 나타낸 손실계수이다. I_p는 단면 극 2차 모멘트(polar moment of inertia of cross section)이다. 그리고 J_t는 비틀림 관성 모멘트(torsional moment of inertia)이다.

표 4.2 각종 재료의 손실계수

재료	손실계수 η	재료	손실계수 η
강(鋼)과 철(鐵)	0.0001~0.0006	플렉시 글라스(plexiglass)	0.02~0.04
알루미늄	0.0001	플라스틱	0.005
구리(銅)	0.002	목질 섬유판	0.01~0.03
마그네슘	0.0001	샌드위치 플레이트	0.01~0.013
함석	0.0003	코르크	0.13~0.17
주석	0.002	벽돌	0.01~0.02
유리	0.0006~0.002	콘크리트	0.015~0.05
감쇠가 큰 플라스틱	0.1~10	감쇠 고무	0.1~5.0
점탄성 재료	0.2~5.0	모래(건조한 모래)	0.12~0.6

교량의 수직 변위와 비틀림 각은 모드 중첩법(mode superposition method)에 기초하여 다음과 같이 쓸 수 있다.

$$y = \sum_{n=1}^{N_B} \phi_n(z)p_n(t), \quad \theta = \sum_{n=1}^{N_T} \varphi_n(z)q_n(t) \tag{4.15a, b}$$

여기서, $\phi_n(z)$와 $\varphi_n(z)$는 각각 자유 경계 보의 n번째 휨 진동 모드와 비틀림 진동 모드의 정규화된 모드 형상함수를 의미한다. p_n과 q_n은 상응하는 모드 좌표이다. N_B와 N_T는 각각 휨 진동과 비틀림 진동의 모드 수(mode number)이다.

$$\begin{cases} \phi_1(z) = \dfrac{1}{\sqrt{\rho AL}} \\[2mm] \phi_2(z) = \dfrac{1}{\sqrt{\rho AL}}\sqrt{3}(1-2z/L), \quad 0 \le z \le L \\[2mm] \phi_n(z) = \dfrac{1}{\sqrt{\rho AL}}\left[\cosh k_n z + \cos k_n z - C_n(\sinh k_n z + \sin k_n z)\right], \quad n \ge 3 \end{cases} \tag{4.16a}$$

$$\begin{cases} \varphi_1(z) = \dfrac{1}{\sqrt{\rho I_p L}}, & 0 \le z \le L \\[3mm] \varphi_n(z) = \sqrt{\dfrac{2}{\rho I_p L}} \cos\dfrac{(n-1)\pi z}{L}, & n \ge 2 \end{cases} \tag{4.16b}$$

여기서, L은 교량 경간이다. k_n은 n번째 휨 진동 모드 파수(波數)이다. C_n은 **표 4.3**에 나타낸 것처럼 상응하는 계수이다. $\phi_1(z)$, $\phi_2(z)$ 및 $\varphi_1(z)$는 리지드 모드(rigid mode)들이다.

표 4.3 자유 경계를 가진 오일러–베르누이 보의 모드 형상계수

순서 n	1	2	3	4	5	≥ 6
C_n	–	–	0.9825	1.0008	1.0000	1.0000
$k_n L$	0	0	4.7300	7.8532	10.996	$(2n-3)\pi/2$

직교성(直交性) 원리(orthogonality principle)에 따르면, 정규화된 모드 형상함수(regularized mode shape function)는 다음의 방정식들을 충족시켜야 한다.

$$\int_0^L \rho A \phi_{m(z)}\phi_{n(z)}dz = \begin{cases} 1, & m=n \\ 0, & m \ne n \end{cases}; \quad \int_0^L EI\phi_{m(z)}\overset{\cdots\cdot}{\phi}_{n(z)}dz = \begin{cases} \omega_n^2, & m=n \\ 0, & m \ne n \end{cases} \tag{4.17a}$$

$$\int_0^L \rho I_p \varphi_{m(z)}\varphi_{n(z)}dz = \begin{cases} 1, & m=n \\ 0, & m \ne n \end{cases}; \quad \int_0^L GJ_t \varphi_{m(z)}\overset{\cdot\cdot}{\varphi}_{n(z)}dz = \begin{cases} \omega_{tn}^2, & m=n \\ 0, & m \ne n \end{cases} \tag{4.17b}$$

여기서, ω_n과 ω_{tn}는 각각 교량의 n번째 휨 진동과 비틀림 진동의 고유주파수(natural frequency)이며, 다음과 같이 나타낼 수 있다.

$$\omega_n = k_n^2 \sqrt{\frac{EA}{\rho A}}, \quad \omega_{tn} = \frac{(n-1)\pi}{L}\sqrt{\frac{GJ_t}{\rho I_p}} \tag{4.18a, b}$$

식 (4.15a, b)를 식 (4.13)과 (4.14)에 대입함으로써, 다음을 얻는다.

$$\rho A \sum_{n=1}^{N} \phi_n \ddot{p}_n(t) + EI(1+i\eta)\sum_{n=1}^{N}\overset{\cdots\cdot}{\phi}_n(z)p_n(t) = Fe^{i\omega t}\delta(z-z_e) \tag{4.19}$$

$$\rho I_p \sum_{n=1}^{N} \varphi_n \ddot{q}_n(t) - GJ_t(1+i\eta)\sum_{n=1}^{N}\overset{\cdot\cdot}{\varphi}_n(z)q_n(t) = Fx_e e^{i\omega t}\delta(z-z_e) \tag{4.20}$$

식 (4.19)와 (4.20)의 양쪽 끝은 각각 모드 형상함수로 곱하고 교량 길이에 걸쳐 적분하며, 모드 형상함수의 직교성은 다음의 식을 구하는 데 사용된다.

$$\ddot{p}_n(t) + \omega_n^2(1+i\eta)p_n(t) = F\phi_n(z_e)e^{i\omega t} \tag{4.21}$$

$$\ddot{q}_n(t) - \omega_{tn}^2(1+i\eta)q_n(t) = Fx_e\varphi_n(z_e)e^{i\omega t} \tag{4.22}$$

식 (4.21)과 (4.22)를 풀면, 다음의 식을 구할 수 있다.

$$p_n(t) = P_n e^{i\omega t} = \frac{F\phi_n(z_e)}{(1+i\eta)\omega_n^2 - \omega^2}e^{i\omega t}, \quad q_n(t) = Q_n e^{i\omega t} = \frac{Fx_e\varphi_n(z_e)}{(1+i\eta)\omega_{tn}^2 - \omega^2}e^{i\omega t} \tag{4.23a, b}$$

식 (4.23a, b)를 식 (4.15a, b)에 대입하면, 교량의 수직 변위진폭 $Y(z)$과 비틀림 각 진폭 $\theta(z)$을 계산할 수 있다. 그리고 교량의 동적 유연도 함수(flexibility function)는 다음과 같이 나타낼 수 있다.

$$\gamma_b(x, z; x_e, z_e) = \frac{Y(z) + x\theta(z)}{F} = \sum_{n=1}^{N_B}\frac{\phi_n(z)\phi_n(z_e)}{(1+i\eta)\omega_n^2 - \omega^2} + \sum_{n=1}^{N_T}\frac{xx_e\varphi_n(z)\varphi_n(z_e)}{(1+i\eta)\omega_{tn}^2 - \omega^2} \tag{4.24}$$

고가 궤도–교량구조물의 안정적 변위 응답진폭은 동적 유연도의 개념에 따라 다음과 같이 나타낼 수 있다.

$$Y_\nu(x, z) = F\gamma_b(x, z; x_e, z_e) - \sum_{n=1}^{4}F_{\nu bn}\gamma_b(x, z; x_{\nu bn}, z_{\nu bn}) \tag{4.25}$$

여기서, $F_{\nu bn}$은 교량 고무 받침(支點)의 n번째 힘이다. $x_{\nu bn}$과 $z_{\nu bn}$은 교량 받침의 수평과 수직 좌표이다.
마찬가지로, 교량 받침의 힘 진폭은 다음과 같이 나타낼 수 있다.

$$F_{\nu bn} = k_{\nu b}(1+i\eta_{\nu b})Y_\nu(x_{\nu bn}, z_{\nu bn}) \tag{4.26}$$

여기서, $k_{\nu b}$는 교량 받침의 강성이며, $\eta_{\nu b}$는 교량 받침의 손실계수이다.
식 (4.25)로 도출된 교량 고무 받침의 수직 변위를 식 (4.26)에 대입하면, 다음이 구해진다.

$$-\frac{F_{\nu bn}}{k_{\nu b}(1+i\eta_{\nu b})} = F\gamma_b(x_{\nu bn}, z_{\nu bn}; x_e, z_e) - \sum_{n=1}^{4}F_{\nu bn}\gamma_b(x_{\nu bn}, z_{\nu bn}; x_{\nu bn}, z_{\nu bn})$$
$$n = 1, 2, 3, 4 \tag{4.27}$$

식 (4.27)의 해로 도출된 교량 받침의 힘을 식 (4.25)에 대입하면, 고가 궤도–교량구조물의 변위 응답 $Y_v(x, z)$이 구해질 수 있으며, 고가 궤도–교량의 동적 유연도(dynamic flexibility)는 다음과 같이 나타낼 수 있다.

$$\gamma(x, z; x_e, z_e) = \frac{Y_\nu(x, z)}{F} \tag{4.28}$$

고가 궤도–교량의 속도 어드미턴스 진폭은 속도 어드미턴스의 정의에 따라 다음과 같이 된다.

$$\dot{Y}(x, z) = \frac{i\omega \, Y_\nu(x, z)}{F} \qquad (4.29)$$

4.2.2 유한요소 모델

유한요소분석 소프트웨어 ANSYS는 박스 거더 교량구조물을 설정하는 데 이용된다. SOLID 45 요소는 박스 거더를 시뮬레이션하는 데 사용되고, COMBIN 14 요소는 교량의 탄성 받침을 시뮬레이션하는 데 사용된다[3]. 박스 거더의 실제 기하구조 치수는 **그림 4.5**에 나타내며, 교량의 길이는 32m이다. 교량 진동에 대한 교량 교각의 영향이 무시되기 때문에 교량 교각은 고정된 3 자유도 변위 구속(constraint)으로 단순화된다.

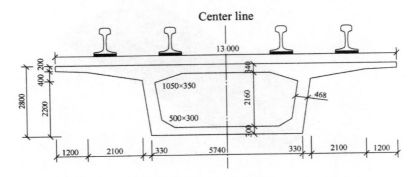

그림 4.5 박스 거더 횡단면의 기하구조 치수

교량구조 파라미터는 **표 4.4**에 나타낸다.

표 4.4 교량구조물 파라미터

파라미터	값
탄성계수 (GPa)	36.2
밀도 (kg/m³)	2500
푸아송비	0.2
감쇠비	0.03
교량 받침의 강성 (kN/m)	3.38×10^6

매핑 메시 방법(mapping mesh method)은 교량을 이산화(discretize)하는 데 이용되며, 박스 거더 구조의 유한요소 메시는 **그림 4.6**에 나타낸다.

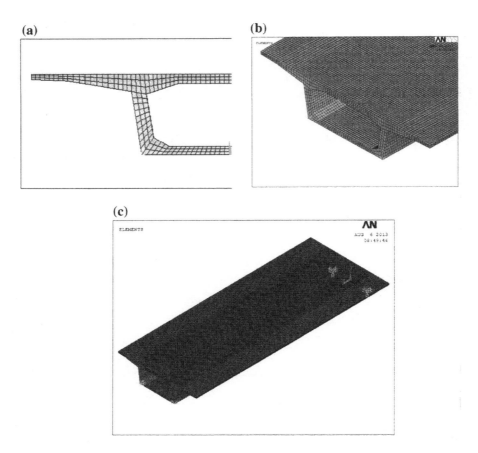

그림 4.6 박스 거더 구조의 유한요소 메시. (a) 횡단면 변위 구속, (b) 부분 확대 그림, (c) 박스 거더의 유한요소 메시

4.2.3 고가 궤도-교량의 분석모델과 유한요소 모델 간의 비교

그림 4.4에 나타낸 것처럼, 교량 경간의 중앙에서 하중 부하 지점이 선택되며, 하중 부하 지점과 그곳에서 4.5m 떨어진 다른 지점은 각각 응답 지점으로 선택된다. 하중 부하 지점 속도 어드미턴스와 고가 궤도-교량구조물에 대한 교차점 속도 어드미턴스는 각각 분석모델과 유한요소 모델을 채용함으로써 계산될 수 있다. 고가 궤도의 교통소음의 주파수범위는 주로 중간 주파수와 저주파수이며, 그중에서 주요 주파수범위는 1,000Hz 이하이다[1]. 따라서 **그림 4.7**에 나타낸 것처럼, 1,000Hz 이하의 주파수만 분석될 것이다.

그림 4.7은 두 모델의 계산 결과가 13Hz 이하에서 상당한 차이가 없다는 것을 나타낸다. 분석모델의 진폭은 유한요소 모델의 것보다 약간 더 크며, 양쪽 모두 6Hz에서 일차 피크가 나타나고 13Hz에서 이차 피크가 나타난다. 13Hz 이상에서는 두 모델 사이에 상당한 차이가 있으며, 유한요소 모델의 진동진폭은 분석모델의 것보다 상당히 더 크다는 것을 보여준다. 분석모델의 진폭은 빠르게 감소하는 반면에 유한요소 모델은 사소하게 감소하며, 이것은 고주파 범위에서 박스 거더가 단순 보 모델로 적합하게 시뮬레이션되지 않음을 나타낸다.

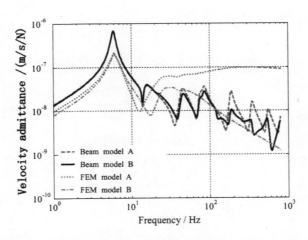

그림 4.7 분석모델과 유한요소 모델로부터 도출된 교량속도 어드미턴스(A : 하중 부하 지점 속도 어드미턴스, B : 교차점 속도 어드미턴스)

4.2.4 교량 받침 강성의 영향

교량구조물 진동에 대한 영향을 연구하기 위하여 서로 다른 다섯 가지 종류의 교량 받침 강성, 즉 $k_{\nu b}$, $2k_{\nu b}$, $5k_{\nu b}$, $10k_{\nu b}$, $100k_{\nu b}$가 고려되며, 여기서 $k_{\nu b} = 3.38 \times 109\text{N/m}$이다. 계산 결과는 **그림 4.8**에 나타낸다[4]. 일차 교량 진동주파수는 교량 받침 강성의 증가에 따라 증가하며, 반면에 진동진폭은 감소한다. 속도 어드미턴스에 대한 받침 강성의 영향은 주파수의 증가에 따라 점점 작아진다. 100Hz 이상에서 교량 받침 강성은 교량 진동에는 거의 영향을 미치지 않는다.

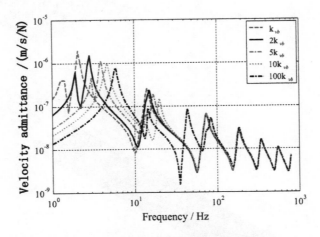

그림 4.8 교량속도 어드미턴스에 대한 교량 받침 강성의 영향

4.2.5 교량 횡단면 모델의 영향

근년에 U-보가 도시 고가 궤도구조에 사용되어 왔다. U-보는 박스 거더와 비교하여 다음과 같은 장점을 갖고 있다. ① 도시경관을 아름답게 하며 시각적 영향(visual impact)을 50% 줄일 수 있다. ② 정거장 건물의

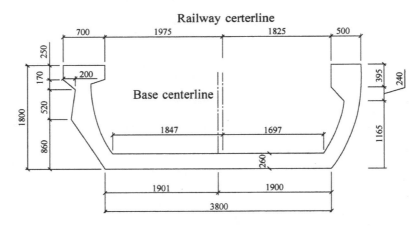

그림 4.9 U-보 횡단면의 기하구조 치수(단위 : mm)

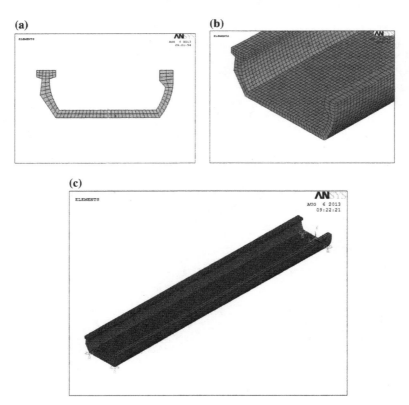

그림 4.10 U-보의 유한요소 메시. (a) 횡단면 변위 구속, (b) 부분 확대 그림, (c) U-보의 유한요소 메시

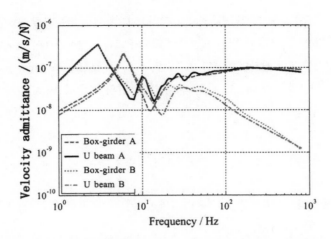

그림 4.11 교량 속도 어드미턴스에 대한 교량 횡단면 모델의 영향(A : 하중 부하 지점 속도 어드미턴스, B : 교차점 속도 어드미턴스)

건설 높이를 1.5~2m 줄인다. ③ 양쪽의 복부는 차륜-레일 소음 절연기능으로 방음벽의 사용을 줄일 수 있다. 현재, U-보는 Chongqing(重慶) 지하철 1, Nanjing(南京) 지하철 2, Shanghai(上海) 대중교통 8의 고가 선로의 남쪽(South) 연장구간과 같은 중국의 많은 도시의 고가 궤도에 사용된다. 고가 교량구조물의 진동특성에 대한 교량 횡단면 모델의 영향을 살펴보기 위하여 U-보와 박스 거더 횡단면 모델에 상응하는 교량 진동특성이 비교되고 분석된다. 기하구조 치수는 **그림 4.9**에 나타낸다. ANSYS 소프트웨어는 U-보 모델을 살펴보는 데 이용되며, 유한요소 메시는 **그림 4.10**에 나타낸다. 이들 두 종류의 교량 횡단면의 하중 부하 지점 속도 어드미턴스는 **그림 4.11**에 나타낸다[4].

25Hz 이하에서는 U-보의 속도 어드미턴스 진폭이 박스 거더의 것보다 훨씬 더 크며 U-보의 1차 주파수 (first-order frequency)는 약 3Hz에 있고, 박스 거더의 것은 약 6Hz에 있다는 것을 **그림 4.11**에서 나타내며, 단위 길이당 U-보의 질량이 박스 거더의 질량보다 더 작으므로 그것은 교량의 고유주파수에 상응한다. 25Hz 이상에서는 두 종류의 횡단면의 진폭이 거의 같다. 따라서 교량 횡단면 모델의 변화는 몇십에서 수백 Hz까지 저주파수 범위의 교량 진동에 대하여 차이가 없다.

4.3 고가 궤도구조의 진동 거동에 관한 분석

4.3.1 고가 궤도-교량시스템의 분석모델

고가 궤도-교량시스템의 진동특성을 분석하기 위하여, **그림 4.12**에 나타낸 것과 같은 고가 궤도-교량시스템 모델이 수립되었다. 그림에서 레일은 레일패드와 체결장치로 고가 교량에 직접 연결된다. 레일은 무한의 오일러-베르누이 보(Euler-Bernoulli beam)이고, 레일패드와 체결장치는 단속적(斷續的) 지지를 가진 감쇠 스프링 시스템이라고 가정되며, 교량은 교각에 4개의 탄성 받침으로 지지된 유한 길이의 자유 보로 고려된다. 교각이 리지드(rigid)하다고 가정하면, 교량은 분석적 보 모델로 단순화될 수 있다. 복선궤도-교량의 경우에 두 궤도의 상호작용이 무시되며 단지 오른쪽의 궤도와 고가 교량시스템만 연구대상으로 취해진다. 분석을 단순화하기 위하여 한 교량 경간의 구조만이 고려된다. 동적 유연도 방법(dynamic flexibility method)은 궤도의 수직 진동을 연구하는 데 이용된다. 동적 유연도는 단위 조화 하중(unit harmonic load)의 작용으로 유발된 변위 $Y(z)$로 정의된다. 즉,

$$\gamma = Y(z)/F(\omega) \tag{4.30}$$

조화 하중 $Fe^{i\omega t}$이 종 방향 위치 $z = z_e$에서 레일 1에 작용한다고 가정하면, 레일 1과 레일 2에 대한 진동 미분방정식은 다음과 같다.

$$\rho_r A_r \frac{\partial^2 y_{r1}}{\partial t^2} + E_r I_r (1 + i\eta_r) \frac{\partial^4 y_{r1}}{\partial t^4} = Fe^{i\omega t}(z - z_e) - \sum_{n=1}^{N} f_{1n} \delta(z - z_{1n}) \tag{4.31}$$

$$\rho_r A_r \frac{\partial^2 y_{r2}}{\partial t^2} + E_r I_r (1 + i\eta_r) \frac{\partial^4 y_{r2}}{\partial t^4} = - \sum_{n=1}^{N} f_{2n} \delta(z - z_{2n}) \tag{4.32}$$

여기서, y_{rj}는 레일 j의 수직 변위이다. ρ_r와 E_r는 레일의 밀도와 탄성계수이다. η_r는 손실계수이고, A_r와 I_r는 레일의 단면적과 수평축에 관한 단면 2차 모멘트이다. f_{jn}은 레일 아래 n번째 레일패드와 체결장치 z_{jn}의 힘이다. z_{jn}는 레일패드와 체결장치의 종 방향 위치이다. $j = 1$과 2. $N = N_r \times N_\nu$는 한 레일 아래의 레일패드와 체결장치의 총수(總數)이다. N_ν는 고가 교량 경간의 수이고, **그림 4.12**에서는 1이 취해진다. N_r는 고가 교량의 한 경간에 대한 레일패드와 체결장치의 수이다. 그리고 δ는 디랙 델타함수(Dirac delta function)이다.

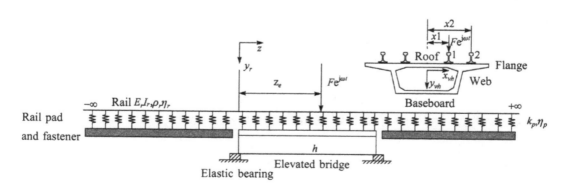

그림 4.12 고가 궤도-교량 연결시스템의 동적 모델

시스템의 정상상태(steady-state) 응답, 즉 $y_{rj} = Y_{rj} e^{i\omega t}$와 $f_{jn} = F_{jn} e^{i\omega t}$만을 고려하고 식 (4.31)과 (4.32)에 대입하여 다음을 얻는다.

$$- \rho_r A_r \omega^2 Y_{r1} + E_r I_r (1 + i\eta_r) Y_{r1}'''' = F\delta(z - z_e) - \sum_{n=1}^{N} F_{1n} \delta(z - z_{1n}) \tag{4.33}$$

$$- \rho_r A_r \omega^2 Y_{r2} + E_r I_r (1 + i\eta_r) Y_{r2}'''' = - \sum_{n=1}^{N} F_{2n} \delta(z - z_{2n}) \tag{4.34}$$

여기서, Y_{rj}는 레일 j의 수직 변위진폭이다. F_{jn}은 레일 j 아래 n번째 레일패드와 체결장치의 힘 진폭이다. $j = 1$과 2. 어깨 글자(위첨자) '는 종 방향 좌표의 미분을 의미한다.

선형 시스템이 중첩원리를 충족시키므로, 레일의 변위는 레일에 가해진 (외부 하중 및 레일패드와 체결장치 힘을 포함하는) 모든 힘이 유발한 변위의 중첩과 같다. 각각의 레일이 유발한 변위는 힘과 해당 동적 유연도의 곱이며, 정상상태 변위는 다음과 같이 나타낼 수 있다.

$$Y_{r1}(z) = F\alpha(z, z_e) - \sum_{n=1}^{N} F_{1n} \alpha(z, z_{1n}) \tag{4.35}$$

$$Y_{r2}(z) = - \sum_{n=1}^{N} F_{2n} \alpha(z, z_{2n}) \tag{4.36}$$

여기서, $\alpha(z_1, z_2)$는 $z = z_2$에 작용하는 단위 조화 하중이 유발한 (오일러–베르누이 보로 모델링된) 레일의 동적 유연도 함수, 즉 $z = z_1$의 정상 변위진폭이다.

정상상태 변위진폭은 다음의 공식으로 계산될 수 있다[2].

$$\alpha(z_1, z_2) = \frac{1}{4 E_r I_r (1 + i\eta_r) k^3} \left(i e^{ik|z_2 - z_1|} - i e^{-ik|z_2 - z_1|} \right) \tag{4.37}$$

여기서, $k = \sqrt{\dfrac{\rho_r A_r \omega^2}{4 E_r I_r (1 + i\eta_r)}}$ 는 복소 파수(complex wave number)이며, 그것의 실수부와 허수부는 하중 부하 지점 z_2과 응답 지점 z_1 사이의 거리가 증가함에 따라 반드시 괄호 안의 값이 점차로 0이 되는 경향이 있음을 보장하기 위해 0보다 더 크다.

유사하게, 고가 교량 h의 정상상태 변위진폭은 다음과 같다.

$$Y_h(x_h, z_h) = \sum_{j=1}^{2} \sum_{m=1}^{N_r} F_{jhm} \gamma(x_h, z_h; x_j, z_{jhm}) \tag{4.38}$$

여기서, F_{jhm}는 고가 교량 h 위의 레일 j에 상응하는 m번째 레일패드와 체결장치의 힘이다. z_{jhm}는 고가 교량 h의 국소좌표계(局所座標系)에서 m번째 레일패드와 체결장치의 종 방향 위치이다. x_j는 국소좌표계에서 레일 j의 횡단지점(transversal point)이다. $j = 1$과 2. 그리고 γ는 식 (4.28)에 나타낸 것과 같은 고가 교량의 동적 유연도 함수이다.

$n = (h - 1) N_r + m$. F_{jn}와 F_{jhm}이 레일패드와 체결장치의 같은 힘에 상응할 때, 레일패드와 체결장치의 변위는 다음과 같다.

$$Y_{kjn} = -\frac{F_{jn}}{k_p(1+i\eta_p)} = -\frac{F_{jhm}}{k_p(1+i\eta_p)} = Y_{rj}(z_{jn}) - Y_h(x_j, z_{jhm}), \quad j = 1, 2 \tag{4.39}$$

식 (4.35), (4.36) 및 (4.38)을 식 (4.39)에 대입하면 다음을 얻는다.

$$-\frac{F_{1n}}{k_p(1+i\eta_p)} = -\frac{F_{1hm}}{k_p(1+i\eta_p)}$$
$$= F\alpha(z_{1n}, z_e) - \sum_{k=1}^{N} F_{1k}\alpha(z_{1n}, z_{1k}) - \sum_{j=1}^{2}\sum_{l=1}^{N_p} F_{jhl}\gamma(x_1, z_{1hm}; x_j, z_{jhl}) \tag{4.40}$$

$$-\frac{F_{2n}}{k_p(1+i\eta_p)} = -\frac{F_{2hm}}{k_p(1+i\eta_p)}$$
$$= -\sum_{k=1}^{N} F_{2k}\alpha(z_{2n}, z_{2k}) - \sum_{j=1}^{2}\sum_{l=1}^{N_p} F_{jhl}\gamma(x_2, z_{2hm}; x_j, z_{jhl}) \tag{4.41}$$

식 (4.40)과 (4.41)은 다음과 같이 행렬 형태로 쓸 수 있다.

$$\mathrm{RF = Q} \tag{4.42}$$

여기서, $\mathbf{R}$는 레일 동적 유연도 α, 레일패드와 체결장치 동적 유연도 $1/k_p(1+i\eta_p)$ 및 고가 교량 동적 유연도 γ로 구성된 $2N \times 2N$ 차원의 시스템의 동적 유연도 행렬이다. $\mathbf{F}$는 두 레일의 레일패드와 체결장치 힘들로 구성된 $2N$ 열(列)벡터(column vector)이다. $\mathbf{Q}$는 값이 $F\alpha(z_{1n}, z_e)$, $n = 1, 2, \cdots, N$인 $2N$ 하중 벡터이다. 그리고 나머지 요소는 0이다.

레일패드와 체결장치의 힘은 식 (4.42)에서 구할 수 있으며, 그것은 하중 부하 지점의 레일 변위진폭 $Y_{r1}(z_e)$을 구하기 위하여 식 (4.35)에 대입된다.

$$\dot{Y}_{r1}(z_e) = \frac{i\omega Y_{r1}(z_e)}{F} \tag{4.43}$$

고가 교량 기초가 강성 지지라고 가정하면, 식 (4.40)과 (4.41)은 다음과 같이 쓸 수 있다.

$$-\frac{F_{1n}}{k_p(1+i\eta_p)} = -\frac{F_{1hm}}{k_p(1+i\eta_p)} = F\alpha(z_{1n}, z_e) - \sum_{k=1}^{N} F_{1k}\alpha(z_{1n}, z_{1k}) \tag{4.44}$$

$$-\frac{F_{2n}}{k_p(1+i\eta_p)} = -\frac{F_{2hm}}{k_p(1+i\eta_p)} = -\sum_{k=1}^{N} F_{2k}\alpha(z_{2n}, z_{2k}) \tag{4.45}$$

전술의 어드미턴스는 강성 지지기초를 가진 고가교량 속도 어드미턴스이다.

4.3.2 유한요소법

고가 궤도구조의 진동특성을 추산하기 위하여 3차원 고가 궤도-박스 거더 연결시스템 모델이 유한요소법으로 수립된다. 레일을 시뮬레이션하기 위하여 보 요소 188이 사용되며, 레일패드와 체결장치 및 교량 받침을 시뮬레이션하기 위하여 선형스프링-댐핑 요소 COMBIN 14가 사용된다. 노반(roadbed)과 교량에 대하여 블록 요소 Solid 45가 사용된다. 궤도구조의 진동에 대한 교량 교각의 영향은 무시되며, 교량 교각을 시뮬레이션하기 위하여 고정 구속조건 경계(fixed constraint boundary)가 적용된다. 궤도구조 파라미터는 **표 4.5**에 나타낸다.

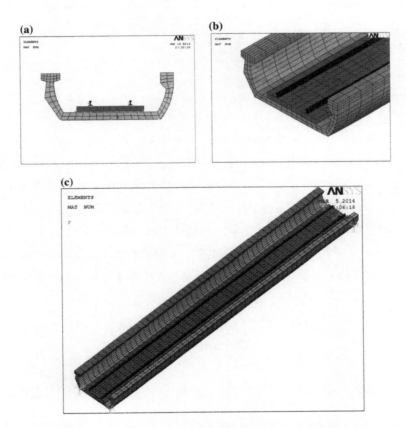

그림 4.13 고가 궤도 U-보 연결시스템의 유한요소 모델. (a) 횡단면 변위의 구속, (b) 부분 확대 그림, (c) U-보의 유한요소 메시

궤도 진동특성에 대한 고가 궤도-교량구조물 모델의 영향을 분석하기 위하여 서로 다른 두 횡단면 모델, 즉 고가 궤도-박스 거더와 고가 궤도 U-보의 유한요소 모델은 **그림 4.13**과 **4.14**에 나타낸 것처럼 제각기 수립된다.

표 4.5 궤도구조 파라미터

구조	파라미터	값
60kg/m 레일	탄성계수 E_r (GPa)	206
	밀도 ρ_r (kg/m^3)	7,830
	횡단면적 A_r (m^2)	7.745×10^{-3}
	단면 2차 모멘트 I_r (m^4)	3.217×10^{-5}
	푸아송비 υ_r	0.3
	손실계수 η_r	0.01
	침목 간격 d_p (m)	0.625
	레일패드와 체결장치의 손실계수 η_p	0.25
궤도슬래브	밀도 ρ (kg/m^3)	2,500
	푸아송비 υ	0.176
	탄성계수 E (GPa)	39

4.3.3 교량구조물의 감쇠

에너지 보존 법칙(energy conservation law)에 따른 물리적 감쇠 효과 때문에 구조의 진동은 시간이 지남에 따라 안정(steady)될 것이다. 감쇠(damping)는 시스템의 진동에너지를 소멸시킬 수 있으며, 보통은 모든 구조물에 진동 감쇠가 존재한다. 구조물 동적 분석의 기본 파라미터로서 차량–교량 연결시스템의 진동 응답에 영향을 미치는 중요한 인자의 하나인 감쇠는 구조물 동적 응답의 분석결과에 직접 영향을 미칠 것이다[3]. 일반적으로, 교량구조물 감쇠의 값은 실험식과 실험값에 크게 좌우된다. 일반적으로 감쇠는 주로 점탄성 재료, 점성 감쇠, 두 고체 간의 마찰 감쇠 및 인공 전자기 댐퍼(artificial electromagnetic damper)의 설치로 인해 발생한다고 믿어진다. 외부 매체 댐퍼와 내부 재료 댐퍼가 함께 작용할 때, 보통은 레일리 감쇠 모델(Rayleigh damping model)이 이용되며, 그것의 수학식은 다음과 같이 나타낸다.

$$C = \alpha M + \beta K \tag{4.46}$$

여기서, M과 K는 교량구조물의 질량 행렬과 강성 행렬이다. α와 β는 레일리 감쇠의 상수이다.

만일, 임의의 두 진동 모드의 주파수와 그들의 상응하는 감쇠비가 기지(既知)라면, 감쇠상수(damping constant)는 다음의 공식으로 계산될 수 있다.

$$\alpha = \frac{2\left(\xi_j \omega_i - \xi_i \omega_j\right)\omega_i \omega_j}{\omega_i^2 - \omega_j^2}, \quad \beta = \frac{2\left(\xi_j \omega_i - \xi_i \omega_j\right)}{\omega_i^2 - \omega_j^2} \tag{4.47}$$

여기서, ω_i와 ω_j는 i번째와 j번째 진동 모드의 고유진동주파수이며, $\omega = 2\pi f$ 이다. ξ_i와 ξ_j는 i번째와 j번째 진동 모드의 감쇠비이다.

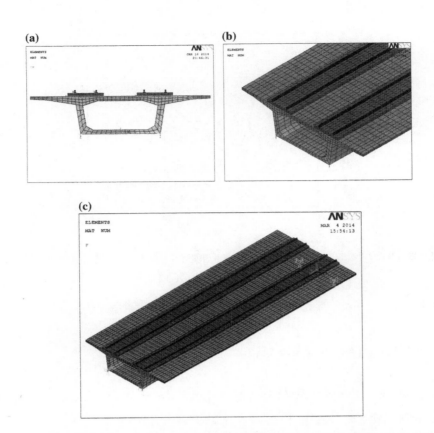

그림 4.14 고가 궤도–박스 거더 연결시스템의 유한요소모델. (a) 횡단면 변위의 구속, (b) 부분 확대 그림, (c) 박스 거더의 유한요소 메시

고유주파수 ω_i와 ω_j는 교량 진동에 영향을 주는 주파수에 주로 좌우된다. 일반적으로, 두 일차의 고유주파수는 감쇠 계수(damping coefficient)를 계산하기 위하여 취해진다. 콘크리트 교량에 대한 감쇠비(damping ratio)는 일반적으로 0.01~0.05 이내에 있으며, 여기서는 계산에 0.03이 취해진다.

4.3.4 고가 궤도-교량시스템의 파라미터 분석

4.3.4.1 교량기초의 영향

고가 궤도 진동에 대한 고가 교량기초의 영향을 분석하기 위해서는 강성기초와 박스 거더 기초에 따른 고가궤도 속도 어드미턴스를 조사하기 위한 분석법이 이용된다. 계산 결과는 **그림 4.15**에 나타낸다[4, 7].

그림 4.15에 나타낸 것처럼, 주파수 20Hz 이하에서는 두 기초의 궤도 속도어드미턴스 진폭 간의 차이가 크며, 이것은 고가 교량기초가 궤도 진동에 상당한 영향을 미친다는 것을 나타낸다. 피크는 주파수 6Hz에 있으며, 이것은 고가 교량의 고유주파수에 상응한다. 반면에 20Hz보다 위에서는 두 곡선이 거의 중첩되며, 이것은 고가 교량기초가 궤도 진동에 영향을 미치지 않는다는 것을 나타낸다. 한편, 두 기초에 대하여 200Hz에

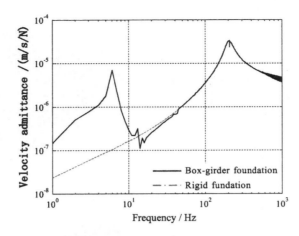

그림 4.15 고가 궤도의 속도 어드미턴스에 대한 궤도기초의 영향(역주 : rigid fundation은 rigid foundation의 오기)

명백한 피크가 존재하며, 이것은 레일패드와 체결장치 시스템의 고유주파수에 상응한다.

4.3.4.2 레일패드와 체결장치 강성의 영향

레일패드와 체결장치의 강성은 궤도와 고가 교량 간의 연결 거동에 직접 영향을 미친다. 고가 궤도구조의 속도 어드미턴스에 대한 서로 다른 네 가지 종류의 레일패드와 체결장치의 강성, 30, 60, 100 및 200MN/m 의 영향이 고려된다. 계산 결과는 **그림 4.16**에 나타낸다[4, 7].

그림 4.16에서는 고가 궤도의 공진 주파수가 레일패드와 체결장치에 밀접하게 관련된다는 것을 보여준다. 레일패드와 체결장치 강성의 증가에 따른 공진 주파수는 각각 147, 200, 266 및 370Hz이며, 상응하는 공진 피크가 감소한다. 147Hz 이하에서, 레일패드와 체결장치 강성이 클수록 궤도 속도어드미턴스의 진폭은 작

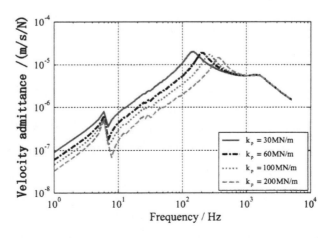

그림 4.16 고가 궤도의 속도 어드미턴스에 대한 레일패드와 체결장치 강성의 영향

아질 것이다. 레일패드와 체결장치 강성이 작을수록 궤도와 고가 교량구조물 간의 연결 효과는 더 커진다. 레일패드와 체결장치—궤도시스템의 고유주파수에 걸쳐, 궤도 진동이 감소하는 경향이 있으며 레일패드와 체결장치 강성이 클수록 감소속도가 더 빨라질 것이다. 800Hz 이상에서는 레일패드와 체결장치의 강성이 궤도 진동에 대하여 본질적인 영향을 미치지 않는다.

4.3.4.3 교량 횡단면 모델의 영향

고가 궤도의 속도 어드미턴스에 대한 두 가지 종류의 교량 횡단면 모델, 즉 U−보와 박스 거더의 영향이 비교되며, 계산 결과는 **그림 4.17**에 나타낸다[4, 7].

그림 4.17에서는 두 가지 종류의 교량 횡단면 모델, 즉 U−보와 박스 거더에 상응하는 고가 궤도의 진동 곡선이 기본적으로 서로 일치하는 것을 보여준다. 교량구조물의 횡단면 모델은 주로 주파수 30Hz 이하에서 궤도 진동에 영향을 미칠 것이다. 대체로 U−보의 휨−저항 강성이 박스 거더의 것보다 작으므로, 이 주파수대역 범위 내에서는 U−보의 고유주파수가 박스 거더의 것보다 약간 더 작다. 그림에서는 U−보의 진동진폭이 박스 거더의 것보다 명백히 더 크다는 것을 보여준다. 박스 거더 공간과 복부는 진동 과정에서 그것의 상부판(roof board)의 수직 진동을 효과적으로 저지할 수 있다. 반면에 30Hz 이상에서는 두 교량 횡단면 모델에 상응하는 궤도구조의 속도 어드미턴스 곡선이 거의 겹치며, 이것은 이 주파수대역 범위 내에서는 궤도구조에 대한 두 가지 유형의 교량 횡단면 모델의 영향이 같다는 것을 나타낸다.

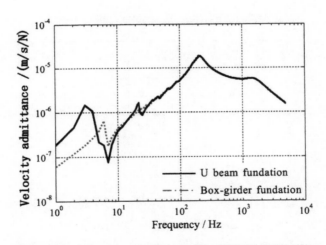

그림 4.17 고가 궤도의 속도 어드미턴스에 대한 교량 횡단면 모델의 영향

4.3.4.4 교량구조물 감쇠의 영향

교량구조물 감쇠는 궤도 진동에 확실한 영향을 미친다. 고가 궤도구조의 속도 어드미턴스에 대한 세 가지 종류의 감쇠비, 즉 $\xi = 0.01$, $\xi = 0.03$, $\xi = 0.05$의 영향이 고려되며, 서로 다른 감쇠비에 상응하는 레일리

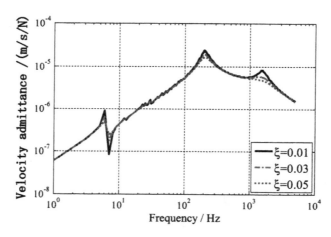

그림 4.18 고가 궤도의 속도 어드미턴스에 대한 교량구조물 감쇠의 영향

감쇠상수(Rayleigh damping constant)를 **그림 4.18**에 나타낸다. 계산 결과는 **표 4.6**에 나타낸다[4, 7].

　　그림 4.18에서는 고가 궤도 진동에 대한 교량구조물 감쇠의 영향이 각각 고유주파수 5.97, 200 및 1051Hz에 주로 집중된다는 것을 보여준다. 이들 세 고유주파수 주위에서의 궤도 속도 어드미턴스 진폭은 감쇠비(damping ratio)가 증가함에 따라 감소한다. 그 밖의 주파수범위 내에서는 감쇠비의 변화가 궤도 진동에 영향을 미치지 않으며, 세 곡선은 거의 완전히 겹친다.

표 4.6 서로 다른 감쇠비에 상응하는 레일리 감쇠상수

감쇠비	ω_i	ω_j	α	β
$\xi = 0.01$	5.97	200	0.7285	1.55×10^{-5}
$\xi = 0.03$	5.97	200	2.1854	4.64×10^{-5}
$\xi = 0.05$	5.97	200	3.6400	7.73×10^{-5}

4.3.4.5 교량 받침 강성의 영향

　　궤도 진동에 대한 교량 받침 강성의 영향을 연구하기 위하여, 고가 궤도구조의 속도 어드미턴스에 대한 서로 다른 세 가지의 교량 받침 강성, $k_{\nu b}$, $2k_{\nu b}$ 및 $5k_{\nu b}(k_{\nu b} = 3.38 \times 10^{-6} \text{kN/m})$의 영향이 고려된다. 계산 결과는 **그림 4.19**에 나타낸다[4, 7].

　　그림 4.19에서는 이들의 세 곡선이 고가 교량의 고유주파수 6Hz 주위에서 약간의 변화와 함께 거의 겹쳐짐을 나타내며, 이것은 교량 받침 강성이 궤도 진동에 대하여 약간의 영향만을 미친다는 것을 나타낸다.

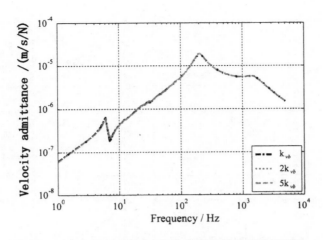

그림 4.19 고가 궤도의 속도 어드미턴스에 대한 교량 받침 강성의 영향

4.4 고가 궤도구조의 진동 감쇠 거동에 관한 분석

4.4.1 진동 전파의 감쇠율

레일이 한 점에서 가진(加振, excite) 될 때, 진동은 레일을 따라 양쪽 끝까지 전파될 것이며 거리의 증가에 따라 진동이 감쇠(attenuation)될 것이다. 그것의 감쇠 특성은 손실계수(loss factor)로 나타낸다. 손실계수가 클수록 진동이 더 빠르게 감쇠된다. 궤도를 따른 진동 감쇠는 가진 주파수와 관련이 있다. 다음에, 서로 다른 가진 주파수 하에서 궤도길이를 따른 궤도구조의 진동 전파 특성이 분석될 것이며 **그림 4.20**에 나타낸 것처럼 적합 감쇠곡선(fitting attenuation curve)이 구해질 것이다. 궤도 진동 전파의 감쇠율(attenuation rate) 계산 결과는 **그림 4.21**에 나타낸다. 비교를 위하여, 참고문헌 [8]의 궤도 진동 전파의 측정된 감쇠율이 **그림 4.22**에 나타낸 것처럼 주어진다[4, 9].

그림 4.21과 **4.22**를 비교함으로써, 계산된 감쇠율의 경향이 측정된 감쇠율의 것과 일치함을 관찰할 수 있다. 10Hz 이하의 주파수에서는 감쇠 값이 비교적 작다. 10과 100Hz 간에서는 감쇠율이 더 크다. 그러나 레일-레일패드와 체결장치 공진주파수(약 200Hz) 이상의 주파수에서는 궤도 진동 감쇠율이 빠르게 감소하기 시작한다. 700Hz 이상에서는 감쇠율이 다시 증가한다. 5,000Hz에서는 감쇠율 피크가 발생한다.

궤도구조 손실계수에 대한 고가 궤도구조 파라미터의 영향을 연구하기 위하여, 고가 궤도의 진동 감쇠율 (attenuation rate)에 대한 서로 다른 종류의 궤도기초, 교량 횡단면 모델, 레일패드와 체결장치 강성, 감쇠비 (damping ratio), 교량 받침 강성의 영향이 고려된다. 계산 결과는 **그림 4.23~27**에 나타낸다[4, 9].

그림 4.23에서는 공진 주파수 200Hz 이하의 경우에 고가 박스 거더 기초의 감쇠율이 강성기초의 것보다 명백하게 더 낮음을 보여주며, 그것은 고가 박스 거더 위에 부설된 궤도의 진동이 강성기초 경우의 궤도 진동보다 훨씬 더 크다는 것을 나타낸다. 200Hz 이상에서는 진동 감쇠율에 대하여 이들 두 궤도기초 간에 큰

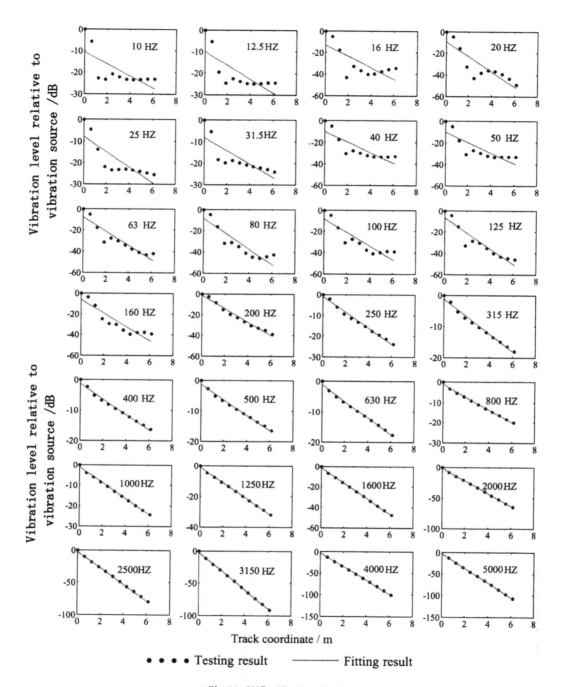

그림 4.20 레일을 따른 궤도 진동의 감쇠

차이가 없다.

　그림 4.24에서는 공진 주파수 200Hz 이하에서 교량 횡단면 모델이 궤도 진동 감쇠율에 대하여 상당한 영향을 미침을 보여준다. 박스 거더의 감쇠율은 U-보의 것보다 명백하게 더 크며, 이것은 박스 거더의 진동 감

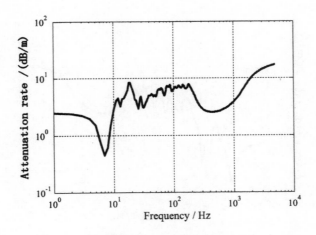

그림 4.21 계산된 궤도 진동 감쇠율

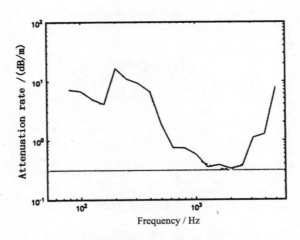

그림 4.22 측정된 궤도 진동 감쇠율

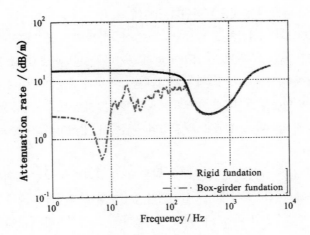

그림 4.23 궤도 진동의 감쇠율에 대한 궤도기초의 영향

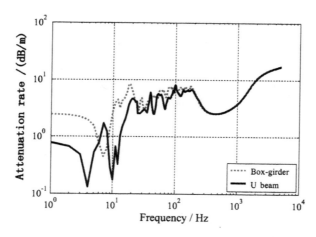

그림 4.24 궤도 진동 감쇠율에 대한 교량 횡단면 모델의 영향

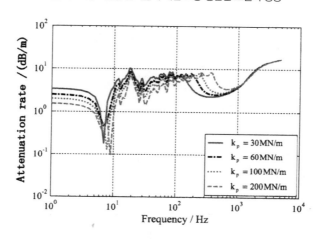

그림 4.25 궤도 진동의 감쇠율에 대한 레일패드와 체결장치 강성의 영향

소 효과가 U-보의 것보다 더 좋다는 것을 나타낸다.

 그림 4.25에서는 레일패드와 체결장치 강성 30MN/m에 상응하는 궤도 공진 주파수 147Hz 이하에서 궤도 진동 감쇠율이 레일패드와 체결장치 강성의 감소에 따라 증가하며, 반면에 147~1,000Hz의 주파수범위 내에서는 궤도 진동 감쇠율이 레일패드와 체결장치 강성의 증가에 따라 증가할 것이며 감쇠율이 주파수에 따라 곡선적으로 변하는 경향이 있음을 보여준다. 1,000Hz 이상에서는 레일패드와 체결장치 강성이 궤도 진동 감쇠율에 거의 영향을 미치지 않는다. 진동과 소음 감소의 관점에서, 강성이 작은(weak) 레일패드와 체결장치를 채용하는 것이 유익하다.

 그림 4.26에서는 궤도 진동 감쇠율에 대한 서로 다른 구조 감쇠비의 영향 범위가 주로 피크에 집중됨을 보여준다. 공진 주파수 200Hz 이하에서는 감쇠비가 높을수록 피크에서의 궤도 감쇠율은 더 작아질 것이다. 200~2,000Hz의 주파수범위 내에서는 궤도 감쇠율이 구조 감쇠비의 증가에 따라 상당히 증가한다. 2,000Hz 이상에서는 기본적으로 교량구조물의 감쇠율이 궤도 진동 감쇠에 영향을 미치지 않는다.

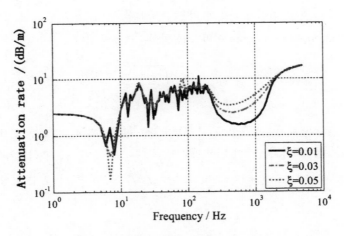

그림 4.26 궤도 진동 감쇠율에 대한 감쇠비의 영향

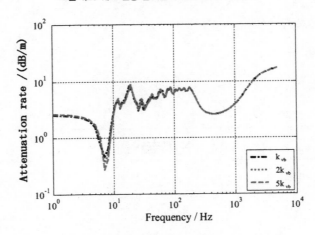

그림 4.27 궤도 진동의 감쇠율에 대한 교량 받침 강성의 영향

그림 4.27에서는 교량 받침 강성이 궤도 진동 감쇠에 약간의 영향을 미침을 보여준다. 공진 주파수 200Hz 이상에서는 교량 받침 강성이 궤도 진동 감쇠에 거의 영향을 미치지 않으며, 이것은 일반적으로 제4.3.4.5항의 연구결과와 일치한다.

4.4.2 레일 진동의 감쇠 계수

레일 진동의 감쇠 계수(attenuation coefficient) η_{RV}는 레일 전파 감쇠에 대한 또 하나의 중요한 지표이며, 정의는 다음과 같다.

$$\eta_{RV} = -\frac{\Delta_V}{2k_{RV}} \tag{4.48}$$

여기서, Δ_V는 레일 수직 진동 감쇠와 거리의 비율이다(단위 : dB/m). k_{RV}는 레일 휨 진동의 파수(rail bending vibration wave number)이며, 계산공식은 다음과 같다.

$$k_{RV} = \sqrt[4]{\left(\frac{\omega}{r_{RV}\,c_l}\right)^2} \tag{4.49}$$

여기서, r_{RV}는 레일 수직 휨 회전 반경(rail vertical bending radius of gyration)으로서, $r_{RV} = \sqrt{I_x/A}$ 이며, 여기서 I_x, A는 각각 수평축에 관한 레일 단면 2차 모멘트와 레일 횡단면적이다. c_l은 레일 종파 속도(rail longitudinal wave velocity)로서, $c_l = \sqrt{E/\rho}$ 이며, 여기서 E는 탄성계수이고, ρ는 재료 밀도이다.

참고문헌

1. He J, Wan Q, Jiang W (2007) Analysis of the elevated urban rail transit noise. Urban Mass Transit 10(8):57–60
2. Li Z (2010) Study on modeling, prediction and control of structure-borne noise from railway viaduct. Doctor's Dissertation of Shanghai Jiaotong University, Shanghai
3. D Hou, X Lei, Q Liu (2006) Analysis of dynamical responses of floating slab track system. J Railway Eng Soc 11(8):18–24
4. Zeng Q (2007) The prediction model and analysis of wheel-rail noise of elevated rail. Master's thesis of East China Jiaotong University, Nanchang
5. L Fan (1997) Bridge seismic. Tongji University Press, Shanghai
6. Cai C (2004) Theory and application of train-track-bridge coupling vibration in high speed railways. Doctor's Dissertation of Southwest Jiaotong University, Chengdu
7. Zeng Q, Mao S, Lei X (2013) Analysis on vibration characteristics of elevated track structure. J East China Jiaotong Univ 30(6):1–5
8. Jones CJC, Thompson DJ, Diehl RJ (2006) The use of decay rates to analyze the performance of railway track in rolling noise generation. J Sound Vib 293(3–5):485–495
9. Zeng Q, Lei X (2014) The analysis of elevated rail wheel-rail noise and prediction. Urban Mass Transit 17(12):57–60

제5장 궤도 틀림 파워 스펙트럼과 수치 시뮬레이션

 궤도는 운행(operation)과 유지보수가 동시에 꾀하여지는 토목구조물(engineering structure)이다. 장기간의 운행으로 인하여 궤도구조의 누적된 변형이 증가하며, 이것은 고저(면) 틀림, 수평 틀림, 방향(줄) 틀림 및 궤간 틀림과 같은 여러 종류의 궤도 틀림을 초래할 것이다. 이들의 틀림은 차량과 궤도 사이에서 해로운 진동을 일으켜 열차 주행성능을 악화시킬 뿐만 아니라 차륜−레일 시스템의 부품손상과 궤도품질에 극히 불리한 영향을 준다. 국내외에서 측정된 데이터는 궤도 틀림이 근본적으로 무작위 과정(無作爲過程, random process)이고 궤도구조의 시뮬레이션 분석에서 정상 에르고딕 무작위 과정(stationary ergodic random process)으로 처리되며 차량−궤도 시스템의 불규칙진동(random vibration)의 가진원(加振源, exciting source)이라는 것을 입증했다. 그러므로 궤도 틀림의 통계적 특성을 연구하고 측정하는 것은 차량−궤도시스템의 불규칙진동을 연구하기 위한 기반이다.

 궤도 틀림 통계적 특성의 측정은 중국 밖에서 오랫동안 연구 초점이 되어 왔다. 영국 철도 당국은 1964년에 관련 측정을 착수하였다[1]. 영국, 일본, 미국, 러시아, 인도 및 체코는 각각 그들 자체의 궤도 틀림 파워 스펙트럼 밀도와 상관관계 함수를 측정하였다. 중국도 이 분야에서 많은 연구를 하였다. 중국철도과학원의 Luo Lin은 1982년에 여러 가지 종류의 궤도 틀림의 측정방법을 연구하였다. 예전의 Changsha(長沙) 철도연구소(현 중난(中南)대학)의 불규칙진동연구소는 1985년에 궤도 틀림을 탄성 틀림과 기하구조(선형) 틀림으로 분류했다. Beijing(北京)~Guangzhou(廣州) 선로를 따라 측정된 궤도 틀림을 분석하고 정리함으로써 중국 일급 간선궤도의 여러 가지 종류의 궤도 틀림과 틀림 파워 스펙트럼 밀도의 분석 식이 구해졌다[2].

5.1 무작위 과정의 기본개념

 E를 무작위 시험(random test)이라고 하면, $S = \{e\}$는 시험의 표본공간(sample space)이다. 각 $e \in S$에 대하여, 우리는 특정한 규칙에 따라 그것에 상응하는 시간 t에 관한 함수를 항상 결정할 수 있다.

$$x(e, t) \quad t \in T \tag{5.1}$$

 결과적으로, 모든 $e \in S$에 대하여, 시간 t에 관한 함수 패밀리(family of function)가 구해질 것이다. 우리는 시간 t에 관한 이 함수 패밀리를 무작위 과정(random process)이라고 부른다[3]. 그리고 패밀리의 각 함

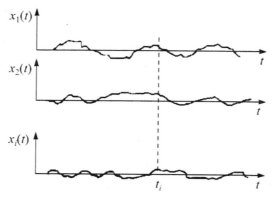

그림 5.1 무작위 과정의 표본함수

수는 **그림 5.1**과 같이 무작위 과정의 표본함수(sample function)라고 한다.

앞에서 말한 정의에 관한 추가의 설명은 다음과 같다.

① 특정한 $e_i \in S$에 대하여, 즉 특정한 시험 결과에 대하여, $x(e_i, t)$는 정의된 표본함수이며, 그것은 무작위 과정의 물리적 실현(physical realization)으로 해석될 수 있고 일반적으로 $x_i(t)$로 나타낼 수 있다.
② $t = t_1 \in T$와 같은 각각 정해진 시간(fixed time)에 대하여, $x(e, t_1)$는 랜덤 변수(random variable)이다.

설명 ②에 따라, 무작위 과정은 또 다른 형으로 정의될 수 있다.

만일, $x(t_1)$이 각각 정해진 시간 $t_1 \in T$에 대한 랜덤 변수이면, $x(t)$는 무작위 과정이라고 부른다. 다시 말하자면, 무작위 과정은 시간 t에 좌우되는 랜덤 변수의 패밀리(family)이다.

예를 들어, 만일 $x(t) = a \cos(\omega t + \theta)$에서 a, ω가 상수이고, θ는 $(0, 2\pi)$에 고르게 분포된 랜덤 변수라면, 그것은 다음과 같이 된다.

$$x_i(t) = a \cos(\omega t + \theta_i)$$

5.1.1 정상 무작위 과정

실제 공학에는 여러 가지의 무작위 과정이 있다. 현재의 상태와 이전의 상태 양쪽 모두가 장래의 상태에 대하여 강한 영향을 미친다.

정상 무작위 과정(stationary random process)의 특징은 과정(process)의 통계적 특성(statistical properties)이 시간 전환(translation)이나 시간 원점 선택에 따라 바뀌지 않는 점이다.

무작위 과정의 수치적 특성은 다음과 같다.

$x(t)$가 무작위 과정이라고 하면, t_1에 대하여 $x(t_1)$는 랜덤 변수이고 그것의 평균 또는 수학적 기대치 (mathematical expectation)는 일반적으로 t_1과 관계되며, 그것은 다음과 같이 나타낸다.

$$\mu(t_1) = E[x(t_1)] = \int_{-\infty}^{+\infty} x_1 f_1(x_1, t_1) dx_1 \tag{5.2}$$

여기서, $f_1(x_1, t_1)$은 $x(t)$의 1차원 확률밀도이며, $\mu(t_1)$은 $x(t)$의 평균이다.

평균 제곱 편차는 다음과 같다.

$$\sigma^2(t) = E\{[x(t) - \mu(t)]^2\} \tag{5.3}$$

여기서, $\sigma(t)$는 평균 제곱 편차이며, **그림 5.2**에 나타낸 것처럼 시간 t에서 평균에 관한 무작위 과정 $x(t)$의 편차이다.

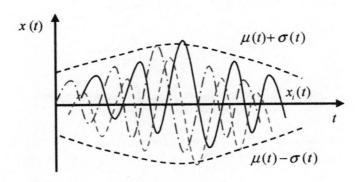

그림 5.2 무작위 과정의 디지털 특성

정상 무작위 과정(stationary random process)의 수치적 특성은 다음과 같다.

① 평균은 일정하다.
② 자기상관(自己相關, autocorrelation)은 단일 변수 $\tau = t_2 - t_1$의 함수이다.

자기상관 함수는 다음과 같이 정의된다.

$$R(t_1, t_2) = E[x(t_1)x(t_2)] = \int_{-\infty}^{+\infty} \int_{-\infty}^{+\infty} x_1 x_2 f_2(x_1, x_2; t_1, t_2) dx_1 x_2 \tag{5.4}$$

또는

$$R(\tau) = E\left[x(t)x(t+\tau)\right] = \int_{-\infty}^{+\infty} \int_{-\infty}^{+\infty} x_1 x_2 f_2(x_1, x_2; \tau) dx_1 x_2 \tag{5.5}$$

5.1.2 에르고딕

정의 : $x(t)$가 정상 과정(stationary process)이라고 하자.

① 만일에 $<x(t)> = E[x(t)] = \mu$이라면, 과정 $x(t)$의 평균은 에르고딕(ergodic)[2]이다. 정상적인 상황에서, 서로 다른 표본함수(sample function) $x(t)$는 서로 다른 시간 평균을 가지면, 그것은 확률 변수(random variable)이다. 만일 $x(e, t)$의 수학적 기대치(통계적 평균)가 확률 1을 가진 그것의 표본함수 $x(t)$의 시간 평균과 같다면, $x(e, t)$의 평균은 에르고딕이다.

② 만일에 $<x(t)x(t+\tau)> = E[x(t)x(t+\tau)] = R(\tau)$이라면, 과정 $x(t)$의 자기 상관 함수(autocorrelation function)는 에르고딕(ergodic)이다.

③ 만일에 과정 $x(t)$의 평균과 자기상관 함수가 에르고딕(ergodic)이라면, $x(t)$는 에르고딕이다.

과정 $x(t)$의 시간 평균과 시간-상관관계 함수 평균은 다음과 같이 정의된다.

$$<x(t)> = \lim_{T \to \infty} \frac{1}{2T} \int_{-T}^{T} x(t)dt \tag{5.6}$$

$$<x(t)x(t+\tau)> = \lim_{T \to \infty} \frac{1}{2T} \int_{-T}^{T} x(t)x(t+\tau)dt \tag{5.7}$$

에르고딕 과정(ergodic process)에 대한 디지털 특성(digital characteristic)은 단일 표본함수에 따라서 구해질 수 있다.

5.2 궤도구조의 불규칙한 틀림 파워 스펙트럼

그림 5.3에 나타낸 것처럼, 궤도 틀림에는 고저(면), 수평, 방향(줄), 궤간 및 평면성과 같은 여러 가지의 종류가 있다.

---

2) 역주 : 신호 처리에서, 과정(process)의 충분히 긴 단일(單一) 무작위 표본(random sample)에서 통계적 특성(statistical properties)이 추론될(deduced) 수 있다면 이 확률적 과정(stochastic process)은 에르고딕(ergodic)이라고 불린다. 따라서 과정에서의 무작위 표본의 수집은 전체 과정의 평균 통계적 특성을 나타내어야 한다. 즉, 개별 표본이 무엇이든 상관없이 표본 수집에 대한 조감(鳥瞰, birds-eye view)이 전체 과정을 나타내어야 한다. 반대로 에르고딕이 아닌 과정은 일관성이 없는 속도로 불규칙하게 변화하는 과정이다.

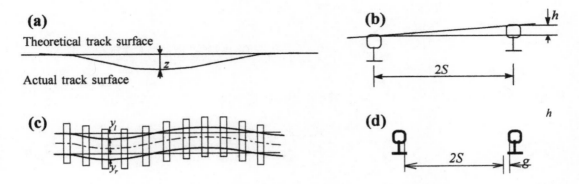

그림 5.3 궤도 선형 틀림(기하구조 불규칙). (a) 고저(면) 틀림, (b) 수평 틀림, (c) 방향(줄) 틀림, (d) 궤간 틀림

  궤도 틀림은 철도선로의 길이에 따라 변화하는 랜덤 함수(random function)로서 시뮬레이션할 수 있다. 랜덤 함수는 서로 다른 파장, 진폭 및 위상을 가진 일련의 조화 파(調和波, harmonic wave)들의 중첩인 랜덤 파(random wave)로 고려될 수 있다[1].

  궤도 틀림을 정상 무작위 과정(stationary random process)으로 나타내기 위해서는 파워 스펙트럼 밀도(PSD) 함수(power specific density function)가 가장 중요하며 흔히 통계 함수(statistical function)를 사용한다. 공학에서, 주파수로 스펙트럼 밀도 함수의 변화를 묘사하기 위하여 흔히 파워 스펙트럼 다이어그램이 사용된다. 궤도 틀림 파워 스펙트럼 다이어그램은 수직 좌표로서 스펙트럼 밀도와 수평 좌표로서 주파수나 파장을 가진 연속적으로 변화하는 곡선이며, 이것은 틀림이 주파수에 따라 변화하는 것을 분명하게 나타낸다. 일반적으로, 궤도 틀림을 묘사하는 데는 공간(spatial)주파수 f (cycle/m) 또는 ω (rad/m)를 사용하는 것이 더 편리하다. 그들 사이의 관계 및 시간 주파수 F (cycle/s)와 Ω (rad/s)와의 관계는 다음과 같다.

$$\begin{cases} \omega = 2\pi f \\ \omega = \Omega / V \\ f = F/V \end{cases} \tag{5.8}$$

여기서, V 는 열차속도(m/s)이다.

  궤도 틀림 파워 스펙트럼 밀도의 단위는 일반적으로 $mm^2/cycle/m$, $mm^2/rad/m$, 또는 $cm^2/cycle/m$, $cm^2/rad/m$, 또는 $m^2/cycle/m$, $m^2/rad/m$이다.

5.2.1 미국 궤도 틀림 파워 스펙트럼

  미국연방철도청(FRA)은 현장 측정 데이터에 근거하여 철도선로의 틀림 파워 스펙트럼 밀도 함수(power specific density function)를 구하였으며, 그것은 차단주파수(cutoff frequency)와 거칠기 상수(roughness constant)로 나타낸 함수에 적합하였다[4]. 함수에 적용할 수 있는 파장 범위는 1.524~304.8m이다. 미국의 궤도 틀림은 여섯 가지 수준으로 구분될 수 있다. 궤도 고저(면) 틀림 파워 스펙트럼 밀도 함수(궤도 연장 방향을 따른 레일 면의 종 방향 틀림)는 다음과 같다.

$$S_v(\omega) = \frac{kA_v\omega_c^2}{(\omega^2+\omega_c^2)\omega^2} \quad (\text{cm}^2/\text{rad/m}) \tag{5.9}$$

궤도방향(줄) 틀림 파워 스펙트럼 밀도 함수(궤도 길이 방향을 따른 궤도 중심선의 틀림)는 다음과 같다.

$$S_a(\omega) = \frac{kA_a\omega_c^2}{(\omega^2+\omega_c^2)\omega^2} \quad (\text{cm}^2/\text{rad/m}) \tag{5.10}$$

궤도 수평과 궤간 틀림 파워 스펙트럼 밀도 함수(궤도 수평 틀림은 왼쪽 레일과 오른쪽 레일의 상응하는 점들 사이의 높이차에 기인하는 궤도 길이 방향에 따른 틀림에 적용된다. 궤간 틀림은 궤도 길이 방향에 따른 왼쪽 레일과 오른쪽 레일의 궤간 편차 틀림에 적용된다)는 다음과 같다.

$$S_c(\omega) = \frac{4kA_v\omega_c^2}{(\omega^2+\omega_c^2)(\omega^2+\omega_s^2)} \quad (\text{cm}^2/\text{rad/m}) \tag{5.11}$$

여기서, $S(\omega)$는 궤도 틀림 파워 스펙트럼 밀도 함수(cm²/rad/m)이고, ω는 공간주파수(rad/m)이며, ω_c와 ω_s는 차단주파수(rad/m)이고, A_v와 A_a는 선로 수준(line level)에 관련된 거칠기 계수(roughness coefficient)이며(cm²/rad/m), 그들의 값은 **표 5.1**에 나타낸다. k는 일반적으로 0.25이다.

표 5.1 미국 궤도 틀림 파워 스펙트럼 밀도 함수의 파라미터

파라미터	여러 선로 수준에 대한 파라미터 값					
	1	2	3	4	5	6
$A_v(\text{cm}^2/\text{rad/m})$	1.2107	0.0181	0.6816	0.5376	0.2095	0.0339
$A_a(\text{cm}^2/\text{rad/m})$	3.3634	1.2107	0.4128	0.3027	0.0762	0.0339
$\omega_s(\text{rad/m})$	0.6046	0.9308	0.8529	1.1312	0.8209	0.4380
$\omega_c(\text{rad/m})$	0.8254	0.8245	0.8245	0.8245	0.8245	0.8245

5.2.2 독일 고속철도에 대한 궤도 틀림 파워 스펙트럼 [5]

궤도 고저(면) 틀림 파워 스펙트럼 밀도 함수는 다음과 같다.

$$S_v(\omega) = \frac{A_v\omega_c^2}{(\omega^2+\omega_r^2)(\omega^2+\omega_s^2)} \quad (\text{m}^2/\text{rad/m}) \tag{5.12}$$

궤도방향(줄) 틀림 파워 스펙트럼 밀도 함수는 다음과 같다.

$$S_a(\omega) = \frac{A_a\omega_c^2}{(\omega^2+\omega_r^2)(\omega^2+\omega_s^2)} \quad (\text{m}^2/\text{rad/m}) \tag{5.13}$$

궤도 수평 틀림 파워 스펙트럼 밀도 함수는 다음과 같다.

$$S_c(\omega) = \frac{A_v \omega_c^2 \omega^2}{(\omega^2 + \omega_r^2)(\omega^2 + \omega_c^2)(\omega^2 + \omega_s^2)} \quad (\text{m}^2/\text{rad}/\text{m}) \tag{5.14}$$

궤간 틀림 파워 스펙트럼 밀도 함수는 다음과 같다.

$$S_g(\omega) = \frac{A_g \omega_c^2 \omega^2}{(\omega^2 + \omega_r^2)(\omega^2 + \omega_c^2)(\omega^2 + \omega_s^2)} \quad (\text{m}^2/\text{rad}/\text{m}) \tag{5.15}$$

여기서, 파라미터 ω_c, ω_r, ω_s, A_a, A_v 및 A_g는 **표 5.2**에 나타낸다.

표 5.2 독일 고속철도에 대한 궤도 틀림 파워 스펙트럼 밀도 함수의 파라미터(역주 : '간섭' 용어는 제5.2.6항 참조)

궤도품질	ω_c (rad/m)	ω_r (rad/m)	ω_s (rad/m)	A_a (10^{-7}m rad)	A_v (10^{-7}m rad)	A_g (10^{-7}m rad)
저-간섭	0.8246	0.0206	0.4380	2.119	4.032	0.532
고-간섭	0.8246	0.0206	0.4380	6.125	10.80	1.032

5.2.3 일본 궤도 틀림 Sato 스펙트럼

차륜-레일 고주파 진동(high-frequency vibration)을 분석하기 위하여 일본학자 Sato가 도출한 궤도 틀림 파워 스펙트럼 밀도 함수의 공식은 다음과 같다.

$$S(\omega) = \frac{A}{\omega^3} \quad (\text{m}^2/\text{rad}/\text{m}) \tag{5.16}$$

여기서, ω는 거칠기 주파수(roughness frequency)이며 (rad/m), A는 차륜-레일표면의 거칠기 계수이다,
$A = 4.15 \times 10^{-8} \sim 5.0 \times 10^{-7}$.

차륜-레일 불규칙(random) 고주파 진동과 소음 방사 모델의 가진(加振, excited) 입력 스펙트럼으로서 차륜-레일이음매 스펙트럼에 속하는 파워 스펙트럼이 널리 적용된다.

5.2.4 중국 간선 궤도 틀림 스펙트럼

5.2.4.1 예전 중국철도연구소의 궤도 틀림 스펙트럼 [7]

예전의 중국철도연구소는 지상시험 방법으로 중국의 Beijing(北京)~Guangzhou(廣州) 철도선로에 대한 궤도 틀림의 세 시험을 수행하였으며 중국 1급 간선 궤도 틀림 스펙트럼의 통계적 특성을 구하였다.
궤도 고저(면) 틀림 파워 스펙트럼 밀도 함수는 다음과 같다.

$$S_v(f) = 2.755 \times 10^{-3} \frac{f^2 + 0.8879}{f^4 + 2.524 \times 10^{-2} f^2 + 9.61 \times 10^{-7}} \quad (\text{mm}^2/\text{cycle/m}) \tag{5.17}$$

궤도 방향(줄) 틀림 파워 스펙트럼 밀도 함수는 다음과 같다.

$$S_a(f) = 9.404 \times 10^{-3} \frac{f^2 + 9.701 \times 10^{-2}}{f^4 + 3.768 \times 10^{-2} f^2 + 2.666 \times 10^{-5}} \quad (\text{mm}^2/\text{cycle/m}) \tag{5.18}$$

궤도 수평 틀림 파워 스펙트럼 밀도 함수는 다음과 같다.

$$S_c(f) = 5.100 \times 10^{-8} \frac{f^2 + 6.436 \times 10^{-3}}{f^4 + 3.157 \times 10^{-2} f^2 + 7.791 \times 10^{-6}} \quad (\text{mm}^2/\text{cycle/m}) \tag{5.19}$$

궤간 틀림 파워 스펙트럼 밀도 함수는 다음과 같다.

$$S_g(f) = 7.001 \times 10^{-3} \frac{f^2 - 3.863 \times 10^{-2}}{f^4 - 3.355 \times 10^{-2} f^2 - 1.464 \times 10^{-5}} \quad (\text{mm}^2/\text{cycle/m}) \tag{5.20}$$

여기서, $S(f)$는 궤도 틀림 파워 스펙트럼 밀도($\text{mm}^2/\text{cycle/m}$)이고, f는 공간주파수(cycle/m)이다.

5.2.4.2 중국철도과학원의 궤도 틀림 스펙트럼

(1) 중국 간선철도 시험선의 궤도 틀림 스펙트럼

중국 고속철도와 준(準) 고속철도 시험선의 궤도구조로서 60kg/m 장대레일 궤도 횡단면이 이용되었다. 중국철도과학원은 시험선을 종합적으로 측정하였으며 데이터를 적합시킴(fitting)으로써 중국 60kg/m 장대레일 궤도 횡단면의 특성을 반영하는 궤도 틀림 파워 스펙트럼 밀도 함수를 구하였다.

$$S(f) = \frac{A(f^2 + Bf + C)}{f^4 + Df^3 + Ef^2 + Ff + G} \tag{5.21}$$

여기서, $S(f)$는 궤도 틀림 파워 스펙트럼 밀도($\text{mm}^2/\text{cycle/m}$)이고, f는 공간주파수(cycle/m)이다.

파라미터 A, B, C, D, E, F 및 G를 **표 5.3**에 열거한다.

표 5.3 중국 궤도 틀림 파워 스펙트럼 밀도 함수의 파라미터

파라미터	A	B	C	D	E	F	G
왼쪽 고저(면)	0.1270	−2.1531	1.5503	4.9835	1.3891	−0.0327	0.0018
오른쪽 고저(면)	0.3326	−1.3757	0.5497	2.4907	0.4057	0.0858	−0.0014
왼쪽 방향(줄)	0.0627	−1.1840	0.6773	2.1237	−0.0487	0.034	−0.0005
오른쪽 방향(줄)	0.1595	−1.3853	0.6671	2.3331	0.2561	0.0925	−0.0016
수평	0.3328	−1.3511	0.5415	1.8437	0.3813	0.2068	−0.0003

(2) 중국 세 중량 속도향상 간선(Beijing~Guangzhou, Beijing~Shanghai, Beijing~Harbin)의 궤도 틀림

중국 세 중량 속도향상 간선, Beijing(北京)~Guangzhou(廣州), Beijing(北京)~Shanghai(上海), Beijing(北京)~Harbin(哈爾濱)의 궤도 틀림 파워 스펙트럼 밀도의 적합 식은 여전히 방정식 (5.21)과 같으며, 적합 곡선 파라미터는 **표 5.4**에 나타낸다.

표 5.4 세 중량 속도향상 간선의 궤도 틀림 파워 스펙트럼 밀도의 파라미터

파라미터	A	B	C	D	E	F	G
왼쪽 고저(면)	1.1029	−1.4709	0.5941	0.8480	3.8061	−0.2500	0.0112
오른쪽 고저(면)	0.8581	−1.4607	0.5848	0.0407	2.8428	−0.1989	0.0094
왼쪽 방향(줄)	0.2244	−1.5746	0.6683	−2.1466	1.7665	−0.1506	0.0052
오른쪽 방향(줄)	0.3743	−1.5894	0.7265	0.4353	0.9101	−0.0270	0.0031
수평	0.1214	−2.1603	2.0214	4.5089	2.2227	−0.0396	0.0073

(3) 궤도 단파장 틀림 스펙트럼 [8]

앞에서 말한 궤도 틀림 파워 스펙트럼의 파장 범위는 수 미터에서 수십 미터까지이며, 차량과 교량구조물의 불규칙진동(random vibration)에만 적합하다. 스프링 하(下) 질량과 레일 하부구조의 진동−탁월 주파수(vibration−dominant frequency)가 수백에서 수천 헤르츠까지일 수 있으므로, 그것은 궤도구조의 불규칙진동을 연구함의 요구에 적당하지 않다. 그러므로 중국철도과학원은 지상측정 방법과 콜마르(Colmar) 레일 마모 측정기구를 이용하여 Shijiazhuang(石家莊)~Taiyuan(太原) 철도선로의 궤도 수직 틀림의 현장 측정을 수행하였다. 회귀분석을 통하여 50kg/m 표준레일 선로의 수직 틀림 파워 스펙트럼 밀도 함수가 구해졌다.

$$S(f) = \frac{0.036}{f^{3.15}} \quad (\text{mm}^2/\text{cycle/m}) \tag{5.22}$$

앞에서 말한 공식의 스펙트럼 밀도는 0.001~1m의 파장 범위를 가진 궤도 단파장 틀림에 적용할 수 있다.

(4) 고속철도의 무도상 궤도 틀림 스펙트럼 [9]

중국철도과학원의 Xiong Kang은 Beijing(北京)~Shanghai(上海), Beijing(北京)~Guangzhou(廣州), Zhengzhou(鄭州)~Xi'an(西安), Shanghai(上海)~Hangzhou(杭州), Shanghai(上海)~Nanjing(杭州), Hefei(合肥)~Bengbu(蚌埠), Guangzhou(廣州)~Shenzhen(深圳) 및 Beijing(北京)~Tianjin(天津) 도시 간 철도를 포함하는 고속철도 무도상 궤도에 대한 틀림 검측 데이터의 통계적 분석으로 중국 고속철도 무도상 궤도에 대한 궤간, 수평, 방향(줄) 및 고저(면) 틀림 스펙트럼 적합 공식을 구하였다[9]. 궤도 틀림 데이터는 CRH2−150C 다목적 검측 열차로 수집되었다. 궤도 고저(면)와 방향(줄)의 최대 검측 파장은 120m였다.

고속철도의 무도상 궤도 틀림 스펙트럼은 아래에 나타낸 멱함수(冪函數, power function)의 개별 적합(piecewise fitting)을 수행할 수 있다.

$$S(f) = \frac{A}{f^k} \quad (\text{mm}^2/\text{cycle/m}) \tag{5.23}$$

여기서, f는 공간주파수(cycle/m)이고, A와 k는 계수이다.

고속철도 무도상 궤도의 틀림 스펙트럼 공식 (5.23)의 모든 적합 계수(fitting coefficient)는 **표 5.5**에 나타내며, 모든 적합 구간 과도(過渡) 지점(fitting section transition point)은 **표 5.6**에 나타낸다. 궤간, 수평 및 방향(줄) 틀림은 세 가지 멱함수로 낱낱으로 나타낼 수 있는 반면에, 궤도 고저(면) 틀림은 네 개의 멱함수로 낱낱으로 나타내는 것이 필요함을 알 수 있다. 측정된 궤도 틀림 스펙트럼과 적합 궤도 틀림 스펙트럼 간의 비교로부터, 개별 멱함수를 가진 적합 궤도 틀림 스펙트럼은 측정된 궤도 틀림 스펙트럼의 경향을 아주 잘 반영할 수 있다는 것을 알 수 있다.

표 5.5 고속철도의 자갈궤도 틀림 스펙트럼의 적합 계수

틀림 항목	구간 1		구간 2		구간 3		구간 4	
	A	k	A	k	A	k	A	k
궤간 틀림	5.4978×10^{-2}	0.8282	5.0701×10^{-3}	1.9037	1.8778×10^{-4}	4.5948	–	–
수평 틀림	3.6148×10^{-3}	1.7278	4.3685×10^{-2}	1.0461	4.5867×10^{-3}	2.0939	–	–
방향(줄) 틀림	3.9513×10^{-3}	1.8670	1.1047×10^{-2}	1.5354	7.5633×10^{-4}	2.8171	–	–
고저(면) 틀림	1.0544×10^{-5}	3.3891	3.5588×10^{-3}	1.9271	1.9784×10^{-2}	1.3643	3.9488×10^{-4}	3.4516

표 5.6 고속철도의 자갈궤도 틀림 스펙트럼의 세분된 구간에서의 공간주파수(1/m) 및 상응하는 파장(m)

틀림 항목	구간 1과 2		구간 2와 3		구간 3과 4	
	공간주파수	공간 파장	공간주파수	공간 파장	공간주파수	공간 파장
궤간 틀림	0.1090	9.2	0.2938	3.4	–	–
수평 틀림	0.0258	38.8	0.1163	8.6	–	–
방향(줄) 틀림	0.0450	22.2	0.1234	8.1	–	–
고저(면) 틀림	0.0187	53.5	0.0474	21.1	0.1533	6.5

5.2.5 중국 Hefei~Wuhan 여객전용선 궤도 틀림 스펙트럼

중국의 Hefei(合肥)~Wuhan(武漢) 여객전용선로는 동부의 Anhui province(安徽省) Hefei(合肥) 시에서 서부의 Hubei province(湖北省) Wuhan(武漢) 시까지 이어지며 총연장은 356km이다. 이 선로는 철도부와 지방정부가 공동으로 건설하였으며, 설계속도는 250km/h이다. Hefei~Wuhan 여객전용선로는 중국의 Shanghai(上海)~Wuhan(武漢)~Chengdu(成都) 고속철도(fast railway)의 일부이며 국가계획 '4 북남(北南)과 4 동서(東西)' 고속 여객수송망의 중요 부분이다. 전체의 프로젝트는 2005년 9월에 시작되었다. 그것의 시운전과 시험이 완료되었으며 2008년 말에 영업에 들어갔다. 선로를 따라 171개소의 대, 중, 소 교량이 있으며, 교량의 총연장은 본선 총연장의 33.1%를 차지하는 118.819km이다. 터널은 37개소로서 총연장이 약

64.076km이며, 본선의 17.83%를 차지한다. EMU 검측 구간(주행거리 범위는 K486~K663이다)에서 궤도 유형은 주로 노반 위의 깬자갈 도상 궤도와 교량 위의 깬자갈 도상 궤도, 터널 안의 깬자갈 도상 궤도 및 길고 큰 터널 안의 이중 블록 단일체 무도상 궤도(※ 이 궤도구조는 다음의 문단처럼 불일치)를 포함한다.

Shanghai(上海) 철도국의 Hefei(合肥) 지역 검사센터는 2009년 3월부터 2009년 9월까지 매월 한두 번씩 Hefei(合肥)~Wuhan(武漢) 여객전용선로의 궤도 틀림을 검측하기 위하여 0번과 100번 고속 다목적 검측 열차를 채용하였으며 K486~K663 구간의 주행거리 범위로부터 30회의 궤도 틀림 데이터를 수집하였다. 그들은 3월~9월에 0번 고속 다목적 검측 열차로 수집된 궤도 틀림 데이터를 선택하고 통계적 분석을 수행하였다. Hefei(合肥)~Wuhan(武漢) 여객전용선로의 터널 내 깬자갈 도상 궤도와 교량 위 이중 블록 단일체 무도상 궤도의 연장이 짧으므로 대단히 불충분한 측정 데이터가 수집되었다. 그러므로 세 가지 유형의 궤도구조 틀림 데이터만 분석될 것이다. 즉, ① 노반 위의 깬자갈 도상 궤도, ② 교량 위의 깬자갈 도상 궤도, ③ 터널 안의 이중 블록 단일체 무도상 궤도(역주 : 이 '이중 블록 단일체 무도상 궤도'는 표 5.9, 그림 5.6, 그림 5.9 및 제5.2.6(3)항의 '자갈궤도'와 불일치). 세 가지 유형의 궤도 틀림이 있다. 즉, ① 고저(면) 틀림, ② 방향(줄) 틀림, ③ 수평 틀림.

Hefei(合肥)~Wuhan(武漢) 여객전용선로에 대한 검측 데이터의 분석에 근거하여, Hefei(合肥)~Wuhan(武漢) 여객전용선로의 고저(면) 틀림, 방향(줄) 틀림 및 수평 틀림 파워 스펙트럼 밀도 함수를 적합시키기 위하여 비선형 최소 제곱법이 사용된다. 적합 공식(fitting formula)은 다음과 같이 구해진다.

$$S(f) = \frac{A_1}{(A_2^2 + f^2)(A_3^2 + f^2)} \tag{5.24}$$

여기서, $S(f)$는 파워 스펙트럼 밀도 함수(mm^2m)이다. f는 공간주파수(cycle/m)이다. A_i는 미정(未定) 계수이며, $i = 1, 2, 3$, A_1의 단위는 mm^2/m^3이고, A_2와 A_3의 단위는 m^{-1}이며, 그들의 값은 **표 5.7**~**5.9**에 나타낸다.

표 5.7 노반 위 자갈궤도에 대한 틀림 파워 스펙트럼의 적합 파라미터

파라미터	A_1	A_2	A_3
고저(면) 틀림	0.000991	0.017876	0.017838
방향(줄) 틀림	0.001747	0.187356	0.002413
수평 틀림	0.001474	0.003237	0.199731

표 5.8 교량 위 자갈궤도에 대한 틀림 파워 스펙트럼의 적합 파라미터

파라미터	A_1	A_2	A_3
고저(면) 틀림	0.000849	0.006523	0.006519
방향(줄) 틀림	0.001723	0.050175	0.004021
수평 틀림	0.004854	0.564343	0.001622

표 5.9 터널 안 자갈궤도에 대한 틀림 파워 스펙트럼의 적합 파라미터

파라미터	A_1	A_2	A_3
고저(면) 틀림	0.002252	0.058017	0.017164
방향(줄) 틀림	0.001368	0.015602	0.023396
수평 틀림	0.000870	0.012326	0.033728

적합 파워 스펙트럼 밀도 곡선과 측정된 곡선 간의 비교는 **그림 5.4~5.9**에서 보여준다.

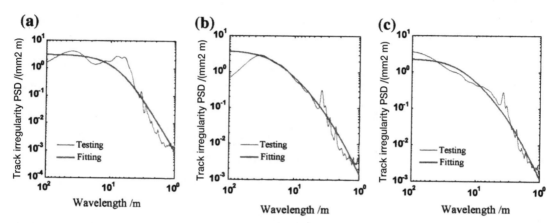

그림 5.4 Hefei~Wuhan 여객전용선로의 노반 위 자갈궤도에 대한 틀림 파워 스펙트럼의 적합 곡선. (a) 고저(면) 틀림, (b) 방향(줄) 틀림, (c) 수평 틀림

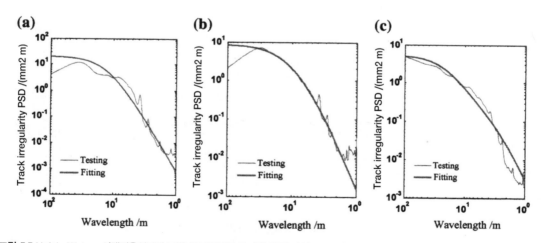

그림 5.5 Hefei~Wuhan 여객전용선로의 교량 위 자갈궤도에 대한 틀림 파워 스펙트럼의 적합 곡선. (a) 고저(면) 틀림, (b) 방향(줄) 틀림, (c) 수평 틀림

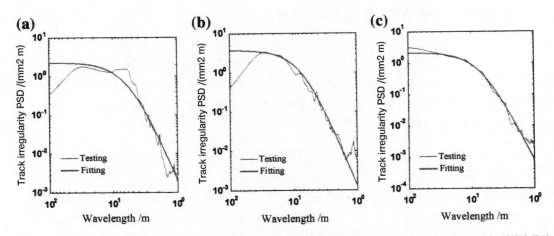

그림 5.6 Hefei~Wuhan 여객전용선로의 터널 안 자갈궤도에 대한 틀림 파워 스펙트럼의 적합 곡선. (a) 고저(면) 틀림, (b) 방향(줄) 틀림, (c) 수평 틀림

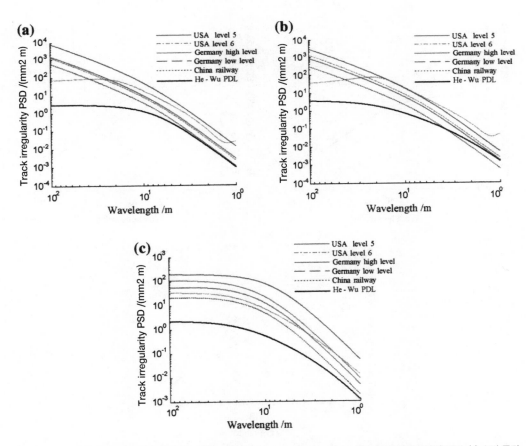

그림 5.7 노반 위 자갈궤도구조에 대한 틀림 파워 스펙트럼 적합 곡선의 비교. (a) 고저(면) 틀림, (b) 방향(줄) 틀림, (c) 수평 틀림

5.2.6 궤도 틀림 파워 스펙트럼 적합 곡선의 비교

여기서는 미국 스펙트럼, 독일 고(高)-간섭(역주 : interference; 두 파형이 중첩되어 더 크거나 낮거나 같은 진폭의 합성 파형을 형성하는 현상), 저(低)-간섭 스펙트럼, 중국 간선 스펙트럼 및 중국 Hefei(合肥)~Wuhan(武漢) 여객전용선로 스펙트럼을 포함하는 몇몇 나라의 궤도 틀림 파워 스펙트럼 적합 곡선이 비교될 것이며, **그림 5.7~5.9**에서 보여준다.

(1) 노반 위 자갈궤도구조

그림 5.7(a)는 노반 위 자갈궤도의 고저(면) 틀림에 대하여, Hefei(合肥)~Wuhan(武漢) 여객전용선로의 궤도 스펙트럼이 중국 간선 스펙트럼, 미국 스펙트럼 및 독일 스펙트럼의 것보다 명백히 뛰어남을 나타낸다. 1~5m의 파장 범위 내에서, 여객전용선로의 궤도 스펙트럼 밀도는 독일 저(低)-간섭 스펙트럼에 가깝고 약간 더 우수하다.

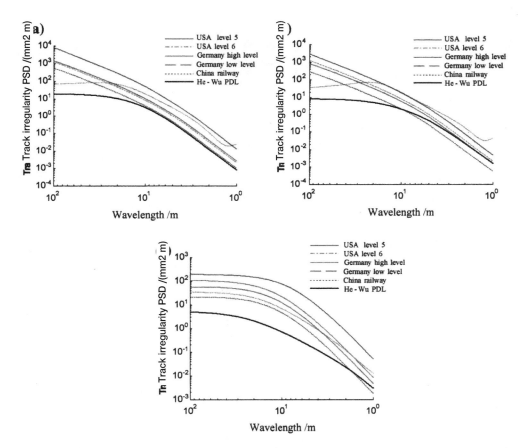

그림 5.8 교량 위 자갈궤도구조에 대한 틀림 파워 스펙트럼 적합 곡선의 비교. (a) 고저(면) 틀림, (b) 방향(줄) 틀림, (c) 수평 틀림

그림 5.7(b)는 노반 위 자갈궤도의 방향(줄) 틀림에 대하여, Hefei(合肥)~Wuhan(武漢) 여객전용선로의 파워 스펙트럼 밀도가 비교적 크지만, 중국 간선 스펙트럼과 미국 선로 수준 5에 대한 궤도 틀림 PSD보다 명백하게 더 낮음을 나타낸다. 분석된 파장 범위 내에서, 여객전용선로의 궤도 스펙트럼은 미국 선로 수준 6에 대한 궤도 틀림 PSD보다 뛰어나며 파장의 감소에 따라 후자에 가깝다. 여객전용선로의 스펙트럼은 독일 고(高)-간섭 스펙트럼과 비교하여 훨씬 더 낮다. 반면에, 약 1m의 파장 범위 내에서, 여객전용선로의 궤도 스펙트럼은 독일 고(高)-간섭 스펙트럼(high-interference spectrum)에 가깝다. 1~4m의 파장 범위 내에서는 여객전용선로의 궤도 스펙트럼 밀도가 독일 저(低)-간섭 스펙트럼보다 더 크며, 4~50m의 파장 범위 내에서는 여객전용선로의 궤도 스펙트럼 밀도가 독일 저(低)-간섭 스펙트럼보다 더 작다.

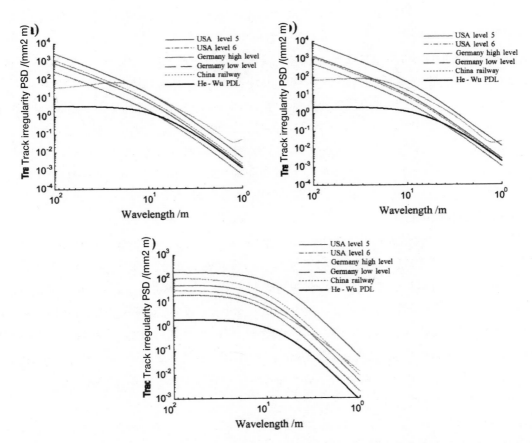

그림 5.9 터널 안 자갈궤도구조에 대한 틀림 파워 스펙트럼 적합 곡선의 비교. (a) 고저(면) 틀림, (b) 방향(줄) 틀림, (c) 수평 틀림

그림 5.7(c)는 Hefei(合肥)~Wuhan(武漢) 노반 위 자갈궤도에 대한 수평 틀림이 잘 제어되어 왔음을 나타낸다. 분석된 파장 범위 내에서, 여객전용선로의 궤도 스펙트럼 밀도는 중국 간선 스펙트럼, 독일 저(低)-간섭 스펙트럼(low-interference spectrum), 미국 선로 수준 6에 대한 궤도 틀림 PSD보다 명백하게 더 낮다.

(2) 교량 위 자갈궤도구조

그림 5.8(a)는 교량 위 자갈궤도의 고저(면) 틀림에 대하여, Hefei(合肥)~Wuhan(武漢) 여객전용선로의 궤도 스펙트럼이 1~10m의 파장 범위 내에서 독일 저(低)-간섭 스펙트럼에 가깝고 약간 더 우수함을 나타낸다. 10~50m의 파장 범위 내에서는 여객전용선로의 교량 위 자갈궤도의 고저(면) 틀림이 독일 저(低)-간섭 스펙트럼보다 명백하게 더 낮다. 분석된 파장 범위 내에서, Hefei(合肥)~Wuhan(武漢) 여객전용선로의 궤도 스펙트럼 밀도는 미국 선로 수준 6에 대한 궤도 틀림 PSD과 중국 간선 스펙트럼보다 명백하게 뛰어나다.

그림 5.8(b)는 교량 위 자갈궤도의 방향(줄) 틀림에 대하여, Hefei(合肥)~Wuhan(武漢) 여객전용선로의 파워 스펙트럼 밀도가 비교적 크지만, 중국 간선 스펙트럼보다 더 낮음을 나타낸다. 분석된 파장 범위 내에서, Hefei(合肥)~Wuhan(武漢) 여객전용선로의 궤도 스펙트럼 밀도는 미국 선로 수준 6에 대한 궤도 틀림 PSD보다 뛰어나며 파장의 감소에 따라 후자에 가깝다. 여객전용선로의 궤도 스펙트럼은 독일 고(高)-간섭 스펙트럼과 비교하여 더 낮으며, 그들은 1~2m의 파장 범위 내에서 서로 간에 대단히 가깝다. 1~10m의 파장 범위 내에서는 여객전용선로의 궤도 스펙트럼 밀도가 독일 저(低)-간섭 스펙트럼보다 더 크고, 10~50m의 파장 범위 내에서는 여객전용선로의 궤도 스펙트럼 밀도가 독일 저(低)-간섭 스펙트럼보다 더 낮다.

그림 5.8(c)는 교량 위 자갈궤도에 대한 수평 틀림에 대하여 분석된 파장 범위 내에서, 여객전용선로의 궤도 스펙트럼 밀도가 중국 간선 스펙트럼, 독일 고(高)-간섭 스펙트럼, 미국 선로 수준 6에 대한 스펙트럼보다 명백하게 더 낮다는 것을 나타낸다. 1.0~1.7m의 파장 범위 내에서는 여객전용선로의 궤도 스펙트럼 밀도가 독일 저(低)-간섭 스펙트럼보다 더 크지만, 그 밖의 파장 범위 내에서는 명백하게 후자보다 더 작다.

(3) 터널 안 자갈궤도구조

그림 5.9(a)는 터널 안 자갈궤도의 고저(면) 틀림에 대하여, Hefei(合肥)~Wuhan(武漢) 여객전용선로의 궤도 스펙트럼 밀도가 중국 간선 스펙트럼과 미국 선로 수준 5에 대한 궤도 틀림 PSD보다 명백하게 더 낮다는 것을 나타낸다. 분석된 파장 범위 내에서, 여객전용선로의 궤도 스펙트럼은 미국 선로 수준 6에 대한 궤도 틀림 PSD보다 뛰어나며 파장의 감소에 따라 후자에 가깝고 약 1m의 단파장에 대하여 명백하다. 여객전용선로의 궤도 스펙트럼은 독일 고(高)-간섭 스펙트럼과 비교하여 더 낮으며 파장의 감소에 따라 독일 고(高)-간섭 스펙트럼에 항상 가깝다. 1~4m의 파장 범위 내에서는 여객전용선로의 궤도 스펙트럼 밀도가 독일 저(低)-간섭 스펙트럼보다 더 크고, 4~50m의 파장 범위 내에서는 여객전용선로의 궤도 스펙트럼 밀도가 독일 저(低)-간섭 스펙트럼보다 더 낮다.

그림 5.9(b)는 터널 안 자갈궤도의 방향(줄) 틀림에 대하여, Hefei(合肥)~Wuhan(武漢) 여객전용선로의 파워 스펙트럼 밀도가 중국 간선 스펙트럼보다 명백하게 더 뛰어나다는 것을 나타낸다. 분석된 파장 범위 내에서, 여객전용선로의 궤도 스펙트럼 밀도는 미국 선로 수준 6에 대한 궤도 틀림 PSD과 독일 고(高)-간섭 스펙트럼보다 더 낮으며 파장의 감소에 따라 후자의 둘에 가깝다. 1~8m의 파장 범위 내에서는 여객전용선로의 궤도 스펙트럼 밀도가 독일 저(低)-간섭 스펙트럼보다 더 크고, 8~50m의 파장 범위 내에서는 여객전용선로의 궤도 스펙트럼 밀도가 독일 저(低)-간섭 스펙트럼보다 더 낮다.

그림 5.9(c)는 Hefei(合肥)~Wuhan(武漢) 여객전용선로의 터널 안 자갈궤도에 대한 수평 틀림이 잘 제어

되어 왔으며, 중국 간선 스펙트럼, 독일 스펙트럼, 미국 스펙트럼보다 명백하게 더 낮다는 것을 나타낸다.

궤도 틀림 파워 스펙트럼이 실제의 틀림을 시뮬레이션하는 데 이용될 때는 궤도 틀림의 분석된 파장 범위가 정확하게 밝혀져야 한다. 궤도 틀림 파장의 하한은 실제 레일 파상마모, 레일이음매 및 철도궤도의 분기기 지역의 짧은 틀림 파장을 포함하여야 한다. 조사에 따르서, 짧은 틀림 파장은 일반적으로 0.1m보다 작지 않다. 따라서 궤도 틀림 파장의 하한, 즉 가장 짧은 파장은 0.1m로 결정될 수 있다. 열차속도가 100~400km/h일 때, 0.1m 파장의 궤도 틀림이 유발한 가진(加振, excited) 진동주파수는 278~1,111Hz이며, 이것은 궤도구조 진동분석의 요건(requirement)을 명백하게 충족시킬 수 있다. 더 짧은 파장의 궤도 틀림은 주로 차륜-레일 소음에 관련된다. 그리고 궤도 틀림 파장의 상한은 차체 고유진동주파수와 열차속도 V로 결정되어야 한다. 여러 가지 유형의 중국 기관차와 차량에 대한 수직 고유진동주파수는 **표 5.10**에 나타낸다. 차체 횡 진동의 고유진동주파수는 근본적으로 차체 수직 진동의 것과 일치한다. 만일, 시스템의 최소 진동주파수가 $F_{\min}$이라면(일반적으로 0.5~1Hz), 파장의 상한은 $V/F_{\min}$으로 결정될 수 있다.

표 5.10 중국 기관차와 차량의 수직 고유진동주파수(역주 : '바운스'와 '피치' 용어는 제6.2.1항 참조)

| 진동 유형 | Shaoshan 전기기관차 | Beijing 3000 디젤기관차 | Dongpeng 4 디젤기관차 | 전달형 8, 화물기관차 | | 202대차 객차열차 | | 101대차 여객열차 |
				구형 608	신형 708	댐퍼 있음	댐퍼 없음	
바운스(bounce)	3.29	1.47	1.67	3.17~3.48	3.25~3.52	1.39	1.33	1.95
피치(pitch)	3.57	1.78~2.0	1.78	3.75~3.90	5.5~5.6	1.46	1.26	2.08

요약해서 말하면, 기관차와 차량이 여러 가지 속도로 주행할 때, 궤도 틀림이 유발한 가진(加振) 진동주파수는 기관차와 차량 및 궤도구조의 모든 주(主) 주파수(main frequency)를 포함해야 한다. 그러므로 궤도 틀림의 파장 범위는 다음과 같아야 한다.

$$\lambda = 0.1 \sim V/F_{\min} \quad (\mathrm{m}) \tag{5.25}$$

5.3 궤도구조의 불규칙한 틀림에 대한 수치 시뮬레이션

파워 스펙트럼 밀도 함수(power specific density function)는 선형적 불규칙(랜덤) 진동주파수 영역(linear random vibration frequency domain)의 분석에서 직접 입력될 것이다. 비선형적(nonlinear) 불규칙진동 문제(엄밀히 말하면, 비선형적 문제에 속하는 차량-궤도 연결시스템)에 관하여 가장 효과적인 방법은 시스템 불규칙(랜덤) 응답을 계산하기 위한 입력으로 수치 방법을 적용함으로써 불규칙 가진(加振) 표본을 구하는 것이다. 그러므로 궤도 틀림 무작위 과정(random process)의 수치 시뮬레이션을 논의할 필요가 있다.

궤도 틀림 표본이 다음과 같다고 하자.

$$\eta = \eta(x) \tag{5.26}$$

여기서, $\eta(x)$는 좌표 x의 궤도 틀림이며 랜덤 함수(random function)이다.

궤도 틀림의 수치 시뮬레이션은 방정식 (5.9)~(5.24)로 나타낸 스펙트럼 밀도로 표본함수(sample function) $\eta(t)$를 구하는 것이다.

현재, 궤도 틀림의 시뮬레이션에 가장 일반적으로 사용되는 방법은 이차 필터링 방법(secondary filtering method)[1], 삼각급수(三角級數) 방법(triangle series method)[12], 백색잡음 필터링 방법(white noise filtering method) 및 주기적 다이어그램 접근법(periodic diagram approach)[1]을 포함한다. 이차 필터링 방법은 필터를 설계하는 것이 필요하다. 서로 다른 파워 스펙트럼 밀도 함수의 궤도 틀림에 대해서는 서로 다른 적합한 필터가 설계되는 것이 필요하다. 다음의 절에서는 공학에서 널리 적용되는 삼각급수 방법이 소개될 것이다.

5.4 삼각급수 방법

5.4.1 삼각급수 방법 (1)

정적 가우스 과정(stationary Gaussian process) $\eta(x)$의 평균이 0이고 파워 스펙트럼 밀도 함수는 $S_x(\omega)$이라고 하자. $\eta(x)$의 표본함수(sample function)는 삼각급수(trigonometric series)로 대략적으로 시뮬레이션 될 수 있다.

$$\eta^d(x) = \sum_{k=1}^{N} a_k \sin(\omega_k x + \phi_k) \tag{5.27}$$

여기서, a_k는 평균 0을 가진 가우스 랜덤 변수(Gauss random variable)이다. 표준편차는 σ_k이며, $k = 1, 2, \cdots, N$에 대하여 서로 독립적이다. ϕ_k는 a_k와 독립적이며 $0 \sim 2\pi$의 범위 내에서 고르게 분포된 같은 랜덤 변수이며 $k = 1, 2, \cdots, N$에 대하여 서로 독립적이다. σ_k는 다음의 방법으로 알아낼 수 있다.

$\eta(x)$의 파워 스펙트럼 밀도 함수 $S_x(\omega)$의 양(陽)의 영역 내에서 하한 주파수 ω_l과 상한 주파수 ω_u사이의 값은 **그림 5.10**에 나타낸 것처럼 N으로 나뉜다.

다음과 같이 두자.

$$\Delta\omega = (\omega_u - \omega_l)/N \tag{5.28}$$

다음을 가정하면

$$\omega_k = \omega_l + \left(k - \frac{1}{2}\right)\Delta\omega \quad k = 1, 2, \ldots, N \tag{5.29}$$

다음과 같이 된다.

$$\sigma_k^2 = 4S_x(\omega_k)\Delta\omega \quad k = 1, 2, \cdots, N \tag{5.30}$$

다시 말해, $S_x(\omega)$의 유효 파워(effective power)는 $\omega_l \sim \omega_u$의 범위 내에서 고려되며 $\omega_l \sim \omega_u$의 범위를 넘는 값은 0으로 간주한다. ω_k와 σ_k는 **그림 5.10**의 관계에 근거하여 계산될 수 있다. 공식 $(5.28) \sim (5.30)$의 ω_l, ω_u 및 ω_k는 공간주파수이며, 단위는 rad/m이다. N은 충분히 큰 정수(整數)이다.

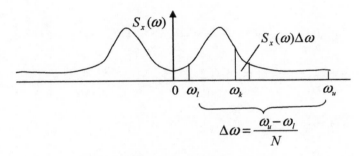

그림 5.10 파워 스펙트럼 밀도 함수 $S_x(\omega)$의 분할

5.4.2 삼각급수 방법 (2)

정적 가우스 과정 $\eta(x)$의 평균은 0이고, 파워 스펙트럼 밀도 함수는 $S_x(\omega)$이라고 하자. $\eta(x)$의 표본함수는 다음의 삼각급수로 대략적으로 시뮬레이션 될 수 있다[12].

$$\eta^d(x) = \sum_{k=1}^{N} \left(a_k \cos\omega_k x + b_k \sin\omega_k x\right) \tag{5.31}$$

여기서, a_k는 평균 0과 표준편차 σ_k을 가진 가우스 랜덤 변수이며, $k = 1, 2, \cdots, N$에 대하여 서로 독립적이다. b_k는 평균 0과 표준편차 σ_k을 가진 독립 가우스 랜덤 변수인 a_k와 관련이 없으며, $k = 1, 2, \cdots, N$에 대하여 서로 독립적이다.

다시, 다음과 같이 둔다.

$$\sigma_k^2 = 2S_x(\omega_k)\Delta\omega \quad k = 1, 2, \cdots, N \tag{5.32}$$

여기서, $\Delta\omega$와 ω_k는 각각 공식 (5.28)과 (5.29)에 주어진다.

5.4.3 삼각급수 방법 (3)

정적 가우스 과정 $\eta(x)$의 평균은 0이고, 파워 스펙트럼 밀도 함수는 $S_x(\omega)$이라고 하자. $\eta(x)$의 표본함수는 다음의 삼각급수로 대략적으로 시뮬레이션 될 수 있다[12].

$$\eta^d(x) = \sum_{k=1}^{N} a_k \cos(\omega_k x + \phi_k) \tag{5.33}$$

여기서, a_k는 평균 0과 표준편차 σ_k을 가진 가우스 랜덤 변수이며, $k = 1, 2, \cdots, N$에 대하여 서로 독립적이다. ϕ_k는 a_k와 독립적이며 $0 \sim \pi$의 범위 내에서 고르게 분포된 같은 랜덤 변수이며 $k = 1, 2, \cdots, N$에 대하여 서로 독립적이다.

$$\sigma_k^2 = 4S_x(\omega_k)\Delta\omega \quad k = 1, 2, \cdots, N \tag{5.34}$$

여기서, $\Delta\omega$와 ω_k는 각각 공식 (5.28)과 (5.29)에 주어진다.

5.4.4 삼각급수 방법 (4)

정적 가우스 과정 $\eta(x)$의 평균은 0이고, 파워 스펙트럼 밀도 함수는 $S_x(\omega)$이라고 하자. $\eta(x)$의 표본함수는 다음의 삼각급수로 대략적으로 시뮬레이션 될 수 있다[12].

$$\eta^d(x) = \sigma_x \sqrt{\frac{2}{N}} \sum_{k=1}^{N} \cos(\omega_k x + \phi_k) \tag{5.35}$$

여기서, ϕ_k는 $0 \sim \pi$의 범위 내에서 고르게 분포된 같은 랜덤 변수이며 $k = 1, 2, \cdots, N$에 대하여 서로 독립적이다. σ_x는 다음과 같다.

$$\sigma_x^2 = \int_{-\infty}^{\infty} S_x(\omega)d\omega \tag{5.36}$$

여기서, ω_k는 확률밀도함수(probability density function) $p(\omega) = S_x(\omega)/\sigma_x^2$를 가진 랜덤 변수이다.

5.4.5 궤도구조의 불규칙한 틀림의 표본

이 계산 예에서, 가진(加振, exciting) 입력으로서 궤도 고저(면) 틀림 공간표본(space sample)은 미국 선로 수준 4, 5, 6에 대한 AAR(역주 : 미국철도협회) 표준의 궤도 고저(면) 틀림 스펙트럼을 차용하고 공식 (5.9)에 나타낸 것처럼 삼각급수를 채용하여 구하였다. 공간 파장을 0.5~50m로 취하면 상응하는 ω_l과 ω_u

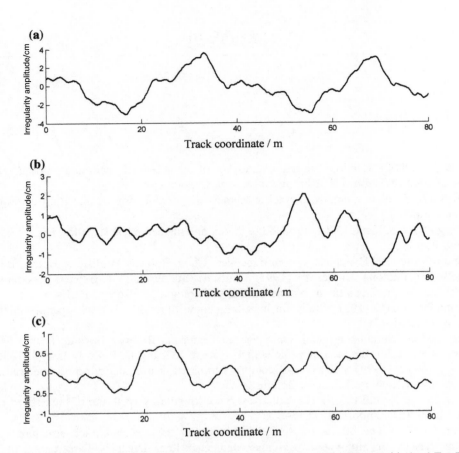

그림 5.11 삼각급수로 시뮬레이션한 궤도 고저(면) 틀림 표본. (a) 선로 수준 4에 대한 궤도 고저(면) 틀림 표본, (b) 선로 수준 5에 대한 궤도 고저(면) 틀림 표본, (c) 선로 수준 6에 대한 궤도 고저(면) 틀림 표본

는 각각 $2\pi\,(0.02{\sim}2)$ rad/m이며, N은 2,500이다. 선로 수준 4, 5 및 6에 상응하는 전형적인 궤도 고저(면) 틀림 표본은 **그림 5.11**에 나타낸다.

1. Chen G (2000) Random vibration analysis of vehicle-track coupling system. Doctor's Dissertation of Southwest Jiaotong University, Chengdu
2. Lei X (2002) New methods of track dynamics and engineering. China Railway Publishing House, Beijing
3. Sheng Z, Xie S, Pan C (2001) Probability theory and mathematical statistics. Higher Education Press, Beijing
4. Futian Wang (1994) Vehicle system dynamics. China Railway Publishing House, Beijing
5. Southwest Jiaotong University (1993) Deutsche Bundesbahn IC-Express Assignment for technical design. Department of science and technology, Ministry of Railway
6. Yoshihiko SATO (1977) Study on high-frequency vibrations in track operated high-speed trains. Q Rep18(3)
7. The random vibration research laboratary of Changsha Railway Institute (1985) Study on random excitation function of vehicle/track system. J Changsha Railway Inst (2):1–36
8. Luo L, Wei S (1999) Study on our country's trunk track irregularity power spectrum. China Academy of Railway Sciences, Beijing
9. Kang X, Liu X et al (2014) The ballestless track irregularity spectrum of high-speed railway. Sci China Sci Technol 44(7):687–696
10. Fang J (2013) The effects of track irregularity on the elevated track structure vibration characteristics of high-speed passenger dedicated line. Doctor's Dissertation of Tongji University, Shanghai
11. Cao X et al (1987) Dynamic analysis of bridge structure. China Railway Publishing House, Beijing
12. Xing G (1977) Random vibration analysis. Seismological Press, Beijing

제6장 차량 – 궤도 연결시스템의 수직 동적 분석을 위한 모델

중국의 일관되고 급속한 사회와 경제의 발전에 따라 철도 여객과 화물수송에 대한 요구가 증가하였으며, 교통안전을 보장한다는 전제하에 여객열차의 속도와 승차감을 향상하고 화물열차의 용량을 증가시키는 것이 중요하고 시급하다. 따라서 철도의 설계와 건설 및 유지보수를 위하여, 그리고 새로운 유형의 차량에 대비하기 위하여 차륜–레일 상호작용의 동적 특성을 예측하는 것이 필요하다. 더 좋은 동적 성능을 가진 차량이 차량과 선로 간의 상호작용에서 철도에 대한 손상을 줄일 것이므로 더 좋은 동적 성능을 가진 철도는 열차의 안전하고 안정된 주행을 위하여 극히 중요하다. 그러나 우주에서 나는 물체의 운동을 정확하게 시뮬레이션하고 또한 그것을 정확히 제어하는 인간의 능력에도 불구하고, 인간이 차륜–레일 상호작용을 정확한 방법으로 시뮬레이션하는 것은 여전히 불가능하며, 그것은 차량과 궤도의 동적 연구에서 차륜–레일 관계와 차량–궤도 상호작용이 여전히 어려운 문제로 남아 있다는 것을 의미한다. 차량과 궤도구조는 통합시스템(integrated system)을 구성하며, 그들은 밀접한 관계이고 서로 간에 상호작용을 한다. 그러므로 차량의 동적 성능을 연구할 때, 철도는 단순하게 외부 가진(加振) 교란(external exciting disturbance)으로 간주할 수 없다. 다시 말해, 철도 자체는 열차와 무관하게 존재하는 가진(加振)의 특성을 소유하지 않는다. 시스템의 진동은 차륜과 레일의 불규칙한 틀림으로 유발된다.

시뮬레이션 분석의 방법은 의심스러운 문제에 관한 수치 시뮬레이션 연구를 수행하기 위하여 비용이 많이 들고 시간을 많이 소비하는 물리적 시험을 대체하는 장점 때문에 궤도구조의 동적 특성을 깊이 연구하기 위하여 여러 나라에서 많은 사람이 선택한다. 근년에, 진동 계산모델들이 개발되었으며[1~22], 어느 정도 진전이 달성되었다. 이 장에서는 궤도구조 진동분석의 기반으로서 동적 유한요소의 기본이론을 소개하며, 차량–궤도 연결시스템(coupling system)의 여러 가지 분석모델을 논의한다.

6.1 동적 유한요소법의 기본이론

6.1.1 동적 유한요소법의 간결한 소개

지진하중을 받는 원자력발전소, 댐 및 고층건물의 동적 분석; 바람, 파도 및 유체 하중을 받는 해양 구조물

(offshore platform)의 동적 분석; 그리고 고속 가동 과정의, 또는 충격하중을 받는 진동 기계설비의 동적 분석과 같은 다양한 현실적 요구의 결과로서, 동하중을 받는 구조물의 응답 분석에서 큰 진보가 이루어졌으며, 그것은 구조물이나 기계의 좋은 가동 성능, 안전 및 신뢰성을 보장하는 데 필요한 단계이다. 게다가, 여러 가지 복잡한 구조의 동적 분석에서 이루어진 진보도 고성능 컴퓨터의 적용과 수치적 방법, 특히 유한요소 분석의 발달에 따른 결과이다.

동하중을 받는 구조물의 경우에, 변위, 속도, 가속도, 변형률 및 응력은 모두 시간의 함수이다. 예로서 2차원 문제를 취하면, 유한요소 동적 분석의 기본단계는 다음과 같이 묘사될 수 있다[23, 24].

(1) 연속매질(continuous medium)의 이산화(離散化, discretization)

동적 분석에서는 시간 좌표의 도입 때문에 영역 (x, y, t)에서 문제가 처리되어야 한다. 부분 이산화 방법(partial discretization method)은 일반적으로 유한요소 분석에 쓰인다; 즉, 이산화는 공간(space)에서만 사용되고, 반면에 계차법(階差法, difference method)은 시간 척도(time scale)에서 채용된다.

(2) 보간(補間) 함수(interpolation function) 구성

물리적 공간 영역(physical space domain)만 이산화되므로, 요소 내의 어느 한 점에서 변위들 u, v는 다음과 같이 나타낼 수 있다..

$$
\begin{aligned}
u(x, y, t) &= \sum_{i=1}^{n} N_i(x, y) u_i(t) \\
v(x, y, t) &= \sum_{i=1}^{n} N_i(x, y) v_i(t)
\end{aligned}
\tag{6.1}
$$

여기서, u, v는 요소(element)의 점 (x, y)에 대한 변위이다. N_i는 보간(補間) 함수(interpolation function)이다. u_i, v_i는 요소 노드(element node) 변위이다. 그리고 n은 요소 노드의 총수(總數)이다.

방정식 (6.1)은 다음과 같은 행렬로 나타낼 수 있다.

$$
f = N a^e
\tag{6.2}
$$

여기서, f는 요소 변위 벡터이다. N은 보간 함수 행렬이다. 그리고 a^e는 요소 노드 변위 벡터이다.

$$
f = \left\{ \begin{array}{c} u(x, y, t) \\ v(x, y, t) \end{array} \right\}
$$

$$
N = \begin{bmatrix} N_1 & 0 & N_2 & 0 & \cdots & N_n & 0 \\ 0 & N_1 & 0 & N_2 & & 0 & N_n \end{bmatrix}
$$

$$
a^e = \left\{ \begin{array}{cccc} a_1 & a_2 & \cdots & a_n \end{array} \right\}^T
$$

$$
a_i = \left\{ \begin{array}{c} u_i(t) \\ v_i(t) \end{array} \right\}
$$

동적 문제에서 노드 변위(node displacement) a^e는 시간의 함수이다.

(3) 요소 특성 행렬과 특성 벡터 형성

요소 변형률 벡터와 응력 벡터는 식 (6.2)에 근거하여 도출될 수 있다.

$$\epsilon = B a^e \tag{6.3}$$

$$\sigma = D\epsilon = DBa^e \tag{6.4}$$

여기서, ϵ는 요소 변형률 벡터이고, B은 변형률 행렬이며, σ는 요소 응력 벡터이고, D는 탄성 행렬이다.

요소의 어떤 하나의 점 (x, y)에서의 속도는 변위를 시간으로 미분함으로써 도출될 수 있다.

$$\dot{f}(x, y, t) = N(x, y)\dot{a}^e(t) \tag{6.5}$$

여기서, $\dot{a}^e$는 요소의 노드 속도 벡터이다.

구조의 동적 방정식은 또한 해밀턴(Hamilton)의 원리나 라그랑주 방정식(Lagrange equation)에 기초하여 수립될 수 있으며, 후자는 다음과 같이 나타낼 수 있다.

$$\frac{d}{dt}\frac{\partial L}{\partial \dot{a}} - \frac{\partial L}{\partial a} + \frac{\partial R}{\partial \dot{a}} = 0 \tag{6.6}$$

여기서, L은 라그랑주 함수(Lagrange function)이고 다음의 식으로 구해지며, R, a 및 $\dot{a}$는 각각 시스템의 소산 에너지, 노드 변위 벡터 및 노드 속도 벡터이다.

$$L = T - \Pi_p \tag{6.7}$$

여기서, T와 Π_p는 각각 시스템의 운동에너지와 퍼텐셜 에너지(potential energy)이다.

요소의 운동에너지와 퍼텐셜 에너지는 각각 다음과 같이 나타낼 수 있다.

$$T^e = \frac{1}{2}\int_{\Omega^e}\rho\dot{f}^T\dot{f}\,d\Omega \tag{6.8}$$

$$\Pi_p^e = \frac{1}{2}\int_{\Omega^e}\epsilon^T D\epsilon\,d\Omega - \int_{\Omega^e}f^T b\,d\Omega - \int_{\Gamma_\sigma}f^T q\,d\Gamma \tag{6.9}$$

여기서, ρ는 재료의 밀도이다. 식 (6.9)의 오른쪽에서 첫째 항은 요소 변형률 에너지를 나타내고, 두 번째와 세 번째 항은 외부 힘의 퍼텐셜 에너지를 나타내며, 이 중에서 b와 q는 요소에 작용하는 체적력(體積

力, body force) 벡터와 표면력(表面力, surface force) 벡터를 나타낸다.

요소 소산(消散) 에너지(dissipation energy)에 관하여, 감쇠력(damping force)이 각(各) 질점(質點, particle)의 속도에 비례한다고 가정하면, 그것은 다음과 같이 나타낼 수 있다.

$$R^e = \frac{1}{2} \int_{\Omega^e} \mu \dot{f}^T \dot{f} \, d\Omega \tag{6.10}$$

여기서, μ는 감쇠 계수(damping coefficient)이다.

식 (6.2)를 식 (6.8)~(6.10)에 대입하면, 다음과 같이 된다.

$$T^e = \frac{1}{2}(\dot{a}^e)^T m^e \dot{a}^e$$

$$\Pi_p^e = \frac{1}{2}(a^e)^T k^e a^e - (a^e)^T Q^e \tag{6.11}$$

$$R^e = \frac{1}{2}(\dot{a}^e)^T c^e \dot{a}^e$$

여기서,

$$m^e = \int_{\Omega^e} \rho N^T N d\Omega, \quad k^e = \int_{\Omega^e} B^T D B d\Omega, \quad c^e = \int_{\Omega^e} \mu N^T N d\Omega \tag{6.12}$$

이들은 각각 요소의 질량 행렬, 강성 행렬 및 감쇠 행렬이다.

요소의 등가 노드 하중 벡터 Q^e는 다음과 같다.

$$Q^e = \int_{\Omega^e} N^T b \, d\Omega + \int_{\Gamma_\sigma} N^T q \, d\Gamma \tag{6.13}$$

(4) 전체 시스템의 동적 유한요소 방정식을 형성하기 위해 각(各) 요소의 행렬과 벡터 조합(assembling)

시스템의 T, Π_p, R을 구하기 위해 각(各) 요소의 T^e, Π_p^e, R^e을 조합한다.

$$T = \sum_e T^e = \frac{1}{2}\dot{a}^T M \dot{a}$$

$$\Pi_p = \sum_e \Pi_p^e = \frac{1}{2}a^T K a - a^T Q \tag{6.14}$$

$$R = \sum_e R^e = \frac{1}{2}\dot{a}^T C \dot{a}$$

여기서,

$$M = \sum_e m^e, \quad K = \sum_e k^e, \quad C = \sum_e c^e, \quad Q = \sum_e Q^e \tag{6.15}$$

이들은 각각 시스템의 전체적 질량 행렬, 전체적 강성 행렬, 전체적 감쇠 행렬 및 전체적 하중 벡터이다.

다음에, 식 (6.14)를 라그랑주 방정식(Lagrange equation) (6.6)으로 치환함으로써, 다음과 같은 시스템의 동적 유한요소 방정식이 구해질 수 있다.

$$M\ddot{a}(t) + C\dot{a}(t) + Ka(t) = Q(t) \tag{6.16}$$

이것은 2차(次) 상미분방정식(常微分方程式)(second-order ordinary differential equation)이며, $\ddot{a}(t)$는 시스템의 노드 가속도 벡터이다.

(5) 구조물의 변형률과 응력의 계산

시스템 동적 유한요소 방정식 (6.16)을 풀면, 노드 변위 벡터 $a(t)$가 구해진다. 요소 변형률 벡터 $\epsilon(t)$와 응력 벡터 $\sigma(t)$는 식 (6.3)과 식 (6.4)에 기초하여 계산될 수 있다.

위의 단계들에서 관찰할 수 있듯이, 에너지 방정식에 운동에너지와 소산 에너지가 존재할 수 있으므로, 동적 분석에서는 정적 분석과 비교하여 질량 행렬과 감쇠 행렬이 도입되며, 최종적으로 구해진 방정식은 대수 방정식 세트가 아닌 2차 상미분방정식 세트이다. 2차 상미분방정식 세트의 해법에 관해서는 원칙적으로 (룽게 쿠타 방법(Runge-Kutta method)과 같은) 상미분방정식 세트의 몇 가지 일반적인 방법이 해법에 이용될 수 있다. 그러나 유한요소 동적 분석에서는 풀린 방정식 세트가 고차(高次)이기 때문에 보통 사용되는 이들의 방법은 일반적으로 효율적·경제적이지 않으며 그 대신에 수치 적분 방법이 자주 이용된다.

6.1.2 보 요소 이론

6.1.2.1 요소 강성 행렬

두 개의 노드(node)를 가진 2차원 보 요소(beam element)에 관하여, 각각의 노드는 **그림 6.1**에 나타낸 것처럼 3개의 자유도를 갖는다.

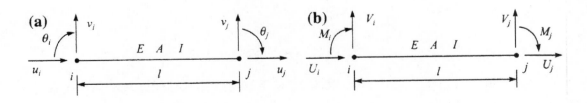

그림 6.1 두 개의 노드와 6개의 자유도를 가진 보 요소

보 요소의 변위 모드(displacement mode)가 다음과 같다고 가정한다.

$$u = \alpha_1 + \alpha_2 x \tag{6.17}$$

$$v = \beta_1 + \beta_2 x + \beta_3 x^2 + \beta_4 x^3 \tag{6.18}$$

여기서, α, β는 6개의 미정(未定) 일반화 좌표이며 요소의 여섯 개 노드 변위로 나타낼 수 있다.

노드 좌표 $i(0)$, $j(l)$을 식 (6.17)에 대입하면 다음과 같이 된다.

$$\begin{bmatrix} 1 & 0 \\ 1 & l \end{bmatrix} \begin{Bmatrix} \alpha_1 \\ \alpha_2 \end{Bmatrix} = \begin{Bmatrix} u_i \\ u_j \end{Bmatrix} \tag{6.19}$$

다음과 같이 α_1, α_2에 대하여 푼다.

$$\begin{Bmatrix} \alpha_1 \\ \alpha_2 \end{Bmatrix} = \begin{bmatrix} 1 & 0 \\ -\dfrac{1}{l} & \dfrac{1}{l} \end{bmatrix} \begin{Bmatrix} u_i \\ u_j \end{Bmatrix} \tag{6.20}$$

식 (6.18)의 $\beta_1 \sim \beta_4$는 노드 변위 v_i, θ_i, v_j, θ_j에 따라 결정될 수 있다. 식 (6.18)에 기초하여 다음을 갖는다.

$$\theta = -\frac{dv}{dx} = -\beta_2 - 2\beta_3 x - 3\beta_4 x^2 \tag{6.21}$$

노드 좌표를 식 (6.18)과 (6.21)로 치환하면 다음을 갖는다.

$$\begin{bmatrix} 1 & 0 & 0 & 0 \\ 0 & -1 & 0 & 0 \\ 1 & l & l^2 & l^3 \\ 0 & -1 & -2l & -3l^2 \end{bmatrix} \begin{Bmatrix} \beta_1 \\ \beta_2 \\ \beta_3 \\ \beta_4 \end{Bmatrix} = \begin{Bmatrix} v_i \\ \theta_i \\ v_j \\ \theta_j \end{Bmatrix} \tag{6.22}$$

전술의 식을 풀면 다음과 같이 된다.

$$\begin{Bmatrix} \beta_1 \\ \beta_2 \\ \beta_3 \\ \beta_4 \end{Bmatrix} = \begin{bmatrix} 1 & 0 & 0 & 0 \\ 0 & -1 & 0 & 0 \\ -\dfrac{3}{l^2} & \dfrac{2}{l} & \dfrac{3}{l^2} & \dfrac{1}{l} \\ \dfrac{2}{l^3} & -\dfrac{1}{l^2} & -\dfrac{2}{l^3} & -\dfrac{1}{l^2} \end{bmatrix} \begin{Bmatrix} v_i \\ \theta_i \\ v_j \\ \theta_j \end{Bmatrix} \tag{6.23}$$

식 (6.20)과 (6.23)을 식 (6.17)과 (6.18)로 치환함으로써, 보간(補間) 함수로 나타낸 요소 변위와 노드 변위는 다음과 같이 구해질 수 있다.

$$\begin{aligned} u &= N_1 u_i + N_4 u_j \\ v &= N_2 v_i + N_3 \theta_i + N_5 v_j + N_6 \theta_j \end{aligned} \tag{6.24}$$

여기서, $N_1 \sim N_6$는 국부 좌표(local coordinate) x의 함수인 변위 보간 함수(displacement interpolation function)이다.

$$N_1 = 1 - \frac{x}{l}, \quad N_2 = 1 - \frac{3}{l^2}x^2 + \frac{2}{l^3}x^3, \quad N_3 = -x + \frac{2}{l}x^2 - \frac{1}{l^2}x^3$$
$$N_4 = \frac{x}{l}, \qquad N_5 = \frac{3}{l^2}x^2 - \frac{2}{l^3}x^3, \qquad N_6 = \frac{1}{l}x^2 - \frac{1}{l^2}x^3 \tag{6.25}$$

요소 노드 변위 벡터를 다음과 같이 정의하면

$$\boldsymbol{a}^e = \left\{ u_i \quad v_i \quad \theta_i \quad u_j \quad v_j \quad \theta_j \right\}^T$$

방정식 (6.24)는 다음과 같이 행렬 형으로 다시 쓸 수 있다.

$$f = \left\{ \begin{matrix} u \\ v \end{matrix} \right\} = \boldsymbol{N} \boldsymbol{a}^e \tag{6.26}$$

여기서,

$$\boldsymbol{N} = \begin{bmatrix} N_1 & 0 & 0 & N_4 & 0 & 0 \\ 0 & N_2 & N_3 & 0 & N_5 & N_6 \end{bmatrix} \tag{6.27}$$

요소 변형률은 구해진 요소 변위를 이용하여 도출될 수 있다. 세장비가 큰 막대기(rod)에 관해서는 전단변형이 무시될 수 있으며, 이 변형률은 축 변형과 휨 변형만을 포함한다.

$$\epsilon = \left\{ \begin{matrix} \epsilon_\chi \\ \kappa_\chi \end{matrix} \right\} = \left\{ \begin{matrix} \dfrac{du}{dx} \\[2mm] \dfrac{d^2 v}{dx^2} \end{matrix} \right\} = \boldsymbol{L} f \tag{6.28}$$

여기서, $\boldsymbol{L}$은 미분 연산자(differential operator)이다.

$$\boldsymbol{L} = \begin{bmatrix} \dfrac{d}{dx} & 0 \\[3mm] 0 & \dfrac{d^2}{dx^2} \end{bmatrix} \tag{6.29}$$

식 (6.26)을 식 (6.28)로 치환하면, 다음을 갖는다.

$$\epsilon = \boldsymbol{B} \boldsymbol{a}^e \tag{6.30}$$

여기서,

$$B = LN = \begin{bmatrix} B_i & B_j \end{bmatrix} \tag{6.31}$$

$$B_i = \begin{bmatrix} a_i & 0 & 0 \\ 0 & b_i & c_i \end{bmatrix}, \quad B_j = \begin{bmatrix} a_j & 0 & 0 \\ 0 & b_j & c_j \end{bmatrix} \tag{6.32}$$

전술의 방정식들에서,

$$a_j = -a_i = \frac{1}{l}, \quad b_j = -b_i = \frac{6}{l^2} - \frac{12}{l^3}x$$

$$c_i = \frac{4}{l} - \frac{6}{l^2}x, \quad c_j = \frac{2}{l} - \frac{6}{l^2}x$$

요소 강성 행렬은 다음의 방정식에 따라 계산될 수 있다.

$$k^e = \int_{\Omega^e} B^T DB d\Omega = \int_{\Omega^e} \begin{bmatrix} B_i^T \\ B_j^T \end{bmatrix} [D] \begin{bmatrix} B_i & B_j \end{bmatrix} d\Omega = \begin{bmatrix} k_{ii} & k_{ij} \\ k_{ji} & k_{jj} \end{bmatrix} \tag{6.33}$$

여기서, 부분행렬(submatrix) k_{rs}는 다음과 같다.

$$k_{rs} = \int_{\Omega^e} B_r^T DB_s \, d\Omega = \int_l \begin{bmatrix} a_r & 0 \\ 0 & b_r \\ 0 & c_r \end{bmatrix} \begin{bmatrix} EA & 0 \\ 0 & EI \end{bmatrix} \begin{bmatrix} a_s & 0 & 0 \\ 0 & b_s & c_s \end{bmatrix} dx \tag{6.34}$$

여기서, A와 I는 각각 보의 단면적과 단면2차모멘트이고, E는 재료의 탄성계수이다.

이차원 보 요소 강성 행렬의 명시적 표현은 다음과 같다.

$$k^e = \begin{bmatrix} \dfrac{EA}{l} & 0 & 0 & -\dfrac{EA}{l} & 0 & 0 \\ & \dfrac{12EI}{l^3} & -\dfrac{6EI}{l^2} & 0 & -\dfrac{12EI}{l^3} & -\dfrac{6EI}{l^2} \\ & & \dfrac{4EI}{l} & 0 & \dfrac{6EI}{l^2} & \dfrac{2EI}{l} \\ & & & \dfrac{EA}{l} & 0 & 0 \\ & \text{대 칭} & & & \dfrac{12EI}{l^3} & \dfrac{6EA}{l^2} \\ & & & & & \dfrac{4EA}{l} \end{bmatrix} \tag{6.35}$$

6.1.2.2 보 요소의 등가 노드 하중 벡터

보 요소의 등가 노드 하중 벡터 Q^e는 다음과 같다.

$$Q^e = Q_q^e + Q_b^e + Q_p^e \tag{6.36}$$

여기서, Q_q^e, Q_b^e 및 Q_p^e는 각각 분포하중, 체적력(體積力, body force) 및 집중하중이 유발한 등가 노드 하중 벡터들이며, 다음의 방정식들로 계산될 수 있다.

$$Q_q^e = \int_l N^T q\, dx \tag{6.37}$$

$$Q_b^e = \int_{\Omega^e} N^T b\, d\Omega \tag{6.38}$$

$$Q_p^e = N^T P \tag{6.39}$$

다음에, 전형적인 하중에 대한 몇몇 등가 노드 하중 벡터들이 주어질 것이다.

① **그림 6.2**와 같은 등분포하중(等分布荷重)

$$q = \left\{ 0 \quad -q \right\}^T$$

에 대하여 q가 유발한 등가 노드 하중 벡터는 식 (6.37)에 따라 도출될 수 있다.

$$Q_q^e = \left\{ 0 \quad -\frac{qa}{2l^3}(2l^3 - 2la^2 + a^3) \quad \frac{qa^2}{12l^2}(6l^2 - 8la + 3a^2) \right.$$
$$\left. 0 \quad -\frac{qa^3}{2l^3}(2l - a) \quad -\frac{qa^3}{12l^2}(4l - 3a) \right\}^T \tag{6.40}$$

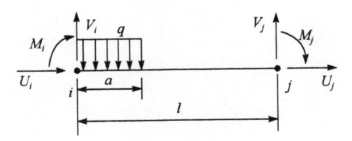

그림 6.2 보 요소 위의 분포하중

하중이 전체 경간($a = l$)에 가해질 때, 상기의 결과는 다음과 같이 될 것이다.

$$Q_q^e = \left\{ 0 \quad -\frac{1}{2}ql \quad \frac{1}{12}ql^2 \quad 0 \quad -\frac{1}{2}ql \quad -\frac{1}{12}ql^2 \right\}^T \tag{6.41}$$

② **그림 6.3**과 같은 수직 집중하중에 대한 등가 노드 하중 벡터는 다음과 같다.

$$\boldsymbol{Q}_P^e = \left\{ 0 \quad \frac{P_y b^2}{l^3}(l+2a) \quad -\frac{P_y ab^2}{l^2} \quad 0 \quad \frac{P_y a^2}{l^3}(l+2b) \quad \frac{P_y a^2 b}{l^2} \right\}^T \tag{6.42}$$

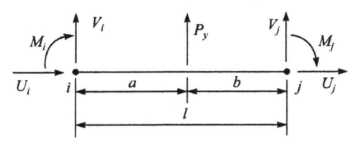

그림 6.3 보 요소 위의 수직 집중하중

③ **그림 6.4**에 나타낸 것과 같은 종 방향(길이 방향) 집중하중에 대하여 등가 노드 하중 벡터는 다음과 같다.

$$\boldsymbol{Q}_P^e = \left\{ \frac{P_x b}{l} \quad 0 \quad 0 \quad \frac{P_x a}{l} \quad 0 \quad 0 \right\}^T \tag{6.43}$$

6.1.2.3 요소 질량 행렬

식 (6.12)로 나타낸 요소 질량 행렬은 다음과 같다.

$$m^e = \int_{\Omega^e} \rho \boldsymbol{N}^T \boldsymbol{N} d\Omega \tag{6.44}$$

방정식 (6.44)는 연속(連續) 질량(consistent mass) 행렬이라고 부른다. 이것은 질량분포가 요소 운동에너지에서 파생된 실제 분포에 따르기 때문이며, 한편 변위 보간 함수는 퍼텐셜 에너지에서 파생된 강성 행렬과 같은 것을 채용한다. 게다가, 이른바 집중질량(lumped mass)[3] 행렬도 유한요소법에서 자주 이용된다. 요소 질량이 각각의 노드에 집중되었다고 가정되며, 따라서 구해진 질량 행렬은 대각선 행렬이다.

---

3) 역주 : 문제의 주제를 고려할 때, 일반적인 경우로서, 집중질량(lumped mass)을 훨씬 더 간단한 방법으로 집중질량(concentrated mass)으로 정의할 수 있다. 반면에, 연속(連續) 질량(consistent mass)은 전체 범위에 걸쳐 분포되어 있다. 예를 들어, 질량 m의 캔틸레버 보를 고려하면, 집중질량 시스템의 경우에, 캔틸레버 보를 여러 요소들로 나눈 노드들에 고르게 집중된 질량의 전체 양 m을 쉽게 고려할 수 있다. 연속 질량에 대해서는 전체 질량이 노드에만 집중되기보다는 보의 전체 길이에 걸쳐 고르게 분포되어 있다고 고려할 수 있다.

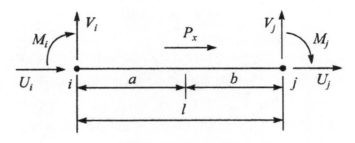

그림 6.4 보 요소 위의 종 방향(길이 방향) 집중하중

보 요소의 보간 함수 (6.27)을 식 (6.44)에 대입하면, 다음과 같은 연속 질량 행렬이 구해질 것이다.

$$
m^e = \frac{\rho A l}{420}
\begin{bmatrix}
140 & 0 & 0 & 70 & 0 & 0 \\
 & 156 & -22l & 0 & 54 & 13l \\
 & & 4l^2 & 0 & -13l & -3l^2 \\
 & & & 140 & 0 & 0 \\
 & \text{대칭} & & & 156 & 22l \\
 & & & & & 4l^2
\end{bmatrix}
\tag{6.45}
$$

여기서, A는 보의 횡단면적이고, l은 보 요소의 길이다.

만일 요소 질량의 반이 각각의 노드에 대하여 집중되고 회전이 무시된다면, 요소의 집중질량 행렬은 다음과 같을 것이다.

$$
m^e = \frac{\rho A l}{2}
\begin{bmatrix}
1 & 0 & 0 & 0 & 0 & 0 \\
 & 1 & 0 & 0 & 0 & 0 \\
 & & 0 & 0 & 0 & 0 \\
 & & & 1 & 0 & 0 \\
 & \text{대칭} & & & 1 & 0 \\
 & & & & & 0
\end{bmatrix}
\tag{6.46}
$$

두 종류의 질량 행렬 양쪽 모두는 실제의 분석에서 이용된다. 일반적으로, 그들로 주어진 결과는 서로 간에 비슷하다. 식 (6.44)로부터, 적분 식(integral expression)의 질량 행렬의 피적분함수(integrand)는 보간 함수의 제곱이라는 것을 알 수 있다. 따라서 같은 정밀도 요건으로, 질량 행렬에 저차(低次, lower order) 보간 함수가 이용될 수 있다. 본질적으로 집중질량(lumped mass) 행렬은 계산을 단순화할 수 있는 대안이다. 특히 직접 적분의 양해법(陽解法, explicit scheme)으로 유한요소 방정식을 푸는 데에 있어서 만일 감쇠 행렬이 대각선이라면 그것은 등가 강성 행렬의 분해(decomposition)를 피할 것이며, 비선형 분석에서 핵심 역할을 한다.

6.1.2.4 요소 감쇠 행렬

식 (6.12)로 나타낸 요소 감쇠 행렬은 다음과 같다.

$$c^e = \int_{\Omega^e} \mu \boldsymbol{N}^T \boldsymbol{N} d\Omega \tag{6.47}$$

연속 질량 행렬과 같은 이유로, 감쇠력이 질점(質點) 운동의 속도에 비례한다고 하는 가정의 결과로서 방정식 (6.47)은 연속 감쇠 행렬(consistent damping matrix)이라고 부른다. 통상적으로, 중간 감쇠(medium damping)는 이 방식으로 단순화된다. 이 경우에 요소 감쇠 행렬은 요소 질량 행렬에 비례한다.

게다가, 변형률 속도에 비례하는 감쇠가 있다. 예를 들어, 재료의 내부 마찰로 유발된 감쇠도 이 방식으로 단순화될 수 있다. 여기서, 소산 에너지(dissipation energy) 함수는 다음과 같이 나타낼 수 있다.

$$R^e = \frac{1}{2} \int_{\Omega^e} \mu \dot{\boldsymbol{\epsilon}}^T \boldsymbol{D} \dot{\boldsymbol{\epsilon}} d\Omega \tag{6.48}$$

따라서, 요소 감쇠 행렬은 다음과 같이 구할 수 있다.

$$c^e = \mu \int_{\Omega^e} \boldsymbol{B}^T \boldsymbol{D} \boldsymbol{B} d\Omega \tag{6.49}$$

전술의 식으로부터 요소의 감쇠 행렬이 요소 강성 행렬에 비례함을 알 수 있다.

실제의 분석에서는 감쇠 행렬을 정확하게 알아내는 것이 상당히 어려우며, 대개 실제 구조물의 감쇠를 두 가지 형의 선형 조합(linear combination)으로 단순화되도록 허용된다. 즉

$$c^e = \alpha m^e + \beta \boldsymbol{k}^e \tag{6.50}$$

이것은 비례 감쇠(proportional damping) 또는 모드 감쇠(modal damping)라고 불린다.

6.2 궤도구조의 유한요소 방정식

6.2.1 기본가정과 계산모델

유한요소법을 이용한 차량–궤도 연결시스템의 수직 진동모델의 설정에서 다음의 기본가정이 채용된다.

① 차량–궤도 연결시스템의 수직 동적 영향과 종 방향 동적 영향을 고려한다.
② 차량과 궤도가 궤도의 중심선에 관하여 대칭이므로 계산의 편의를 위해 차량–궤도 연결시스템의 반(半)만 이용된다.
③ 차량–궤도 연결시스템의 상부구조는 일차와 이차 현가장치를 가진 완전한 기관차나 차량유닛이며, 차체와 대차 양쪽에 대해 바운싱 진동(bouncing vibration, 역주 : 수직축 방향에서 운동하는 상하

진동)과 피치 진동(pitch vibration, 역주 : 가로축을 중심으로 하는 전후 회전 진동)이 고려된다(역주 (참고사항) : 롤링(rolling); 세로축을 중심으로 하는 좌우 회전 진동, 요잉(yawing); 수직축을 중심으로 하는 회전 진동).

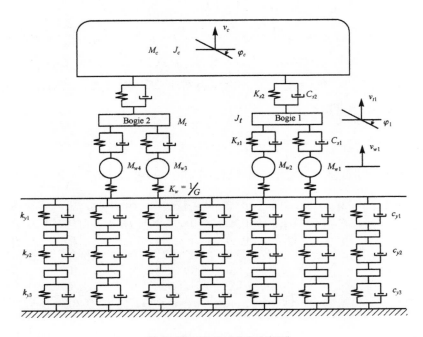

그림 6.5 차량–궤도시스템의 계산모델

④ 차륜과 레일 간의 선형(線形) 탄성 접촉의 가설(假說)은 차량과 궤도를 연결하는 데 이용된다.
⑤ 연결시스템의 하부구조는 레일이 2D 보 요소로 이산화(離散化)되는 자갈궤도이다; 레일패드와 체결장치의 강성계수와 감쇠 계수는 각각 k_{y1}과 c_{y1}로 표시한다.
⑥ 침목 질량은 집중질량(lumped mass)으로 다루며, 수직 진동영향만 고려된다. 도상의 강성과 감쇠 계수는 각각 k_{y2}과 c_{y2}로 표시한다.
⑦ 도상 질량은 집중질량(lumped mass)으로 단순화되며, 수직 진동영향만 고려된다. 노반의 강성과 감쇠 계수는 각각 k_{y3}과 c_{y3}로 표시한다.

차량–궤도 연결시스템의 계산모델은 **그림 6.5**에 나타낸 것과 같다.

6.2.2 궤도구조의 일반화된 보 요소의 이론

계산 프로그램의 설계를 용이하게 하고 전체 강성 행렬(global stiffness matrix)의 대역폭을 줄이기 위해 궤도구조의 일반화된 보 요소의 모델이 제안되었다[1]. 이 요소는 **그림 6.6**에 나타낸 것처럼 인접하는 두 침목 간에서 레일의 세그먼트(segment), 침목, 도상 및 노반으로 구성된다.

궤도구조의 일반화된 보 요소의 노드 변위와 노드 힘을 다음과 같이 정의하자.

$$a_l^e = \{u_1 \quad v_1 \quad \theta_1 \quad v_2 \quad v_3 \quad u_4 \quad v_4 \quad \theta_4 \quad v_5 \quad v_6\}^T$$
$$F_l^e = \{U_1 \quad V_1 \quad M_1 \quad V_2 \quad V_3 \quad U_4 \quad V_4 \quad M_4 \quad V_5 \quad V_6\}^T$$

여기서, $u_i(i = 1, 4,$ ※ ( ) 안의 내용은 역자가 추가), $v_i(i = 1, 2, \cdots, 6)$는 (철도 방향을 따른) 종(縱) 방향 노드 변위와 수직 노드 변위이고, $\theta_i(i = 1, 4)$는 노드 i의 회전각이며, $U_i(i = 1, 4,$ ※ ( ) 안의 내용은 역자가 추가), $V_i(i = 1, 2, \cdots, 6)$는 종 방향과 노드 힘과 수직 노드 힘이고, $M_i(i = 1, 4)$는 노드 i의 휨모멘트이다.

(1) 보 강성 행렬

궤도구조의 확대된 일반화 보 요소 강성 행렬은 다음과 같이 나타낼 수 있다.

$$k_r^e = \begin{bmatrix} EA/l & 0 & 0 & 0 & 0 & -EA/l & 0 & 0 & 0 & 0 \\ & 12EI/l^3 & -6EI/l^2 & 0 & 0 & 0 & -12EI/l^3 & -6EI/l^2 & 0 & 0 \\ & & 4EI/l & 0 & 0 & 0 & 6EI/l^2 & 2EI/l & 0 & 0 \\ & & & 0 & 0 & 0 & 0 & 0 & 0 & 0 \\ & & & & 0 & 0 & 0 & 0 & 0 & 0 \\ & & & & & EA/l & 0 & 0 & 0 & 0 \\ & \text{대칭} & & & & & 12EI/l^3 & 6EI/l^2 & 0 & 0 \\ & & & & & & & 4EI/l & 0 & 0 \\ & & & & & & & & 0 & 0 \\ & & & & & & & & & 0 \end{bmatrix} \quad (6.51)$$

궤도구조의 일반화된 보 요소 모델에서는 레일 변형률 에너지로 유발된 강성 외에 단속(斷續, discrete) 지지로 유발된 강성도 고려되어야 한다.

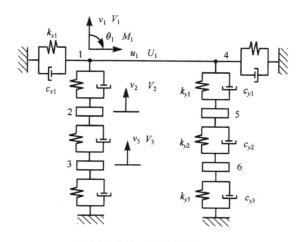

그림 6.6 궤도구조의 일반화된 보 요소

탄성 힘이 노드 변위에 비례한다고 가정하면, **그림 6.6**에 따라 다음과 같이 된다.

$$\begin{cases} U_{ie} = \dfrac{1}{2}k_{x1}u_i \\[2mm] V_{ie} = \dfrac{1}{2}k_{y1}(v_i - v_{i+1}) & \quad (i = 1, 4) \\[2mm] M_{ie} = 0 \end{cases}$$

$$V_{ie} = \frac{1}{2}k_{y2}(v_i - v_{i+1}) - \frac{1}{2}k_{y1}(v_{i-1} - v_i) \quad (i = 2, 5)$$

$$V_{ie} = \frac{1}{2}k_{y3}v_i - \frac{1}{2}k_{y2}(v_{i-1} - v_i) \quad (i = 3, 6)$$

(6.52)

여기서, k_{x1}와 k_{y1}은 각각 레일패드와 체결장치의 종(縱) 방향 강성계수와 수직 강성계수이다. k_{y2}와 k_{y3}은 각각 도상과 노반의 수직 강성계수이다.

레일패드와 체결장치, 또는 도상이나 노반의 수직 강성계수가 인접한 두 요소의 노드 강성의 합과 같으므로, 식 (6.52)에서 나타낸 노드 i의 강성계수는 1/2을 갖는다.

그것은 다음과 같은 행렬 형으로 쓸 수 있다.

$$\boldsymbol{F}_e^e = \boldsymbol{k}_e^e \boldsymbol{a}^e \tag{6.53}$$

여기서, $\boldsymbol{F}_e^e$는 일반화된 보 요소의 탄성 힘 벡터이고, $\boldsymbol{k}_e^e$는 단속적 탄성 지지로 유발된 요소 강성 행렬이다.

$$\boldsymbol{k}_e^e = \frac{1}{2}\begin{bmatrix} k_{x1} & 0 & 0 & 0 & 0 & 0 & 0 & 0 & 0 & 0 \\ & k_{y1} & 0 & -k_{y1} & 0 & 0 & 0 & 0 & 0 & 0 \\ & & 0 & 0 & 0 & 0 & 0 & 0 & 0 & 0 \\ & & & k_{y1}+k_{y2} & -k_{y2} & 0 & 0 & 0 & 0 & 0 \\ & & & & k_{y2}+k_{y3} & 0 & 0 & 0 & 0 & 0 \\ & & & & & k_{x1} & 0 & 0 & 0 & 0 \\ & & \text{대 칭} & & & & k_{y1} & 0 & -k_{y1} & 0 \\ & & & & & & & 0 & 0 & 0 \\ & & & & & & & & k_{y1}+k_{y2} & -k_{y2} \\ & & & & & & & & & k_{y2}+k_{y3} \end{bmatrix} \tag{6.54}$$

궤도구조의 일반화된 보 요소의 강성 행렬은 식 (6.51)과 (6.54)를 합계함으로써 도출될 수 있다.

$$\boldsymbol{k}_l^e = \boldsymbol{k}_r^e + \boldsymbol{k}_e^e \tag{6.55}$$

(2) 보 질량 행렬

궤도구조의 일반화된 보 요소의 확대된 연속 질량(consistent mass) 행렬은 다음과 같다.

$$
m_r^e = \frac{\rho A l}{420}
\begin{bmatrix}
140 & 0 & 0 & 0 & 0 & 70 & 0 & 0 & 0 & 0 \\
 & 156 & -22l & 0 & 0 & 0 & 54 & 13l & 0 & 0 \\
 & & 4l^2 & 0 & 0 & 0 & -13l & -3l^2 & 0 & 0 \\
 & & & 0 & 0 & 0 & 0 & 0 & 0 & 0 \\
 & & & & 0 & 0 & 0 & 0 & 0 & 0 \\
 & & & & & 140 & 0 & 0 & 0 & 0 \\
 & & \text{대 칭} & & & & 156 & 22l & 0 & 0 \\
 & & & & & & & 4l^2 & 0 & 0 \\
 & & & & & & & & 0 & 0 \\
 & & & & & & & & & 0
\end{bmatrix}
\tag{6.56}
$$

여기서, ρ는 레일 밀도이다.

　궤도구조의 질량 행렬에는 레일 질량 외에 침목과 도상의 질량이 고려되어야 한다. 기본가정 ⑥과 ⑦에 따라, 침목 질량 m_t와 도상 질량 m_b는 각각 궤도구조의 일반화된 보 요소의 집중질량(concentrated mass)으로로 단순화될 수 있다.

$$
m_b^e = \text{diag}\left(0 \quad 0 \quad \frac{1}{4}m_t \quad \frac{1}{4}m_b \quad 0 \quad 0 \quad \frac{1}{4}m_t \quad \frac{1}{4}m_b\right)
\tag{6.57}
$$

궤도구조의 요소 질량 행렬은 식 (6.56)과 (6.57)을 합계함으로써 도출될 수 있다.

$$
m_l^e = m_r^e + m_b^e
\tag{6.58}
$$

여기서, m_r^e는 레일의 연속 질량(consistent mass) 행렬이고, m_b^e는 침목과 도상의 질량 행렬이다.

(3) 요소 감쇠 행렬

요소 감쇠 행렬은 흔히 다음과 같이 나타낸다.

$$
c_r^e = \alpha m_r^e + \beta k_r^e
\tag{6.59}
$$

이 감쇠는 시스템의 감쇠비와 고유주파수에 관련된 감쇠 계수로서 α와 β를 가진 비례 감쇠(proportional damping)라고 부른다. 궤도구조의 요소 강성 행렬에 관한 논의에서처럼, 레일에 기인한 비례 감쇠에 더하여, 단속(斷續) 지지로 인한 감쇠력(damping force)도 여기에서 고려되어야 한다.

$$
\begin{cases}
U_{id} = \dfrac{1}{2}c_{x1}\dot{u}_i \\[6pt]
V_{id} = \dfrac{1}{2}c_{y1}(\dot{v}_i - \dot{v}_{i+1}) \\[6pt]
M_{id} = 0
\end{cases}
\qquad (i = 1, 4)
\tag{6.60}
$$

$$V_{id} = \frac{1}{2}c_{y2}(\dot{v}_i - \dot{v}_{i+1}) - \frac{1}{2}c_{y1}(\dot{v}_{i-1} - \dot{v}_i) \quad (i = 2, 5)$$

$$V_{id} = \frac{1}{2}c_{y3}\dot{v}_i - \frac{1}{2}c_{y2}(\dot{v}_{i-1} - \dot{v}_i) \qquad (i = 3, 6)$$

(6.60) 계속

여기서, c_{x1}와 c_{y1}은 각각 레일패드와 체결장치의 종(縱) 방향 감쇠 계수와 수직 감쇠 계수를 나타낸다. c_{y2}와 c_{y3}은 각각 도상과 노반의 수직 감쇠 계수를 나타낸다.

요소 강성 행렬에서와 같은 이유로, 식 (6.60)에서 요소의 감쇠 계수는 1/2를 갖는다.

방정식 (6.60)은 다음과 같은 행렬 형으로 쓸 수 있다.

$$\boldsymbol{F}_c^e = c_c^e \dot{\boldsymbol{a}}^e \tag{6.61}$$

여기서, $\boldsymbol{F}_c^e$는 일반화된 보 요소의 감쇠력 벡터이고, c_c^e는 일반화된 보 요소의 감쇠력 계수 행렬이다.

일반화된 좌표계에서 그것은 다음을 갖는다.

$$c_c^e = \frac{1}{2}\begin{bmatrix} c_{x1} & 0 & 0 & 0 & 0 & 0 & 0 & 0 & 0 & 0 \\ & c_{y1} & 0 & -c_{y1} & 0 & 0 & 0 & 0 & 0 & 0 \\ & & 0 & 0 & 0 & 0 & 0 & 0 & 0 & 0 \\ & & & c_{y1}+c_{y2} & -c_{y2} & 0 & 0 & 0 & 0 & 0 \\ & & & & c_{y2}+c_{y3} & 0 & 0 & 0 & 0 & 0 \\ & & & & & c_{x1} & 0 & 0 & 0 & 0 \\ & & \text{대칭} & & & & c_{y1} & 0 & -c_{y1} & 0 \\ & & & & & & & 0 & 0 & 0 \\ & & & & & & & & c_{y1}+c_{y2} & -c_{y2} \\ & & & & & & & & & c_{y2}+c_{y3} \end{bmatrix} \tag{6.62}$$

궤도구조의 일반화된 보 요소의 감쇠 행렬은 식 (6.59)와 (6.62)를 합계함으로써 도출될 수 있다.

$$c_l^e = c_r^e + c_c^e \tag{6.63}$$

(4) 요소 등가 노드 하중 벡터

궤도구조의 진동분석에서, 윤하중이 유발한 수직 집중 힘 및 견인과 제동으로 유발된 종(縱) 방향 힘은 **그림 6.7**에 나타낸 것처럼 각각 P_y와 P_x로 나타낸다.

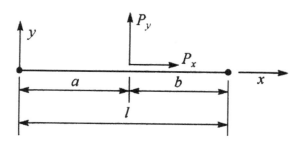

그림 6.7 레일에 대한 수직 집중 힘과 종 방향 집중 힘

수직 집중 힘과 종 방향 집중 힘으로 유발된 요소 등가 노드 하중 벡터는 다음과 같다.

$$Q_l^e = \left\{ \frac{b}{l}P_x \quad -\frac{P_y b^2}{l^3}(l+2a) \quad \frac{P_y ab^2}{l^2} \quad 0 \quad 0 \quad \frac{a}{l}P_x \quad -\frac{P_y a^2}{l^3}(l+2b) \quad -\frac{P_y a^2 b}{l^2} \quad 0 \quad 0 \right\}^T \quad (6.64)$$

(5) 궤도구조의 동적 유한요소 방정식

궤도구조의 동적 문제를 풀기 위한 유한요소 방정식은 라그랑주 방정식(Lagrange equation)에 근거하여 유도할 수 있다.

$$M_l \ddot{a}_l + C_l \dot{a}_l + K_l a_l = Q_l \quad (6.65)$$

전술의 방정식에서 아래 첨자 'l'은 하부 궤도구조의 기호에 해당한다. 여기서,

$$M_l = \sum_e m_l^e, \quad C_l = \sum_e c_l^e, \quad K_l = \sum_e k_l^e, \quad Q_l = \sum_e Q_l^e \quad (6.66)$$

이들은 각각 궤도구조의 전체적 질량 행렬, 전체적 감쇠 행렬, 전체적 강성 행렬 및 전체적 노드 하중 벡터이다.

6.3 이동 차축 하중을 받는 궤도의 동역학 모델

최근 몇 년 동안 고속철도와 중(重)-하중 철도수송의 새로운 문제로 인해 차륜-레일 동적 상호작용에 관한 더 깊은 이해가 시급해졌다. 수치적 분석방법은 차륜-레일 상호작용을 연구하는 강력한 수단이다. 현재, 차량-궤도-노반을 통합시스템으로 간주하는 많은 이론적 분석법이 있다. 수치 분석법의 뛰어난 장점은 수학모델을 기반으로 궤도구조의 동적 응답과 안정성을 예측하고 원칙적으로 현장 검사를 시행하여야 하는 새로운 유형의 궤도구조에 대한 예비설계를 평가하는 것이다. 그것은 복소 분산 파라미터(complex dispersion parameter) 시스템이 있는 궤도구조를 단일 자유도가 있는 집중 파라미터 모델(lumped parameter model)이나 많은 자유도가 있는 단속적(斷續的) 구조로 묘사하기 위하여 다양한 유형의 컴퓨팅 모델에서 일반적으로 사용되는 접근법이다.

이 절에서는 가장 단순한 궤도 동적 모델이 먼저 논의될 것이다. 열차를 이동하중으로 간주하고 차량의 일차와 이차 현가장치를 고려함이 없이, 이동 차축 하중 하의 궤도 동적 모델이 수립된다. 이 모델에서는 기관차와 차량 현가장치 시스템의 스프링 상(上) 질량과 스프링 하(下) 질량의 피치 진동(pitch vibration)과 바운싱 진동(bouncing vibration)은 무시된다. 차량 하중은 각각의 윤축으로 고르게 분포되며, 차륜의 관성력이 고려된다. 스프링 상 질량과 스프링 하 질량의 피치 진동과 바운싱 진동이 무시되므로, 이 모델은 비교적 단순하며, 열차의 전장이 계산대상으로 선택될 수 있다. 이동 차축 하중 하의 궤도 동적 모델은 **그림 6.8**에 나타낸 것과 같다.

제6.2절에서는 궤도구조의 유한요소 방정식 (6.65)를 수립하였으며, 여기서는 요소 질량 행렬에 차량 질량과 윤축 질량을 추가할 필요만 있다. 레일에 대한 윤축의 위치는 **그림 6.9**에 나타낸 것처럼 시간의 함수이다.

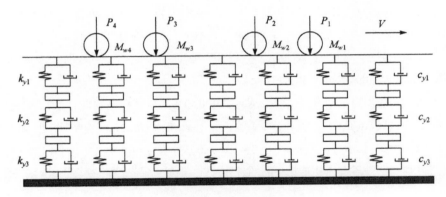

그림 6.8 이동 차축 하중 하의 단순 궤도 동적 모델

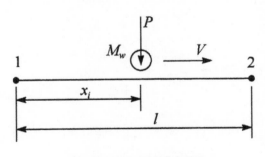

그림 6.9 레일에 대한 윤축의 위치

반(半) 스프링 하(下) 윤축 질량에 기인하는 일반화된 궤도 보 요소의 부가(附加) 질량 행렬은 다음과 같다.

$$m_w^e = \mathrm{diag}\begin{pmatrix} m_{w1} & m_{w1} & 0 & 0 & 0 & m_{w2} & m_{w2} & 0 & 0 & 0 \end{pmatrix} \tag{6.67}$$

여기서, $m_{w1} = (1 - x_i/l)M_w$, $m_{w2} = (x_i/l)M_w$이며, M_w는 반(半) 스프링 하(下) 윤축 질량이다.

그러므로 식 (6.58)의 m_l^e는 다음과 같이 간단히 조정될 수 있다.

$$m_l^e = m_r^e + m_b^e + m_w^e \tag{6.68}$$

한편, 이동하는 열차의 차축 하중 P는 집중 힘으로 궤도구조에 가해져야 한다.

6.4 일차 현가 시스템을 가진 단일 차륜의 차량 모델

제6.3절의 논의에서는 차량 현가장치 시스템의 영향과 차량과 궤도의 연결 영향을 무시하였다. 이 절 이후로는 계속하여 단순한 것에서부터 복잡한 것까지의 원리에 따르며, 단순 모델, 즉 일차 현가장치 시스템을 가진 단일 차륜의 차량 모델이 먼저 소개될 것이다. 그다음에, 일차와 이차 현가장치 시스템을 가진 반(半) 차(車)의 차량 모델, 마지막으로 일차와 이차 현가장치 시스템을 가진 전체 차(車)의 차량 모델이 논의될 것이다. 여러 가지 차량 모델을 논의하는 데에 있어, 변위와 힘의 수직 상향방향은 양(陽)으로 표기하며, 회전각과 토크(torque)의 시계방향을 양으로 표기한다.

일차 현가장치 시스템을 가진 단일 차륜의 모델은 **그림 6.10**에 나타낸 것과 같다. 이 모델에서, 차량의 바운싱 진동(bouncing vibration)만 고려되며, 차량의 피치 진동(pitch vibration)은 무시된다. 대차 질량은 차량 질량과 비교하여 비교적 작으며, 차량의 진동은 궤도구조의 동적 분석에서 주요인이다. 따라서 계산을 단순화하기 위하여 대차 질량은 윤축에 통합되며, 기관차는 단-층(單層) 동적 시스템으로 간주한다.

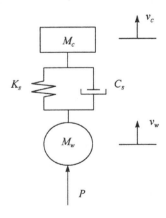

그림 6.10 일차 현가 시스템을 가진 단일 차륜의 차량 모델

일차와 이차 현가장치 시스템의 스프링은 직렬시스템(series system)으로 고려되며, 일차와 이차 현가장치

시스템의 강성 K_s는 직렬 방정식으로 계산될 수 있다.

$$K_s = \frac{K_{s1}K_{s2}}{K_{s1} + K_{s2}}$$
(6.69)

여기서, K_{s1}과 K_{s2}는 각각 일차와 이차 현가장치 시스템의 강성계수이다.

차량 바운싱 진동방정식은 다음과 같다.

$$M_c\ddot{v}_c + C_s(\dot{v}_c - \dot{v}_w) + K_s(v_c - v_w) = -M_c g$$
(6.70)

차륜 바운싱 진동방정식은 다음과 같다.

$$M_w\ddot{v}_w - C_s(\dot{v}_c - \dot{v}_w) - K_s(v_c - v_w) = P$$
(6.71)

여기서, M_c는 $1/2n$ 차량 질량이다(n은 기관차나 차량의 윤축 수이다). M_w는 $1/2$ 스프링 하 윤축 질량이다. K_s와 C_s는 단층(單層) 동적 시스템의 등가 강성과 감쇠 계수이다. $P = -M_w g + F_{wi}$이고, F_{wi}는 차륜–레일 접촉력이며 차륜과 레일의 상대적인 접촉 변위에 따른 헤르츠(Hertz) 방정식을 통하여 유도될 수 있다.

$$F_{wi} = \begin{cases} \dfrac{1}{G^{3/2}}\left(\left|v_{wi} - (v_{xi} + \eta_i)\right|\right)^{3/2} & v_{wi} - (v_{xi} + \eta_i) \leq 0 \\ 0 & v_{wi} - (v_{xi} + \eta_i) > 0 \end{cases}$$
(6.72)

여기서, v_{wi}와 v_{xi}는 좌표 x_i에서 차륜과 레일의 변위이다. η_i는 레일표면의 틀림(irregularity, 고르지 못함) 이다. G는 차륜이 테이퍼(taper) 붙은(역주 : 원뿔형) 새로운 답면(踏面, tread)일 때의 접촉 처짐 계수(contact deflection coefficient)이다.

$$G = 4.57R^{-0.149} \times 10^{-8} \quad \text{(m/N}^{2/3})$$
(6.73)

그리고, 차륜이 마모된 프로파일 답면일 때는 다음과 같다.

$$G = 3.86R^{-0.115} \times 10^{-8} \quad \text{(m/N}^{2/3})$$
(6.74)

차륜–레일 상호작용은 반복법(iteration method)으로 분석될 수 있다. 차량–궤도 연결 방정식을 푸는 데 이용된 반복 알고리즘은 제7장에서 더 상세히 소개될 것이다.

방정식 (6.70)과 (6.71)은 행렬 형으로 쓰일 수 있다.

$$M_u \ddot{a}_u + C_u \dot{a}_u + K_u a_u = Q_u \qquad (6.75)$$

상기의 공식에서 아래 첨자 'u'는 상부구조, 즉 차량시스템을 나타낸다.

$$a_u = \{v_c \quad v_u\}^T, \qquad \dot{a}_u = \{\dot{v}_c \quad \dot{v}_u\}^T, \qquad \ddot{a}_u = \{\ddot{v}_c \quad \ddot{v}_u\}^T \qquad (6.76)$$

$$Q_u = \{-M_c g \quad P\}^T \qquad (6.77)$$

$$M_u = \begin{bmatrix} M_c & 0 \\ 0 & M_w \end{bmatrix} \qquad (6.78)$$

$$C_u = \begin{bmatrix} C_s & -C_s \\ -C_s & C_s \end{bmatrix} \qquad (6.79)$$

$$K_u = \begin{bmatrix} K_s & -K_s \\ -K_s & K_s \end{bmatrix} \qquad (6.80)$$

일차 현가장치 시스템을 가진 단일 차륜의 차량 모델은 2 자유도를 갖는다.

6.5 일차와 이차 현가 시스템을 가진 반(半) 차의 차량 모델

이 절에서는 **그림 6.11**에 나타낸 것과 같이 일차와 이차 현가장치 시스템을 가진 반(半) 차(車)의 차량 모델이 소개될 것이다. 반(半) 차(車)의 차량 모델에 관한 논의에서는 차량 질량의 반(半)이 집중질량(concentrated mass)으로 취해지며 그것의 바운싱 진동(bouncing vibration)이 고려될 것이다. 그러나 대차에 관하여는 바운싱 진동 외에 대차의 피치 진동(pitch oscillation)도 고려되어야 한다.

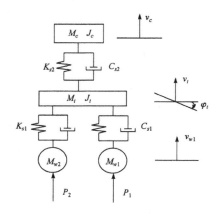

그림 6.11 일차와 이차 현가 시스템을 가진 반(半) 차(車)의 차량 모델

차체의 바운싱 진동방정식은 **그림 6.11**에 따라 다음과 같다.

$$M_c \ddot{v}_c + (\dot{v}_c - \dot{v}_t)C_{s2} + (v_c - v_t)K_{s2} = -M_c g \tag{6.81}$$

여기서, M_c와 v_c는 각각 1/2 차체 질량과 차체의 수직 변위이다. K_{s1}와 C_{s1}은 차량의 일차 현가장치 시스템의 강성과 감쇠 계수이고, K_{s2}와 C_{s2}은 차량의 이차 현가장치 시스템의 강성과 감쇠 계수이다. v_t는 대차의 수직 변위이다.

대차의 바운싱 진동방정식은 다음과 같다.

$$
\begin{aligned}
M_t \ddot{v}_t &+ [(\dot{v}_t - \dot{v}_{w1} - \dot{\phi}_t l_1) + (\dot{v}_t - \dot{v}_{w2} + \dot{\phi}_t l_1)]C_{s1} \\
&+ [(v_t - v_{w1} - \phi_t l_1) + (v_t - v_{w2} + \phi_t l_1)]K_{s1} \\
&- (\dot{v}_c - \dot{v}_t)C_{s2} - (v_c - v_t)K_{s2} = -M_t g
\end{aligned} \tag{6.82}
$$

대차의 피치 진동방정식은 다음과 같다.

$$
\begin{aligned}
J_t \ddot{\phi}_t &+ [-(\dot{v}_t - \dot{v}_{w1} - \dot{\phi}_t l_1) + (\dot{v}_t - \dot{v}_{w2} + \dot{\phi}_t l_1)]C_{s1} l_1 \\
&+ [-(v_t - v_{w1} - \phi_t l_1) + (v_t - v_{w2} + \phi_t l_1)]K_{s1} l_1 = 0
\end{aligned} \tag{6.83}
$$

여기서, M_t는 1/2 대차 질량이다. J_t는 대차의 관성 모멘트(inertia moment)이다. ϕ_t는 대차의 수평축에 관한 회전각이다. l_1은 대차길이의 1/2이다. v_{w1}과 v_{w2}는 각각 차륜 1과 차륜 2의 수직 변위이다.

두 차륜의 바운싱 진동방정식은 다음과 같다.

$$M_{w1} \ddot{v}_{w1} - (\dot{v}_t - \dot{v}_{w1} - \dot{\phi}_t l_1)C_{s1} - (v_t - v_{w1} - \phi_t l_1)K_{s1} = P_1 \tag{6.84}$$

$$M_{w2} \ddot{v}_{w2} - (\dot{v}_t - \dot{v}_{w2} + \dot{\phi}_t l_1)C_{s1} - (v_t - v_{w2} + \phi_t l_1)K_{s1} = P_2 \tag{6.85}$$

여기서, M_{wi}는 i번째 윤축의 1/2 스프링 하(下) 질량이다. $P_i = -M_{wi} g + F_{wi}$이고, F_{wi}는 차륜-레일 접촉력이며 차륜과 레일의 상대적인 접촉 변위에 따른 헤르츠(Hertz) 방정식 (6.72)로 유도될 수 있다.

방정식 (6.81)~(6.85)는 행렬 형으로 쓰일 수 있다.

$$M_u \ddot{a}_u + C_u \dot{a}_u + K_u a_u = Q_u$$

$$a_u = \{v_c \quad v_t \quad \phi_t \quad v_{w1} \quad v_{w2}\}^T, \quad \ddot{a}_u = \{\ddot{v}_c \quad \ddot{v}_t \quad \ddot{\phi}_t \quad \ddot{v}_{w1} \quad \ddot{v}_{w2}\}^T \tag{6.86}$$

$$Q_u = \{-M_c g \quad -M_t g \quad 0 \quad P_1 \quad P_2\}^T \tag{6.87}$$

$$M_u = \begin{bmatrix} M_c & & & & 0 \\ & M_t & & & \\ & & J_t & & \\ & & & M_{w1} & \\ 0 & & & & M_{w2} \end{bmatrix} \tag{6.88}$$

$$C_u = \begin{bmatrix} C_{s2} & -C_{s2} & 0 & 0 & 0 \\ & C_{s2}+2C_{s1} & 0 & -C_{s1} & -C_{s1} \\ & & 2C_{s1}l_1^2 & C_{s1}l_1 & -C_{s1}l_1 \\ & \text{대칭} & & C_{s1} & 0 \\ & & & & C_{s1} \end{bmatrix} \tag{6.89}$$

$$K_u = \begin{bmatrix} K_{s2} & -K_{s2} & 0 & 0 & 0 \\ & K_{s2}+2K_{s1} & 0 & -K_{s1} & -K_{s1} \\ & & 2K_{s1}l_1^2 & K_{s1}l_1 & -K_{s1}l_1 \\ & \text{대칭} & & K_{s1} & 0 \\ & & & & K_{s1} \end{bmatrix} \tag{6.90}$$

일차와 이차 현가장치 시스템을 가진 반 차(車)의 차량 모델은 5 자유도를 갖는다.

6.6 일차와 이차 현가 시스템을 가진 전체 차의 차량 모델

일차와 이차 현가장치 시스템을 가진 전체 차(車)의 차량 모델은 **그림 6.12**에 나타낸 것과 같다. 전체 차의 차량 모델에서는 차량과 대차 양쪽 모두의 바운싱 진동(bouncing vibration)과 피치 진동(pitch oscillation)이 고려된다. 전체 차의 차량 모델은 실제 시뮬레이션에도 부합된다.

차체의 바운싱 진동방정식은 다음과 같다.

$$M_c\ddot{v}_c + [(\dot{v}_c - \dot{v}_{t1} - \dot{\phi}_c l_2) + (\dot{v}_c - \dot{v}_{t2} + \dot{\phi}_c l_2)]C_{s2} + \\ [(v_c - v_{t1} - \phi_c l_2) + (v_c - v_{t2} + \phi_c l_2)]K_{s2} = -M_c g \tag{6.91}$$

차체의 피치 진동방정식은 다음과 같다.

$$J_c\ddot{\phi}_c + [-(\dot{v}_c - \dot{v}_{t1} - \dot{\phi}_c l_2) + (\dot{v}_c - \dot{v}_{t2} + \dot{\phi}_c l_2)]C_{s2}l_2 \\ + [-(v_c - v_{t1} - \phi_c l_2) + (v_c - v_{t2} + \phi_c l_2)]K_{s2}l_2 = 0 \tag{6.92}$$

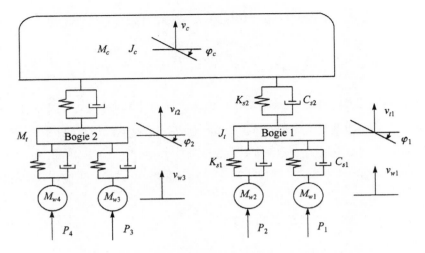

그림 6.12 일차와 이차 현가 시스템이 있는 전체 차(車)의 차량 모델

두 대차의 바운싱 진동방정식은 다음과 같다.

$$
\begin{aligned}
M_t \dot{v}_{t1} &- (v_c - v_{t1} - \phi_c l_2) K_{s2} - (\dot{v}_c - \dot{v}_{t1} - \dot{\phi}_c l_2) C_{s2} \\
&+ [(v_{t1} - v_{w1} - \phi_1 l_1) + (v_{t1} - v_{w2} + \phi_1 l_1)] K_{s1} + \\
&[(\dot{v}_{t1} - \dot{v}_{w1} - \dot{\phi}_1 l_1) + (\dot{v}_{t1} - \dot{v}_{w2} + \dot{\phi}_1 l_1)] C_{s1} = - M_t g
\end{aligned}
\tag{6.93}
$$

$$
\begin{aligned}
M_t \ddot{v}_{t2} &- (\dot{v}_c - \dot{v}_{t2} + \dot{\phi}_c l_2) K_{s2} - (\dot{v}_c - \dot{v}_{t2} + \dot{\phi}_c l_2) C_{s2} \\
&+ [(v_{t2} - v_{w3} - \phi_2 l_1) + (v_{t2} - v_{w4} + \phi_2 l_1)] K_{s1} + \\
&[(\dot{v}_{t2} - \dot{v}_{w3} - \dot{\phi}_2 l_1) + (\dot{v}_{t2} - \dot{v}_{w4} + \dot{\phi}_2 l_1)] C_{s1} = - M_t g
\end{aligned}
\tag{6.94}
$$

두 대차의 피치 진동방정식은 다음과 같다.

$$
\begin{aligned}
J_t \ddot{\phi}_1 &+ \left[-(v_{t1} - v_{w1} - \phi_1 l_1) + (v_{t1} - v_{w2} + \phi_1 l_1) \right] K_{s1} l_1 \\
&+ \left[-(\dot{v}_{t1} - \dot{v}_{w1} - \dot{\phi}_1 l_1) + (\dot{v}_{t1} - \dot{v}_{w2} + \dot{\phi}_1 l_1) \right] C_{s1} l_1 = 0
\end{aligned}
\tag{6.95}
$$

$$
\begin{aligned}
J_t \ddot{\phi}_2 &+ \left[-(v_{t2} - v_{w3} - \phi_2 l_1) + (v_{t2} - v_{w4} + \phi_2 l_1) \right] K_{s1} l_1 \\
&+ \left[-(\dot{v}_{t2} - \dot{v}_{w3} - \dot{\phi}_2 l_1) + (\dot{v}_{t2} - \dot{v}_{w4} + \dot{\phi}_2 l_1) \right] C_{s1} l_1 = 0
\end{aligned}
\tag{6.96}
$$

네 차륜의 바운싱 진동방정식은 다음과 같다.

$$
M_{w1} \ddot{v}_{w1} - (v_{t1} - v_{w1} - \phi_1 l_1) K_{s1} - (\dot{v}_{t1} - \dot{v}_{w1} - \dot{\phi}_1 l_1) C_{s1} = P_1
\tag{6.97}
$$

$$
M_{w2} \ddot{v}_{w2} - (v_{t1} - v_{w2} + \phi_1 l_1) K_{s1} - (\dot{v}_{t1} - \dot{v}_{w2} + \dot{\phi}_1 l_1) C_{s1} = P_2
\tag{6.98}
$$

$$M_{w3}\ddot{v}_{w3} - (v_{t2} - v_{w3} - \phi_2 l_1)K_{s1} - (\dot{v}_{t2} - \dot{v}_{w3} - \dot{\phi}_2 l_1)C_{s1} = P_3 \qquad (6.99)$$

$$M_{w4}\ddot{v}_{w4} - (v_{t2} - v_{w4} + \phi_2 l_1)K_{s1} - (\dot{v}_{t2} - \dot{v}_{w4} + \dot{\phi}_2 l_1)C_{s1} = P_4 \qquad (6.100)$$

상기의 방정식들에서, M_c는 차체의 1/2 질량이다. v_c와 ϕ_c는 각각 차체 중심의 수직 변위 및 수평축에 관한 회전각이다. J_c는 차체의 관성 모멘트(inertia moment)이다. v_{t1}과 v_{t2}는 각각 앞쪽 대차와 뒤쪽 대차중심의 수직 변위이다. ϕ_1과 ϕ_2는 각각 수평축에 관한 앞쪽 대차와 뒤쪽 대차 회전각이다. J_t는 대차의 관성 모멘트이다. $2l_1$은 축거(軸距)이고, $2l_2$는 두 대차 피벗 중심 간의 거리이다. 그 외 기호들의 나머지는 상기와 같다.

방정식 (6.91)~(6.100)은 행렬 형으로 쓰일 수 있다.

$$M_u \ddot{a}_u + C_u \dot{a}_u + K_u a_u = Q_u$$

여기서,

$$
\begin{aligned}
\boldsymbol{a}_u &= \left\{ v_c \quad \phi_c \quad v_{t1} \quad v_{t2} \quad \phi_1 \quad \phi_2 \quad v_{w1} \quad v_{w2} \quad v_{w3} \quad v_{w4} \right\}^T \\
\dot{\boldsymbol{a}}_u &= \left\{ \dot{v}_c \quad \dot{\phi}_c \quad \dot{v}_{t1} \quad \dot{v}_{t2} \quad \dot{\phi}_1 \quad \dot{\phi}_2 \quad \dot{v}_{w1} \quad \dot{v}_{w2} \quad \dot{v}_{w3} \quad \dot{v}_{w4} \right\}^T \\
\ddot{\boldsymbol{a}}_u &= \left\{ \ddot{v}_c \quad \ddot{\phi}_c \quad \ddot{v}_{t1} \quad \ddot{v}_{t2} \quad \ddot{\phi}_1 \quad \ddot{\phi}_2 \quad \ddot{v}_{w1} \quad \ddot{v}_{w2} \quad \ddot{v}_{w3} \quad \ddot{v}_{w4} \right\}^T
\end{aligned} \qquad (6.101)
$$

$$\boldsymbol{Q}_u = \left\{ -M_c g \quad 0 \quad -M_t g \quad -M_t g \quad 0 \quad 0 \quad P_1 \quad P_2 \quad P_3 \quad P_4 \right\}^T \qquad (6.102)$$

$$\boldsymbol{M}_u = \mathrm{diag}\left\{ M_c \quad J_c \quad M_t \quad M_t \quad J_t \quad J_t \quad M_{w1} \quad M_{w2} \quad M_{w3} \quad M_{w4} \right\} \qquad (6.103)$$

$$
C_u = \begin{bmatrix}
2C_{s2} & 0 & -C_{s2} & -C_{s2} & 0 & 0 & 0 & 0 & 0 & 0 \\
 & 2C_{s2}l_2^2 & C_{s2}l_2 & -C_{s2}l_2 & 0 & 0 & 0 & 0 & 0 & 0 \\
 & & 2C_{s1}+C_{s2} & 0 & 0 & 0 & -C_{s1} & -C_{s1} & 0 & 0 \\
 & & & 2C_{s1}+C_{s2} & 0 & 0 & 0 & 0 & -C_{s1} & -C_{s1} \\
 & & & & 2C_{s1}l_1^2 & 0 & C_{s1}l_1 & -C_{s1}l_1 & 0 & 0 \\
 & & & & & 2C_{s1}l_1^2 & 0 & 0 & C_{s1}l_1 & -C_{s1}l_1 \\
 & & \text{대칭} & & & & C_{s1} & 0 & 0 & 0 \\
 & & & & & & & C_{s1} & 0 & 0 \\
 & & & & & & & & C_{s1} & 0 \\
 & & & & & & & & & C_{s1}
\end{bmatrix} \qquad (6.104)
$$

$$
K_u = \begin{bmatrix}
2K_{s2} & 0 & -K_{s2} & -K_{s2} & 0 & 0 & 0 & 0 & 0 & 0 \\
 & 2K_{s2}l_2^2 & K_{s2}l_2 & -K_{s2}l_2 & 0 & 0 & 0 & 0 & 0 & 0 \\
 & & 2K_{s1}+K_{s2} & 0 & 0 & 0 & -K_{s1} & -K_{s1} & 0 & 0 \\
 & & & 2K_{s1}+K_{s2} & 0 & 0 & 0 & 0 & -K_{s1} & -K_{s1} \\
 & & & & 2K_{s1}l_1^2 & 0 & K_{s1}l_1 & -K_{s1}l_1 & 0 & 0 \\
 & & & & & 2K_{s1}l_1^2 & 0 & 0 & K_{s1}l_1 & -K_{s1}l_1 \\
 & 대칭 & & & & & K_{s1} & 0 & 0 & 0 \\
 & & & & & & & K_{s1} & 0 & 0 \\
 & & & & & & & & K_{s1} & 0 \\
 & & & & & & & & & K_{s1}
\end{bmatrix} \tag{6.105}
$$

일차와 이차 현가장치 시스템을 가진 전체 차의 차량 모델은 10 자유도를 갖는다.

6.7 차량과 궤도구조에 대한 파라미터

앞의 절들에서는 여러 가지 차량–궤도 연결시스템 모델을 소개하였다. 어떤 모델이든지 간에 기관차와 차량의 여러 가지 부분의 질량, 관성 모멘트, 강성 및 감쇠 계수, 궤도구조의 여러 가지 부분의 질량, 강성 및 감쇠 계수, 그리고 차륜–레일 접촉 강성과 같은 미리 결정된 필수 파라미터가 필요하다. 이 절에서는 기관차, 차량 및 국내외의 자갈궤도와 무도상 궤도의 여러 가지 구성요소의 파라미터 값 범위에 초점을 맞출 것이다.

6.7.1 기관차와 차량의 기본 파라미터

중국에서 흔히 사용되는 철도차량은 C62A와 C75 화차, 새로운 SWJ 중량화차 및 HRC 고속철도차량을 포함한다[20]. 이들 차량의 기하구조 요소는 **그림 6.13**에서 보여주며, 그들의 기본 파라미터는 **표 6.1**에 나타낸다.

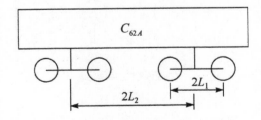

그림 6.13 중국에서 흔히 사용되는 차량의 기하구조 요소

표 6.1 중국에서 흔히 사용되는 철도차량의 기본 파라미터

차량 유형	C_{62A}	C_{75}	SWJ	HSC
차체 질량 M_c (kg)	77,000	91,800	91,100	52,000
대차 질량 M_t (kg)	1,100	1,510	1,950	3,200
차륜 질량 M_w (kg)	1,200	1,295	1,250	1,400
차체 피치 관성 모멘트 J_c (kg m^2)	1.2×10^6	4.22×10^6	4.28×10^6	2.31×10^6
대차 피치 관성 모멘트 J_t (kg m^2)	760	1,560	1,800	3,120
일차 현가장치의 수직 강성 K_{s1} (kN/m)	–	–	5×10^3	1.87×10^3
이차 현가장치의 수직 강성 K_{s2} (kN/m)	5.32×10^3	5.104×10^3	–	1.72×10^3
일차 현가장치의 수직 감쇠 C_{s1} (kN s/m)	–	–	30	5×10^2
이차 현가장치의 수직 감쇠 C_{s2} (kN s/m)	70	50	–	1.96×10^2
고정 축거(軸距) $2l_1$ (m)	1.75	1.75	1.75	2.50
두 대차 피벗 중심 간의 거리 $2l_2$ (m)	8.50	8.70	8.70	18.0
차륜 반경 (m)	0.42	0.42	0.42	0.4575

독일 ICE 고속동력차와 부수차의 기하구조 요소는 **그림 6.14**와 **6.15**에서 보여주며, 그들의 기본 파라미터는 **표 6.2**와 **6.3**에 나타낸다.

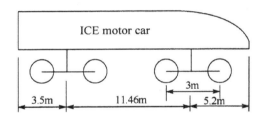

그림 6.14 ICE 고속동력차

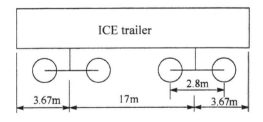

그림 6.15 ICE 고속부수차

표 6.2 ICE 고속동력차의 기본 파라미터

파라미터	값	파라미터	값
열차속도 V (km/h)	≤ 300	일차 현가장치의 종 강성 K_{1x} (kN/m)	2×10^4
차축 하중 P (kN)	195	일차 현가장치의 횡 강성 K_{1y} (kN/m)	4.86×10^3
차체 질량 M_c (kg)	5.88×10^4	일차 현가장치의 수직 강성 K_{1z} (kN/m)	2.418×10^3
대차 질량 M_t (kg)	5.35×10^3	일차 현가장치의 종 감쇠 C_{1x} (kN s/m)	7.3×10^3
윤축 질량 M_w (kg)	2.2×10^3	일차 현가장치의 횡 감쇠 C_{1y} (kN s/m)	2.12×10^3
차체 롤 관성 모멘트 J_{cx} (kg m^2)	1.337×10^5	일차 현가장치의 수직 감쇠 C_{1z} (kN s/m)	30
차체 피치 관성 모멘트 J_{cy} (kg m^2)	3.089×10^6	이차 현가장치의 횡 강성 K_{2y} (kN/m)	187
차체 요잉 관성 모멘트 J_{cz} (kg m^2)	3.089×10^6	이차 현가장치의 수직 강성 K_{2z} (kN/m)	1.52×10^3
대차 롤 관성 모멘트 J_{tx} (kg m^2)	2.79×10^3	이차 현가장치의 횡 감쇠 C_{2y} (kN s/m)	100
대차 피치 관성 모멘트 J_{ty} (kg m^2)	5.46×10^2	이차 현가장치의 수직 감쇠 C_{2z} (kN s/m)	90
대차 요잉 관성 모멘트 J_{tz} (kg m^2)	6.6×10^3	차륜 반경 r_0 (m)	0.46
윤축 롤 관성 모멘트 J_{wx} (kg m^2)	950	일차 현가장치 횡 거리 $2b_1$ (m)	2.0
윤축 요잉 관성 모멘트 J_{wz} (kg m^2)	950	이차 현가장치 횡 거리 $2b_2$ (m)	2.284
차륜 플랜지 마찰계수 μ_1	0.3	차량중심과 이차현가장치 끝 간 간격 h_1 (m)	0.9
차륜 답면 마찰계수 μ_2	0.3	대차중심과 일차현가장치 끝 간 간격 h_2 (m)	0.451
차륜 플랜지와 궤간선 간 간격 δ (m)	0.019	대차중심과 윤축중심 간 간격 h_3 (m)	0.1

표 6.3 ICE 고속부수차의 기본 파라미터

파라미터	값	파라미터	값
열차속도 V (km/h)	≤ 300	일차 현가장치의 종 강성 K_{1x} (kN/m)	7.3×10^3
차축 하중 P (kN)	145	일차 현가장치의 횡 강성 K_{1y} (kN/m)	2.12×10^3
차체 질량 M_c (kg)	4.55×10^4	일차 현가장치의 수직 강성 K_{1z} (kN/m)	2.82×10^4
대차 질량 M_t (kg)	3.09×10^3	일차 현가장치의 종 감쇠 C_{1x} (kN s/m)	41.6
윤축 질량 M_w (kg)	1.56×10^3	일차 현가장치의 횡 감쇠 C_{1y} (kN s/m)	29.5
차체 롤 관성 모멘트 J_{cx} (kg m^2)	1.035×10^5	일차 현가장치의 수직 감쇠 C_{1z} (kN s/m)	21.9
차체 피치 관성 모멘트 J_{cy} (kg m^2)	2.391×10^6	이차 현가장치의 횡 강성 K_{2y} (kN/m)	146
차체 요잉 관성 모멘트 J_{cz} (kg m^2)	2.391×10^6	이차 현가장치의 수직 강성 K_{2z} (kN/m)	324
대차 롤 관성 모멘트 J_{tx} (kg m^2)	2.366×10^3	이차 현가장치의 횡 감쇠 C_{2y} (kN s/m)	17.5
대차 피치 관성 모멘트 J_{ty} (kg m^2)	4.989×10^2	이차 현가장치의 수직 감쇠 C_{2z} (kN s/m)	29.2
대차 요잉 관성 모멘트 J_{tz} (kg m^2)	2.858×10^3	차륜 반경 r_0 (m)	0.46
윤축 롤 관성 모멘트 J_{wx} (kg m^2)	678	일차 현가장치 횡 거리 $2b_1$ (m)	2.0
윤축 요잉 관성 모멘트 J_{wz} (kg m^2)	678	이차 현가장치 횡 거리 $2b_2$ (m)	2.284
차륜 플랜지 마찰계수 μ_1	0.3	차량중심과 이차현가장치 끝 간 간격 h_1 (m)	0.9
차륜 답면 마찰계수 μ_2	0.2	대차중심과 일차현가장치 끝 간 간격 h_2 (m)	0.451
차륜 플랜지와 궤간선 간 간격 δ (m)	0.019	대차중심과 윤축중심 간 간격 h_3 (m)	0.1

프랑스 TGV 중속(中速)동력차, 고속동력차 및 부수차의 기하구조 요소는 **그림 6.16**과 **6.17**에서 보여주며,

그들의 기본 파라미터는 **표 6.4, 6.5** 및 **6.7**에 나타낸다.

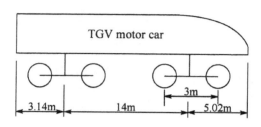

그림 6.16 TGV 중속(中速)과 고속의 동력차

표 6.4 TGV 중속(中速)동력차의 기본 파라미터

파라미터	값	파라미터	값
열차속도 V (km/h)	≤270	일차 현가장치의 종 강성 K_{1x} (kN/m)	1×10^4
차축 하중 P (kN)	168	일차 현가장치의 횡 강성 K_{1y} (kN/m)	5.0×10^3
차체 질량 M_c (kg)	4.24×10^4	일차 현가장치의 수직 강성 K_{1z} (kN/m)	1.04×10^3
대차 질량 M_t (kg)	3.4×10^3	일차 현가장치의 종 감쇠 C_{1x} (kN s/m)	60
윤축 질량 M_w (kg)	2.2×10^3	일차 현가장치의 횡 감쇠 C_{1y} (kN s/m)	69.6
차체 롤 관성 모멘트 J_{cx} (kg m²)	1.015×10^5	일차 현가장치의 수직 감쇠 C_{1z} (kN s/m)	50
차체 피치 관성 모멘트 J_{cy} (kg m²)	1.064×10^6	이차 현가장치의 횡 강성 K_{2y} (kN/m)	200
차체 요잉 관성 모멘트 J_{cz} (kg m²)	8.672×10^6	이차 현가장치의 수직 강성 K_{2z} (kN/m)	500
대차 롤 관성 모멘트 J_{tx} (kg m²)	3.2×10^3	이차 현가장치의 횡 감쇠 C_{2y} (kN s/m)	50
대차 피치 관성 모멘트 J_{ty} (kg m²)	7.2×10^3	이차 현가장치의 수직 감쇠 C_{2z} (kN s/m)	60
대차 요잉 관성 모멘트 J_{tz} (kg m²)	6.8×10^3	차륜 반경 r_0 (m)	0.43
윤축 롤 관성 모멘트 J_{wx} (kg m²)	1,630	일차 현가장치 횡 거리 $2b_1$ (m)	2.05
윤축 요잉 관성 모멘트 J_{wz} (kg m²)	1,630	이차 현가장치 횡 거리 $2b_2$ (m)	2.05
차륜 플랜지 마찰계수 μ_1	0.3	차량중심과 이차현가장치 끝 간 간격 h_1 (m)	0.38
차륜 답면 마찰계수 μ_2	0.3	대차중심과 일차현가장치 끝 간 간격 h_2 (m)	0.38
차륜 플랜지와 궤간선 간 간격 δ (m)	0.019	대차중심과 윤축중심 간 간격 h_3 (m)	0.1

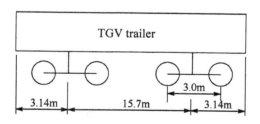

그림 6.17 TGV 중속(中速)과 고속의 부수차

표 6.5 TGV 중속(中速) 부수차의 기본 파라미터

파라미터	값	파라미터	값
열차속도 V (km/h)	≤270	일차 현가장치의 종 강성 K_{1x} (kN/m)	5×10^4
차축 하중 P (kN)	168	일차 현가장치의 횡 강성 K_{1y} (kN/m)	5.0×10^3
차체 질량 M_c (kg)	4.4×10^4	일차 현가장치의 수직 강성 K_{1z} (kN/m)	700
대차 질량 M_t (kg)	1.7×10^3	일차 현가장치의 종 감쇠 C_{1x} (kN s/m)	60
윤축 질량 M_w (kg)	1.9×10^3	일차 현가장치의 횡 감쇠 C_{1y} (kN s/m)	69.6
차체 롤 관성 모멘트 J_{cx} (kg m^2)	7.42×10^5	일차 현가장치의 수직 감쇠 C_{1z} (kN s/m)	38
차체 피치 관성 모멘트 J_{cy} (kg m^2)	2.74×10^6	이차 현가장치의 횡 강성 K_{2y} (kN/m)	210
차체 요잉 관성 모멘트 J_{cz} (kg m^2)	2.74×10^6	이차 현가장치의 수직 강성 K_{2z} (kN/m)	350
대차 롤 관성 모멘트 J_{tx} (kg m^2)	1,600	이차 현가장치의 횡 감쇠 C_{2y} (kN s/m)	15
대차 피치 관성 모멘트 J_{ty} (kg m^2)	1,700	이차 현가장치의 수직 감쇠 C_{2z} (kN s/m)	40
대차 요잉 관성 모멘트 J_{tz} (kg m^2)	1,700	차륜 반경 r_0 (m)	0.43
윤축 롤 관성 모멘트 J_{wx} (kg m^2)	1,067	일차 현가장치 횡 거리 $2b_1$ (m)	2.05
윤축 요잉 관성 모멘트 J_{wz} (kg m^2)	1,067	이차 현가장치 횡 거리 $2b_2$ (m)	2.05
차륜 플랜지 마찰계수 μ_1	0.3	차량중심과 이차현가장치 끝 간 간격 h_1 (m)	0.49
차륜 답면 마찰계수 μ_2	0.2	대차중심과 일차현가장치 끝 간 간격 h_2 (m)	0.49
차륜 플랜지와 궤간선 간 간격 δ (m)	0.019	대차중심과 윤축중심 간 간격 h_3 (m)	0.34

표 6.6 TGV 고속동력차의 기본 파라미터

파라미터	값	파라미터	값
차축 하중 P (kN)	170	일차 현가장치의 수직 강성 K_{s1} (kN/m)	1.31×10^3
차체 질량 M_c (kg)	5.35×10^3	이차 현가장치의 수직 강성 K_{s2} (kN/m)	3.28×10^3
대차 질량 M_t (kg)	3.26×10^3	일차 현가장치의 수직 감쇠 C_{s1} (kN s/m)	30
윤축 질량 M_w (kg)	2.0×10^3	일차 현가장치의 수직 감쇠 C_{s2} (kN s/m)	90
차체 피치 관성 모멘트 J_c (kg m^2)	2.4×10^6	차륜 반경 r_0 (m)	0.458
대차 피치 관성 모멘트 J_{ty} (kg m^2)	3.33×10^3	고정 축거(軸距) $2l_1$ (m)	3.0

중국의 CRH3 고속동력차의 파라미터는 **표 6.7**에 나타낸다.

표 6.7 CRH3 고속동력차의 파라미터

파라미터	값	파라미터	값
차체 질량 M_c (kg)	40×10^3	일차 현가장치의 수직 감쇠 C_{s1} (kN s/m)	100
대차 질량 M_t (kg)	3,200	일차 현가장치의 수직 감쇠 C_{s2} (kN s/m)	120
윤축 질량 M_w (kg)	2,400	차륜–레일 접촉의 수직 강성 K_c (kN/m)	$1,325 \times 10^6$
차체 피치 관성 모멘트 J_c (kg m^2)	5.47×10^5	고정 축거(軸距) $2l_1$ (m)	2.5
대차 피치 관성 모멘트 J_{ty} (kg m^2)	6,800	두 대차 피벗 중심 간 거리 $2l_2$ (m)	17.375
일차 현가장치의 수직 강성 K_{s1} (kN/m)	2.08×10^3	중간 차량의 길이 (m)	24.775
이차 현가장치의 수직 강성 K_{s2} (kN/m)	0.8×10^3	선두 차량의 길이 (m)	25.675

6.7.2 궤도구조의 기본 파라미터

(1) 레일 단속 지지의 강성

만일, 레일을 유한의 단속적(斷續的) 탄성 지지를 가진 연속 보로 간주한다면, 레일 단속(斷續) 지지의 강성 k는 다음과 같이 나타낼 수 있다.

$$k = \frac{k_{pc} k_{bs}}{k_{pc} + k_{bs}} \tag{6.106}$$

앞의 방정식에서 k는 직렬로 연결된 레일패드와 체결장치, 도상 및 노반에서 비롯되는 등가 강성이다. k_{bs}는 직렬로 연결된 도상과 노반에서 비롯되는 등가 강성이고, k_{pc}는 레일패드와 체결장치의 강성이며 레일패드 강성 k_p와 레일체결장치 강성 k_c의 합계와 같다. 즉

$$k_{pc} = k_p + k_c \tag{6.107}$$

전반적으로, 레일체결장치 강성은 작으며, 반면에 레일패드 강성은 크다.
레일체결장치 한 세트의 평균 강성은 다음과 같다.

클립형 레일체결장치의 경우에 : $k_c = 2.94 \sim 3.92 \text{MN/m}$

탄성 코일형 레일체결장치의 경우에 : $k_c = 3.92 \text{MN/m}$

고무 레일패드의 평균 강성은 다음과 같다.

12~14mm 고강도 고무패드의 경우에 : $k_p = 49 \text{MN/m}$

7~8mm 고무패드의 경우에 : $k_c = 117.6 \text{MN/m}$

직렬로 연결된 도상과 노반에서 비롯되는 등가 강성 k_{bs}는 다음과 같다.

$$k_{bs} = \frac{k_b k_s}{k_b + k_s} \tag{6.108}$$

도상의 등가 강성은 하중 분포, 하중 작용면적 및 도상 층의 탄성에 좌우된다. 아래로 점감(漸減)되어 분포된 등분포(等分布) 하중으로 단순화된 모델을 적용하면, 그리고 도상의 동일 깊이에서 균등한 압력으로 귀착되면, 도상의 등가 강성(단위 : N/m)은 다음과 같이 된다.

$$k_b = \frac{c(l-b)E_b}{\ln\left[\dfrac{l(b+ch_b)}{b(l+ch_b)}\right]}$$

(6.109)

여기서, E_b(N/m²)는 도상 탄성계수이다. l은 하중 부하 면적의 길이, 즉 침목 유효지지 길이의 반이다. b는 하중 면적의 폭, 즉 침목의 평균 저면 폭이다. h_b는 도상 층의 두께이다. $c = 2tg\phi$, 여기서 ϕ는 도상의 마찰각이며 ϕ의 값 범위는 20~35°이다.

만일, 레일을 연속 탄성 기초로 지지된 무한히 긴 보로 간주한다면, 레일 연속지지의 강성(단위 : N/m²)은 다음의 방정식에 따라 계산될 수 있다.

$$K = \frac{k}{a}$$

(6.110)

여기서, a는 침목 간격이다.

(2) 차륜–레일 접촉 강성

차륜–레일 접촉 강성은 차륜–레일 접촉력, 상대적인 접촉 변위 및 재료의 탄성계수에 관련될 뿐만 아니라 차륜 답면과 레일 형상에도 관련된다.

차륜이 신품일 때, 레일과 차륜은 원통(cylinder)으로 간주할 수 있다. 상호 간에 수직으로 접촉된 두 원통에 대한 헤르츠(Hertz) 방정식에 따라, 그것은 다음을 갖는다.

$$y = Gp^{2/3}$$

(6.111)

여기서, y는 차륜과 레일 간의 상대적인 변위이고, p는 차륜–레일 접촉력이며, G는 변위 계수이다.

방정식 (6.111)은 다음과 같이 다시 쓸 수 있다.

$$p = \frac{1}{G^{3/2}}y^{3/2} = Cy^{3/2}$$

(6.112)

여기서, $C = 1/(G^{3/2})$는 강성계수라고 불린다.

헤르츠(Hertz) 비선형 접촉 강성을 다음과 같이 정(靜)윤하중 p_0 근처에서 선형화함으로써

$$k_w = \left.\frac{dp}{dy}\right|_{p=p_0} = \left.\frac{3}{2}Cy^{1/2}\right|_{p=p_0} = \frac{3}{2}p_0^{1/3}C^{2/3} = \frac{3}{2G}p_0^{1/3} \quad \text{(N/cm)}$$

(6.113)

방정식 (6.112)는 다음과 같이 변화된다.

$$p = k_w y$$

(6.114)

여기서, k_w는 차륜-레일 접촉의 선형화된 강성계수라고 불린다.

실험결과는 레일 유형과 하중 변화가 k_w에 거의 영향을 미치지 않지만, 반면에 차륜 직경 변화는 큰 영향을 미치는 것을 보여주며, 대개 1,225~1,500 MN/m의 범위 내에 있다.

(3) 궤도구조 파라미터값의 범위

표 6.8은 재래 자갈궤도구조 파라미터의 범위를 나열한다. **표 6.9**는 중국 간선 재래 자갈궤도구조 파라미터의 범위를 나열한다. **표 6.10**은 Bögle 슬래브궤도구조 파라미터의 범위를 나열한다. **표 6.11**은 재래 자갈궤도구조 재료의 파라미터를 나열한다. **표 6.12~6.15**는 각각 레일의 기본 파라미터, 침목의 기본 파라미터, 코일-스프링 클립의 성능 파라미터 및 고무 레일패드의 정적 강성을 나열한다.

표 6.8 자갈궤도구조 파라미터의 범위

파라미터	값
레일패드 강성 k_p (MN/m)	50~100
레일체결장치 강성 k_c (MN/m)	2.94~3.92
레일패드와 체결장치의 강성 k_{pc} (MN/m)	53~104
레일패드와 체결장치의 감쇠 c_{pc} (kN s/m)	30~63
도상 강성 k_b (MN/m)	165~220
도상 감쇠 c_b (kN s/m)	55~82
노반 강성 k_s (MN/m)	40~133
노반 감쇠 c_s (kN s/m)	90~100
도상과 노반의 공동 강성 k_{bs} (MN/m)	40~60(신선), 80~100(기존선)
한 레일에 대한 궤도(단속 지지)의 강성 k (MN/m)	14.4~23(목침목 궤도), 34.5~48.9(콘크리트침목 궤도), 40.25~57.5(확대 침목 궤도)
침목의 횡 강성 k_1 (MN/m)	402.5
침목의 횡 강성 k_2 (MN/m)	11.5
차륜-궤도 접촉 강성 k_w (MN/m)	1,225~1,500

표 6.9 중국 간선 자갈궤도구조의 파라미터

파라미터		값
레일	질량 (kg/m)	60.64
	단면적 (cm²)	77.45
	수평축에 관한 단면 2차 모멘트 (cm⁴)	3,217
	탄성계수 (MPa)	2.06×10^5
레일패드와 체결장치	강성계수 (MN/m)	78
	감쇠 계수 (kN s/m)	50
	질량 (kg)	3.0

침목	침목간격 (m)	0.60
	질량 (kg)	250
	길이 (m)	2.6
	폭 (m)	0.25
	높이 (m)	0.20
	바닥면적 (m²)	0.6525(침목바닥), 0.5073(하중지역)
도상	밀도 (kg/m³)	2,500
	강성계수 (MN/m)	180
	감쇠 계수 (kN s/m)	60
	두께 (m)	0.35
노반	강성계수 (MN/m)	65
	감쇠 계수 (kN s/m)	90

표 6.10 Bögle 슬래브궤도구조의 파라미터

파라미터		값	파라미터		값
궤도슬래브	길이 (mm)	6,450	콘크리트 지지층	길이 (mm)	6,450
	폭 (mm)	2,550		폭 (mm)	2,950
	높이 (mm)	200		높이 (mm)	300
	밀도 (kg/m³)	2,500		밀도 (kg/m³)	2,500
	탄성계수 (MPa)	3.9×10^4		탄성계수 (MPa)	3.9×10^4
레일패드와 체결장치	강성계수 (MN/m)	60	CA 모르터	강성계수 (MN/m)	900
	감쇠 계수 (kN s/m)	47.7		감쇠 계수 (kN s/m)	83
노반	강성계수 (MN/m)	60	노반	감쇠 계수 (kN s/m)	90

표 6.11 재래 자갈궤도구조용 재료의 파라미터

재료의 파라미터	탄성계수 E (MPa)	푸아송비 ν	밀도 ρ (kg/m³)
레일	2.1×10^5	0.30	7,800
침목	1.5×10^4	0.30	2,800
도상	150	0.27	2,500
보조도상	50	0.35	2,000
노반	20	0.25	2,000

표 6.12 레일의 기본 파라미터

레일유형	75	60	50	45	43
미터당 질량 (kg)	74.414	60.64	51.514	45.11	44.653
단면적 (cm²)	90.06	77.45	65.8	57.61	57.0
수평축에 관한 단면 2차 모멘트 (cm⁴)	4,490	3,217	2,037	1,606	1,489
수직축에 관한 단면 2차 모멘트 (cm⁴)	661	524	377	283	260

레일 높이 (mm)	192	176	152	145	140
레일 두부 폭 (mm)	75	73	70	67	70
레일 저면 폭 (mm)	150	150	132	126	114

표 6.13 침목의 기본 파라미터

침목의 유형	질량 (kg)	길이 (m)	바닥 평균 폭 (m)	침목 반의 유효 지지길이 (m)
재래 목침목	100	2.5	0.19~0.22	1.1
기존선 콘크리트침목 (I형)	237	2.5	0.267	0.95
확대 콘크리트침목 (弦形76)	520	2.5	0.55	0.95
속도향상선로 침목 (II형)	251	2.5	0.273	0.95
여객전용고속선로 침목 (III형)	340	2.6	0.29	1.175

표 6.14 코일-스프링 클립의 파라미터

코일-스프링 클립의 유형	체결력 (kN)	스프링 처짐 (mm)
코일-스프링 클립 (I형)	8.5	9
코일-스프링 클립 (II형)	10.8	11
코일-스프링 클립 (III형)	11.0	13

표 6.15 고무패드의 정적 강성

철도의 유형	고무패드의 유형	정적 강성 (MN/m)
재래 기존선로	10~11	90~120
준-고속철도	10~17	55~80
고속철도	고탄성	40~60

참고문헌

1. Lei X (2002) New methods of track dynamics and engineering. China Railway Publishing House, Beijing
2. Knothe K, Grassie SL (1993) Modeling of railway track and vehicle/track interaction at high frequencies. Vehicle Syst Dyn 22(3/4):209–262
3. Trochanis AM, Chelliah R, Bielak J (1987) Unified approach for beams on elastic foundation for moving load. J Geotech Eng 112:879–895
4. Ono K, Yamada M (1989) Analysis of railway track vibration. J Sound Vib 130(2):269–297
5. Grassie SL, Gregory RW, Harrison D, Johnson KL (1982) The dynamic response of railway track to high frequency vertical excitation. J Mech Eng Sci 24:77–90
6. Cai Z, Raymond GP (1992) Theoretical model for dynamic wheel/rail and track interaction. In: Proceedings of the 10th international wheelset congress, Sydney, Australia, pp 127–131
7. Jenkins HH, Stephenson JE, Morland GA, Lyon D (1974) The effect of track and vehicle parameters on wheel/rail vertical dynamic forces. Railw Eng J 3:2–16
8. Kerr AD (1989) On the vertical modulus in the standard railway track analyses. Rail Int 235 (2):37–45
9. Ishida M, Miura S, Kono A (1998) Track deforming characteristics and vehicle running characteristics due to the settlement of embankment behind the abutment of bridges. RTRI Rep 12(3):41–46
10. Nielsen JCO (1993) Train/track interaction: coupling of moving and stationary dynamic system. Dissertation, Chalmers University of Technology, Gotebory, Sweden
11. Kisilowski J, Knothe K (1991) Advanced railway vehicle system dynamics. Wydawnictwa Naukowo- Techniczne, Warsaw, pp 74–78
12. Zhai WM, Sun X (1994) A detailed model for investigating vertical interactions between railway vehicle and track. Vehicle Syst Dyn Supp 23:603–615
13. Ishida M, Miura S, Kono A (1997) Track dynamic model and its analytical results. RTRI Rep 11(2):19–26
14. Ishida M (2000) The past and future of track dynamic models. RTRI Rep 14(4):1–6
15. Snyder JE, Wormley DN (1977) Dynamic interactions between vehicle and elevated, flexible, randomly irregular guide ways. J Dyn Control Syst 99:23–33
16. Roberts JB, Spanos PD (1990) Random vibration and statistical linearization. Wiley, New Jersey
17. Shinozuka M (1971) Simulation of multivariate and multidimensional random processes. J Acoustical Soc Am 49(1):357–368
18. Yang F, Fonder GA (1996) An iterative solution method for dynamic response of bridge-vehicles systems. J Earthq Eng Struct Dyn 25:195–215
19. Lei X, Wang J (2014) Dynamic analysis of the train and slab track coupling system with finite elements in a moving frame of reference. J Vib Control 20(9):1301–1317
20. Zhai W (2007) Vehicle-track coupling dynamics, 3rd edn. Science Publishing House, Beijing

21. Lei X, Zhang B, Liu Q (2010) Model of vehicle track elements for vertical dynamic analysis of vehicle track system. J Vib Shock 29(3):168–173
22. Feng Q, Lei X, Lian S (2008) Vibration analysis of high-speed tracks vibration with geometric irregularities. J Railw Sci Eng 21(6):559–564
23. Zienkiewicz OC (1977) The finite element method, 3rd edn. McGraw-Hill Inc., New York
24. Lei X (2000) The finite element method. China Railway Publishing House, Beijing

제7장 차량−궤도 연성 진동분석을 위한 교차−반복 알고리즘

제6장에서는 이동 차축 하중 하의 궤도 동적 모델, 일차 현가장치 시스템을 가진 단일 차륜의 차량 모델 및 일차와 이차 현가장치 시스템을 가진 반(半) 차(車)와 전체 차(車)의 차량 모델을 소개하였으며, 관련된 동적 유한요소 방정식이 유도되었다. 이들의 모든 모델은 한 가지 공통적인 특징을 공유한다. 즉, 차량 방정식과 궤도 방정식은 서로로부터 완전히 독립된 것이 아니라, 차륜−레일 접촉력과 차륜−레일 접촉 변위를 통하여 상호 간에 연결된다. 그러므로 풀려는 방정식은 차량−궤도시스템의 연결 방정식이다. 차량−궤도시스템의 연결 방정식에 대한 해법은 많은 문헌에서 논의되었다[1~4]. 기존의 연구에 따라, 해법은 대략 두 가지 부류로 나뉠 수 있으며, 하나는 반복법(反復法, iteration method)이고[5~7], 다른 하나는 에너지원리에 기초한 방법이다[8~11]. 차량−궤도 연성 진동분석을 위한 교차−반복 알고리즘(cross−iteration algorithm)은 이 장에서 논의하고, 그 밖의 방법은 제8장과 제9장에서 상술할 것이다.

7.1 차량−궤도 비선형 연결시스템용 교차−반복 알고리즘

차량−궤도 연결시스템에 대한 비교모델은 **그림 7.1**에 나타낸다. 유한요소 방정식을 풀기 위하여 연결시스템은 차량의 상부 서브 시스템과 궤도의 하부 서브 시스템으로 분해된다. 두 시스템에는 교차−반복 알고리즘이 적용된다.

차량−궤도 연결시스템의 동적 방정식을 푸는 데는 뉴마크(Newmark) 반복법이 이용되며 교차−반복 알고리즘의 상세한 절차는 다음과 같이 주어진다.

상부와 하부 서브 시스템(subsystem)에서 풀려는 방정식은 이차상미분방정식(二次常微分方程式, second−order ordinary differential equation)이다.

그림 7.2에 나타낸 것과 같은 차량 서브 시스템의 유한요소 방정식은 다음과 같다.

$$M_u \ddot{a}_u + C_u \dot{a}_u + K_u a_u = Q_{ug} + F_{ul} \tag{7.1}$$

여기서, M_u, C_u 및 K_u는 차량 서브 시스템의 질량 행렬, 감쇠 행렬 및 강성 행렬을 의미한다. a_u, $\dot{a}_u$ 및 $\ddot{a}_u$

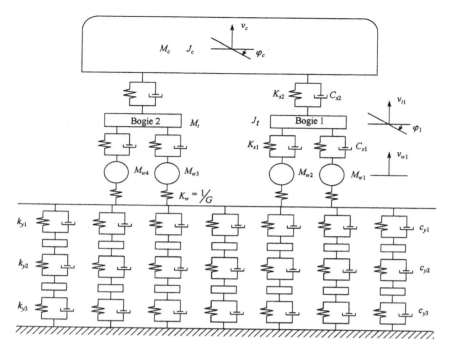

그림 7.1 차량-궤도 연결시스템의 계산모델

는 차량의 변위 벡터, 속도 벡터 및 가속도 벡터를 의미한다. $\boldsymbol{Q}_{ug}$는 차량 중력(gravity) 벡터이다. 그리고 F_{ul}은 차륜-레일 접촉력 벡터이며, 다음의 헤르츠(Hertz) 비선형 공식으로 계산될 수 있다.

$$F_{uli} = \begin{cases} \dfrac{1}{G^{3/2}} \mid v_{wi} - (v_{lci} + \eta_i) \mid^{3/2} & v_{wi} - (v_{lci} + \eta_i) < 0 \\ 0 & v_{wi} - (v_{lci} + \eta_i) \geq 0 \end{cases} \tag{7.2}$$

여기서, G는 접촉 처짐 계수(contact deflection coefficient)를 의미하고, v_{wi}는 i번째 차륜 변위이며, v_{lci}와 η_i는 차륜-레일 접촉점에서의 레일 변위와 궤도 틀림 값을 의미한다.

헤르츠 비선형 강성을 선형화하면 다음을 갖는다.

$$\boldsymbol{F}_{ul} = \begin{cases} -\boldsymbol{K}_w (\boldsymbol{a}_u - \boldsymbol{a}_{lc} - \boldsymbol{\eta}) & (\boldsymbol{a}_u - \boldsymbol{a}_{lc} - \boldsymbol{\eta})_i < 0 \\ 0 & (\boldsymbol{a}_u - \boldsymbol{a}_{lc} - \boldsymbol{\eta})_i \geq 0 \end{cases} \tag{7.3}$$

여기서, $\boldsymbol{K}_w$는 선형화된 차륜-레일 접촉 강성 행렬을 의미하고, $\boldsymbol{\eta}$는 차륜-레일 접촉점에서의 궤도 틀림 벡터이다.

$$\boldsymbol{Q}_{ug} = -g\{M_c \quad 0 \quad M_t \quad M_t \quad 0 \quad 0 \quad M_{w1} \quad M_{2w} \quad M_{w3} \quad M_{w4}\}^T \tag{7.4}$$

$$\boldsymbol{a}_u = \begin{Bmatrix} v_c & \phi_c & v_{t1} & v_{t2} & \phi_1 & \phi_2 & v_{w1} & v_{w2} & v_{w3} & v_{w4} \end{Bmatrix}^T \tag{7.5}$$

$$\boldsymbol{a}_{lc} = \begin{Bmatrix} 0 & 0 & 0 & 0 & 0 & 0 & v_{lc1} & v_{lc2} & v_{lc3} & v_{lc4} \end{Bmatrix}^T \tag{7.6}$$

$$\boldsymbol{K}_w = \mathrm{diag}\begin{Bmatrix} 0 & 0 & 0 & 0 & 0 & 0 & k_w & k_w & k_w & k_w \end{Bmatrix} \tag{7.7}$$

식 (7.7)에서 k_w는 차륜–레일 선형 접촉 강성을 의미한다.

$$k_w = \frac{3}{2G}\, p_0^{1/3} \quad (\mathrm{N/cm}) \tag{7.8}$$

여기서, p_0는 정(靜)윤하중을 의미한다.

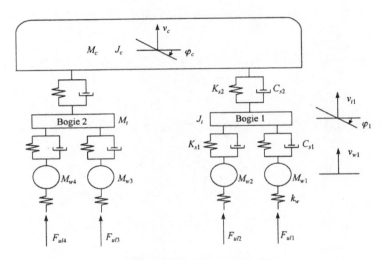

그림 7.2 상부 서브 시스템으로서 차량의 모델

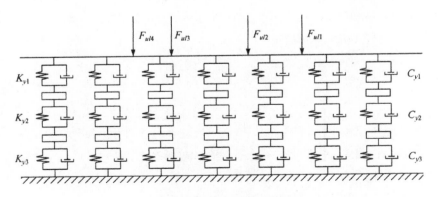

그림 7.3 하부 서브 시스템으로서 궤도구조의 모델

식 (7.3)을 식 (7.1)에 대입하면 다음을 갖는다.

$$M_u \ddot{a}_u + C_u \dot{a}_u + (K_u + K_w)a_u = Q_{ug} + K_w(a_{lc} + \eta) \tag{7.9}$$

그림 7.3에서 나타낸 것과 같은 궤도구조에 대한 유한요소 방정식은 다음과 같다.

$$M_l \ddot{a}_l + C_l \dot{a}_l + K_l a_l = Q_{lg} - F_{ul} \tag{7.10}$$

여기서, M_l, C_l 및 K_l은 궤도구조의 질량 행렬, 감쇠 행렬 및 강성 행렬을 의미한다. a_l, $\dot{a}_l$ 및 $\ddot{a}_l$은 궤도구조의 변위 벡터, 속도 벡터 및 가속도 벡터를 의미한다. Q_{lg}는 궤도구조의 중력 벡터이다.

뉴마크(Newmark) 반복법은 차량 서브 시스템과 궤도 서브 시스템의 동적 응답을 푸는 데 이용되며, 공학 실행(engineering practice)에서 널리 이용된다[12]. 만일 시간 단계$(t - \Delta t)$에서의 해 $^{t-\Delta t}a$, $^{t-\Delta t}\dot{a}$, $^{t-\Delta t}\ddot{a}$가 기지(旣知)라면, 시간 단계(t)에서의 해 $^t a$는 다음의 방정식을 풀어서 구할 수 있다.

$$(K + c_0 M + c_1 C)\, ^t a = {}^t Q + M(c_0\, ^{t-\Delta t}a_{t-\Delta t} + c_2\, ^{t-\Delta t}\dot{a} + c_3\, ^{t-\Delta t}\ddot{a}) + C(c_1\, ^{t-\Delta t}a + c_4\, ^{t-\Delta t}\dot{a} + c_5\, ^{t-\Delta t}\ddot{a}) \tag{7.11}$$

시간 단계(t)의 속도 $^t\dot{a}$와 가속도 $^t\ddot{a}$는 식 (7.12)와 (7.13)으로 값을 구할 수 있다.

$$^t\dot{a} = {}^{t-\Delta t}\dot{a} + c_6\, ^{t-\Delta t}\ddot{a} + c_7\, ^t\ddot{a} \tag{7.12}$$

$$^t\ddot{a} = c_0(^t a - {}^{t-\Delta t}a) - c_2\, ^{t-\Delta t}\dot{a} - c_3\, ^{t-\Delta t}\ddot{a} \tag{7.13}$$

여기서, $c_0 = 1/(\alpha \Delta t^2)$, $c_1 = \delta/(\alpha \Delta t)$, $c_2 = 1/(\alpha \Delta t)$, $c_3 = (1/2\alpha) - 1$, $c_4 = (\delta/\alpha) - 1$, $c_5 = [(\delta/2\alpha) - 1]\Delta t$, $c_6 = (1 - \delta)\Delta t$, $c_7 = \delta \Delta t$, Δt는 시간 단계이고, α와 δ는 뉴마크(Newmark) 파라미터이다. $\alpha = 0.25$, $\delta = 0.5$일 때, 뉴마크 반복법의 해는 무조건 안정적이다[12].

기본적 계산단계는 다음과 같이 요약된다.

Ⅰ. 초기 계산

① 처음의 시간 단계와 처음의 반복에서, 궤도구조의 초기 변위 a_1^0를 가정한다(통상적으로, $a_1^0 = 0$을 취한다). a_1^0의 값에 기초하여, i 번째 차륜–레일 접촉점에서의 레일의 초기 변위 v_{lci}^0($i = 1, 2, 3, 4$)가 도출될 수 있다. 다음에, v_{lci}^0($i = 1, 2, 3, 4$)를 식 (7.6)으로 치환하면, 초기 변위 벡터 a_{1c}^0가 구해질 수 있다.

② a_{1c}^0를 식 (7.9)로 치환하면, 차량의 동적 식 (7.9)를 풀어서 차량의 변위 a_u, 속도 $\dot{a}_u$ 및 가속도 $\ddot{a}_u$의 값

을 구할 수 있다.

Ⅱ. 시간 영역에서 단계적인 절차

시간 단계 (t)에서 $(k-1)$번째 반복이 수행된다고 가정하며, 차량과 궤도구조에 대한 시간 단계 (t)에서의 변위, 속도 및 가속도의 벡터가 알려져 있다. 이제, (k)번째 반복을 고려해보자.

① $^t a_u^{k-1}$와 $^t a_{lc}^{k-1}$를 식 (7.2)로 치환함으로써 다음의 공식으로 상호작용 힘 $^t F_{uli}^k (i = 1, 2, 3, 4)$를 계산한다.

$$^t F_{uli}^k = \begin{cases} \dfrac{1}{G^{3/2}} \left| {}^t v_{wi}^{k-1} - ({}^t v_{lci}^{k-1} + {}^t \eta_i^{k-1}) \right|^{3/2} & {}^t v_{wi}^{k-1} - ({}^t v_{lci}^{k-1} + {}^t \eta_i^{k-1}) < 0 \\ 0 & {}^t v_{wi}^{k-1} - ({}^t v_{lci}^{k-1} + {}^t \eta_i^{k-1}) \geq 0 \end{cases}$$

② 차륜–레일 접촉 힘 $^t F_{uli}^k (i = 1, 2, 3, 4)$를 조절하기 위하여 완화법(relaxation method)이 도입된다. 즉

$$^t F_{uli}^k = {}^t F_{uli}^{k-1} + \mu \left({}^t F_{uli}^k - {}^t F_{uli}^{k-1} \right) \tag{7.14}$$

여기서, μ는 수렴을 보장하기 위하여 일정한 범위$(0 < \mu < 1)$에 있어야 하는 완화계수(relaxation coefficient)이다. $0.2 < \mu < 0.5$가 최적의 완화계수라는 것이 입증된다.

③ $^t F_{uli}^k$를 **그림 7.3**에 나타낸 것처럼 궤도구조의 하층부에 가해지는 차륜–레일 접촉력 벡터 $^t \boldsymbol{F}_{ul}^k$로 조합하면, 궤도구조의 미분방정식 (7.10)을 풀어서 궤도구조에 대한 변위 $^t a_l^k$, 속도 $^t \dot{a}_l^k$ 및 가속도 $^t \ddot{a}_l^k$의 값을 구할 수 있다.

④ $^t a_l^k$에 기초하여, i번째 차륜–레일 접촉점에서의 레일의 변위 $^t v_{lci}^k (i = 1, 2, 3, 4)$가 도출될 수 있으며, 차량에 작용하는 업데이트된 차륜–레일 접촉력 $^t F_{uli}^k$가 식 (7.2)로 계산될 수 있다.

⑤ 업데이트된 $^t F_{uli}^k$를 외력으로서 상부구조에 가해지는 차륜–레일 접촉력 벡터 $^t \boldsymbol{F}_{ul}^k$로 조합하면, 차량의 미분방정식 (7.1)을 풀어서 차량에 대한 변위 $^t a_u^k$, 속도 $^t \dot{a}_u^k$ 및 가속도 $^t \ddot{a}_u^k$의 값을 구할 수 있다.

⑥ 궤도 변위 차이와 그것의 표준(norm)을 다음과 같이 계산한다.

$$\{\Delta\, {}^t a\}_l^k = {}^t a_l^k - {}^t a_l^{k-1} \tag{7.15}$$

여기서, $^t a_l^k$와 $^t a_l^{k-1}$는 각각 현행 반복과 선행 반복에서 궤도구조의 변위 벡터이다.

이제, 다음과 같이 수렴기준(convergence criterion)을 정의하자.

$$\frac{\text{Norm}\{\Delta\, {}^t a\}_l^k}{\text{Norm}({}^t a_l^k)} \leq \epsilon \tag{7.16}$$

여기서,

$$\text{Norm}\{\Delta\,{}^{t}\boldsymbol{a}\}_{l}^{k}=\sum_{i=1}^{n}\{\Delta\,{}^{t}\boldsymbol{a}^{2}(i)\}_{l}^{k},\quad\text{Norm}\big({}^{t}a_{l}^{k}\big)=\sum_{i=1}^{n}\big\{{}^{t}a_{l}^{k2}(i)\big\} \tag{7.17}$$

ϵ는 명시된 허용오차(specified tolerance)이고 1.0×10^{-5}와 1.0×10^{-8} 사이에서 가정되며, 대개 적절한 정확성을 가진 해를 구하는 데 충분하다.

⑦ 수렴기준의 검토

만일, 수렴기준 (7.16)을 충족시키지 못한다면, 단계 II로 가서 다음의 반복단계 $(k+1)$로 들어간다. 만일 충족시킨다면, 다음의 순간(instant) $(k+\Delta t)$를 진행하며 다음을 정의한다.

$$
{}^{t+\Delta t}a_{u}^{o}={}^{t}a_{u}^{k},\quad {}^{t+\Delta t}\dot{a}_{u}^{o}={}^{t}\dot{a}_{u}^{k},\quad {}^{t+\Delta t}\ddot{a}_{u}^{o}={}^{t}\ddot{a}_{u}^{k}
$$
$$
{}^{t+\Delta t}a_{l}^{o}={}^{t}a_{l}^{k},\quad {}^{t+\Delta t}\dot{a}_{l}^{o}={}^{t}\dot{a}_{l}^{k},\quad {}^{t+\Delta t}\ddot{a}_{l}^{o}={}^{t}\ddot{a}_{l}^{k}
$$

여기서부터, 단계 II로 돌아가서 다음의 시간 단계로 들어가고, 마지막 시간 단계까지 계산을 계속한다.

7.2 예제 검증

7.2.1 확인

문헌 [9]의 예를 계산하기 위해 본 논문에서 제안된 모델과 방법에 대한 교차—반복 알고리즘(crossiteration algorithm)의 정확성을 검증하기 위하여, 차량과 궤도에 대한 동적 응답의 분석이 수행되며, 여기서는

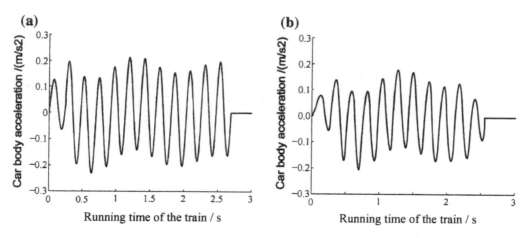

그림 7.4 차체 수직가속도의 시간 이력 : (a) 이 논문의 결과, (b) FEM을 이용한 결과

200km/h의 속도를 가진 중국 고속열차 CRH3과 60kg/m 장대레일의 궤도가 고려된다. 궤도 고저 틀림의 가진원(加振源, excitation source)으로서 진폭 3mm와 파장 12.5m를 가진 주기적 사인함수가 계산에서 채택된다. 이하에서는 서로 다른 두 계산법(computational method)으로 도출된 결과가 논의될 것이다.

교차─반복 알고리즘으로 구한 계산 결과를 **그림 7.4~7.9**에서 보여준다. 유한요소법으로 계산된 것들과 비교하여 두 계산 간에 좋은 일치가 관찰되며 알고리즘의 유효성과 실용성을 확인해준다.

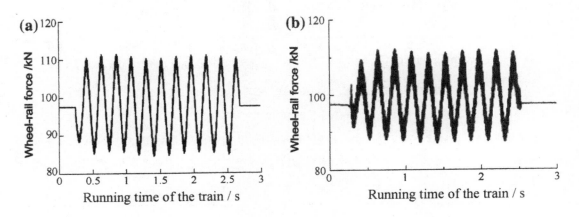

그림 7.5 차륜─레일 접촉력의 시간 이력 : (a) 이 논문의 결과, (b) FEM을 이용한 결과

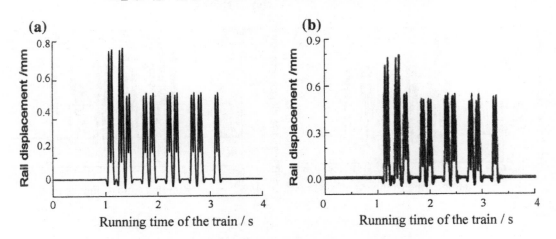

그림 7.6 레일 수직 변위의 시간 이력 : (a) 이 논문의 결과, (b) FEM을 이용한 결과

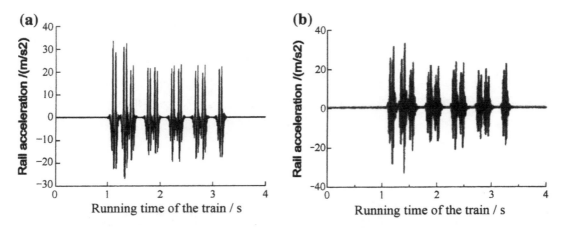

그림 7.7 레일 수직가속도의 시간 이력 : (a) 이 논문의 결과, (b) FEM을 이용한 결과

 그림 7.10과 **7.11**은 시간 t에서 차륜–레일 접촉력과 차륜–레일 접촉점의 레일 변위의 반복 수렴과정(itera-tion convergence process)을 보여준다. 시간 $(t - \Delta t)$에서 이전(以前) 평형상태로부터 시작하여 해답이 몇 몇 반복 후에 수렴에 접근하는 것을 볼 수 있다.

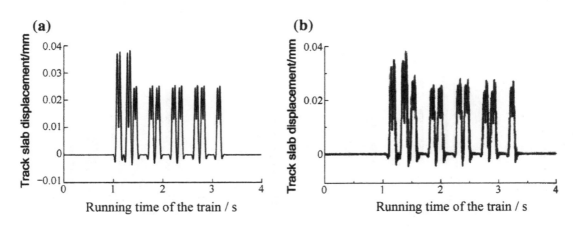

그림 7.8 궤도슬래브 수직 변위의 시간 이력 : (a) 이 논문의 결과, (b) FEM을 이용한 결과

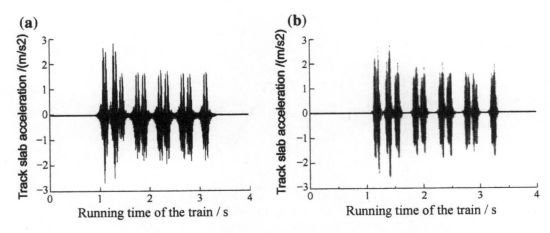

그림 7.9 궤도슬래브 수직가속도의 시간 이력 : (a) 이 논문의 결과, (b) FEM을 이용한 결과

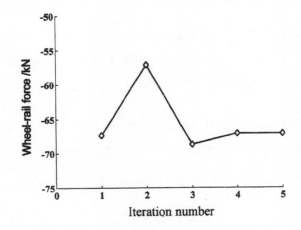

그림 7.10 시간 t 에서 차륜–레일 접촉력에 대한 반복과정

7.2.2 시간 단계의 영향

차량–궤도 연결시스템 방정식을 푸는 과정에 대한 시간 단계의 영향을 분석하기 위하여 시간 단계 $\varDelta t$ 를 0.05, 0.1, 0.5 및 1ms로 취하자. 여기서 차량은 열차속도가 250km/h인 중국 고속열차 CRH3이고, 궤도구조는 CRTS Ⅱ 슬래브궤도이며, 수렴 정확도는 1×10^{-7}이다. 고속열차 CRH3와 CRTS Ⅱ 슬래브궤도의 파라미터는 제6장의 **표 6.7**과 **6.10**에 주어졌다.

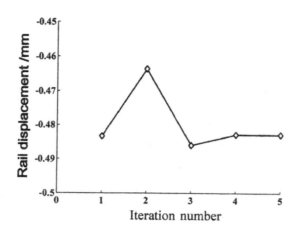

그림 7.11 시간 t에서 차륜–레일 접촉점의 레일 변위에 대한 반복과정

표 7.1은 서로 다른 시간 단계로 시스템 방정식을 풀기 위한 반복의 수를 나타낸다. 논문에서는 모든 시간 단계에서 궤도시스템 방정식과 차량시스템 방정식을 각각 한 번만 풀면, 임시로 연결시스템에 대한 교차–반복으로 간주한다고 명시했다. 표에 주어진 데이터는 연결시스템 방정식을 푸는 과정의 최대 반복 수이다.

표 7.1 서로 다른 시간 단계로 시스템 방정식을 풀기 위한 반복의 수

시간 단계 Δt(ms)	완화계수 μ						
	0.1	0.2	0.3	0.4	0.5	0.6	0.7
0.05	2	2	2	2	2	2	2
0.1	2	2	2	2	2	2	2
0.5	7	4	3	2	2	2	3
1.0	7	4	3	3	4	6	10

표 7.1에서는 시간 단계가 짧을수록 다음 순간의 시스템 상태와 이전 순간의 상태 간의 균형이 더 가까워지며, 이는 균형을 달성하기가 쉽다는 것을 나타낸다. 결과적으로, 반복 수가 적고, 수렴 속도가 빠르다. 한편, 시스템 방정식을 푸는 데에 대한 완화계수의 영향은 점차 감소하지만, 계산 효율은 더 낮다. 그러한 조건에서, 적절한 완화계수를 선택하여 시간 단계를 적절하게 늘리면 해법효율을 효과적으로 향상할 수 있다. 예를 들어, 계산시간을 1s로 취하고 시간 단계 Δt를 0.5에서 0.1ms로 줄여서, 해법효율을 비교하여 보자. $\Delta t = 0.5$ms일 때, 시스템 방정식은 $1/0.0005 \times (2 \times 78\% + 3 \times 22\%) = 4{,}440$이며, 여기서 2와 3은 이 경우의 반복 수를 의미하고, 78과 22%는 관련된 비율을 의미한다. 마찬가지로, $\Delta t = 0.1$ms일 때, 시스템 방정식은 $1/0.0001 \times 2 \times 100\% = 20{,}000$이며, 후자는 전자의 4.5배이고, 해법효율은 크게 줄어든다. 그러므로 완화계수의 채택은 더 큰 시간 단계를 선택하는 것을 가능하게 하며 계산 효율을 향상할 수 있다.

그러나, 만일 더 큰 시간 단계를 선택하면, 시스템의 해는 이전 순간의 균형에서 상당히 벗어나 계산 안정성을 잃을 수 있으며, 이것은 결과적으로 시스템에 대한 수치 해의 발산으로 귀착된다. 따라서 열차-궤도 연결시스템의 복잡한 동적 문제에 관하여, 뉴마크(Newmark) 반복법은 더 이상 무조건으로 안정적이지 않으며, 어떤 경우에는 수치적 불안정이 발생할 수 있다.

7.2.3 수렴 정확성의 영향

여기서는 수렴 정확성을 1×10^{-7}, 1×10^{-8}, 1×10^{-9} 및 1×10^{-10}으로 취하고, 자갈궤도와 슬래브궤도를 고려하여, 두 종류의 궤도구조의 동적 응답에 대한 수렴 정확성의 영향이 연구될 것이다. 차량은 열차속도가 250km/h인 중국 고속열차 CRH3이고, 궤도구조는 고속철도용 CRTS II 슬래브궤도이다. 고속열차 CRH3과 CRTS II 슬래브궤도의 파라미터는 제6장의 **표 6.7**과 **6.10**에 주어졌다.

그림 7.12는 시스템의 반복 수에 대한 수렴 정확성의 영향을 보여준다[13]. 그림에서는 슬래브궤도에 대한 반복 수가 자갈궤도에 대한 것보다 더 많음을 보여주며, 이것에 대한 이유는 슬래브궤도 요소 모델의 변위 자유도(DOF)가 자갈궤도 요소 모델의 것보다 더 크기 때문이며 전자의 행렬 차수(matrix order)는 후자의 것보다 더 높다. 그러나, 완화계수가 0.2에서 0.4까지일 때, 두 궤도시스템의 반복 수는 약간 다르며 반복 수가 감소한다. 한편, 수렴 정확성이 높을수록 반복 수는 많아진다. 완화계수가 약 0.3일 때, 수렴 정확성이 높아도 반복 수는 증가하지 않는다.

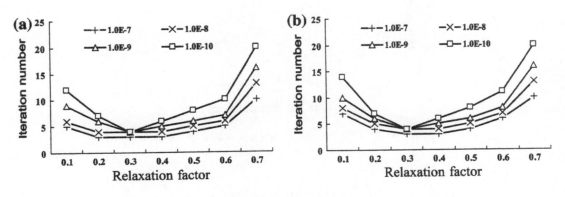

그림 7.12 시스템의 반복 수에 대한 수렴 정확성의 영향 : (a) 자갈궤도의 반복 수, (b) 슬래브궤도의 반복 수

게다가, 수렴 정확성은 시스템의 동적 응답에 크게 영향을 미친다. **그림 7.13**과 **7.14**는 0.1의 완화계수와 각각 1×10^{-7}과 1×10^{-10}의 수렴 정확성으로 차륜-레일 접촉력의 시간 이력을 보여준다. 차륜-레일 접촉력의 이론적 값은 70kN이며, 컴퓨터 프로그램으로 계산된 최대 상대오차(relative error)는 2~3%이다. 그러므로, 일반 구조물의 동적 분석에서 1×10^{-7}과 1×10^{-10} 사이의 수렴 정확성을 선택하면 계산 요건을 충족시킬 수 있으며, 반면에 정밀 분석에서는 더 높은 수렴 정확성이 채택되어야 한다. 완화계수를 0.3으로 취하면, 서로

다른 수렴 정확성에 대한 동적 응답이 미미하게 달라 완화계수가 반복 안정성을 향상하는 효과가 있다는 점을 지적해야 한다.

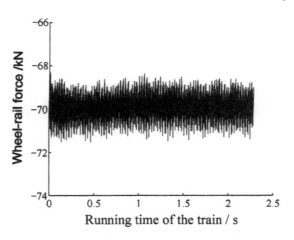

그림 7.13 1×10^{-7}의 수렴 정확성에 대한 차륜–레일 접촉력의 시간 이력

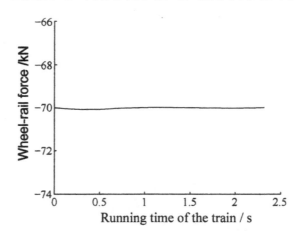

그림 7.14 1×10^{-10}의 수렴 정확성에 대한 차륜–레일 접촉력의 시간 이력

7.3 열차–궤도 비선형 연결시스템의 동적 분석

적용 예로서, 이 절에서는 자갈궤도에서 주행하는 열차가 유발한 차량–궤도 비선형 연결시스템에 대한 동적 응답 분석이 수행된다. 여기서 고려된 열차는 중국 고속열차 CRH3이다. 고속열차 CRH3와 자갈궤도에 대한 파라미터는 제6장의 **표 6.7**과 **표 7.2**[11]에 주어진다. 궤도구조의 경계 효과를 줄이기 위하여, 계산을 위한 총 궤도길이는 300m이다. 미국 선로 수준(line level) 6의 PSD를 가진 궤도의 불규칙한 틀림(random irregularity)은 외부의 가진(加振, excitation)으로 간주한다. 차량과 궤도의 동적 응답에 대한 선형과 비선형

차륜–레일 접촉모델과 여러 가지 열차속도($V = 200$, 250, 300 및 350km/h)의 영향이 고려된다. 수치 적분법의 시간 단계는 선형과 비선형 접촉모델에서 각각 0.001과 0.0005s가 채용된다.

표 7.2 자갈궤도구조의 파라미터

파라미터	값	파라미터	값
레일의 질량 m_r(kg)	60.64	도상의 질량 m_b(kg)	560
레일의 밀도 ρ_r(kg/m³)	7,800	레일패드와 체결장치의 강성 k_{y1}(MN/m)	78
레일의 단면 2차 모멘트 I_r(m⁴)	3,217	레일패드와 체결장치의 감쇠 c_{y1}(kN s/m)	50
레일의 탄성계수 E_r(Mpa)	2.06×10^5	도상 층의 강성 k_{y2}(MN/m)	180
레일의 단면적 A_r(cm²)	77.45	도상 층의 감쇠 c_{y2}(kN s/m)	60
침목 간격 l(m)	0.568	노반의 강성 k_{y3}(MN/m)	65
침목의 질량 m_t(kg)	250	노반의 감쇠 c_{y3}(kN s/m)	90

차량과 궤도의 동적 응답에 대한 선형과 비선형 차륜–레일 접촉모델을 고려하여, 변화하는 열차속도로 계산한 결과는 **표 7.3~7.12**에 주어지며, 여기서 출력은 레일, 차륜, 대차 및 차체에 대한 변위와 가속도의 최대와 전체 진폭, 그리고 차륜–레일 접촉력의 최대와 전체 진폭이다[14]. **그림 7.15**와 **7.16**은 서로 다른 열차속도에 대한 차륜–레일 접촉력의 시간 이력이다[14].

표 7.3 레일 변위의 최대와 전체 진폭

속도 (km/h)	차륜–레일 선형 접촉			차륜–레일 비선형 접촉		
	최대 (mm)	최소 (mm)	전체 진폭 (mm)	최대 (mm)	최소 (mm)	전체 진폭 (mm)
200	0.054	−1.300	1.350	0.050	−1.100	1.150
160	0.050	−1.250	1.250	0.050	−0.870	0.929
120	0.048	−0.990	1.040	0.049	−0.847	0.887
80	0.051	−0.834	0.885	0.043	−0.901	0.944

표 7.4 침목 변위의 최대와 전체 진폭

속도 (km/h)	차륜–레일 선형 접촉			차륜–레일 비선형 접촉		
	최대 (mm)	최소 (mm)	전체 진폭 (mm)	최대 (mm)	최소 (mm)	전체 진폭 (mm)
200	0.043	−0.902	0.945	0.040	−0.698	0.738
160	0.036	−0.769	0.805	0.038	−0.543	0.580
120	0.033	−0.630	0.663	0.027	−0.545	0.572
80	0.032	−0.526	0.559	0.028	−0.567	0.595

표 7.5 도상 변위의 최대와 전체 진폭

속도 (km/h)	차륜-레일 선형 접촉			차륜-레일 비선형 접촉		
	최대 (mm)	최소 (mm)	전체 진폭 (mm)	최대 (mm)	최소 (mm)	전체 진폭 (mm)
200	0.035	−0.682	0.717	0.034	−0.533	0.566
160	0.028	−0.574	0.602	0.031	−0.410	0.441
120	0.025	−0.468	0.493	0.021	−0.409	0.430
80	0.024	−0.389	0.413	0.021	−0.421	0.442

표 7.6 레일 가속도의 최대와 전체 진폭

속도 (km/h)	차륜-레일 선형 접촉			차륜-레일 비선형 접촉		
	최대 (m/s^2)	최소 (m/s^2)	전체 진폭 (m/s^2)	최대 (m/s^2)	최소 (m/s^2)	전체 진폭 (m/s^2)
200	71.1	−112.8	183.9	101.9	−55.0	156.9
160	44.2	−86.5	130.7	81.2	−29.4	110.6
120	18.8	−57.6	76.4	56.2	−15.4	71.6
80	9.3	−27.7	37.1	24.7	−6.2	30.9

표 7.7 침목 가속도의 최대와 전체 진폭

속도 (km/h)	차륜-레일 선형 접촉			차륜-레일 비선형 접촉		
	최대 (m/s^2)	최소 (m/s^2)	전체 진폭 (m/s^2)	최대 (m/s^2)	최소 (m/s^2)	전체 진폭 (m/s^2)
200	46.7	−31.5	78.2	25.7	−37.4	63.1
160	26.4	−25.1	51.5	23.8	−20.8	44.6
120	12.6	−21.6	34.2	19.7	−10.8	30.5
80	6.0	−7.7	13.8	7.4	−5.0	12.4

표 7.8 도상 가속도의 최대와 전체 진폭

속도 (km/h)	차륜-레일 선형 접촉			차륜-레일 비선형 접촉		
	최대 (m/s^2)	최소 (m/s^2)	전체 진폭 (m/s^2)	최대 (m/s^2)	최소 (m/s^2)	전체 진폭 (m/s^2)
200	37.2	−26.4	63.6	26.0	−31.7	57.7
160	20.9	−25.4	46.4	25.3	−16.6	41.9
120	9.6	−18.1	27.7	18.1	−8.8	26.9
80	4.9	−6.5	11.3	6.9	−4.4	11.3

표 7.9 차륜 가속도의 최대와 전체 진폭

속도 (km/h)	차륜-레일 선형 접촉			차륜-레일 비선형 접촉		
	최대 (m/s^2)	최소 (m/s^2)	전체 진폭 (m/s^2)	최대 (m/s^2)	최소 (m/s^2)	전체 진폭 (m/s^2)
200	37.0	−36.3	73.3	37.5	−35.6	73.0
160	29.1	−21.4	50.5	25.2	−28.2	53.3

120	21.2	−21.7	42.9	20.3	−20.5	40.8
80	24.6	−22.9	47.5	21.4	−22.7	44.1

표 7.10 대차 가속도의 최대와 전체 진폭

속도 (km/h)	차륜–레일 선형 접촉			차륜–레일 비선형 접촉		
	최대 (m/s²)	최소 (m/s²)	전체 진폭 (m/s²)	최대 (m/s²)	최소 (m/s²)	전체 진폭 (m/s²)
200	6.98	−4.67	11.70	4.79	−6.77	11.60
160	5.22	−3.90	9.11	3.71	−4.95	8.66
120	5.29	−3.67	8.96	3.43	−4.81	8.24
80	4.11	−4.16	8.27	3.95	−3.75	7.70

표 7.11 차체 가속도의 최대와 전체 진폭

속도 (km/h)	차륜–레일 선형 접촉			차륜–레일 비선형 접촉		
	최대 (m/s²)	최소 (m/s²)	전체 진폭 (m/s²)	최대 (m/s²)	최소 (m/s²)	전체 진폭 (m/s²)
200	0.361	−0.423	0.784	0.354	−0.319	0.674
160	0.270	−0.311	0.581	0.317	−0.278	0.594
120	0.233	−0.286	0.518	0.285	−0.231	0.517
80	0.196	−0.255	0.451	0.253	−0.193	0.446

표 7.12 차륜–레일 접촉력의 최대와 전체 진폭

속도 (km/h)	차륜–레일 선형 접촉			차륜–레일 비선형 접촉		
	최대 (kN)	최소 (kN)	전체 진폭 (kN)	최대 (kN)	최소 (kN)	전체 진폭 (kN)
200	112.0	27.7	84.2	113.0	26.4	86.6
160	106.0	41.7	64.0	98.7	33.1	65.6
120	97.3	45.4	51.9	93.4	42.1	51.3
80	98.1	40.7	57.4	95.0	40.9	54.1

표 7.3~7.5에 나타낸 것처럼, 열차속도가 궤도구조의 변위에 대하여 큰 영향을 미침을 나타내었다. 80에서 200km/h로의 열차속도 증가에 따라 차륜–레일 선형 접촉모델의 경우에 레일, 침목 및 도상에 대한 변위의 전체 진폭이 각각 0.885, 0.559 및 0.413mm에서 1.35, 0.945 및 0.717mm로 증가한다. 진폭 증가 비율은 52.5, 69.1 및 73.6%이다. 차륜–레일 비선형 접촉모델의 경우에 레일, 침목 및 도상에 대한 변위의 전체 진폭은 열차속도의 증가에 따라 증가하지만, 120km/h의 속도에서의 증가는 80km/h 속도에서보다 더 작으며, 160km/h의 속도에서의 증가는 120km/h 속도에서보다 약간 증가하고, 200km/h의 속도에서 상당히 증가한다.

선형 접촉모델에서 레일, 침목 및 도상에 대한 변위의 최대와 전체 진폭은 비선형 접촉모델의 것들보다 더 크며, 증가 범위는 10에서 20%까지이다. 그러나 80km/h 속도에 대한 결과는 반대이다.

레일, 침목 및 도상에 대한 가속도의 최대와 전체 진폭은 **표 7.6~7.8**에 나타낸 것처럼 열차속도의 증가에 따라 증가한다.

80에서 200km/h로 열차속도의 증가에 따라 차륜—레일 선형 접촉모델의 경우에 레일, 침목 및 도상에 대한 가속도의 전체 진폭이 각각 37.1, 13.8 및 11.3m/s²에서 183.9, 78.2 및 63.6m/s²로 증가한다. 진폭 증가 비율은 395.7, 466.7 및 462.8%이다. 시스템이 차륜—레일 비선형 접촉모델에 있을 때, 레일, 침목 및 도상 가속도에 대한 진폭 증가 비율은 각각 407.8, 408.9 및 410.6%이다.

선형 접촉모델에서 레일, 침목 및 도상에 대한 가속도의 최대와 전체 진폭은 비선형 접촉모델의 것들보다 더 크며, 차이는 약 10~20%이다. 만일, 속도가 더 크다면, 증가는 더 명백해질 것이다.

표 7.9~7.11에 나타낸 것처럼, 80에서 200km/h로 열차속도의 증가에 따라 차륜—레일 선형 접촉모델의 경우에 대차와 차체에 대한 가속도의 전체 진폭이 각각 8.27과 0.451m/s²에서 11.70과 0.784m/s²로 증가한다. 진폭 증가 비율은 41.5와 73.8%이다. 차륜—레일 비선형 접촉모델의 경우에, 대차와 차체 가속도에 대한 진폭 증가 비율은 50.6과 51.1%이다. 최대 차륜 가속도는 기본적으로 열차속도의 증가에 따라 올라가지만,

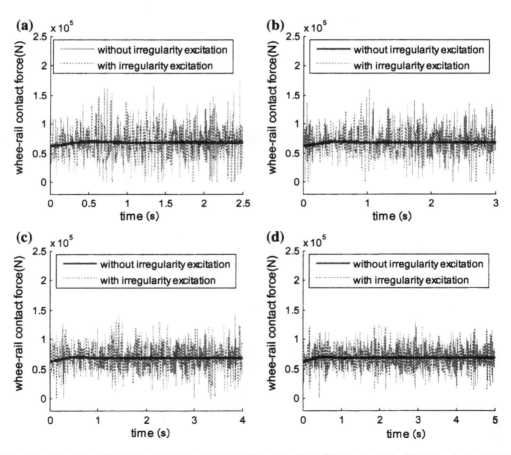

그림 7.15 차륜—레일 선형 접촉모델에서 서로 다른 열차속도에 따른 차륜—레일 접촉력의 시간 이력 : (a) 350km/h의 속도에서, (b) 300km/h의 속도에서, (c) 250km/h의 속도에서, (d) 200km/h의 속도에서

80km/h의 속도에서의 차륜 가속도의 전체 진폭은 100km/h의 속도에서의 것보다 더 크다. 그 원인은 개별 지점의 과도한 궤도 틀림이 너무 많기 때문일 수 있다.

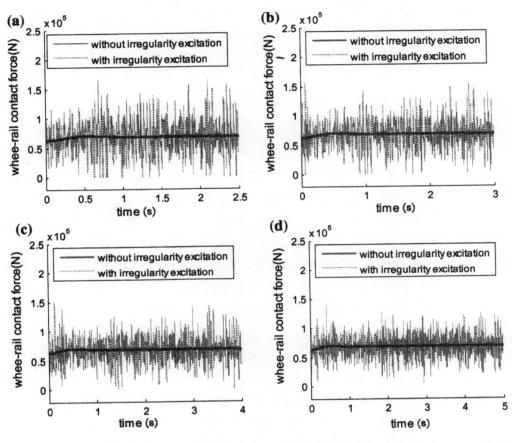

그림 7.16 차륜–레일 비선형 접촉모델에서 서로 다른 열차속도에 따른 차륜–레일 접촉력의 시간 이력 : (a) 350km/h의 속도에서, (b) 300km/h의 속도에서, (c) 250km/h의 속도에서, (d) 200km/h의 속도에서

선형 접촉모델에서 대차와 차륜에 대한 가속도의 전체 진폭은 비선형 접촉모델의 것보다 약간 더 크며, 그 차이는 5% 이내이다. 200km/h의 열차속도에서는 선형 접촉모델에 대한 차체 가속도의 전체 진폭은 비선형 접촉모델의 것보다 약간 더 크다. 그러나, 그 밖의 속도에서는 차륜–레일 접촉이 선형 접촉모델에서이든 비선형 접촉모델에서이든 차체 가속도의 전체 진폭이 거의 같다. 더욱이 차체 가속도의 최대와 전체 진폭은 1m/s²의 범위 내에 있으며, 이것은 차량의 일차와 이차 현가장치 시스템이 진동과 소음 감소에 대하여 탁월한 영향을 미친다는 것을 분명히 보여준다.

표 7.12 및 **그림 7.15**와 **7.16**에서 나타내는 것처럼, 차륜–레일 접촉력의 최대와 전체 진폭은 기본적으로 열차속도의 증가에 따라 증가한다. 그러나, 80km/h의 열차속도에서의 차륜–레일 접촉력의 최대와 전체 진폭은 120의 열차속도에서의 것보다 더 크다. 열차속도가 120에서 200km/h로 증가할 때 선형 접촉모델에서 차

륜–레일 접촉력의 최대와 전체 진폭은 각각 97.3과 51.9에서 112와 84.2kN으로 증가한다. 진폭 증가 비율은 15.1과 62.2%이다. 그러나 비선형 접촉모델에서는 차륜–레일 접촉력의 최대와 전체 진폭이 각각 93.4와 51.3에서 113과 86.6kN으로 증가하며, 진폭 증가 비율은 20.9와 68.8%이다. 선형 접촉모델에서 최대 차륜–레일 접촉력은 비선형 접촉모델의 것보다 조금 더 크지만, 선형과 비선형 접촉모델 양쪽의 차륜–레일 접촉력 진폭의 차이는 작다.

7.4 결론

차량–궤도 비선형 연결시스템의 동적 분석을 위한 모델은 유한요소법으로 수립된다. 그리고, 교차–반복 알고리즘은 차량–궤도 연결시스템의 비선형 동적 방정식을 푸는 데 이용된다. 시뮬레이션 분석에서, 전체 시스템은 두 서브 시스템, 즉 일차와 이차 현가장치 시스템을 가진 차량유닛으로 고려된 차량 서브 시스템과 세 탄성 보 모델로 간주한 궤도 서브 시스템으로 나뉜다. 두 시스템의 연결은 차륜–레일 비선형 접촉력에 대한 평형 조건과 기하구조적인 안정 조건으로 달성된다. 시험 계산 예는 수렴을 보장하기 위하여 비교적 작은 시간 단계가 선택되어야 함을 보여주며, 그것은 계산시간을 크게 늘릴 것이다. 이 문제를 해결하고 반복적 수렴률(iterative convergence rate)을 가속하기 위하여, 차륜–레일 접촉력을 조정하도록 완화기술(relaxation technique)이 도입된다. 고속열차와 슬래브궤도 비선형 연결시스템의 동적 분석에 근거하여 다음과 같은 결론이 구해진다.

① 열차속도는 열차와 궤도구조의 동적 응답에 상당한 영향을 미친다. 차륜–레일 선형 접촉모델이나 비선형 접촉모델에 상관없이, 레일, 침목 및 도상의 가속도와 변위 및 차륜, 대차 및 차체의 가속도, 게다가 차륜–레일 접촉력은 열차속도의 증가에 따라 증가하는 반면에, 차륜, 대차 및 차체의 변위는 열차속도에 따라 조금 변한다.

② 차륜–레일 선형 접촉모델에 따른 열차와 궤도구조에 대한 동적 응답의 결과는 같은 열차속도 하에서 차륜–레일 비선형 접촉모델에 따른 것보다 더 크다. 변위와 가속도의 최대와 전체 진폭의 차이는 10% 범위에 있고, 차륜–레일 접촉력의 차이는 5% 이내이다. 한편, 열차속도는 레일 가속도의 차이에 큰 영향을 미친다. 열차속도가 높을수록 레일 가속도의 차이는 커질 것이다. 차륜–레일 선형접촉모델에 따른 레일 가속도의 전체 진폭은 더 높은 열차속도에서 차륜–레일 비선형 접촉모델에 따른 것보다 2배만큼 더 크며, 반면에, 더 낮은 열차속도에서 레일 가속도의 차이는 5% 이내이다. 요약하면, 차륜–레일 선형 접촉모델로 계산한 결과에 근거하여 열차와 궤도구조를 설계하는 것은 보수적이고 더 안전하다.

③ 차륜–레일 접촉력을 조정하는 데에 있어 완화계수(relaxation coefficient)의 도입은 교차–반복 알고리즘의 수렴 속도를 분명히 가속시킬 수 있다. 계산 시험은 각(各) 반복의 수렴에 접근하는 데 5~6 반복 단계만을 필요로 함을 나타냈다.

④ 차량과 궤도 연결 비선형 시스템이 차량 서브 시스템과 궤도 서브 시스템으로 나뉨에 따라, 두 서브 시

스템의 동적 방정식이 독립적으로 풀릴 수 있다. 이 방법은 문제의 분석 규모를 줄일 수 있을 뿐만 아니라 프로그래밍 설계의 어려움도 줄일 수 있다. 동시에 두 서브 시스템에 대한 유한요소 방정식의 계수 행렬은 일정하고 대칭적이며, 반전(inversing)은 한 번만 필요하다. 계산절차에서 동일 역행렬은 모든 반복과 모든 시간 단계마다 대입될 수 있다. 결과적으로, 계산속도가 크게 향상된다. 차량-궤도 연결시스템의 동적 분석에 대한 '올바른 위치 설정(set-in-right-position)'의 기존 방법과 대조적으로, 유한요소 방정식의 계수 행렬은 궤도에 대한 열차 위치의 변화에 따라 변화된다. 그러므로 모든 시간 단계마다 역계산(inversion calculation)이 필요하며, 그것은 계산 효율성을 크게 줄인다. 결론은 차량과 궤도구조의 (370m 길이의 궤도 위를 주행하는 열차가 유발한) 동적 응답은 보통의 컴퓨터 워크스테이션(workstation)에서의 계산시간이 '올바른 위치 설정'의 방법에 요구된 150분과 비교하여, 교차-반복 알고리즘으로 40분만의 지속시간이 필요하다. {컴퓨터와 프로그래밍 언어 및 채용된 시스템의 상세는 다음과 같다. ㉮ CPU : Intel(R) core(TM)i5-2400 CPU @ 3.1GHz, ㉯ RAM : 4.00GB 및 ㉰ 프로그래밍 언어 : MATLAB R2010b.} 전자(前者) 방법의 계산 효율은 보통의 조건 하에서 후자보다 4~6배 더 높다. 만일, 분석된 문제의 규모가 더 크다면, 계산 효율성은 더 클 것이다.

제안된 알고리즘이 일반적인 적용성을 갖는 점에 주목하여야 하며, 이동하중 하에서의 모든 종류의 선형과 비선형 문제를 분석하는 데 이용될 수 있다.

참고문헌

1. Clough RW, Penzien J (1995) Dynamic of structures (3rd Edition). Computers & Structures, Inc., Berkeley, pp 120–124
2. Rezaiee-Pajand M, Alamatian J (2008) Numerical time integration for dynamic analysis using a new higher order predictor-corrector method. Eng Comput 25(6):541–568
3. Chen C, Ricles JM (2010) Stability analysis of direct integration algorithms applied to MDOF nonlinear structural dynamics. J Eng Mech 136(4):485–495
4. Zhai WM (2007) Vehicle-track coupling dynamics (3rd edition). Science Press, Beijing
5. Zhang N, Xia H (2013) A vehicle-bridge interaction dynamic system analysis method based on inter-system iteration. China Railway Sci 34(5):32–38
6. Wu D, Li Q, Chen A (2007) Numerical stability of iterative scheme in solving coupled vibration of the train-bridge system. Chin Q Mech 28(3):405–411
7. Yang F, Fonder GA (1996) An iterative solution method for dynamic response of bridge-vehicles systems. J Earthq Eng Struct Dyn 25(2):195–215
8. Zhang B, Lei X (2011) Analysis on dynamic behavior of ballastless track based on vehicle and rack elements with finite element method. J China Railway Soc 33(7):78–85
9. Xiang J, Hao D, Zeng Q (2007) Analysis method of vertical vibration of train and ballastless track system with the lateral finite strip and slab segment element. J China Railway Soc 29(4): 64–69
10. Lei X (2002) New methods in railroad track mechanics and technology. China Railway Publishing House, Beijing
11. Lei X, Zhang B, Liu Q (2010) A track model for vertical vibration analysis of track-bridge coupling. J Vibr Shock 29(3):168–173
12. Lei X (2000) Finite element method. China Railway Publishing House, Beijing
13. Zhang B, Lei X, Luo Y (2016) Improved algorithm of iterative process for vehicle-track coupled system based on Newmark formulation. J Central South Univ (Sci Technol) 47(1): 298–306
14. Lei X, Wu S, Zhang B (2016) Dynamic analysis of the high speed train and slab track nonlinear coupling system with the cross iteration algorithm. J Nonlinear Dyn, vol 2016, Article ID 8356160, 17 pages, http://dx.doi.org/10.1155/2016/8356160

제8장 이동 요소 모델과 그것의 알고리즘

제7장에서는 열차–궤도 연결시스템의 동적 응답을 푸는 교차 반복법을 살펴보았다. 이 방법의 장점은 차륜–레일 접촉의 비선형 거동을 고려할 수 있음과 단순한 프로그래밍을 포함하지만, 선형 문제일 때는 이 방법이 계산 효율성에서 장점을 갖지 않는다. 발표된 문헌은 열차–궤도 연결시스템에 대하여 해(解) 방정식(solution equation)을 세우기 위해 '올바른 위치 설정' 규칙을 사용하여 간단히 언급하였지만, 어떠한 상세 설명이나 관련 공식도 나타내지 않았다[1~6]. 이 장에서는 간단한 것에서 복잡한 것까지 세 가지의 모델, 즉 단일 차륜의 이동 요소 모델, 일차 현가장치 시스템을 가진 단일 차륜의 이동 요소 모델 및 일차와 이차 현가장치 시스템을 가진 단일 차륜의 이동 요소 모델이 수립된다. 세 가지의 모델에 기초하여, 열차–궤도 연결시스템의 동적 응답을 동시에 풀기 위한 알고리즘이 논의되며 상응하는 명시적인 공식이 제공된다.

8.1 이동 요소 모델

모델에서는 **그림 8.1**에 나타낸 것처럼 레일 위에서 이동하는 차륜이 분석된다. 차륜은 V의 속도로 이동하는 m_w의 질량을 가진 질점(質點, particle)으로 단순화되고, 레일은 2–차원의 보 요소로 단순화된다. 차륜–레일 접촉이 탄성이고 접촉 강성은 k_c라고 가정하자. 그러한 모델은 이동 요소 모델이라고 불린다[1]. **그림 8.1**에서 점 1과 2는 레일 보 요소의 두 노드(node)이며, 각각 수직 변위 v_i와 회전각 θ_i ($i = 1$, 2)이 분석된다. 점 3은 이동 노드이고, 목표 노드(target node)라고도 불리며, 수직 변위는 v_3이다. 점 c는 차륜–레일 접촉점이며, 수직 변위는 v_c로 나타낸다.

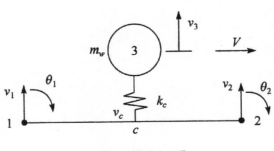

그림 8.1 이동 요소 모델

모델은 1, 2, 3으로 표시된 세 노드를 가지며 5 자유도(DOF)를 갖는다. **그림 8.1**에서 노드 c와 노드 1 사이의 거리는 x_c이고, 요소길이는 l이다.

제6장에서는 두 노드를 가진 평면 보 요소(plane beam element)가 논의되었다. 요소의 어떤 지점에서의 변위는 보간 함수(補間函數, interpolation function)로 나타낼 수 있으며, 요소 노드 변위는 다음과 같이 나타낼 수 있다.

$$v = N_1 v_1 + N_2 \theta_1 + N_3 v_2 + N_4 \theta_2 \tag{8.1}$$

여기서, $N_1 \sim N_4$는 두 노드를 가진 평면 보 요소의 보간 함수이다.

$$
\begin{aligned}
N_1 &= 1 - \frac{3}{l^2}x^2 + \frac{2}{l^3}x^3 \\
N_2 &= -x + \frac{2}{l}x^2 - \frac{1}{l^2}x^3 \\
N_3 &= \frac{3}{l^2}x^2 - \frac{2}{l^3}x^3 \\
N_4 &= \frac{1}{l}x^2 - \frac{1}{l^2}x^3
\end{aligned}
\tag{8.2}
$$

점 c에 관한 수직 변위 v_c는 다음과 같이 쓸 수 있다.

$$v_c = N_1 v_1 + N_2 \theta_1 + N_3 v_2 + N_4 \theta_2 \tag{8.3}$$

여기서, $N_1 \sim N_4$는 $x = x_c$로 한 후의 각각의 보간 함수이다.

이동 요소의 노드 변위 벡터가 다음과 같다고 하자.

$$a^e = \left\{ v_1 \quad \theta_1 \quad v_2 \quad \theta_2 \quad v_3 \right\}^T \tag{8.4}$$

노드 3의 수직 변위는 v_3이며 다음과 같이 나타낼 수 있다.

$$v_3 = N_3^T a^e \tag{8.5}$$

$$\dot{v}_3 = N_3^T \dot{a}^e \tag{8.6}$$

여기서,

$$N_3^T = \{0 \quad 0 \quad 0 \quad 0 \quad 1\} \tag{8.7}$$

노드 c의 수직 변위는 v_c이며 다음과 같이 보간 함수로 나타낼 수 있다.

$$v_c = \left\{ N_1 \quad N_2 \quad N_3 \quad N_4 \quad 0 \right\} a^e \tag{8.8}$$

그다음에 다음의 식이 도출된다.

$$v_3 - v_c = \left\{ -N_1 \quad -N_2 \quad -N_3 \quad -N_4 \quad 1 \right\} a^e = N_{3c}^T a^e \tag{8.9}$$

여기서,

$$N_{3c}^T = \left\{ -N_1 \quad -N_2 \quad -N_3 \quad -N_4 \quad 1 \right\} \tag{8.10}$$

다음과 같은 라그랑주 방정식(Lagrange equation)을 적용하면

$$\frac{d}{dt}\frac{\partial L}{\partial \dot{a}} - \frac{\partial L}{\partial a} + \frac{\partial R}{\partial \dot{a}} = 0 \tag{8.11}$$

여기서, L은 라그랑주 함수(Lagrange function)이며, R은 소산 에너지이다(역주 : a와 $\dot{a}$는 식 (6.6) 참조). L은 다음과 같이 된다.

$$L = T - \Pi \tag{8.12}$$

여기서, T는 운동에너지이고, Π는 퍼텐셜 에너지이다.

이동 요소의 운동에너지는 다음과 같다.

$$T = \frac{1}{2} m_w \dot{v}_3^2 = \frac{1}{2} m_w \left(N_3^T \dot{a}^e \right)^T \left(N_3^T \dot{a}^e \right) = \frac{1}{2} \left(\dot{a}^e \right)^T m_u^e \dot{a}^e \tag{8.13}$$

여기서, 이동 요소의 질량 행렬은 다음과 같다.

$$m_u^e = m_w N_3 N_3^T = \begin{bmatrix} 0 & 0 & 0 & 0 & 0 \\ 0 & 0 & 0 & 0 & 0 \\ 0 & 0 & 0 & 0 & 0 \\ 0 & 0 & 0 & 0 & 0 \\ 0 & 0 & 0 & 0 & m_w \end{bmatrix} \tag{8.14}$$

이동 요소의 퍼텐셜 에너지는 다음과 같다.

$$\Pi = \frac{1}{2}k_c(v_3 - v_c)^2 + (v_3 m_w g) = \frac{1}{2}k_c(\boldsymbol{N}_{3c}^T\boldsymbol{a}^e)^T\boldsymbol{N}_{3c}^T\boldsymbol{a}^e + (\boldsymbol{a}^e)^T m_w g\hat{\boldsymbol{N}}_3$$
$$= \frac{1}{2}(\boldsymbol{a}^e)^T\boldsymbol{k}_u^e\boldsymbol{a}^e - (\boldsymbol{a}^e)^T\boldsymbol{Q}_u^e \tag{8.15}$$

여기서, 이동 요소의 강성 행렬은 다음과 같다.

$$\boldsymbol{k}_u^e = k_c\boldsymbol{N}_{3c}\boldsymbol{N}_{3c}^T = k_c\begin{bmatrix} N_1^2 & N_1N_2 & N_1N_3 & N_1N_4 & -N_1 \\ & N_2^2 & N_2N_3 & N_2N_4 & -N_2 \\ & & N_3^2 & N_3N_4 & -N_3 \\ & \text{대칭} & & N_4^2 & -N_4 \\ & & & & 1 \end{bmatrix} \tag{8.16}$$

요소 노드 하중 벡터는 다음과 같다.

$$\boldsymbol{Q}_u^e = \{0 \quad 0 \quad 0 \quad 0 \quad -m_w g\}^T \tag{8.17}$$

식 (8.13)과 (8.15)를 라그랑주 방정식 (8.11)과 (8.12)에 대입하면, 다음과 같은 이동 요소의 동적 방정식을 산출한다.

$$m_u^e\ddot{a} + k_u^e a = \boldsymbol{Q}_u^e \tag{8.18}$$

8.2 일차 현가 시스템을 가진 단일 차륜의 이동 요소 모델

그림 8.2는 일차 현가장치 시스템을 가진 단일 차륜의 이동 요소 모델을 보여준다. 모델은 1, 2, 3 및 4로

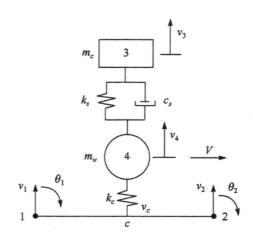

그림 8.2 일차 현가장치 시스템을 가진 단일 차륜의 이동 요소 모델

표시된 네 노드(node)와 6 자유도(DOF)를 갖는다. 점 1, 2는 레일 보 요소의 두 노드이며, 각각 수직 변위 v_i 와 회전각 θ_i ($i = 1, 2$)이 분석된다. 점 3은 v_3으로 표시된 수직 변위와 m_c로 표시된 차체의 1/8 질량 가진 차체의 노드이다. k_s와 c_s는 각각 일차 현가장치 시스템의 등가 강성과 감쇠 계수이다. 점 4는 v_4로 표시된 수직 변위와 m_w로 표시된 질량을 가진 차륜의 노드이며, 차륜은 일정한 속도로 이동하고 있다. 점 c는 v_c로 나타낸 수직 변위를 가진 차륜–레일 접촉점이다. 노드 1과 노드 c 간의 거리는 x_c이고, 요소길이는 l이며, 차륜–레일 접촉 강성은 k_c이다.

요소 노드 변위 벡터를 다음과 같이 정의하자.

$$a^e = \{ v_1 \quad \theta_1 \quad v_2 \quad \theta_2 \quad v_3 \quad v_4 \}^T \tag{8.19}$$

노드 3의 수직 변위는 v_3이며 다음을 갖는다.

$$v_3 = N_3^T a^e \tag{8.20}$$

$$\dot{v}_3 = N_3^T \dot{a}^e \tag{8.21}$$

여기서,

$$N_3^T = \{ 0 \quad 0 \quad 0 \quad 0 \quad 1 \quad 0 \} \tag{8.22}$$

노드 4의 수직 변위는 v_4이며 동일 방법으로 다음을 갖는다.

$$v_4 = N_4^T a^e \tag{8.23}$$

$$\dot{v}_4 = N_4^T \dot{a}^e \tag{8.24}$$

여기서,

$$N_4^T = \{ 0 \quad 0 \quad 0 \quad 0 \quad 0 \quad 1 \} \tag{8.25}$$

그리고 다음이 수반된다.

$$v_3 - v_4 = N_{34}^T a^e \tag{8.26}$$

$$\dot{v}_3 - \dot{v}_4 = \boldsymbol{N}_{34}^T \dot{a}^e \tag{8.27}$$

여기서, $\boldsymbol{N}_{34}^T = \{\,0 \quad 0 \quad 0 \quad 0 \quad 1 \quad -1\,\}$

노드 c의 수직 변위는 v_c이며 다음과 같이 보간 함수로 나타낼 수 있다.

$$v_c = \boldsymbol{N}_c^T a^e \tag{8.28}$$

여기서,

$$\boldsymbol{N}_c^T = \{\, N_1 \quad N_2 \quad N_3 \quad N_4 \quad 0 \quad 0 \,\} \tag{8.29}$$

그리고 다음이 도출된다.

$$v_4 - v_c = \boldsymbol{N}_{4c}^T a^e \tag{8.30}$$

여기서,

$$\boldsymbol{N}_{4c}^T = \{\, -N_1 \quad -N_2 \quad -N_3 \quad -N_4 \quad 0 \quad 1 \,\} \tag{8.31}$$

요소의 운동에너지는 다음과 같다.

$$\begin{aligned}
T &= \frac{1}{2} m_c \dot{v}_3^2 + \frac{1}{2} m_w \dot{v}_4^2 = \frac{1}{2} m_c \big(\boldsymbol{N}_3^T \dot{a}^e \big)^T \big(\boldsymbol{N}_3^T \dot{a}^e \big) + \frac{1}{2} m_w \big(\boldsymbol{N}_4^T \dot{a}^e \big)^T \big(\boldsymbol{N}_4^T \dot{a}^e \big) \\
&= \frac{1}{2} \big(\dot{a}^e \big)^T m_u^e \, \dot{a}^e
\end{aligned} \tag{8.32}$$

여기서, 요소 질량 행렬은 다음과 같다.

$$m_u^e = m_c \boldsymbol{N}_3 \boldsymbol{N}_3^T + m_w \boldsymbol{N}_4 \boldsymbol{N}_4^T = \mathrm{diag}\big(0 \quad 0 \quad 0 \quad 0 \quad m_c \quad m_w\big) \tag{8.33}$$

요소의 퍼텐셜 에너지는 다음과 같다.

$$\begin{aligned}
\Pi &= \frac{1}{2} k_s (v_3 - v_4)^2 + \frac{1}{2} k_c (v_4 - v_c)^2 + (v_3 m_c g) + (v_4 m_w g) \\
&= \frac{1}{2} a^{e\,T} \big\{ k_s \boldsymbol{N}_{34} \boldsymbol{N}_{34}^T + k_c \boldsymbol{N}_{4c} \boldsymbol{N}_{4c}^T \big\} a^e + (a^e)^T \big\{ m_c g \boldsymbol{N}_3 + m_w g \boldsymbol{N}_4 \big\} \\
&= \frac{1}{2} (a^e)^T k_u^e \, a^e - (a^e)^T \boldsymbol{Q}_u^e
\end{aligned} \tag{8.34}$$

여기서, 요소 강성 행렬은 다음과 같다.

$$k_u^e = k_s^e + k_c^e = k_s \boldsymbol{N}_{34} \boldsymbol{N}_{34}^T + k_c \boldsymbol{N}_{4c} \boldsymbol{N}_{4c}^T$$

$$= \begin{bmatrix} 0 & 0 & 0 & 0 & 0 & 0 \\ & 0 & 0 & 0 & 0 & 0 \\ & & 0 & 0 & 0 & 0 \\ & & & 0 & 0 & 0 \\ & \text{대칭} & & k_s & -k_s \\ & & & & & k_s \end{bmatrix} + k_c \begin{bmatrix} N_1^2 & N_1 N_2 & N_1 N_3 & N_1 N_4 & 0 & -N_1 \\ & N_2^2 & N_2 N_3 & N_2 N_4 & 0 & -N_2 \\ & & N_3^2 & N_3 N_4 & 0 & -N_3 \\ & & & N_4^2 & 0 & -N_4 \\ & \text{대칭} & & & 0 & 0 \\ & & & & & 1 \end{bmatrix} \quad (8.35)$$

요소 노드 하중 벡터는 다음과 같다.

$$\boldsymbol{Q}_u^e = \left\{ \begin{matrix} 0 & 0 & 0 & 0 & -m_c g & -m_w g \end{matrix} \right\}^T \quad (8.36)$$

요소의 소산 에너지(dissipated energy)는 다음과 같다.

$$R = \frac{1}{2} c_s (\dot{v}_3 - \dot{v}_4)^2 = \frac{1}{2} (\dot{a}^e)^T c_u^e \dot{a}^e \quad (8.37)$$

여기서, 요소 감쇠 행렬은 다음과 같다.

$$c_u^e = c_s \boldsymbol{N}_{34} \boldsymbol{N}_{34}^T = \begin{bmatrix} 0 & 0 & 0 & 0 & 0 & 0 \\ & 0 & 0 & 0 & 0 & 0 \\ & & 0 & 0 & 0 & 0 \\ & & & 0 & 0 & 0 \\ & \text{대칭} & & & c_s & -c_s \\ & & & & & c_s \end{bmatrix} \quad (8.38)$$

식 (8.32), (8.34) 및 (8.37)을 라그랑주 방정식 (8.11)과 (8.12)에 대입하여, 일차 현가장치 시스템을 가진 단일 차륜의 이동하는 요소에 대한 다음과 같은 동적 방정식을 구한다.

$$m_u^e \ddot{a} + c_u^e \dot{a} + k_u^e a = \boldsymbol{Q}_u^e \quad (8.39)$$

8.3 일차와 이차 현가 시스템을 가진 단일 차륜의 이동 요소 모델

그림 8.3은 일차와 이차 현가장치 시스템을 가진 단일 차륜의 이동 요소 모델을 보여준다. 모델은 5 노드(node)와 7(역주 : 원본에는 6) 자유도(DOF)를 갖는다. 점 1, 2는 레일 보 요소의 두 노드이며, 각각 그들의 수직 변위 v_i와 회전각 $\theta_i (i = 1, 2)$이 분석된다. 점 3은 v_3으로 표시된 수직 변위와 m_c로 표시된 차체의 1/8

질량을 가진 차체의 노드이다. k_{s2}와 c_{s2}는 각각 이차 현가장치 시스템의 강성과 감쇠 계수이다.

점 4는 v_4로 표시된 수직 변위와 m_t로 표시된 대차의 1/4 질량을 가진 대차의 노드이다. k_{s1}과 c_{s1}은 각각 일차 현가장치 시스템의 강성과 감쇠 계수이다. 점 5는 v_5로 표시된 수직 변위와 m_w로 표시된 질량을 가진 차륜의 노드이며, 차륜은 일정한 속도 V로 이동하고 있다. 점 c는 v_c로 나타낸 수직 변위를 가진 차륜-레일 접촉점이다. 노드 1과 노드 c 간의 거리는 x_c이고, 요소길이는 l이며, 차륜-레일 접촉 강성은 k_c이다.

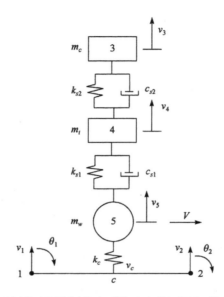

그림 8.3 일차와 이차 현가장치 시스템을 가진 단일 차륜의 이동 요소 모델

요소 노드 변위 벡터를 다음과 같이 정의하자.

$$a^e = \left\{ v_1 \quad \theta_1 \quad v_2 \quad \theta_2 \quad v_3 \quad v_4 \quad v_5 \right\}^T \tag{8.40}$$

노드 3의 수직 변위는 v_3이며 다음을 갖는다.

$$v_3 = N_3^T a^e \tag{8.41}$$

$$\dot{v}_3 = N_3^T \dot{a}^e \tag{8.42}$$

여기서,

$$N_3^T = \left\{ 0 \quad 0 \quad 0 \quad 0 \quad 1 \quad 0 \quad 0 \right\} \tag{8.43}$$

노드 4의 수직 변위는 v_4이며 동일 방법으로 다음을 갖는다.

$$v_4 = \boldsymbol{N}_4^T \boldsymbol{a}^e \tag{8.44}$$

$$\dot{v}_4 = \boldsymbol{N}_4^T \dot{\boldsymbol{a}}^e \tag{8.45}$$

여기서,

$$\boldsymbol{N}_4^T = \{\,0 \quad 0 \quad 0 \quad 0 \quad 0 \quad 1 \quad 0\,\} \tag{8.46}$$

그리고 그것은 다음을 갖는다.

$$v_3 - v_4 = \boldsymbol{N}_{34}^T \boldsymbol{a}^e \tag{8.47}$$

$$\dot{v}_3 - \dot{v}_4 = \boldsymbol{N}_{34}^T \dot{\boldsymbol{a}}^e \tag{8.48}$$

여기서,

$$\boldsymbol{N}_{34}^T = \{\,0 \quad 0 \quad 0 \quad 0 \quad 1 \quad -1 \quad 0\,\} \tag{8.49}$$

노드 5의 수직 변위는 v_5이며 마찬가지로 다음을 갖는다.

$$v_5 = \boldsymbol{N}_5^T \boldsymbol{a}^e \tag{8.50}$$

$$\dot{v}_5 = \boldsymbol{N}_5^T \dot{\boldsymbol{a}}^e \tag{8.51}$$

여기서,

$$\boldsymbol{N}_5^T = \{\,0 \quad 0 \quad 0 \quad 0 \quad 0 \quad 0 \quad 1\,\} \tag{8.52}$$

그리고 다음이 수반된다.

$$v_4 - v_5 = \boldsymbol{N}_{45}^T \boldsymbol{a}^e \tag{8.53}$$

$$\dot{v}_4 - \dot{v}_5 = \boldsymbol{N}_{45}^T \dot{\boldsymbol{a}}^e \tag{8.54}$$

여기서,

$$\boldsymbol{N}_{45}^T = \{\, 0 \quad 0 \quad 0 \quad 0 \quad 0 \quad 1 \quad -1 \,\} \tag{8.55}$$

노드 c의 수직 변위는 v_c이며, 다음과 같이 보간 함수로 나타낼 수 있다.

$$v_c = \boldsymbol{N}_c^T \boldsymbol{a}^e \tag{8.56}$$

여기서,

$$\boldsymbol{N}_c^T = \{\, N_1 \quad N_2 \quad N_3 \quad N_4 \quad 0 \quad 0 \quad 0 \,\} \tag{8.57}$$

그리고 다음이 이루어진다.

$$v_5 - v_c = \boldsymbol{N}_{5c}^T \boldsymbol{a}^e \tag{8.58}$$

여기서,

$$\boldsymbol{N}_{5c}^T = \{\, -N_1 \quad -N_2 \quad -N_3 \quad -N_4 \quad 0 \quad 0 \quad 1 \,\} \tag{8.59}$$

요소의 운동에너지는 다음과 같다.

$$\begin{aligned}
T &= \frac{1}{2} m_c \dot{v}_3^2 + \frac{1}{2} m_t \dot{v}_4^2 + \frac{1}{2} m_w \dot{v}_5^2 \\
&= \frac{1}{2} m_c \left(\boldsymbol{N}_3^T \dot{\boldsymbol{a}}^e \right)^T \left(\boldsymbol{N}_3^T \dot{\boldsymbol{a}}^e \right) + \frac{1}{2} m_t \left(\boldsymbol{N}_4^T \dot{\boldsymbol{a}}^e \right)^T \left(\boldsymbol{N}_4^T \dot{\boldsymbol{a}}^e \right) + \frac{1}{2} m_w \left(\boldsymbol{N}_5^T \dot{\boldsymbol{a}}^e \right)^T \left(\boldsymbol{N}_5^T \dot{\boldsymbol{a}}^e \right) \\
&= \frac{1}{2} \left(\dot{\boldsymbol{a}}^e \right)^T \boldsymbol{m}_u^e \dot{\boldsymbol{a}}^e
\end{aligned} \tag{8.60}$$

여기서, 요소 질량 행렬은 다음과 같다.

$$\boldsymbol{m}_u^e = m_c \boldsymbol{N}_3 \boldsymbol{N}_3^T + m_t \boldsymbol{N}_4 \boldsymbol{N}_4^T + m_w \boldsymbol{N}_5 \boldsymbol{N}_5^T = \mathrm{diag}\left(0 \quad 0 \quad 0 \quad 0 \quad m_c \quad m_t \quad m_w \right) \tag{8.61}$$

요소의 퍼텐셜 에너지는 다음과 같다.

$$\Pi = \frac{1}{2}k_{s2}(v_3 - v_4)^2 + \frac{1}{2}k_{s1}(v_4 - v_5)^2 + \frac{1}{2}k_c(v_5 - v_c)^2 + (v_3 m_c g) + (v_4 m_t g) + (v_5 m_w g)$$

$$= \frac{1}{2}\boldsymbol{a}^{e\,T}\{k_{s2}\boldsymbol{N}_{34}\boldsymbol{N}_{34}^T + k_{s1}\boldsymbol{N}_{45}\boldsymbol{N}_{45}^T + k_c \boldsymbol{N}_{5c}\boldsymbol{N}_{5c}^T\}\boldsymbol{a}^e + (\boldsymbol{a}^e)^T\{m_c g\boldsymbol{N}_3 + m_t g\boldsymbol{N}_4 + m_w g\boldsymbol{N}_5\}$$

$$= \frac{1}{2}(\boldsymbol{a}^e)^T\boldsymbol{k}_u^e\,\boldsymbol{a}^e - (\boldsymbol{a}^e)^T\boldsymbol{Q}_u \tag{8.62}$$

여기서, 요소 강성 행렬은 다음과 같다.

$$\boldsymbol{k}_u^e = \boldsymbol{k}_{s2}^e + \boldsymbol{k}_{s1}^e + \boldsymbol{k}_c^e = k_{s2}\boldsymbol{N}_{34}\boldsymbol{N}_{34}^T + k_{s1}\boldsymbol{N}_{45}\boldsymbol{N}_{45}^T + k_c \boldsymbol{N}_5 \boldsymbol{N}_{5c}^T$$

$$= \begin{bmatrix} 0 & 0 & 0 & 0 & 0 & 0 & 0 \\ & 0 & 0 & 0 & 0 & 0 & 0 \\ & & 0 & 0 & 0 & 0 & 0 \\ & & & 0 & 0 & 0 & 0 \\ & & & & k_{s2} & -k_{s2} & 0 \\ \text{대칭} & & & & & k_{s2}+k_{s1} & k_{s1} \\ & & & & & & k_{s1} \end{bmatrix} + k_c \begin{bmatrix} N_1^2 & N_1 N_2 & N_1 N_3 & N_1 N_4 & 0 & 0 & -N_1 \\ & N_2^2 & N_2 N_3 & N_2 N_4 & 0 & 0 & -N_2 \\ & & N_3^2 & N_3 N_4 & 0 & 0 & -N_3 \\ & & & N_4^2 & 0 & 0 & -N_4 \\ & & & & 0 & 0 & 0 \\ \text{대칭} & & & & & 0 & 0 \\ & & & & & & 1 \end{bmatrix} \tag{8.63}$$

요소 노드 하중 벡터는 다음과 같다.

$$\boldsymbol{Q}_u^e = \{0 \quad 0 \quad 0 \quad 0 \quad -m_c g \quad -m_t g \quad -m_w g\}^T \tag{8.64}$$

요소의 소산 에너지(dissipated energy)는 다음과 같다.

$$R = \frac{1}{2}c_{s2}(\dot{v}_3 - \dot{v}_4)^2 + \frac{1}{2}c_{s1}(\dot{v}_4 - \dot{v}_5)^2 = \frac{1}{2}(\dot{\boldsymbol{a}}^e)^T c_u^e \, \dot{\boldsymbol{a}}^e \tag{8.65}$$

여기서, 요소 감쇠 행렬은 다음과 같다.

$$c_v^e = c_{s2}\boldsymbol{N}_{34}\boldsymbol{N}_{34}^T + c_{s1}\boldsymbol{N}_{45}\boldsymbol{N}_{45}^T = \begin{bmatrix} 0 & 0 & 0 & 0 & 0 & 0 & 0 \\ & 0 & 0 & 0 & 0 & 0 & 0 \\ & & 0 & 0 & 0 & 0 & 0 \\ & & & 0 & 0 & 0 & 0 \\ & & & & c_{s2} & -c_{s2} & 0 \\ \text{대칭} & & & & & c_{s2}+c_{s1} & -c_{s1} \\ & & & & & & c_{s1} \end{bmatrix} \tag{8.66}$$

식 (8.60), (8.62) 및 (8.65)를 라그랑주 방정식 (8.11)과 (8.12)에 대입하여, 일차와 이차 현가장치 시스템을 가진 단일 차륜의 이동하는 요소에 대한 다음과 같은 동적 방정식을 구한다.

$$m_u^e \ddot{a} + c_u^e \dot{a} + k_u^e a = Q_u^e \qquad (8.67)$$

8.4 교량 위를 이동하는 단일 차륜의 동적 분석용 모델과 알고리즘

열차–궤도 연결시스템의 동적 분석에서 이동 요소의 적용을 실증하기 위하여, 교량을 통과하는 일차 현가장치 시스템을 가진 단일 차륜의 진동 응답이 조사된다. 유한요소 메시는 **그림 8.4**에서 보여준다.

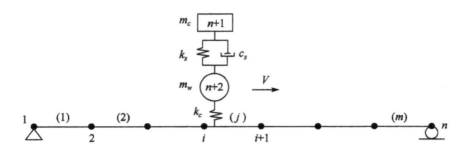

그림 8.4 교량을 통과하는 일차 현가장치 시스템을 가진 단일 차륜의 동적 분석모델

교량은 **그림 8.5**에 나타낸 것처럼 수직 변위와 회전만 고려하여 2차원 보 요소로 시뮬레이션 된다. 모델에서 E는 교량의 탄성계수이다. I는 수평축에 관한 단면 2차 모멘트이다. A는 단면적이다. 그리고 l은 보 요소의 길이이다. 교량을 통과하는 단일 차륜의 동적 분석을 위한 모델은 $(n+2)$ 노드와 함께 $(m+1)$ 요소로 분할되며, 여기서 요소는 m개의 보 요소와 1개의 이동 요소이고, 노드는 교량에 대해 n개의 노드 그리고 이동 요소에 대해 2개의 노드가 있다(※ 역자가 일부 문구 추가). 요소번호 매기기와 노드 번호 매기기는 **그림 8.4**에서 보여준다.

2 노드와 4 자유도를 가진 2차원 보 요소에 대한 요소 질량 행렬, 강성 행렬 및 감쇠 행렬은 다음과 같다.

$$m_b^e = \frac{\rho A l}{420} \begin{bmatrix} 156 & -22l & 54 & 13l \\ & 4l^2 & -13l & -3l^2 \\ & & 156 & 22l \\ \text{대칭} & & & 4l^2 \end{bmatrix} \qquad (8.68)$$

$$k_b^e = \begin{bmatrix} \dfrac{12EI}{l^3} & -\dfrac{6EI}{l^2} & -\dfrac{12EI}{l^3} & -\dfrac{6EI}{l^2} \\[2mm] & \dfrac{4EI}{l} & \dfrac{6EI}{l^2} & \dfrac{2EI}{l} \\[2mm] & & \dfrac{12EI}{l^3} & \dfrac{6EI}{l^2} \\[2mm] \text{대칭} & & & \dfrac{4EI}{l} \end{bmatrix} \qquad (8.69)$$

비례 감쇠를 적용하면 다음을 갖는다.

$$c_b^e = \alpha m_b^e + \beta k_b^e \tag{8.70}$$

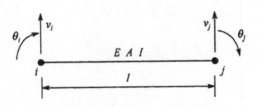

그림 8.5 2 노드와 4 자유도를 가진 2차원 보 요소

여기서, m_b^e, k_b^e 및 c_b^e는 각각 2차원 보 요소의 질량 행렬, 강성 행렬 및 감쇠 행렬이다.

일차 현가장치 시스템을 가진 이동 요소에 대한 질량 행렬, 강성 행렬, 감쇠 행렬 및 요소 노드 하중 벡터는 식 (8.33), (8.35), (8.38) 및 (8.36)으로 제8.2절에 주어졌다.

여기에서, 교량을 통과하는 단일 차륜의 동적 분석의 알고리즘에 대한 주요 계산단계는 다음과 같이 주어진다.

① 식 (8.68)~(8.70)으로 각(各) 교량 요소의 질량 행렬, 강성 행렬 및 감쇠 행렬을 계산한다.
② 종래의 유한요소 조합규칙(assembling rule)으로 교량구조물의 전체적 질량 행렬, 전체적 강성 행렬 및 전체적 감쇠 행렬을 구성한다.

$$M_b = \sum_e m_b^e, \quad K_b = \sum_e k_b^e, \quad C_b = \sum_e c_b^e \tag{8.71}$$

③ 뉴마크 수치 적분법(Newmark numerical integration method)으로 시간 단계를 반복하고, 각각의 시간 단계에서 다음과 같이 행한다.
  ㉮ 열차속도와 이동시간으로 교량에서의 이동 요소의 위치를 판단한 후, 교량과 접촉하는 이동 차륜의 요소 수를 결정한다.
  ㉯ 식 (8.33), (8.35), (8.38) 및 (8.36)으로 이동 요소의 질량 행렬, 강성 행렬, 감쇠 행렬 및 요소 노드 하중 벡터를 계산한다.
  ㉰ 유한요소 조합규칙으로 이동 요소의 질량 행렬, 강성 행렬 및 감쇠 행렬을 교량구조물의 전체적 질량 행렬, 전체적 강성 행렬 및 전체적 감쇠 행렬로 조합한다. 즉

$$M = \sum_e (M_b + m_u^e), \quad K = \sum_e (K_b + k_u^e), \quad C = \sum_e (C_b + c_u^e) \tag{8.72}$$

여기서, M_b, K_b 및 C_b는 각각 교량구조물의 전체적 질량 행렬, 전체적 강성 행렬 및 전체적 감쇠 행렬이다.

㉣ 이동 요소의 요소 노드 하중 벡터를 조합하고 다음과 같이 전체적 노드 하중 벡터를 공식화한다.

$$Q = \sum_e Q_u^e \tag{8.73}$$

㉤ 뉴마크 수치 적분법으로 다음의 유한요소 방정식을 푼다.

$$M\ddot{a} + C\dot{a} + Ka = Q \tag{8.74}$$

그리고, 교량과 이동 요소의 노드 변의, 속도 및 가속도를 구한다.

㉥ 단계 ③으로 되돌아가서 모든 계산이 끝날 때까지 다음 시간 단계의 계산을 계속한다.

참고문헌

1. Koh CG, Ong JSY, Chua DKH, Feng J (2003) Moving element method for train-track dynamics. Int J Numer Meth Eng 56:1549–1567
2. Ono K, Yamada M (1989) Analysis of railway track vibration. J Sound Vib 130:269–297
3. Filho FV (1978) Finite element analysis of structures under moving loads. Shock Vib Dig 10:27–35
4. Zhai W (2007) Vehicle-track coupling dynamics, 3rd edn. Science Press, Beijing
5. Lei X, Sheng X (2008) Advanced studies in modern track theory, 2nd edn. China Railway Publishing House, Beijing
6. Lei XY, Noda NA (2002) Analyses of dynamic response of vehicle and track coupling system with random irregularity of track vertical profile. J Sound Vib 258(1):147–165

제9장 궤도요소와 차량요소에 대한 모델과 알고리즘

고속철도의 급속한 발전으로 고속의 열차는 궤도구조의 더 큰 동응력과 더 큰 차체 진동을 초래하며, 이것은 열차운행 안전과 승차감에 직접 영향을 미친다. 열차−궤도−노반 연결시스템의 동적 분석은 이 문제를 해결하기 위한 기초이다. 국내외의 학자들은 이 분야에서 많은 연구과업을 수행하였으며 많은 것을 이루었다[1~12]. 예를 들어, Nielsen[1]은 차량−궤도 상호작용 모델을 수립하였다. Knothe[2]는 고주파수에서의 궤도와 차량 상호작용을 분석하였다. Koh는 열차−궤도 동역학을 위한 이동 요소 방법을 제안하였다[3]. Zhai[6]는 전체로서 차량과 궤도를 연결하는 시스템의 분석모델을 수립하였다. Lei[7, 8]는 유한요소 분석과 교차 반복법을 채용하여 무작위 불규칙을 가진 차량−궤도 비선형 연결시스템의 진동분석모델을 고안하였다. 이들의 모델은 고유한 특성이 있지만 낮은 계산 효율성, 복잡한 프로그래밍 또는 단지 일부 특수 사례 분석만의 적용과 같은 그들 각각의 한계도 갖고 있다.

이 장에서는 열차−궤도−노반 연결시스템의 특성에 근거하여 이 주제에 적용할 수 있는 궤도와 차량요소의 모델이 제안된다. 유한요소법과 라그랑주 방정식(Lagrange equation)을 채용함으로써, 궤도와 차량요소의 강성 행렬, 질량 행렬 및 감쇠 행렬이 추론된다[8~12]. 열차−궤도−노반 연결시스템은 차량요소와 궤도요소를 분리하여 논의될 것이며, 여기서 궤도−노반 시스템은 일련의 궤도요소로, 그리고 열차는 차량요소로 시뮬레이션 된다. 계산과정에서, 이 모델은 궤도−노반 시스템의 전체적 강성 행렬, 전체적 질량 행렬 및 전체적 감쇠 행렬을 한 번만 생성하면 된다. 각(各) 시간 단계의 다음에 계속되는 계산에서, 차량요소의 강성 행렬, 질량 행렬 및 감쇠 행렬을 궤도−노반 시스템의 전체적 강성, 질량 및 감쇠 행렬로 조합하기만 하면 된다. 그러므로, 계산 효율이 크게 향상된다. 지배 방정식이 에너지원리(energy principle)에 기반을 두므로, 강성, 질량 및 감쇠 행렬은 대칭적이고 열차−궤도−노반 연결시스템은 차량과 궤도요소만을 포함하며, 따라서 프로그래밍을 특히 쉽게 만들 수 있다. 그러므로 차량과 궤도요소 모델은 쉬운 프로그래밍과 높은 계산 효율성의 특성이 있다.

9.1 자갈궤도 요소 모델

9.1.1 기본가정

유한요소 분석을 이용하여 열차−자갈궤도−노반 연결시스템의 수직 진동모델을 수립하기 위하여 다음과 같이 가정한다.

① 차량-궤도-노반 연결시스템의 수직 진동영향만이 고려된다.

② 차량과 궤도가 궤도의 중심선에 관하여 대칭적이므로 계산의 편의를 위해 연결시스템의 반(半)만 이용된다.

③ 차량과 궤도 연결시스템의 상부구조는 일차와 이차 현가장치 시스템을 가진 완전한 기관차나 차량유닛이며, 차량과 대차 양쪽에 대하여 바운싱 운동(bouncing motion)과 피치 운동(pitch motion)이 고려된다.

④ 서로 간에 수직인 두 탄성 접촉 원통 간의 선형(線形) 관계의 가설(假說)은 차량과 궤도를 연결하는 데 이용된다.

⑤ 연결시스템의 하부구조는 레일이 2D 보 요소로 이산화(離散化)되는 자갈궤도이며, 레일패드와 체결장치의 강성계수와 감쇠 계수는 각각 k_{y1}과 c_{y1}으로 나타낸다.

⑥ 침목 질량은 집중질량(lumped mass)으로 나타내며, 수직 진동영향만 고려된다. 도상의 강성과 감쇠계수는 각각 k_{y2}과 c_{y2}로 나타낸다.

⑦ 도상 질량은 집중질량(lumped mass)으로 단순화되며, 수직 진동영향만 고려된다. 노반의 강성과 감쇠계수는 각각 k_{y3}과 c_{y3}로 나타낸다.

9.1.2 3-층 자갈궤도 요소

3-층 자갈궤도 요소 모델을 **그림 9.1**에 나타내며, 여기서 v_1과 v_4는 레일의 수직 변위이고, θ_1과 θ_4는 레일의 회전각이며, v_2와 v_5는 침목의 수직 변위이고, v_3과 v_6은 도상의 수직 변위이다.

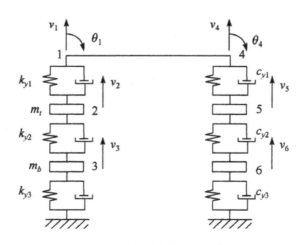

그림 9.1 3-층 자갈궤도 요소 모델

3-층 자갈궤도 요소의 노드 변위는 다음과 같다.

$$a_l^e = \{v_1 \quad \theta_1 \quad v_2 \quad v_3 \quad v_4 \quad \theta_4 \quad v_5 \quad v_6\}^T \tag{9.1}$$

여기서, $v_i\,(i=1,\,2,\,3,\,\cdots,\,6)$은 노드 i에서의 레일, 침목 및 도상의 수직 변위를 나타내며, $\theta_i\,(i=1,\,4)$는 노드 i에서의 레일의 회전각을 나타낸다.

3–층 자갈궤도 요소의 질량 행렬은 다음과 같다.

$$m_l^e = m_r^e + m_b^e \tag{9.2}$$

여기서, m_r^e는 레일의 연속(連續) 질량(consistent mass) 행렬이고, m_b^e는 침목과 도상의 질량 행렬이다.

$$m_r^e = \frac{\rho_r A_r l}{420}
\begin{bmatrix}
156 & -22l & 0 & 0 & 54 & 13l & 0 & 0 \\
 & 4l^2 & 0 & 0 & -13l & -3l^2 & 0 & 0 \\
 & & 0 & 0 & 0 & 0 & 0 & 0 \\
 & & & 0 & 0 & 0 & 0 & 0 \\
 & & & & 156 & 22l & 0 & 0 \\
 & & & & & 4l^2 & 0 & 0 \\
 & \text{대칭} & & & & & 0 & 0 \\
 & & & & & & & 0
\end{bmatrix} \tag{9.3}$$

여기서, ρ_r는 레일 밀도이고, A_r는 레일의 단면적이며, l은 자갈궤도 요소의 길이이다.

기본가정 ⑥과 ⑦에 기초하여, 침목 질량 m_t과 이웃하는 두 침목 간의 도상 질량 m_b는 3–층 자갈궤도 요소에 대한 집중질량(lumped mass)으로 작용한다. 그리고

$$m_b^e = \mathrm{diag}\left(0 \quad 0 \quad \frac{1}{4}m_t \quad \frac{1}{4}m_b \quad 0 \quad 0 \quad \frac{1}{4}m_t \quad \frac{1}{4}m_b\right) \tag{9.4}$$

3–층 자갈궤도 요소의 강성 행렬은 다음과 같다.

$$k_l^e = k_r^e + k_e^e \tag{9.5}$$

여기서, k_r^e는 레일 휨에 따른 강성 행렬이고, k_e^e는 궤도 탄성 지지에 따른 강성 행렬이다.

$$k_r^e = \frac{E_r I_r}{l_2}
\begin{bmatrix}
12 & -6l & 0 & 0 & -12 & -6l & 0 & 0 \\
 & 4l^2 & 0 & 0 & 6l & 2l^2 & 0 & 0 \\
 & & 0 & 0 & 0 & 0 & 0 & 0 \\
 & & & 0 & 0 & 0 & 0 & 0 \\
 & & & & 12 & 6l & 0 & 0 \\
 & & & & & 4l^2 & 0 & 0 \\
 & \text{대칭} & & & & & 0 & 0 \\
 & & & & & & & 0
\end{bmatrix} \tag{9.6}$$

$$k_e^e = \frac{1}{2} \begin{bmatrix} k_{y1} & 0 & -k_{y1} & 0 & 0 & 0 & 0 & 0 \\ & 0 & 0 & 0 & 0 & 0 & 0 & 0 \\ & & k_{y1}+k_{y2} & -k_{y2} & 0 & 0 & 0 & 0 \\ & & & k_{y2}+k_{y3} & 0 & 0 & 0 & 0 \\ & & & & k_{y1} & 0 & -k_{y1} & 0 \\ & & & & & 0 & 0 & 0 \\ & \text{대칭} & & & & & k_{y1}+k_{y2} & -k_{y2} \\ & & & & & & & k_{y2}+k_{y3} \end{bmatrix} \tag{9.7}$$

여기서, E_r과 I_r은 각각 레일의 탄성계수와 수평 단면 2차 모멘트이다. l은 3–층 자갈궤도 요소의 길이, 즉 이웃하는 두 침목 간의 길이이다. k_{y1}, k_{y2} 및 k_{y3}은 각각 레일패드와 체결장치, 도상 및 노반의 강성 계수이다.

3–층 자갈궤도 요소의 감쇠 행렬은 다음과 같다.

$$c_l^e = c_r^e + c_c^e \tag{9.8}$$

여기서, c_r^e는 시스템 감쇠비와 고유주파수에 영향을 받는 레일의 감쇠 행렬이다.

$$c_r^e = \alpha m_r^e + \beta \boldsymbol{k}_r^e \tag{9.9}$$

여기서, α와 β는 비례 감쇠 계수이다.

c_c^e는 레일패드와 체결장치, 도상 및 노반에서 생기는 감쇠 행렬이다.

$$c_c^e = \frac{1}{2} \begin{bmatrix} c_{y1} & 0 & -c_{y1} & 0 & 0 & 0 & 0 & 0 \\ & 0 & 0 & 0 & 0 & 0 & 0 & 0 \\ & & c_{y1}+c_{y2} & -c_{y2} & 0 & 0 & 0 & 0 \\ & & & c_{y2}+c_{y3} & 0 & 0 & 0 & 0 \\ & & & & c_{y1} & 0 & -c_{y1} & 0 \\ & & & & & 0 & 0 & 0 \\ & \text{대칭} & & & & & c_{y1}+c_{y2} & -c_{y2} \\ & & & & & & & c_{y2}+c_{y3} \end{bmatrix} \tag{9.10}$$

여기서, c_{y1}, c_{y2} 및 c_{y3}은 각각 레일패드와 체결장치, 도상 및 노반의 감쇠 계수이다.

유한요소 조합규칙(assembling rule)에 기초하여, 자갈궤도구조의 전체적 질량 행렬, 전체적 강성 행렬 및 전체적 감쇠 행렬은 요소 질량 행렬 (9.2), 요소 강성 행렬 (9.5) 및 요소 감쇠 행렬 (9.8)을 조합(assembling) 함으로써 구해진다.

$$m_l = \sum m_l^e = \sum \left(m_r^e + m_b^e \right)$$

$$k_l = \sum_e k_l^e = \sum_e \left(k_r^e + k_e^e \right)$$
$$c_l = \sum_e c_l^e = \sum_e \left(c_r^e + c_c^e \right)$$

$$(9.11)$$

9.2 슬래브궤도 요소 모델

9.2.1 기본가정

유한요소 분석을 이용하여 열차–슬래브궤도–노반 연결시스템의 수직 진동모델을 수립하기 위하여 다음과 같이 가정한다.

① 차량–슬래브궤도–노반 연결시스템의 수직 진동영향만이 고려된다.
② 차량과 궤도 연결시스템의 상부구조는 일차와 이차 현가장치 시스템을 가진 완전한 기관차나 차량유닛이며, 차량과 대차 양쪽에 대하여 바운싱 운동(bouncing motion)과 피치 운동(pitch motion)이 고려된다.
③ 차량과 슬래브궤도–노반 시스템이 궤도의 중심선에 관하여 대칭적이므로 계산의 편의를 위해 연결시스템의 반(半)만 이용된다.
④ 서로 간에 수직인 두 탄성 접촉 원통 간의 선형(線形) 관계의 가설(假說)은 차량과 궤도를 연결하는 데 이용된다.
⑤ 연결시스템의 하부구조는 단속적(斷續的) 점탄성 지지로 지지된 레일이 2D 보 요소로 이산화(離散化)되는 슬래브궤도이며, 레일패드와 체결장치의 강성계수와 감쇠 계수는 각각 k_{y1}과 c_{y1}으로 나타낸다.
⑥ 탄성 기초 위의 보와 슬래브의 일반적 계산규칙에 따라, 구조의 길이가 구조 폭의 3배보다 작을 때는 슬래브로 계산하고, 반면에 구조의 길이가 구조 폭의 3배보다 클 때는 보로 계산한다. 프리캐스트(pre-cast) 궤도슬래브는 연속 점탄성 지지를 가진 2D 보 요소로 이산화된다. 프리캐스트 궤도슬래브 아래의 시멘트 아스팔트 모르터 층의 강성과 감쇠 계수는 각각 k_{y2}과 c_{y2}로 나타낸다.
⑦ 콘크리트 지지층은 연속 점탄성 지지를 가진 2D 보 요소로 이산화된다. 그 아래의 동결방지 층의 강성과 감쇠 계수는 각각 k_{y3}과 c_{y3}로 나타낸다.
⑧ 연구는 슬래브궤도의 중간 요소에 초점을 맞춘다. 끝 요소의 대응하는 행렬은 같은 방식으로 나타낸다.

9.2.2 3-층 슬래브궤도 요소 모델

3–층 슬래브궤도 요소 모델을 **그림 9.2**에 나타내며, 여기서 v_1과 v_4는 레일의 수직 변위이고, θ_1과 θ_4는 레일의 회전각이다. v_2와 v_5는 프리캐스트 궤도슬래브의 수직 변위이고, θ_2과 θ_5는 프리캐스트 궤도슬래브의 회전각이다. v_3과 v_6은 콘크리트 지지층의 수직 변위이고, θ_3과 θ_6은 콘크리트 지지층의 회전각이다.

3-층 슬래브궤도 요소의 노드 변위 벡터는 다음과 같이 정의된다.

$$a^e = \{v_1 \quad \theta_1 \quad v_2 \quad \theta_2 \quad v_3 \quad \theta_3 \quad v_4 \quad \theta_4 \quad v_5 \quad \theta_5 \quad v_6 \quad \theta_6\}^T \tag{9.12}$$

여기서, v_i와 $\theta_i (i = 1, 2, 3, \cdots, 6)$은 각각 노드 i에서의 슬래브궤도 요소의 수직 변위와 회전각을 나타낸다.

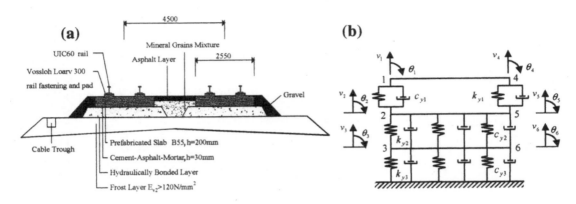

그림 9.2 3-층 슬래브궤도 요소 모델 : (a) 슬래브궤도 횡단면, (b) 궤도요소

9.2.3 슬래브궤도 요소의 질량 행렬

슬래브궤도 요소의 질량 행렬은 레일의 질량, 프리캐스트 슬래브의 질량 및 콘크리트 지지층의 질량으로 구성된다. 질량 행렬은 다음과 같다.

$$m_l^e = m_r^e + m_s^e + m_h^e \tag{9.13}$$

여기서, m_r^e는 레일의 질량 행렬이고, m_s^e는 프리캐스트 슬래브의 질량 행렬이며, m_h^e는 콘크리트 지지층의 질량 행렬이다.

$$m_r^e = \frac{\rho_r A_r l}{420}
\begin{bmatrix}
156 & -22l & 0 & 0 & 0 & 0 & 54 & 13l & 0 & 0 & 0 & 0 \\
 & 4l^2 & 0 & 0 & 0 & 0 & -13l & -3l^2 & 0 & 0 & 0 & 0 \\
 & & 0 & 0 & 0 & 0 & 0 & 0 & 0 & 0 & 0 & 0 \\
 & & & 0 & 0 & 0 & 0 & 0 & 0 & 0 & 0 & 0 \\
 & & & & 0 & 0 & 0 & 0 & 0 & 0 & 0 & 0 \\
 & & & & & 0 & 0 & 0 & 0 & 0 & 0 & 0 \\
 & & & & & & 156 & 22l & 0 & 0 & 0 & 0 \\
 & & & & & & & 4l^2 & 0 & 0 & 0 & 0 \\
 & & \text{대칭} & & & & & & 0 & 0 & 0 & 0 \\
 & & & & & & & & & 0 & 0 & 0 \\
 & & & & & & & & & & 0 & 0 \\
 & & & & & & & & & & & 0
\end{bmatrix} \tag{9.14}$$

$$m_s^e = \frac{\rho_s A_s l}{420} \begin{bmatrix} 0 & 0 & 0 & 0 & 0 & 0 & 0 & 0 & 0 & 0 & 0 & 0 \\ & 0 & 0 & 0 & 0 & 0 & 0 & 0 & 0 & 0 & 0 & 0 \\ & & 156 & -22l & 0 & 0 & 0 & 0 & 54 & 13l & 0 & 0 \\ & & & 4l^2 & 0 & 0 & 0 & 0 & -13l & -3l^2 & 0 & 0 \\ & & & & 0 & 0 & 0 & 0 & 0 & 0 & 0 & 0 \\ & & & & & 0 & 0 & 0 & 0 & 0 & 0 & 0 \\ & & & & & & 0 & 0 & 0 & 0 & 0 & 0 \\ & & & & & & & 0 & 0 & 0 & 0 & 0 \\ & & & \text{대칭} & & & & & 156 & 22l & 0 & 0 \\ & & & & & & & & & 4l^2 & 0 & 0 \\ & & & & & & & & & & 0 & 0 \\ & & & & & & & & & & & 0 \end{bmatrix} \tag{9.15}$$

$$m_h^e = \frac{\rho_h A_h l}{420} \begin{bmatrix} 0 & 0 & 0 & 0 & 0 & 0 & 0 & 0 & 0 & 0 & 0 & 0 \\ & 0 & 0 & 0 & 0 & 0 & 0 & 0 & 0 & 0 & 0 & 0 \\ & & 0 & 0 & 0 & 0 & 0 & 0 & 0 & 0 & 0 & 0 \\ & & & 0 & 0 & 0 & 0 & 0 & 0 & 0 & 0 & 0 \\ & & & & 156 & -22l & 0 & 0 & 0 & 0 & 54 & 13l \\ & & & & & 4l^2 & 0 & 0 & 0 & 0 & -13l & -3l^2 \\ & & & & & & 0 & 0 & 0 & 0 & 0 & 0 \\ & & & & & & & 0 & 0 & 0 & 0 & 0 \\ & & & \text{대칭} & & & & & 0 & 0 & 0 & 0 \\ & & & & & & & & & 0 & 0 & 0 \\ & & & & & & & & & & 156 & 22l \\ & & & & & & & & & & & 4l^2 \end{bmatrix} \tag{9.16}$$

전술의 질량 행렬들에서 ρ_r, ρ_s 및 ρ_h는 각각 레일, 프리캐스트 슬래브 및 콘크리트 지지층의 밀도를 지칭하고 A_r, A_s 및 A_h는 각각 레일, 프리캐스트 슬래브 및 콘크리트 지지층의 단면적을 나타내며, l은 슬래브 궤도 요소의 길이를 의미한다.

9.2.4 슬래브궤도 요소의 강성 행렬

슬래브궤도 요소의 강성 행렬은 레일, 프리캐스트 슬래브 및 콘크리트 지지층의 퍼텐셜 에너지에 따른 휨 강성, 레일패드와 체결장치에 따른 단속적(斷續的) 점탄성 지지의 강성 및 시멘트 아스팔트 모르터 층과 동결 방지 노반의 연속 탄성 지지 강성으로 구성된다.

(1) 레일의 휨 강성

$$k_r^e = \frac{E_r I_r}{l^3} \begin{bmatrix} 12 & -6l & 0 & 0 & 0 & 0 & -12 & -6l & 0 & 0 & 0 & 0 \\ & 4l^2 & 0 & 0 & 0 & 0 & 6l & 2l^2 & 0 & 0 & 0 & 0 \\ & & 0 & 0 & 0 & 0 & 0 & 0 & 0 & 0 & 0 & 0 \\ & & & 0 & 0 & 0 & 0 & 0 & 0 & 0 & 0 & 0 \\ & & & & 0 & 0 & 0 & 0 & 0 & 0 & 0 & 0 \\ & & & & & 0 & 0 & 0 & 0 & 0 & 0 & 0 \\ & & & & & & 12 & 6l & 0 & 0 & 0 & 0 \\ & & & & & & & 4l^2 & 0 & 0 & 0 & 0 \\ & & & \text{대칭} & & & & & 0 & 0 & 0 & 0 \\ & & & & & & & & & 0 & 0 & 0 \\ & & & & & & & & & & 0 & 0 \\ & & & & & & & & & & & 0 \end{bmatrix} \tag{9.17}$$

여기서, k_r^e는 레일의 휨 강성 행렬이고, E_r과 I_r은 각각 레일의 탄성계수와 수평축에 관한 단면 2차 모멘트이며, l은 슬래브궤도 요소의 길이이다.

(2) 프리캐스트 슬래브의 휨 강성

$$
k_s^e = \frac{E_s I_s}{l^3}
\begin{bmatrix}
0 & 0 & 0 & 0 & 0 & 0 & 0 & 0 & 0 & 0 & 0 & 0 \\
 & 0 & 0 & 0 & 0 & 0 & 0 & 0 & 0 & 0 & 0 & 0 \\
 & & 12 & -6l & 0 & 0 & 0 & 0 & -12 & -6l & 0 & 0 \\
 & & & 4l^2 & 0 & 0 & 0 & 0 & 6l & 2l^2 & 0 & 0 \\
 & & & & 0 & 0 & 0 & 0 & 0 & 0 & 0 & 0 \\
 & & & & & 0 & 0 & 0 & 0 & 0 & 0 & 0 \\
 & & & & & & 0 & 0 & 0 & 0 & 0 & 0 \\
 & & & & & & & 0 & 0 & 0 & 0 & 0 \\
 & & & \text{대 칭} & & & & & 12 & 6l & 0 & 0 \\
 & & & & & & & & & 4l^2 & 0 & 0 \\
 & & & & & & & & & & 0 & 0 \\
 & & & & & & & & & & & 0
\end{bmatrix}
\tag{9.18}
$$

여기서, k_s^e는 프리캐스트 슬래브의 휨 강성 행렬이고, E_r과 I_r은 각각 프리캐스트 슬래브의 탄성계수와 수평축에 관한 단면 2차 모멘트이며, l은 슬래브궤도 요소의 길이이다.

(3) 콘크리트 지지층의 휨 강성

$$
k_h^e = \frac{E_h I_h}{l^3}
\begin{bmatrix}
0 & 0 & 0 & 0 & 0 & 0 & 0 & 0 & 0 & 0 & 0 & 0 \\
 & 0 & 0 & 0 & 0 & 0 & 0 & 0 & 0 & 0 & 0 & 0 \\
 & & 0 & 0 & 0 & 0 & 0 & 0 & 0 & 0 & 0 & 0 \\
 & & & 0 & 0 & 0 & 0 & 0 & 0 & 0 & 0 & 0 \\
 & & & & 12 & -6l & 0 & 0 & 0 & 0 & -12 & -6l \\
 & & & & & 4l^2 & 0 & 0 & 0 & 0 & 6l & 2l^2 \\
 & & & & & & 0 & 0 & 0 & 0 & 0 & 0 \\
 & & & & & & & 0 & 0 & 0 & 0 & 0 \\
 & & & \text{대 칭} & & & & & 0 & 0 & 0 & 0 \\
 & & & & & & & & & 0 & 0 & 0 \\
 & & & & & & & & & & 12 & 6l \\
 & & & & & & & & & & & 4l^2
\end{bmatrix}
\tag{9.19}
$$

여기서, k_h^e는 콘크리트 지지층의 휨 강성 행렬이고, E_h과 I_h은 각각 콘크리트 지지층의 탄성계수와 수평축에 관한 단면 2차 모멘트이며, l은 슬래브궤도 요소의 길이이다.

(4) 레일패드와 체결장치의 단속적(斷續的) 탄성 지지에 따른 강성

$$
k_{1c}^e = \frac{1}{2}
\begin{bmatrix}
k_{y1} & 0 & -k_{y1} & 0 & 0 & 0 & 0 & 0 & 0 & 0 & 0 & 0 \\
 & 0 & 0 & 0 & 0 & 0 & 0 & 0 & 0 & 0 & 0 & 0 \\
 & & k_{y1} & 0 & 0 & 0 & 0 & 0 & 0 & 0 & 0 & 0 \\
 & & & 0 & 0 & 0 & 0 & 0 & 0 & 0 & 0 & 0 \\
 & & & & 0 & 0 & 0 & 0 & 0 & 0 & 0 & 0 \\
 & & & & & 0 & 0 & 0 & 0 & 0 & 0 & 0 \\
 & & & & & & k_{y1} & 0 & -k_{y1} & 0 & 0 & 0 \\
 & & & & & & & 0 & 0 & 0 & 0 & 0 \\
 & & 대칭 & & & & & & k_{y1} & 0 & 0 & 0 \\
 & & & & & & & & & 0 & 0 & 0 \\
 & & & & & & & & & & 0 & 0 \\
 & & & & & & & & & & & 0
\end{bmatrix}
\tag{9.20}
$$

여기서, k_{1c}^e는 레일패드와 체결장치의 단속적(斷續的) 탄성 지지에 따른 강성 행렬이고, k_{y1}는 그것의 강성계수이다.

(5) 시멘트 아스팔트 모르터 층의 연속 탄성 지지에 따른 강성

프리캐스트 슬래브와 시멘트 아스팔트 모르터 층 간의 슬래브궤도 요소에서 어떤 한 점의 상대 변위(relative displacement)는 다음과 같이 나타낼 수 있다.

$$
\begin{aligned}
v_{sh} &= v_s - v_h = N_1 v_2 + N_2 \theta_2 + N_3 v_5 + N_4 \theta_5 - N_1 v_3 - N_2 \theta_3 - N_3 v_6 - N_4 \theta_6 \\
&= \{0 \quad 0 \quad N_1 \quad N_2 \quad -N_1 \quad -N_2 \quad 0 \quad 0 \quad N_3 \quad N_4 \quad -N_3 \quad -N_4\} a^e \\
&= N_{sh}^T a^e
\end{aligned}
\tag{9.21}
$$

여기서, $N_1 \sim N_4$는 2차원 보 요소의 보간(補間) 함수이다.

$$
\begin{aligned}
N_1 &= 1 - \frac{3}{l^2} x^2 + \frac{2}{l^3} x^3, & N_2 &= -x + \frac{2}{l} x^2 - \frac{1}{l^2} x^3, \\
N_3 &= \frac{3}{l^2} x^2 - \frac{2}{l^3} x^3, & N_4 &= \frac{1}{l} x^2 - \frac{1}{l^2} x^3
\end{aligned}
\tag{9.22}
$$

시멘트 아스팔트 모르터 층의 탄성 퍼텐셜 에너지는 다음과 같이 구해질 수 있다.

$$
\Pi_{2c} = \frac{1}{2} \int_l k_{y2} v_{sh}^2 \, dx = \frac{1}{2} a^{e\,T} \int_l \{ k_{y2} N_{sh} N_{sh}^T \} dx \, a^e = \frac{1}{2} a^{e\,T} k_{2c}^e a^e
\tag{9.23}
$$

여기서,

$$
k_{2c}^e = \frac{k_{y2}\,l}{420}
\begin{bmatrix}
0 & 0 & 0 & 0 & 0 & 0 & 0 & 0 & 0 & 0 & 0 & 0 \\
 & 0 & 0 & 0 & 0 & 0 & 0 & 0 & 0 & 0 & 0 & 0 \\
 & & 156 & -22l & -156 & 22l & 0 & 0 & 54 & 13l & -54 & -13l \\
 & & & 4l^2 & 22l & -4l^2 & 0 & 0 & -13l & -3l^2 & 13l & 3l^2 \\
 & & & & 156 & -22l & 0 & 0 & -54 & -13l & 54 & 13l \\
 & & & & & 4l^2 & 0 & 0 & 13l & 3l^2 & -13l & -3l^2 \\
 & & & & & & 0 & 0 & 0 & 0 & 0 & 0 \\
 & & & & & & & 0 & 0 & 0 & 0 & 0 \\
 & & \text{대칭} & & & & & & 156 & 22l & -156 & -22l \\
 & & & & & & & & & 4l^2 & -22l & -4l^2 \\
 & & & & & & & & & & 156 & 22l \\
 & & & & & & & & & & & 4l^2
\end{bmatrix}
\tag{9.24}
$$

여기서, k_{2c}^e는 시멘트 아스팔트 모르터 층의 연속 탄성 지지에 따른 강성 행렬을 나타내며, k_{y2}는 시멘트 아스팔트 모르터 층의 강성계수를 나타낸다.

(6) 동결방지 노반의 연속 탄성 지지에 따른 강성

같은 방법으로, 동결방지 노반의 연속 탄성 지지에 따른 강성 행렬이 다음과 같이 구해질 수 있다.

$$
k_{3c}^e = \frac{k_{y3}\,l}{420}
\begin{bmatrix}
0 & 0 & 0 & 0 & 0 & 0 & 0 & 0 & 0 & 0 & 0 & 0 \\
 & 0 & 0 & 0 & 0 & 0 & 0 & 0 & 0 & 0 & 0 & 0 \\
 & & 0 & 0 & 0 & 0 & 0 & 0 & 0 & 0 & 0 & 0 \\
 & & & 0 & 0 & 0 & 0 & 0 & 0 & 0 & 0 & 0 \\
 & & & & 156 & -22l & 0 & 0 & 0 & 0 & 54 & 13l \\
 & & & & & 4l^2 & 0 & 0 & 0 & 0 & -13l & -3l^2 \\
 & & & & & & 0 & 0 & 0 & 0 & 0 & 0 \\
 & & & & & & & 0 & 0 & 0 & 0 & 0 \\
 & & \text{대칭} & & & & & & 0 & 0 & 0 & 0 \\
 & & & & & & & & & 0 & 0 & 0 \\
 & & & & & & & & & & 156 & 22l \\
 & & & & & & & & & & & 4l^2
\end{bmatrix}
\tag{9.25}
$$

여기서, k_{3c}^e는 동결방지 노반의 연속 탄성 지지에 따른 강성 행렬을 나타내며, k_{y3}은 동결방지 노반의 강성계수를 나타낸다.

마지막으로, 슬래브궤도 요소의 강성 행렬은 다음과 같이 구해질 수 있다.

$$
k_l^e = k_r^e + k_s^e + k_h^e + k_{1c}^e + k_{2c}^e + k_{3c}^e
\tag{9.26}
$$

여기서, k_l^e는 슬래브궤도 요소의 강성 행렬을 나타낸다.

9.2.5 슬래브궤도 요소의 감쇠 행렬

슬래브궤도 요소의 감쇠 행렬은 레일, 프리캐스트 슬래브 및 콘크리트 지지층에 따른 내부 마찰 감쇠 및 레일패드와 체결장치, 시멘트 아스팔트 모르터 층 및 동결방지 노반에 따른 지지 감쇠로 구성된다.

$$c_l^e = c_r^e + c_{1c}^e + c_{2c}^e + c_{3c}^e \tag{9.27}$$

여기서, c_r^e는 슬래브궤도 요소의 레일, 프리캐스트 슬래브 및 콘크리트 지지층의 내부 마찰에 따른 감쇠 행렬이며, 일반적으로 비례 감쇠를 적용한다. c_{1c}^e, c_{2c}^e 및 c_{3c}^e는 각각 레일패드와 체결장치, 시멘트 아스팔트 모르터 층 및 동결방지 노반에 따른 감쇠 행렬을 나타낸다.

c_r^e는 다음과 같다.

$$c_r^e = \alpha_r \, m_r^e + \beta_r \, k_r^e + \alpha_s \, m_s^e + \beta_s \, k_s^e + \alpha_h \, m_h^e + \beta_h \, m_h^e \tag{9.28}$$

여기서, α_r, β_r, α_s, β_s, α_h 및 β_h는 각각 레일, 프리캐스트 슬래브 및 콘크리트 지지층의 비례 감쇠 계수이다.

c_{1c}^e, c_{2c}^e 및 c_{3c}^e는 각각 식 (9.29)~(9.31)과 같다.

$$c_{1c}^e = \frac{1}{2}\begin{bmatrix} c_{y1} & 0 & -c_{y1} & 0 & 0 & 0 & 0 & 0 & 0 & 0 & 0 & 0 \\ & 0 & 0 & 0 & 0 & 0 & 0 & 0 & 0 & 0 & 0 & 0 \\ & & c_{y1} & 0 & 0 & 0 & 0 & 0 & 0 & 0 & 0 & 0 \\ & & & 0 & 0 & 0 & 0 & 0 & 0 & 0 & 0 & 0 \\ & & & & 0 & 0 & 0 & 0 & 0 & 0 & 0 & 0 \\ & & & & & 0 & 0 & 0 & 0 & 0 & 0 & 0 \\ & & & & & & c_{y1} & 0 & -c_{y1} & 0 & 0 & 0 \\ & & & & & & & 0 & 0 & 0 & 0 & 0 \\ & & \text{대 칭} & & & & & & c_{y1} & 0 & 0 & 0 \\ & & & & & & & & & 0 & 0 & 0 \\ & & & & & & & & & & 0 & 0 \\ & & & & & & & & & & & 0 \end{bmatrix} \tag{9.29}$$

여기서, 식 (9.29)~(9.31)의 c_{y1}, c_{y2} 및 c_{y3}은 각각 레일패드와 체결장치, 시멘트 아스팔트 모르터 층 및 동결방지 노반의 감쇠 계수이다.

유한요소 조합규칙(assembling rule)에 기초하여, 슬래브궤도구조의 전체적 질량 행렬, 전체적 강성 행렬 및 전체적 감쇠 행렬은 요소 질량 행렬 (9.13), 요소 강성 행렬 (9.26) 및 요소 감쇠 행렬 (9.27)을 조합함으로써 식 (9.32)와 같이 구해질 수 있다.

$$c_{2c}^e = \frac{c_{y2}\,l}{420}\begin{bmatrix} 0 & 0 & 0 & 0 & 0 & 0 & 0 & 0 & 0 & 0 & 0 & 0 \\ & 0 & 0 & 0 & 0 & 0 & 0 & 0 & 0 & 0 & 0 & 0 \\ & & 156 & -22l & -156 & 22l & 0 & 0 & 54 & 13l & -54 & -13l \\ & & & 4l^2 & 22l & -4l^2 & 0 & 0 & -13l & -3l^2 & 13l & 3l^2 \\ & & & & 156 & -22l & 0 & 0 & -54 & -13l & 54 & 13l \\ & & & & & 4l^2 & 0 & 0 & 13l & 3l^2 & -13l & -3l^2 \\ & & & & & & 0 & 0 & 0 & 0 & 0 & 0 \\ & & & & & & & 0 & 0 & 0 & 0 & 0 \\ & & \text{대칭} & & & & & & 156 & 22l & -156 & -22l \\ & & & & & & & & & 4l^2 & -22l & -4l^2 \\ & & & & & & & & & & 156 & 22l \\ & & & & & & & & & & & 4l^2 \end{bmatrix}$$

$$(9.30)$$

$$c_{3c}^e = \frac{c_{y3}\,l}{420}\begin{bmatrix} 0 & 0 & 0 & 0 & 0 & 0 & 0 & 0 & 0 & 0 & 0 & 0 \\ & 0 & 0 & 0 & 0 & 0 & 0 & 0 & 0 & 0 & 0 & 0 \\ & & 0 & 0 & 0 & 0 & 0 & 0 & 0 & 0 & 0 & 0 \\ & & & 0 & 0 & 0 & 0 & 0 & 0 & 0 & 0 & 0 \\ & & & & 156 & -22l & 0 & 0 & 0 & 0 & 54 & 13l \\ & & & & & 4l^2 & 0 & 0 & 0 & 0 & -13l & -3l^2 \\ & & & & & & 0 & 0 & 0 & 0 & 0 & 0 \\ & & & & & & & 0 & 0 & 0 & 0 & 0 \\ & & \text{대칭} & & & & & & 0 & 0 & 0 & 0 \\ & & & & & & & & & 0 & 0 & 0 \\ & & & & & & & & & & 156 & 22l \\ & & & & & & & & & & & 4l^2 \end{bmatrix}$$

$$(9.31)$$

$$\begin{aligned} m_l &= \sum_e m_l^e = \sum_e \big(m_r^e + m_s^e + m_h^e\big) \\ k_l &= \sum_e k_l^e = \sum_e \big(k_r^e + k_s^e + k_h^e + k_{1c}^e + k_{2c}^e + k_{3c}^e\big) \\ c_l &= \sum_e c_l^e = \sum_e \big(c_r^e + c_{1c}^e + c_{2c}^e + c_{3c}^e\big) \end{aligned}$$

$$(9.32)$$

9.3 슬래브궤도–교량 요소 모델

9.3.1 기본가정

유한요소 분석을 이용하여 열차–슬래브궤도–교량 연결시스템의 수직 진동모델을 수립하기 위하여 다음과 같이 가정한다.

① 차량–슬래브궤도–교량 연결시스템의 수직 진동 영향만이 고려된다.

② 차량과 궤도 연결시스템의 상부구조는 일차와 이차 현가장치 시스템을 가진 완전한 기관차나 차량유닛이며, 차량과 대차 양쪽에 대하여 바운싱 운동(bouncing motion)과 피치 운동(pitch motion)이 고려된다.

③ 차량과 슬래브궤도-교량이 궤도의 중심선에 관하여 좌우 양측으로 대칭적이므로 계산의 편의를 위해 연결시스템의 반(半)만 이용된다.

④ 서로 간에 수직인 두 탄성 접촉 원통 간의 선형(線形) 관계의 가설(假說)은 차량과 궤도를 연결하는 데 이용된다.

⑤ 연결시스템의 하부구조는 레일이 단속적(斷續的) 점탄성 지지로 지지된 2D 보 요소로 이산화(離散化)되는 슬래브궤도와 교량이며, 레일패드와 체결장치의 강성계수와 감쇠 계수는 각각 k_{y1}과 c_{y1}으로 나타낸다.

⑥ 프리캐스트(precast) 궤도슬래브는 연속 점탄성 지지를 가진 2D 보 요소로 이산화된다. 프리캐스트 궤도슬래브 아래의 시멘트 아스팔트 모르터 층의 강성계수와 감쇠 계수는 각각 k_{y2}과 c_{y2}로 나타낸다.

⑦ 콘크리트 교량은 2D 보 요소로 이산화(discretize)된다.

⑧ 연구는 궤도슬래브-교량 시스템의 중간 요소에 초점을 맞춘다. 끝 요소의 대응하는 행렬은 같은 방식으로 추정될 수 있다.

9.3.2 3-층 슬래브궤도와 교량 요소 모델

그림 9.3의 3-층 슬래브궤도와 교량 요소 모델에 나타낸 것처럼, v_1과 v_4는 레일의 수직 변위이고, θ_1과 θ_4는 레일의 회전각이며, v_2와 v_5는 프리캐스트 슬래브의 수직 변위이고, θ_2과 θ_5는 프리캐스트 궤도슬래브의 회전각이며, v_3과 v_6은 콘크리트 교량의 수직 변위이고, θ_3과 θ_6은 콘크리트 교량의 회전각이다.

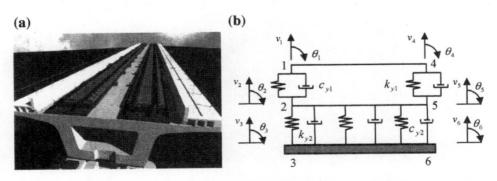

그림 9.3 3-층 슬래브궤도-교량 요소 모델 : (a) 고가(高架) 슬래브궤도의 횡단면, (b) 3-층 슬래브궤도와 교량 요소

3-층 슬래브궤도와 교량 요소의 노드 변위 벡터는 다음과 같이 정의된다.

$$a^e = \{v_1 \quad \theta_1 \quad v_2 \quad \theta_2 \quad v_3 \quad \theta_3 \quad v_4 \quad \theta_4 \quad v_5 \quad \theta_5 \quad v_6 \quad \theta_6\}^T \tag{9.33}$$

여기서, v_i와 $\theta_i(i=1,\ 2,\ 3,\ \cdots,\ 6)$은 각각 노드 i에서의 슬래브궤도–교량의 수직 변위와 회전각을 나타
낸다.

9.3.3 슬래브궤도-교량 요소의 질량 행렬

슬래브궤도–교량 요소의 질량 행렬은 레일의 질량, 프리캐스트 슬래브의 질량 및 콘크리트 교량의 질량으
로 구성된다. 질량 행렬은 다음과 같다.

$$m_l^e = m_r^e + m_s^e + m_b^e \tag{9.34}$$

여기서, m_r^e는 레일의 질량 행렬이고, m_s^e는 프리캐스트 슬래브의 질량 행렬이며, m_b^e는 콘크리트 교량의 질
량 행렬이다.

$$m_r^e = \frac{\rho_r A_r l}{420}\begin{bmatrix} 156 & -22l & 0 & 0 & 0 & 0 & 54 & 13l & 0 & 0 & 0 & 0 \\ & 4l^2 & 0 & 0 & 0 & 0 & -13l & -3l^2 & 0 & 0 & 0 & 0 \\ & & 0 & 0 & 0 & 0 & 0 & 0 & 0 & 0 & 0 & 0 \\ & & & 0 & 0 & 0 & 0 & 0 & 0 & 0 & 0 & 0 \\ & & & & 0 & 0 & 0 & 0 & 0 & 0 & 0 & 0 \\ & & & & & 0 & 0 & 0 & 0 & 0 & 0 & 0 \\ & & & & & & 156 & 22l & 0 & 0 & 0 & 0 \\ & & & & & & & 4l^2 & 0 & 0 & 0 & 0 \\ & & \text{대 칭} & & & & & & 0 & 0 & 0 & 0 \\ & & & & & & & & & 0 & 0 & 0 \\ & & & & & & & & & & 0 & 0 \\ & & & & & & & & & & & 0 \end{bmatrix} \tag{9.35}$$

$$m_s^e = \frac{\rho_s A_s l}{420}\begin{bmatrix} 0 & 0 & 0 & 0 & 0 & 0 & 0 & 0 & 0 & 0 & 0 & 0 \\ & 0 & 0 & 0 & 0 & 0 & 0 & 0 & 0 & 0 & 0 & 0 \\ & & 156 & -22l & 0 & 0 & 0 & 0 & 54 & 13l & 0 & 0 \\ & & & 4l^2 & 0 & 0 & 0 & 0 & -13l & -3l^2 & 0 & 0 \\ & & & & 0 & 0 & 0 & 0 & 0 & 0 & 0 & 0 \\ & & & & & 0 & 0 & 0 & 0 & 0 & 0 & 0 \\ & & & & & & 0 & 0 & 0 & 0 & 0 & 0 \\ & & & & & & & 0 & 0 & 0 & 0 & 0 \\ & & \text{대 칭} & & & & & & 156 & 22l & 0 & 0 \\ & & & & & & & & & 4l^2 & 0 & 0 \\ & & & & & & & & & & 0 & 0 \\ & & & & & & & & & & & 0 \end{bmatrix} \tag{9.36}$$

$$m_b^e = \frac{\rho_b A_b l}{420}
\begin{bmatrix}
0 & 0 & 0 & 0 & 0 & 0 & 0 & 0 & 0 & 0 & 0 & 0 \\
 & 0 & 0 & 0 & 0 & 0 & 0 & 0 & 0 & 0 & 0 & 0 \\
 & & 0 & 0 & 0 & 0 & 0 & 0 & 0 & 0 & 0 & 0 \\
 & & & 0 & 0 & 0 & 0 & 0 & 0 & 0 & 0 & 0 \\
 & & & & 156 & -22l & 0 & 0 & 0 & 0 & 54 & 13l \\
 & & & & & 4l^2 & 0 & 0 & 0 & 0 & -13l & -3l^2 \\
 & & & & & & 0 & 0 & 0 & 0 & 0 & 0 \\
 & & & & & & & 0 & 0 & 0 & 0 & 0 \\
 & & & \text{대칭} & & & & & 0 & 0 & 0 & 0 \\
 & & & & & & & & & 0 & 0 & 0 \\
 & & & & & & & & & & 156 & 22l \\
 & & & & & & & & & & & 4l^2
\end{bmatrix}
\tag{9.37}$$

여기서, ρ_r, ρ_s 및 ρ_b는 각각 레일, 프리캐스트 슬래브 및 콘크리트 교량의 밀도를 지칭하고 A_r, A_s 및 A_b는 각각 레일, 프리캐스트 슬래브 및 콘크리트 교량의 단면적을 나타내며, l은 슬래브궤도-교량 요소의 길이를 의미한다.

9.3.4 슬래브궤도-교량 요소의 강성 행렬

슬래브궤도-교량 요소의 강성 행렬은 레일, 프리캐스트 슬래브 및 콘크리트 교량의 휨 퍼텐셜 에너지에 따른 강성, 레일패드와 체결장치에 따른 단속적(斷續的) 탄성 지지의 강성 및 시멘트 아스팔트 모르터 층의 연속 탄성 지지 강성으로 구성된다.

$$k_l^e = k_r^e + k_s^e + k_b^e + k_{1c}^e + k_{2c}^e \tag{9.38}$$

여기서, k_l^e는 슬래브궤도-교량 요소의 강성 행렬을 나타낸다.

레일의 휨 강성 행렬은 다음과 같다.

$$k_r^e = \frac{E_r I_r}{l^3}
\begin{bmatrix}
12 & -6l & 0 & 0 & 0 & 0 & -12 & -6l & 0 & 0 & 0 & 0 \\
 & 4l^2 & 0 & 0 & 0 & 0 & 6l & 2l^2 & 0 & 0 & 0 & 0 \\
 & & 0 & 0 & 0 & 0 & 0 & 0 & 0 & 0 & 0 & 0 \\
 & & & 0 & 0 & 0 & 0 & 0 & 0 & 0 & 0 & 0 \\
 & & & & 0 & 0 & 0 & 0 & 0 & 0 & 0 & 0 \\
 & & & & & 0 & 0 & 0 & 0 & 0 & 0 & 0 \\
 & & & & & & 12 & 6l & 0 & 0 & 0 & 0 \\
 & & & & & & & 4l^2 & 0 & 0 & 0 & 0 \\
 & & & \text{대칭} & & & & & 0 & 0 & 0 & 0 \\
 & & & & & & & & & 0 & 0 & 0 \\
 & & & & & & & & & & 0 & 0 \\
 & & & & & & & & & & & 0
\end{bmatrix}
\tag{9.39}$$

여기서, k_r^e는 레일의 휨 강성 행렬이고, E_r과 I_r은 각각 레일의 탄성계수와 수평축에 관한 단면 2차 모멘트이며, l은 슬래브궤도-교량 요소의 길이이다.

프리캐스트 슬래브의 휨 강성 행렬은 다음과 같다.

$$
k_s^e = \frac{E_s I_s}{l^3}
\begin{bmatrix}
0 & 0 & 0 & 0 & 0 & 0 & 0 & 0 & 0 & 0 & 0 & 0 \\
  & 0 & 0 & 0 & 0 & 0 & 0 & 0 & 0 & 0 & 0 & 0 \\
  &   & 12 & -6l & 0 & 0 & 0 & 0 & -12 & -6l & 0 & 0 \\
  &   &   & 4l^2 & 0 & 0 & 0 & 0 & 6l & 2l^2 & 0 & 0 \\
  &   &   &   & 0 & 0 & 0 & 0 & 0 & 0 & 0 & 0 \\
  &   &   &   &   & 0 & 0 & 0 & 0 & 0 & 0 & 0 \\
  &   &   &   &   &   & 0 & 0 & 0 & 0 & 0 & 0 \\
  &   &   &   &   &   &   & 0 & 0 & 0 & 0 & 0 \\
  & \text{대칭} &   &   &   &   &   &   & 12 & 6l & 0 & 0 \\
  &   &   &   &   &   &   &   &   & 4l^2 & 0 & 0 \\
  &   &   &   &   &   &   &   &   &   & 0 & 0 \\
  &   &   &   &   &   &   &   &   &   &   & 0
\end{bmatrix}
\tag{9.40}
$$

여기서, k_s^e는 프리캐스트 슬래브의 휨 강성 행렬이고, E_r과 I_r은 각각 프리캐스트 슬래브의 탄성계수와 수평축에 관한 단면 2차 모멘트이며, l은 슬래브궤도-교량 요소의 길이이다.

콘크리트 교량의 휨 강성 행렬은 다음과 같다.

$$
k_b^e = \frac{E_b I_b}{l^3}
\begin{bmatrix}
0 & 0 & 0 & 0 & 0 & 0 & 0 & 0 & 0 & 0 & 0 & 0 \\
  & 0 & 0 & 0 & 0 & 0 & 0 & 0 & 0 & 0 & 0 & 0 \\
  &   & 0 & 0 & 0 & 0 & 0 & 0 & 0 & 0 & 0 & 0 \\
  &   &   & 0 & 0 & 0 & 0 & 0 & 0 & 0 & 0 & 0 \\
  &   &   &   & 12 & -6l & 0 & 0 & 0 & 0 & -12 & -6l \\
  &   &   &   &   & 4l^2 & 0 & 0 & 0 & 0 & 6l & 2l^2 \\
  &   &   &   &   &   & 0 & 0 & 0 & 0 & 0 & 0 \\
  &   &   &   &   &   &   & 0 & 0 & 0 & 0 & 0 \\
  & \text{대칭} &   &   &   &   &   &   & 0 & 0 & 0 & 0 \\
  &   &   &   &   &   &   &   &   & 0 & 0 & 0 \\
  &   &   &   &   &   &   &   &   &   & 12 & 6l \\
  &   &   &   &   &   &   &   &   &   &   & 4l^2
\end{bmatrix}
\tag{9.41}
$$

여기서, k_b^e는 콘크리트 교량의 휨 강성 행렬이고, E_h과 I_h은 각각 콘크리트 교량의 탄성계수와 수평축에 관한 단면 2차 모멘트이며, l은 슬래브궤도-교량 요소의 길이이다.

레일패드와 체결장치의 단속적(斷續的) 탄성 지지에 따른 강성 행렬은 다음과 같다.

$$k_{1c}^e = \frac{1}{2}\begin{bmatrix} k_{y1} & 0 & -k_{y1} & 0 & 0 & 0 & 0 & 0 & 0 & 0 & 0 & 0 \\ & 0 & 0 & 0 & 0 & 0 & 0 & 0 & 0 & 0 & 0 & 0 \\ & & k_{y1} & 0 & 0 & 0 & 0 & 0 & 0 & 0 & 0 & 0 \\ & & & 0 & 0 & 0 & 0 & 0 & 0 & 0 & 0 & 0 \\ & & & & 0 & 0 & 0 & 0 & 0 & 0 & 0 & 0 \\ & & & & & 0 & 0 & 0 & 0 & 0 & 0 & 0 \\ & & & & & & k_{y1} & 0 & -k_{y1} & 0 & 0 & 0 \\ & & & & & & & 0 & 0 & 0 & 0 & 0 \\ & & \text{대칭} & & & & & & k_{y1} & 0 & 0 & 0 \\ & & & & & & & & & 0 & 0 & 0 \\ & & & & & & & & & & 0 & 0 \\ & & & & & & & & & & & 0 \end{bmatrix} \tag{9.42}$$

여기서, k_{1c}^e는 레일패드와 체결장치의 단속적(斷續的) 탄성 지지에 따른 강성 행렬이고, k_{y1}는 레일패드와 체결장치의 강성계수이다.

시멘트 아스팔트 모르터 층의 연속 탄성 지지에 따른 강성 행렬은 다음과 같다.

$$k_{2c}^e = \frac{k_{y2}l}{420}\begin{bmatrix} 0 & 0 & 0 & 0 & 0 & 0 & 0 & 0 & 0 & 0 & 0 & 0 \\ & 0 & 0 & 0 & 0 & 0 & 0 & 0 & 0 & 0 & 0 & 0 \\ & & 156 & -22l & -156 & 22l & 0 & 0 & 54 & 13l & -54 & -13l \\ & & & 4l^2 & 22l & -4l^2 & 0 & 0 & -13l & -3l^2 & 13l & 3l^2 \\ & & & & 156 & -22l & 0 & 0 & -54 & -13l & 54 & 13l \\ & & & & & 4l^2 & 0 & 0 & 13l & 3l^2 & -13l & -3l^2 \\ & & & & & & 0 & 0 & 0 & 0 & 0 & 0 \\ & & & & & & & 0 & 0 & 0 & 0 & 0 \\ & & \text{대칭} & & & & & & 156 & 22l & -156 & -22l \\ & & & & & & & & & 4l^2 & -22l & -4l^2 \\ & & & & & & & & & & 156 & 22l \\ & & & & & & & & & & & 4l^2 \end{bmatrix} \tag{9.43}$$

여기서, k_{2c}^e는 시멘트 아스팔트 모르터 층의 연속 탄성 지지에 따른 강성 행렬을 나타내며, k_{y2}는 시멘트 아스팔트 모르터 층의 강성계수를 나타낸다.

9.3.5 슬래브궤도-교량 요소의 감쇠 행렬

슬래브궤도-교량 요소의 감쇠 행렬은 레일, 프리캐스트 슬래브 및 콘크리트 교량의 내부 마찰에 따른 감쇠 및 레일패드와 체결장치 및 시멘트 아스팔트 모르터 층에 따른 감쇠로 구성된다.

$$c_l^e = c_r^e + c_{1c}^e + c_{2c}^e \tag{9.44}$$

여기서, c_r^e는 레일, 프리캐스트 슬래브 및 콘크리트 교량의 내부 마찰에 따른 감쇠 행렬이며, 일반적으로 비례 감쇠를 적용한다. c_{1c}^e와 c_{2c}^e는 각각 레일패드와 체결장치 및 시멘트 아스팔트 모르터 층에 따른 감쇠 행렬을 나타낸다.

c_r^e는 다음과 같다.

$$c_r^e = \alpha_r m_r^e + \beta_r k_r^e + \alpha_s m_s^e + \beta_s k_s^e + \alpha_b m_b^e + \beta_b m_b^e \tag{9.45}$$

여기서, α_r, β_r, α_s, β_s, α_b 및 β_b는 각각 레일, 프리캐스트 슬래브 및 콘크리트 교량의 비례 감쇠 계수이다.
c_{1c}^e와 c_{2c}^e는 각각 다음과 같다.

$$c_{1c}^e = \frac{1}{2}\begin{bmatrix} c_{y1} & 0 & -c_{y1} & 0 & 0 & 0 & 0 & 0 & 0 & 0 & 0 & 0 \\ & 0 & 0 & 0 & 0 & 0 & 0 & 0 & 0 & 0 & 0 & 0 \\ & & c_{y1} & 0 & 0 & 0 & 0 & 0 & 0 & 0 & 0 & 0 \\ & & & 0 & 0 & 0 & 0 & 0 & 0 & 0 & 0 & 0 \\ & & & & 0 & 0 & 0 & 0 & 0 & 0 & 0 & 0 \\ & & & & & 0 & 0 & 0 & 0 & 0 & 0 & 0 \\ & & & & & & c_{y1} & 0 & -c_{y1} & 0 & 0 & 0 \\ & & & & & & & 0 & 0 & 0 & 0 & 0 \\ & \text{대칭} & & & & & & & c_{y1} & 0 & 0 & 0 \\ & & & & & & & & & 0 & 0 & 0 \\ & & & & & & & & & & 0 & 0 \\ & & & & & & & & & & & 0 \end{bmatrix} \tag{9.46}$$

$$c_{2c}^e = \frac{c_{y2}\,l}{420}\begin{bmatrix} 0 & 0 & 0 & 0 & 0 & 0 & 0 & 0 & 0 & 0 & 0 & 0 \\ & 0 & 0 & 0 & 0 & 0 & 0 & 0 & 0 & 0 & 0 & 0 \\ & & 156 & -22l & -156 & 22l & 0 & 0 & 54 & 13l & -54 & -13l \\ & & & 4l^2 & 22l & -4l^2 & 0 & 0 & -13l & -3l^2 & 13l & 3l^2 \\ & & & & 156 & -22l & 0 & 0 & -54 & -13l & 54 & 13l \\ & & & & & 4l^2 & 0 & 0 & 13l & 3l^2 & -13l & -3l^2 \\ & & & & & & 0 & 0 & 0 & 0 & 0 & 0 \\ & & & & & & & 0 & 0 & 0 & 0 & 0 \\ & \text{대칭} & & & & & & & 156 & 22l & -156 & -22l \\ & & & & & & & & & 4l^2 & -22l & -4l^2 \\ & & & & & & & & & & 156 & 22l \\ & & & & & & & & & & & 4l^2 \end{bmatrix}$$

$$\tag{9.47}$$

식 (9.46)과 (9.47)에서, c_{y1}와 c_{y2}는 각각 레일패드와 체결장치 및 시멘트 아스팔트 모르터 층의 감쇠 계수이다.

유한요소 조합규칙(assembling rule)에 기초하여, 열차-궤도-교량 연결시스템의 전체적 질량 행렬, 전체적 강성 행렬 및 전체적 감쇠 행렬은 요소 질량 행렬 (9.34), 요소 강성 행렬 (9.38) 및 요소 감쇠 행렬 (9.44)를 조합(assembling)함으로써 구할 수 있다.

$$m_l = \sum_e m_l^e = \sum_e \left(m_r^e + m_s^e + m_b^e \right)$$
$$k_l = \sum_e k_l^e = \sum_e \left(k_r^e + k_s^e + k_b^e + k_{1c}^e + k_{2c}^e \right) \tag{9.48}$$
$$c_l = \sum_e c_l^e = \sum_e \left(c_r^e + c_{1c}^e + c_{2c}^e \right)$$

라그랑주 방정식(Lagrange equation)을 이용함으로써, 자갈궤도구조나 슬래브궤도구조, 또는 고가(高架) 궤도구조의 유한요소 방정식을 이용할 수 있다.

$$m_l \ddot{a}_l + c_l \dot{a}_l + k_l a_l = \boldsymbol{Q}_l \tag{9.49}$$

여기서, $\boldsymbol{Q}_l$은 자갈궤도구조나 슬래브궤도구조, 또는 고가(高架) 궤도구조의 전체적인 노드 하중 벡터이다.

9.4 차량요소 모델

차량요소 모델은 **그림 9.4**에 나타낸 것처럼, 26 자유도를 가지며, 여기서 10 자유도는 차량의 수직 운동을 묘사하는 데 이용되고, 16 자유도는 레일의 변위와 관련된다. 모델에서, $2M_c$와 $2J_c$는 차량의 강체(剛體, rigid body)에 대한 질량과 피치 관성(pitch inertia)이다. $2M_t$와 $2J_t$는 대차에 대한 질량과 피치 관성이다. $2k_{s1}$, $2k_{s2}$와 $2c_{s1}$, $2c_{s2}$는 각각 차량의 일차와 이차 현가장치 시스템에 대한 강성과 감쇠 계수이다. M_{wi} ($i = 1, 2, 3, 4$)는 차륜 질량이다. k_c는 차륜과 레일 간의 접촉 강성이다.

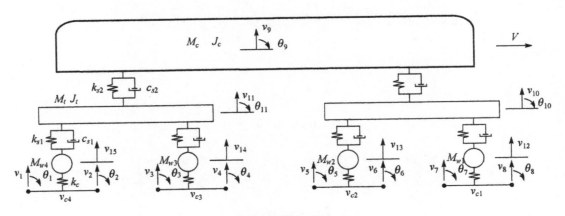

그림 9.4 차량요소 모델

이 차량요소에 대한 노드 변위 벡터는 다음과 같이 정의된다.

$$a^e = \{ v_1 \quad \theta_1 \quad v_2 \quad \theta_2 \quad v_3 \quad \theta_3 \quad v_4 \quad \theta_4 \quad v_5 \quad \theta_5 \quad v_6 \quad \theta_6 \quad v_7 \quad \theta_7$$
$$v_8 \quad \theta_8 \quad v_9 \quad \theta_9 \quad v_{10} \quad v_{11} \quad \theta_{10} \quad \theta_{11} \quad v_{12} \quad v_{13} \quad v_{14} \quad v_{15} \}^T \tag{9.50}$$

여기서, v_i와 $\theta_i\,(i = 1,\,2,\,3,\,\cdots,\,8)$은 각각 노드 i에서의 레일 수직 변위와 각($\angle$) 변위(angular displacement)를 나타낸다. **그림 9.4**에서 $v_{ci}\,(i = 1,\,2,\,3,\,4)$는 i번째 차륜–레일 접촉점에서 레일 수직 변위이다. v_9와 θ_9는 각각 차체에 대한 바운싱(bouncing) 진동의 수직 변위와 피치(pitch) 진동의 각($\angle$) 변위이다. v_i와 $\theta_i\,(i = 10,\,11)$은 두 대차에 대한 바운싱(bouncing) 진동의 수직 변위와 피치(pitch) 진동의 각($\angle$) 변위이다. 그리고, $v_i\,(i = 12,\,13,\,14,\,15)$는 차륜에 대한 수직 변위이다. 궤도 틀림에 관한 진폭은 η로 나타낸다. 4개의 차륜–레일 접촉점의 틀림은 각각 η_1, η_2, η_3 및 η_4로 나타낸다.

차량요소에 대한 유한요소 방정식을 수립하기 위하여 다음의 라그랑주 방정식(Lagrange equation)을 이용할 수 있다.

$$\frac{d}{dt}\frac{\partial L}{\partial \dot{a}} - \frac{\partial L}{\partial a} + \frac{\partial R}{\partial \dot{a}} = 0 \tag{9.51}$$

여기서, L은 라그랑주 함수(Lagrange function)로서, $L = T - \Pi$이며, 여기서 T와 Π는 각각 시스템의 운동에너지와 퍼텐셜 에너지이다. R은 소산 에너지이다. a와 $\dot{a}$는 각각 노드 변위 벡터와 노드 속도 벡터이다.

9.4.1 차량요소의 퍼텐셜 에너지

$$
\begin{aligned}
\Pi_u ={}& \frac{1}{2}k_{s2}(v_9 - v_{10} - \theta_9 l_2)^2 + \frac{1}{2}k_{s2}(v_9 - v_{11} + \theta_9 l_2)^2 + \frac{1}{2}k_{s1}(v_{10} - v_{12} - \theta_{10}l_1)^2 \\
&+ \frac{1}{2}k_{s1}(v_{10} - v_{13} + \theta_{10}l_1)^2 + \frac{1}{2}k_{s1}(v_{11} - v_{14} - \theta_{11}l_1)^2 + \frac{1}{2}k_{s1}(v_{11} - v_{15} + \theta_{11}l_1)^2 \\
&+ \frac{1}{2}k_c(v_{12} - v_{c1} - \eta_1)^2 + \frac{1}{2}k_c(v_{13} - v_{c2} - \eta_2)^2 + \frac{1}{2}k_c(v_{14} - v_{c3} - \eta_3)^2 + \frac{1}{2}k_c(v_{15} - v_{c4} - \eta_4)^2 \\
&+ v_9 M_c g + v_{10} M_t g + v_{11} M_t g + v_{12} M_w g + v_{13} M_w g + v_{14} M_w g + v_{15} M_w g
\end{aligned} \tag{9.52}
$$

여기서,

$$
\begin{aligned}
v_9 - v_{10} - \theta_9 l_2 ={}& \{0\ \ 0\ \ 0\ \ 0\ \ 0\ \ 0\ \ 0\ \ 0\ \ 0\ \ 0\ \ 0\ \ 0\ \ 0\ \ 0\ \ 0\ \ 0\ \ 0\ \ 0 \\
& 1\ \ -l_2\ \ -1\ \ 0\ \ 0\ \ 0\ \ 0\ \ 0\ \ 0\ \ 0\}a^e = N_{9-10}^T a^e \\
\dot{v}_9 - \dot{v}_{10} - \dot{\theta}_9 l_2 ={}& \{0\ \ 0\ \ 0\ \ 0\ \ 0\ \ 0\ \ 0\ \ 0\ \ 0\ \ 0\ \ 0\ \ 0\ \ 0\ \ 0\ \ 0\ \ 0\ \ 0\ \ 0 \\
& 1\ \ -l_2\ \ -1\ \ 0\ \ 0\ \ 0\ \ 0\ \ 0\ \ 0\ \ 0\}\dot{a}^e = N_{9-10}^T \dot{a}^e \\
v_9 - v_{11} + \theta_9 l_2 ={}& \{0\ \ 0\ \ 0\ \ 0\ \ 0\ \ 0\ \ 0\ \ 0\ \ 0\ \ 0\ \ 0\ \ 0\ \ 0\ \ 0\ \ 0\ \ 0\ \ 0\ \ 0 \\
& 1\ \ l_2\ \ 0\ \ -1\ \ 0\ \ 0\ \ 0\ \ 0\ \ 0\ \ 0\}a^e = N_{9-11}^T a^e \\
\dot{v}_9 - \dot{v}_{11} + \dot{\theta}_9 l_2 ={}& \{0\ \ 0\ \ 0\ \ 0\ \ 0\ \ 0\ \ 0\ \ 0\ \ 0\ \ 0\ \ 0\ \ 0\ \ 0\ \ 0\ \ 0\ \ 0\ \ 0\ \ 0 \\
& 1\ \ l_2\ \ 0\ \ -1\ \ 0\ \ 0\ \ 0\ \ 0\ \ 0\ \ 0\}\dot{a}^e = N_{9-11}^T \dot{a}^e \\
v_{10} - v_{12} - \theta_{10}l_1 ={}& \{0\ \ 0\ \ 0\ \ 0\ \ 0\ \ 0\ \ 0\ \ 0\ \ 0\ \ 0\ \ 0\ \ 0\ \ 0\ \ 0\ \ 0\ \ 0\ \ 0\ \ 0 \\
& 0\ \ 0\ \ 1\ \ 0\ \ -l_1\ \ 0\ \ -1\ \ 0\ \ 0\ \ 0\}a^e = N_{10-12}^T a^e \\
\dot{v}_{10} - \dot{v}_{12} - \dot{\theta}_{10}l_1 ={}& \{0\ \ 0\ \ 0\ \ 0\ \ 0\ \ 0\ \ 0\ \ 0\ \ 0\ \ 0\ \ 0\ \ 0\ \ 0\ \ 0\ \ 0\ \ 0\ \ 0\ \ 0 \\
& 0\ \ 0\ \ 1\ \ 0\ \ -l_1\ \ 0\ \ -1\ \ 0\ \ 0\ \ 0\}\dot{a}^e = N_{10-12}^T \dot{a}^e \\
v_{10} - v_{13} + \theta_{10}l_1 ={}& \{0\ \ 0\ \ 0\ \ 0\ \ 0\ \ 0\ \ 0\ \ 0\ \ 0\ \ 0\ \ 0\ \ 0\ \ 0\ \ 0\ \ 0\ \ 0\ \ 0\ \ 0 \\
& 0\ \ 0\ \ 1\ \ 0\ \ l_1\ \ 0\ \ 0\ \ -1\ \ 0\ \ 0\}a^e = N_{10-13}^T a^e
\end{aligned} \tag{9.53}
$$

$$
\begin{aligned}
\dot{v}_{10}-\dot{v}_{13}+\dot{\theta}_{10}l_1 &= \{0\ \ 0\ \ 0\ \ 0\ \ 0\ \ 0\ \ 0\ \ 0\ \ 0\ \ 0\ \ 0\ \ 0\ \ 0\ \ 0\ \ 0\ \ 0 \\
&\qquad 0\ \ 0\ \ 1\ \ 0\ \ l_1\ \ 0\ \ 0\ \ -1\ \ 0\ \ 0\}\dot{\boldsymbol{a}}^e = \boldsymbol{N}_{10-13}^T\dot{\boldsymbol{a}}^e \\
v_{11}-v_{14}-\theta_{11}l_1 &= \{0\ \ 0\ \ 0\ \ 0\ \ 0\ \ 0\ \ 0\ \ 0\ \ 0\ \ 0\ \ 0\ \ 0\ \ 0\ \ 0\ \ 0\ \ 0 \\
&\qquad 0\ \ 0\ \ 0\ \ 1\ \ 0\ \ -l_1\ \ 0\ \ 0\ \ -1\ \ 0\}\boldsymbol{a}^e = \boldsymbol{N}_{11-14}^T\boldsymbol{a}^e \\
\dot{v}_{11}-\dot{v}_{14}-\dot{\theta}_{11}l_1 &= \{0\ \ 0\ \ 0\ \ 0\ \ 0\ \ 0\ \ 0\ \ 0\ \ 0\ \ 0\ \ 0\ \ 0\ \ 0\ \ 0\ \ 0\ \ 0 \\
&\qquad 0\ \ 0\ \ 1\ \ 0\ \ -l_1\ \ 0\ \ 0\ \ -1\ \ 0\}\dot{\boldsymbol{a}}^e = \boldsymbol{N}_{11-14}^T\dot{\boldsymbol{a}}^e \\
v_{11}-v_{15}+\theta_{11}l_1 &= \{0\ \ 0\ \ 0\ \ 0\ \ 0\ \ 0\ \ 0\ \ 0\ \ 0\ \ 0\ \ 0\ \ 0\ \ 0\ \ 0\ \ 0\ \ 0 \\
&\qquad 0\ \ 0\ \ 0\ \ 1\ \ 0\ \ l_1\ \ 0\ \ 0\ \ 0\ \ -1\}\boldsymbol{a}^e = \boldsymbol{N}_{11-15}^T\boldsymbol{a}^e \\
\dot{v}_{11}-\dot{v}_{15}+\dot{\theta}_{11}l_1 &= \{0\ \ 0\ \ 0\ \ 0\ \ 0\ \ 0\ \ 0\ \ 0\ \ 0\ \ 0\ \ 0\ \ 0\ \ 0\ \ 0\ \ 0\ \ 0 \\
&\qquad 0\ \ 0\ \ 0\ \ 1\ \ 0\ \ l_1\ \ 0\ \ 0\ \ 0\ \ -1\}\dot{\boldsymbol{a}}^e = \boldsymbol{N}_{11-15}^T\dot{\boldsymbol{a}}^e
\end{aligned}
\tag{9.53 계속}
$$

$$
\begin{aligned}
v_{12}-v_{c1} &= \{0\ \ 0\ \ 0\ \ 0\ \ 0\ \ 0\ \ 0\ \ 0\ \ 0\ \ 0\ \ 0\ \ 0\ \ -N_1\ \ -N_2\ \ -N_3\ \ -N_4 \\
&\qquad 0\ \ 0\ \ 0\ \ 0\ \ 0\ \ 0\ \ 1\ \ 0\ \ 0\ \ 0\}\boldsymbol{a}^e = \boldsymbol{N}_{c1}^T\boldsymbol{a}^e \\
v_{13}-v_{c2} &= \{0\ \ 0\ \ 0\ \ 0\ \ 0\ \ 0\ \ 0\ \ 0\ \ -N_1\ \ -N_2\ \ -N_3\ \ -N_4\ \ 0\ \ 0\ \ 0\ \ 0 \\
&\qquad 0\ \ 0\ \ 0\ \ 0\ \ 0\ \ 0\ \ 0\ \ 1\ \ 0\ \ 0\}\boldsymbol{a}^e = \boldsymbol{N}_{c2}^T\boldsymbol{a}^e \\
v_{14}-v_{c3} &= \{0\ \ 0\ \ 0\ \ 0\ \ -N_1\ \ -N_2\ \ -N_3\ \ -N_4\ \ 0\ \ 0\ \ 0\ \ 0\ \ 0\ \ 0\ \ 0\ \ 0 \\
&\qquad 0\ \ 0\ \ 0\ \ 0\ \ 0\ \ 0\ \ 0\ \ 0\ \ 1\ \ 0\}\boldsymbol{a}^e = \boldsymbol{N}_{c3}^T\boldsymbol{a}^e \\
v_{15}-v_{c4} &= \{-N_1\ \ -N_2\ \ -N_3\ \ -N_4\ \ 0\ \ 0\ \ 0\ \ 0\ \ 0\ \ 0\ \ 0\ \ 0\ \ 0\ \ 0\ \ 0\ \ 0 \\
&\qquad 0\ \ 0\ \ 0\ \ 0\ \ 0\ \ 0\ \ 0\ \ 0\ \ 0\ \ 1\}\boldsymbol{a}^e = \boldsymbol{N}_{c4}^T\boldsymbol{a}^e
\end{aligned}
\tag{9.54}
$$

$$
\begin{aligned}
v_9 &= \{0\ \ 0\ \ 0\ \ 0\ \ 0\ \ 0\ \ 0\ \ 0\ \ 0\ \ 0\ \ 0\ \ 0\ \ 0\ \ 0\ \ 0\ \ 0 \\
&\qquad 1\ \ 0\ \ 0\ \ 0\ \ 0\ \ 0\ \ 0\ \ 0\ \ 0\ \ 0\}\boldsymbol{a}^e = \boldsymbol{N}_9^T\boldsymbol{a}^e \\
v_{10} &= \{0\ \ 0\ \ 0\ \ 0\ \ 0\ \ 0\ \ 0\ \ 0\ \ 0\ \ 0\ \ 0\ \ 0\ \ 0\ \ 0\ \ 0\ \ 0 \\
&\qquad 0\ \ 0\ \ 1\ \ 0\ \ 0\ \ 0\ \ 0\ \ 0\ \ 0\ \ 0\}\boldsymbol{a}^e = \boldsymbol{N}_{10}^T\boldsymbol{a}^e \\
v_{11} &= \{0\ \ 0\ \ 0\ \ 0\ \ 0\ \ 0\ \ 0\ \ 0\ \ 0\ \ 0\ \ 0\ \ 0\ \ 0\ \ 0\ \ 0\ \ 0 \\
&\qquad 0\ \ 0\ \ 0\ \ 1\ \ 0\ \ 0\ \ 0\ \ 0\ \ 0\ \ 0\}\boldsymbol{a}^e = \boldsymbol{N}_{11}^T\boldsymbol{a}^e \\
v_{12} &= \{0\ \ 0\ \ 0\ \ 0\ \ 0\ \ 0\ \ 0\ \ 0\ \ 0\ \ 0\ \ 0\ \ 0\ \ 0\ \ 0\ \ 0\ \ 0 \\
&\qquad 0\ \ 0\ \ 0\ \ 0\ \ 0\ \ 0\ \ 1\ \ 0\ \ 0\ \ 0\}\boldsymbol{a}^e = \boldsymbol{N}_{12}^T\boldsymbol{a}^e \\
v_{13} &= \{0\ \ 0\ \ 0\ \ 0\ \ 0\ \ 0\ \ 0\ \ 0\ \ 0\ \ 0\ \ 0\ \ 0\ \ 0\ \ 0\ \ 0\ \ 0 \\
&\qquad 0\ \ 0\ \ 0\ \ 0\ \ 0\ \ 0\ \ 0\ \ 1\ \ 0\ \ 0\}\boldsymbol{a}^e = \boldsymbol{N}_{13}^T\boldsymbol{a}^e \\
v_{14} &= \{0\ \ 0\ \ 0\ \ 0\ \ 0\ \ 0\ \ 0\ \ 0\ \ 0\ \ 0\ \ 0\ \ 0\ \ 0\ \ 0\ \ 0\ \ 0 \\
&\qquad 0\ \ 0\ \ 0\ \ 0\ \ 0\ \ 0\ \ 0\ \ 0\ \ 1\ \ 0\}\boldsymbol{a}^e = \boldsymbol{N}_{14}^T\boldsymbol{a}^e \\
v_{15} &= \{0\ \ 0\ \ 0\ \ 0\ \ 0\ \ 0\ \ 0\ \ 0\ \ 0\ \ 0\ \ 0\ \ 0\ \ 0\ \ 0\ \ 0\ \ 0 \\
&\qquad 0\ \ 0\ \ 0\ \ 0\ \ 0\ \ 0\ \ 0\ \ 0\ \ 0\ \ 1\}\boldsymbol{a}^e = \boldsymbol{N}_{15}^T\boldsymbol{a}^e
\end{aligned}
\tag{9.55}
$$

식 (9.54)에서, v_{c1}, v_{c2}, v_{c3} 및 v_{c4}는 두 끝에서의 레일 변위의 보간법(補間法, interpolation)으로 나타낼 수 있다.

$$
v_{c4} = N_1 v_1 + N_2\theta_1 + N_3 v_2 + N_4\theta_2 \tag{9.56}
$$

여기서, $N_1 \sim N_4$는 식 (9.22)에 나타낸 것과 같은 보간(補間) 함수이다.

차륜–레일 접촉점의 국부(局部) 좌표(local coordinate)를 $N_1 \sim N_4$로 치환한 다음에 식 (9.54)로 치환하면, N_{c4}를 구할 수 있다. 같은 방식으로 국부 좌표 x_{c1}, x_{c2} 및 x_{c3}을 보간 함수로 치환하면, 각각 N_{c1}, N_{c2} 및 N_{c3}을 구할 수 있다.

식 (9.53)~(9.55)를 식 (9.52)로 치환하면 다음을 갖는다.

$$
\begin{aligned}
\Pi_v &= \frac{1}{2}\boldsymbol{a}^{eT}\big(k_{s2}\boldsymbol{N}_{9-10}\boldsymbol{N}_{9-10}^{T}+k_{s2}\boldsymbol{N}_{9-11}\boldsymbol{N}_{9-11}^{T}+k_{s1}\boldsymbol{N}_{10-12}\boldsymbol{N}_{10-12}^{T}+k_{s1}\boldsymbol{N}_{10-13}\boldsymbol{N}_{10-13}^{T}+k_{s1}\boldsymbol{N}_{11-14}\boldsymbol{N}_{11-14}^{T} \\
&\quad +k_{s1}\boldsymbol{N}_{11-15}\boldsymbol{N}_{11-15}^{T}+k_c\boldsymbol{N}_{c1}\boldsymbol{N}_{c1}^{T}+k_c\boldsymbol{N}_{c2}\boldsymbol{N}_{c2}^{T}+k_c\boldsymbol{N}_{c3}\boldsymbol{N}_{c3}^{T}+k_c\boldsymbol{N}_{c4}\boldsymbol{N}_{c4}^{T}\big)\boldsymbol{a}^e \\
&\quad -\boldsymbol{a}^{eT}\big(k_c\eta_1\boldsymbol{N}_{c1}+k_c\eta_2\boldsymbol{N}_{c2}+k_c\eta_3\boldsymbol{N}_{c3}+k_c\eta_4\boldsymbol{N}_{c4}\big)+\frac{1}{2}k_c\big(\eta_1^2+\eta_2^2+\eta_3^2+\eta_4^2\big) \\
&\quad +\boldsymbol{a}^{eT}\big(M_cg\boldsymbol{N}_9+M_tg\boldsymbol{N}_{10}+M_tg\boldsymbol{N}_{11}+M_wg\boldsymbol{N}_{12}+M_wg\boldsymbol{N}_{13}+M_wg\boldsymbol{N}_{14}+M_wg\boldsymbol{N}_{15}\big) \\
&= \frac{1}{2}\boldsymbol{a}^{eT}\big(\boldsymbol{k}_1+\boldsymbol{k}_2+\boldsymbol{k}_3+\boldsymbol{k}_4+\boldsymbol{k}_5+\boldsymbol{k}_6+\boldsymbol{k}_{c1}+\boldsymbol{k}_{c2}+\boldsymbol{k}_{c3}+\boldsymbol{k}_{c4}\big)\boldsymbol{a}^e \qquad (9.57)\\
&\quad -\boldsymbol{a}^{eT}\big(k_c\eta_1\boldsymbol{N}_{c1}+k_c\eta_2\boldsymbol{N}_{c2}+k_c\eta_3\boldsymbol{N}_{c3}+k_c\eta_4\boldsymbol{N}_{c4}\big)+\frac{1}{2}k_c\big(\eta_1^2+\eta_2^2+\eta_3^2+\eta_4^2\big) \\
&\quad +\boldsymbol{a}^{eT}\big(M_cg\boldsymbol{N}_9+M_tg\boldsymbol{N}_{10}+M_tg\boldsymbol{N}_{11}+M_wg\boldsymbol{N}_{12}+M_wg\boldsymbol{N}_{13}+M_wg\boldsymbol{N}_{14}+M_wg\boldsymbol{N}_{15}\big) \\
&= \frac{1}{2}\boldsymbol{a}^{eT}\boldsymbol{k}_u^e\boldsymbol{a}^e+\boldsymbol{a}^{eT}\boldsymbol{Q}_u^e+\frac{1}{2}k_c\big(\eta_1^2+\eta_2^2+\eta_3^2+\eta_4^2\big)
\end{aligned}
$$

여기서, k_u^e는 수직 변위의 강성 행렬을 나타내며, Q_u^e는 노드 하중 벡터를 나타낸다.

$$
k_u^e = k_v + k_c \tag{9.58}
$$

$$
\boldsymbol{Q}_u^e = \boldsymbol{Q}_v + \boldsymbol{Q}_\eta \tag{9.59}
$$

$$
\begin{aligned}
\boldsymbol{k}_v &= \boldsymbol{k}_1+\boldsymbol{k}_2+\boldsymbol{k}_3+\cdots+\boldsymbol{k}_6 = k_{s2}\boldsymbol{N}_{9-10}\boldsymbol{N}_{9-10}^{T}+k_{s2}\boldsymbol{N}_{9-11}\boldsymbol{N}_{9-11}^{T} \\
&\quad +k_{s1}\boldsymbol{N}_{10-12}\boldsymbol{N}_{10-12}^{T}+k_{s1}\boldsymbol{N}_{10-13}\boldsymbol{N}_{10-13}^{T}+k_{s1}\boldsymbol{N}_{11-14}\boldsymbol{N}_{11-14}^{T}+k_{s1}\boldsymbol{N}_{11-15}\boldsymbol{N}_{11-15}^{T} \\
&= \begin{bmatrix} \boldsymbol{0}_{16\times16} & \\ & \boldsymbol{k}_{ve} \end{bmatrix}_{26\times26}
\end{aligned}
$$

$$\tag{9.60}$$

$$
k_{ve} = \begin{bmatrix}
2k_{s2} & 0 & -k_{s2} & -k_{s2} & 0 & 0 & 0 & 0 & 0 & 0 \\
 & 2k_{s2}l_2^2 & k_{s2}l_2 & -k_{s2}l_2 & 0 & 0 & 0 & 0 & 0 & 0 \\
 & & 2k_{s1}+k_{s2} & 0 & 0 & 0 & -k_{s1} & -k_{s1} & 0 & 0 \\
 & & & 2k_{s1}+k_{s2} & 0 & 0 & 0 & 0 & -k_{s1} & -k_{s1} \\
 & & & & 2k_{s1}l_1^2 & 0 & k_{s1}l_1 & -k_{s1}l_1 & 0 & 0 \\
 & & & & & 2k_{s1}l_1^2 & 0 & 0 & k_{s1}l_1 & -k_{s1}l_1 \\
 & & \text{대칭} & & & & k_{s1} & 0 & 0 & 0 \\
 & & & & & & & k_{s1} & 0 & 0 \\
 & & & & & & & & k_{s1} & 0 \\
 & & & & & & & & & k_{s1}
\end{bmatrix}
$$

$$\tag{9.61}$$

여기서, $0_{16 \times 16}$은 랭크(rank) 16 영(제로) 행렬이고, $2l_1$은 축거(軸距)이며, $2l_2$는 두 대차의 중심선 간의 거리이다.

$$k_c = k_{c1} + k_{c2} + k_{c3} + k_{c4}$$
$$= k_c N_{c1} N_{c1}^T + k_c N_{c2} N_{c2}^T + k_c N_{c3} N_{c3}^T + k_c N_{c4} N_{c4}^T$$
$$= k_c \begin{bmatrix} NN_{c4} & 0 & 0 & 0 & 0 & NI_{c4} \\ & NN_{c3} & 0 & 0 & 0 & NI_{c3} \\ & & NN_{c2} & 0 & 0 & NI_{c2} \\ & & & NN_{c1} & 0 & NI_{c1} \\ & \text{대칭} & & & 0_{6 \times 6} & 0 \\ & & & & & I_{4 \times 4} \end{bmatrix}_{26 \times 26} \quad (9.62)$$

여기서, $I_{4 \times 4}$는 랭크 4 단위행렬(單位行列, identity matrix)이다.

$$NN_{ci} = \begin{bmatrix} N_1^2 & N_1 N_2 & N_1 N_3 & N_1 N_4 \\ & N_2^2 & N_2 N_3 & N_2 N_4 \\ & & N_3^2 & N_3 N_4 \\ \text{대칭} & & & N_4^2 \end{bmatrix}_{xci} \quad (9.63)$$

$$NI_{c1} = \begin{bmatrix} -N_1 & 0 & 0 & 0 \\ -N_2 & 0 & 0 & 0 \\ -N_3 & 0 & 0 & 0 \\ -N_4 & 0 & 0 & 0 \end{bmatrix}_{xc1} \quad (9.64)$$

$$NI_{c2} = \begin{bmatrix} 0 & -N_1 & 0 & 0 \\ 0 & -N_2 & 0 & 0 \\ 0 & -N_3 & 0 & 0 \\ 0 & -N_4 & 0 & 0 \end{bmatrix}_{xc2} \quad (9.65)$$

$$NI_{c3} = \begin{bmatrix} 0 & 0 & -N_1 & 0 \\ 0 & 0 & -N_2 & 0 \\ 0 & 0 & -N_3 & 0 \\ 0 & 0 & -N_4 & 0 \end{bmatrix}_{xc3} \quad (9.66)$$

$$NI_{c4} = \begin{bmatrix} 0 & 0 & 0 & -N_1 \\ 0 & 0 & 0 & -N_2 \\ 0 & 0 & 0 & -N_3 \\ 0 & 0 & 0 & -N_4 \end{bmatrix}_{xc4} \quad (9.67)$$

$$Q_v = \{0 \ 0 \ 0 \ 0 \ 0 \ 0 \ 0 \ 0 \ 0 \ 0 \ 0 \ 0 \ 0 \ 0 \ 0 \ 0 \ 0 \ 0 \ 0 \ 0 \ 0 \ -M_c g \ 0$$
$$-M_t g \ -M_t g \ 0 \ 0 \ -M_w g \ -M_w g \ -M_w g \ -M_w g \}^T \quad (9.68)$$

$$Q_\eta = k_c \eta_1 N_{c1} + k_c \eta_2 N_{c2} + k_c \eta_3 N_{c3} + k_c \eta_4 N_{c4} \tag{9.69}$$

9.4.2 차량요소의 운동에너지

$$T_v = \frac{1}{2} M_c \dot{v}_9^2 + \frac{1}{2} J_c \dot{\theta}_9^2 + \frac{1}{2} M_t \dot{v}_{10}^2 + \frac{1}{2} M_t \dot{v}_{11}^2 + \frac{1}{2} J_t \dot{\theta}_{10}^2 + \frac{1}{2} J_t \dot{\theta}_{11}^2 + \frac{1}{2} M_w \dot{v}_{12}^2$$
$$+ \frac{1}{2} M_w \dot{v}_{13}^2 + \frac{1}{2} M_w \dot{v}_{14}^2 + \frac{1}{2} M_w \dot{v}_{15}^2 = \frac{1}{2} \dot{a}^{eT} m_u^e \dot{a}^e \tag{9.70}$$

여기서, m_u^e는 차량요소의 질량 행렬을 나타낸다.

$$m_u^e = \begin{bmatrix} 0_{16 \times 16} & \\ & m_{ve} \end{bmatrix}_{26 \times 26} \tag{9.71}$$

$$m_{ve} = \mathrm{diag}\{ M_c \quad J_c \quad M_t \quad M_t \quad J_t \quad J_t \quad M_w \quad M_w \quad M_w \quad M_w \} \tag{9.72}$$

9.4.3 차량요소의 소산 에너지

$$R_v = \frac{1}{2} c_{s2} (\dot{v}_9 - \dot{v}_{10} - \dot{\theta}_9 l_2)^2 + \frac{1}{2} c_{s2} (\dot{v}_9 - \dot{v}_{11} + \dot{\theta}_9 l_2)^2 + \frac{1}{2} c_{s1} (\dot{v}_{10} - \dot{v}_{12} - \dot{\theta}_{10} l_1)^2$$
$$+ \frac{1}{2} c_{s1} (\dot{v}_{10} - \dot{v}_{13} + \dot{\theta}_{10} l_1)^2 + \frac{1}{2} c_{s1} (\dot{v}_{11} - \dot{v}_{14} - \dot{\theta}_{11} l_1)^2 + \frac{1}{2} c_{s1} (\dot{v}_{11} - \dot{v}_{15} + \dot{\theta}_{11} l_1)^2 \tag{9.73}$$
$$= \frac{1}{2} \dot{a}^{eT} c_u^e \dot{a}^e$$

여기서, c_u^e는 차량요소의 감쇠 행렬을 나타낸다.

$$c_u^e = \begin{bmatrix} 0_{16 \times 16} & \\ & c_{ve} \end{bmatrix}_{26 \times 26} \tag{9.74}$$

$$c_{ve} = \begin{bmatrix} 2c_{s2} & 0 & -c_{s2} & -c_{s2} & 0 & 0 & 0 & 0 & 0 & 0 \\ & 2c_{s2}l_2^2 & c_{s2}l_2 & -c_{s2}l_2 & 0 & 0 & 0 & 0 & 0 & 0 \\ & & 2c_{s1}+c_{s2} & 0 & 0 & 0 & -c_{s1} & -c_{s1} & 0 & 0 \\ & & & 2c_{s1}+c_{s2} & 0 & 0 & 0 & 0 & -c_{s1} & -c_{s1} \\ & & & & 2c_{s1}l_1^2 & 0 & c_{s1}l_1 & -c_{s1}l_1 & 0 & 0 \\ & & & & & 2c_{s1}l_1^2 & 0 & 0 & c_{s1}l_1 & -c_{s1}l_1 \\ & & \text{대칭} & & & & k_{s1} & 0 & 0 & 0 \\ & & & & & & & c_{s1} & 0 & 0 \\ & & & & & & & & c_{s1} & 0 \\ & & & & & & & & & c_{s1} \end{bmatrix}$$

$$\tag{9.75}$$

9.5 차량-궤도 연결시스템의 유한요소 방정식

차량-궤도 연결시스템(또는 궤도-교량 연결시스템)의 유한요소 방정식은 두 요소, 즉 궤도요소(자갈궤도, 슬래브궤도, 또는 슬래브궤도-교량)와 차량요소를 포함한다. 궤도요소의 강성 행렬, 질량 행렬, 감쇠 행렬은 k_l^e, m_l^e 및 c_l^e로 표시되며, 그들의 계산은 제9.1절~제9.3절에서 설명됐다. 차량요소의 강성 행렬, 질량 행렬, 감쇠 행렬은 k_u^e, m_u^e 및 c_u^e로 나타내며, 그들의 계산은 식 (9.58), (9.71) 및 (9.74)에 주어졌다. 수치계산에서는 궤도구조의 전체적 강성 행렬, 전체적 질량 행렬, 전체적 감쇠 행렬 및 전체적 하중 벡터를 한 번만 조합하면 된다. 그리고 다음의 각 계산의 시간 단계에서, 표준 유한요소 조합규칙으로 차량요소의 강성 행렬, 질량 행렬, 감쇠 행렬 및 하중 벡터를 궤도구조의 전체적 강성 행렬, 전체적 질량 행렬, 전체적 감쇠 행렬 및 전체적 하중 벡터로 조합함으로써, 차량-궤도 연결시스템(또는 궤도-교량 연결시스템)의 전체적 강성 행렬, 전체적 질량 행렬, 전체적 감쇠 행렬 및 전체적 하중 벡터를 구할 수 있다.

차량-궤도(또는 궤도-교량) 연결시스템의 결과로서 생긴 동적 유한요소 방정식은 다음과 같다.

$$M\ddot{a} + C\dot{a} + Ka = Q \tag{9.76}$$

여기서, M, C, K 및 Q는 각각 차량-궤도(또는 궤도-교량) 연결시스템의 전체적 질량 행렬, 전체적 감쇠 행렬, 전체적 강성 행렬 및 전체적 하중 벡터를 나타낸다.

$$M = \sum_e (m_l + m_u^e), \quad C = \sum_e (c_l + c_u^e), \quad K = \sum_e (k_l + k_u^e),$$
$$Q = \sum_e (Q_l + Q_u^e) \tag{9.77}$$

차량-궤도(또는 궤도-교량) 연결시스템의 동적 유한요소 방정식에 대한 수치 해는 뉴마크 적분법(Newmark integration method)과 같은 직접 적분법을 이용하여 구할 수 있다. 만일 시간 단계(t)에서 식 (9.97)의 해 a, $\dot{a}$, $\ddot{a}$가 기지(旣知)라면, 시간 단계($t + \Delta t$)에서의 해 $a_{t+\Delta t}$는 다음의 (9.78)로 구해질 수 있다.

$$(K + c_0 M + c_1 C) a_{t+\Delta t} = Q_{t+\Delta t} + M(c_0 a_t + c_2 \dot{a}_t + c_3 \ddot{a}_t) + C(c_1 a_t + c_4 \dot{a}_t + c_5 \ddot{a}_t) \tag{9.78}$$

a_t, $\dot{a}_t$, $\ddot{a}_t$ 및 $a_{t+\Delta t}$를 다음의 방정식에 대입하면, 시간 단계($t+\Delta t$)에서의 속도 $\dot{a}_{t+\Delta t}$와 가속도 $\ddot{a}_{t+\Delta t}$는 다음과 같이 계산할 수 있다.

$$\ddot{a}_{t+\Delta t} = c_0(a_{t+\Delta t} - a_t) - c_2 \dot{a}_t - c_3 \ddot{a}_t$$
$$\dot{a}_{t+\Delta t} = \dot{a}_t + c_6 \ddot{a}_t + c_7 \ddot{a}_{t+\Delta t} \tag{9.79}$$

여기서,

$$c_0 = \frac{1}{\alpha \Delta t^2}, \quad c_1 = \frac{\delta}{\alpha \Delta t}, \quad c_2 = \frac{1}{\alpha \Delta t}, \quad c_3 = \frac{1}{2\alpha} - 1$$

$$c_4 = \frac{\delta}{\alpha} - 1, \quad c_5 = \frac{\Delta t}{2}\left(\frac{\delta}{\alpha} - 2\right), \quad c_6 = \Delta t(1-\delta), \quad c_7 = \delta \Delta t \qquad (9.80)$$

여기서, Δt는 시간 단계를 나타내고, α와 δ는 뉴마크 수치 적분법 파라미터이다.

α와 δ가 각각 0.25와 0.5일 때, 뉴마크 수치 적분법은 무조건 안정적인 알고리즘(stable algorithm)이다.

9.6 열차와 궤도 연결시스템의 동적 분석

다음은 세 가지 예이며, 수치적 예 1은 주로 알고리즘을 검증하고 차량과 이동 차량 하의 궤도구조의 동적 응답을 분석하는 데 이용되고, 수치적 예 2와 3은 각각 궤도 가지런함(선형 맞춤)과 틀림을 고려하여 이용된다.

예 1
제시 모델의 정확성을 검증하기 위하여, 참고문헌 [3]에서 나타낸 문제를 고려해보자. **그림 9.5**에서 나타낸 것처럼, 차량은 3 자유도를 가진 스프링–댐핑 강체 시스템으로 단순화되고, 궤도는 단–층 연속 탄성 보로 단순화된다. 열차속도가 72km/h이고 침목 간격이 0.5m이라고 가정하고, 두 모델을 비교해보자.

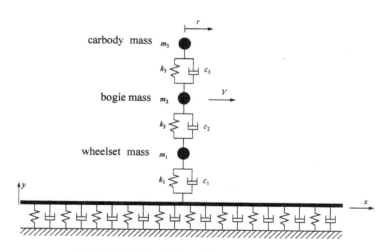

그림 9.5 차량–궤도 연결시스템의 동적 분석용 단순화 모델

궤도 파라미터는 다음을 포함한다. 즉, 레일의 탄성계수 $E = 2.0 \times 10^5$MPa, 레일 수평축에 관한 단면 2차 모멘트 $I = 3.06 \times 10^{-5}$m^4, 단위 길이당 레일 질량 $m = 60$kg/m, 단위 길이당 궤도 강성 $k = 1 \times 10^4$kN/m^2,

단위 길이당 궤도 감쇠 $c = 4.9\text{kNs/m}^2$.

차량 파라미터는 다음을 포함한다. 즉, 윤축 질량 $m_1 = 350\text{kg}$, 대차 질량 $m_2 = 250\text{kg}$, 차체 질량 $m_3 = 3,500\text{kg}$, 차륜-레일 접촉 강성 $k_1 = 8.0 \times 10^6\text{kN/m}$, 일차 스프링 강성 $k_2 = 1.26 \times 10^3\text{kN/m}$, 이차 스프링 강성 $k_3 = 1.41 \times 10^2\text{kN/m}$, 차륜-레일 접촉 감쇠 $c_1 = 6.7 \times 10^2\text{kNs/m}$, 일차 스프링 감쇠 $c_2 = 7.1\text{kNs/m}$, 이차 스프링 감쇠 $c_3 = 8.87\text{kNs/m}$.

계산 결과는 **그림 9.6**에 나타내며, 여기서 **그림 9.6(a)**는 유한요소 분석의 결과를 나타내고 **그림 9.6(b)**는 이 장의 차량과 궤도요소의 결과를 나타낸다. 두 결과가 서로 간에 잘 일치하는 것을 볼 수 있다.

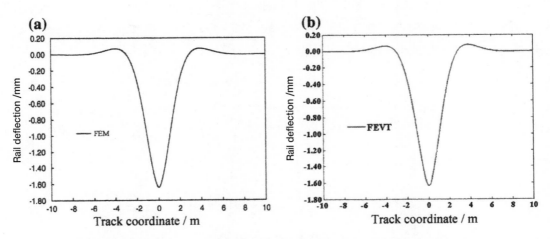

그림 9.6 궤도 위치에 따른 레일 처짐의 분포 : (a) 유한요소의 계산 결과, (b) 차량과 궤도요소의 계산 결과

예 2

전술의 이론에 대한 응용 예로서, 차량과 궤도구조의 동적 응답이 연구되었다. 연구에 이용된 차량은 중국 고속열차이며, 파라미터를 **표 9.1**에 나타낸다. 연구에 이용된 궤도는 휨(굴곡) 계수(flexural modulus)가 $EI = 2 \times 6.625\text{MN m}^2$인 60kg/m 장대레일, 2.6m의 침목 길이와 0.60m의 침목 간격을 가진 III형 프리스트레스 침목, 도상의 두께가 30cm이고 밀도가 2,000kg/m³인 자갈궤도이다. 그 밖의 파라미터는 **표 9.2**에 나타낸다.

표 9.1 중국 고속열차 HSC의 파라미터

파라미터	값	파라미터	값
1/2 차체 질량 $M_c(\text{kg})$	26,000	이차 현가장치의 수직 강성 $K_{s2}(\text{kN/m})$	1.72×10^3
1/2 대차 질량 $M_t(\text{kg})$	1,600	일차 현가장치의 수직 감쇠 $C_{s1}(\text{kN s/m})$	500
차륜 질량 $M_w(\text{kg})$	1,400	일차 현가장치의 수직 감쇠 $C_{s2}(\text{kN s/m})$	196
차체 피치 관성 모멘트 $J_c(\text{kg m}^2)$	2.31×10^6	고정 축거(軸距) $2l_1(\text{m})$	2.50
대차 피치 관성 모멘트 $J_t(\text{kg m}^2)$	3,120	두 대차 피벗 중심 간 거리 $2l_2(\text{m})$	18.0
일차 현가장치의 수직 강성 $K_{s1}(\text{N/m})$	1.87×10^6	윤축 반경(m)	0.4575

표 9.2 궤도구조의 파라미터

궤도구조	단위 길이당 질량 (kg)	단위 길이당 강성 (MN/m²)	단위 길이당 감쇠 (kN s/m²)
레일	60	133	83.3
침목	284	200	100
도상	1,360	425	150

궤도가 완전히 매끈하고(틀림이 없고), 속도가 252km/h라고 가정하며, 뉴마크 수치 적분법(Newmark numerical integration method)의 시간 단계는 $\Delta t = 0.001$s이고, 차륜-레일 접촉 강성은 $K_c = 1.325 \times 10^6$kN/m이다. 궤도의 경계 효과를 줄이기 위하여 계산을 위한 총 궤도길이는 220m이며, 이것은 왼쪽과 오른쪽 궤도 끝에 대하여 20m의 여분의 궤도길이들을 포함한다. 시스템은 1 차량요소 및 1168 노드가 있는 385 궤도요소로 이산화(離散化, discretize)된다.

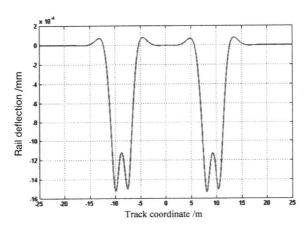

그림 9.7 궤도를 따른 레일 처짐

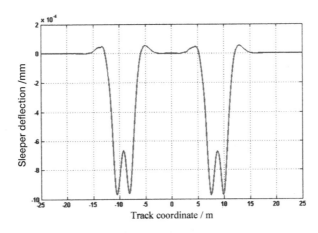

그림 9.8 궤도를 따른 침목 처짐

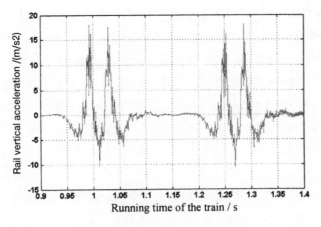

그림 9.9 레일의 수직가속도의 시간 이력

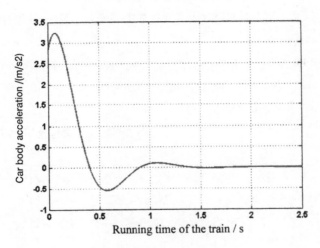

그림 9.10 차체의 수직가속도의 시간 이력

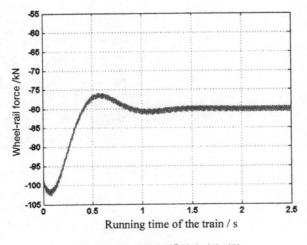

그림 9.11 차륜–레일의 접촉력의 시간 이력

계산 결과는 **그림 9.7~9.11**에 나타내며, 이들은 각각 이동하중 하에서 각각 레일과 침목의 처짐, 레일과 차체의 수직가속도 및 차륜-레일 접촉력을 나타낸다[12]. 그림들에서 보여주는 것처럼, 레일과 침목의 처짐에서 4 곡선 피크는 분명히 4 윤축에 상응한다. 차체 수직가속도와 차륜-레일 접촉력의 시간 이력 곡선에서, 초기 계산조건이 해(解)의 안정에 영향을 미치고, 그래서 이 단계(period)의 수치 해가 정확하지 않기 때문에 계산 결과는 최초의 1초 이내에서 더 크게 동요된다. 최초의 1초 후에는 계산이 안정되는 경향이 있다. 궤도가 완전히 매끈하다는(틀림이 없다는) 가정 때문에, 안정적인 동적 분석의 결과는 정적 해와 같다.

예 3

차량과 궤도구조의 동적 응답은 수직 궤도 종단선형(고저)의 불규칙한 틀림(random irregularity)을 고려하면서 연구된다. 미국 궤도의 파워 스펙트럼 밀도 함수를 택하기 위하여 틀림 상태가 수준 6이라고 가정하여, 삼각급수 방법(trigonometric series method)을 사용함으로써 궤도 틀림 표본이 생성된다. 표본을 식 (9.69)로 치환함으로써, 궤도 틀림으로 인한 추가의 동하중이 구해질 수 있다. 차량, 궤도구조 및 수치계산의 파라미터는 '예 2'에서 나타낸 것과 같다.

계산 결과는 **그림 9.12~9.16**에 나타내며, 이들은 각각 이동하중 하에서 레일과 침목의 처짐, 레일과 차체의 수직가속도 및 차륜-레일 접촉력을 나타낸다[12]. 설명된 대로, 궤도 틀림은 차량과 궤도구조의 동적 응답의 증가로 이끄는 추가의 동하중을 유발할 것이다.

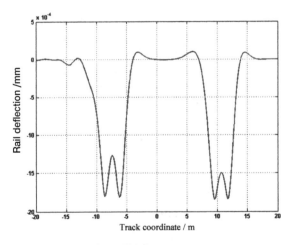

그림 9.12 궤도를 따른 레일 처짐

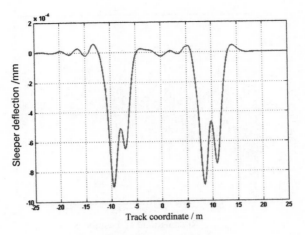

그림 9.13 궤도를 따른 침목 처짐

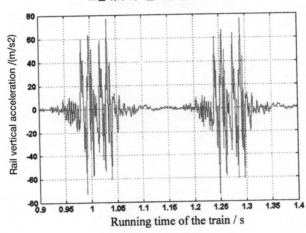

그림 9.14 레일 수직가속도의 시간 이력

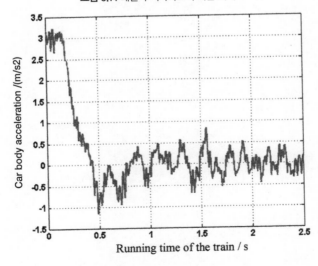

그림 9.15 차체의 수직가속도의 시간 이력

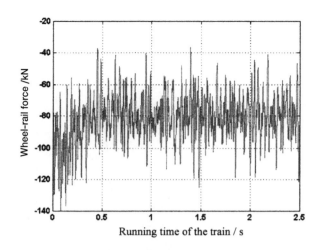

그림 9.16 차륜–레일의 접촉력의 시간 이력

참고문헌

1. Nielsen JCO (1993) Train/track interaction: coupling of moving and stationary dynamic systems. Ph.D. dissertation, Charles University of technology, Gotebory, Sweden
2. Knothe K, Grassie SL (1993) Modeling of railway track and vehicle/track interaction at high frequencies. Veh Syst Dyn 22(3/4):209–262
3. Koh CG, Ong JSY, Chua DKH, Feng J (2003) Moving element method for train-track dynamics. Int J Numer Meth Eng 56:1549–1567
4. Ono K, Yamada M (1989) Analysis of railway track vibration. J Sound Vib 130:269–297
5. Venancio Filho F (1978) Finite element analysis of structures under moving loads. Shock Vibr Digest 10:27–35
6. Zhai WM (2007) Vehicle-track coupling dynamics (third edition). Science Press, Beijing
7. Lei XY, Sheng XZ (2008) Theoretical research on modern track (second edition). China Railway Publishing House, Beijing
8. Lei XY, Noda NA (2002) Analyses of dynamic response of vehicle and track coupling system with random irregularity of track vertical profile. J Sound Vib 258(1):147–165
9. Lei XY, Zhang B (2010) Influence of track stiffness distribution on vehicle and track interactions in track transition. J Rail Rapid Transit Proc Instit Mech Eng Part F 224(1): 592–604
10. Lei XY, Zhang B (2011) Analysis of dynamic behavior for slab track of high-speed railway based on vehicle and track elements. J Transp Eng 137(4):227–240
11. Lei XY, Zhang B (2011) Analyses of dynamic behavior of track transition with finite elements. J Vib Control 17(11):1733–1747
12. Zhang B (2007) Analyses of dynamic behavior of high speed railway track structure with finite elements. Master's thesis of East China Jiaotong University, Nanchang

제10장 이동 좌표계의 유한요소를 이용한 차량-궤도 연결시스템의 동적 분석

고속철도와 여객전용선의 빠른 발전과 함께, 열차속도가 현저하게 증가하고 슬래브궤도가 고속철도에서 주된 궤도 유형으로 되었다. 탁월한 경제적 이익과 함께, 철도 주행속도의 큰 증가는 차륜-레일 상호작용의 추가로 이끌고 진동소음 문제가 부상된다. 슬래브궤도구조는 새로운 유형의 궤도구조이며 기존의 자갈궤도와 상당히 다르다.

앞에서 말한 문제의 연구는 동역학의 지원이 필요하며, 그러므로 차량-궤도 연결시스템의 효과적인 알고리즘을 연구하는 것이 필요하다. 이 분야에서 국내외의 학자들이 상당히 많은 연구를 수행하였다. 케임브리지대학교의 Grassie 등[1]은 고주파수 수직 가진(加振, excitation)에 대한 철도궤도의 동적 응답을 연구하였다. 뮌헨 공학·기술대학교의 Eisenmann[2]은 무도상 궤도의 다층(multi-level) 이론을 제안하고 그것을 구조설계와 하중 측정에 적용하였다. 중국 교수 Zhai[3, 4]는 차량-궤도 연결 동적 시스템의 모델을 수립하였으며, 그것을 무도상 궤도 동역학에 응용하였다. Xiang과 Zeng[5, 6]은 차량-궤도 연결시스템의 동적 방정식을 수립하기 위하여 '올바른 위치에 설정(set in the right position)' 및 상응하는 행렬 조합 방법을 제안하였다. Lei 등[7, 8]은 유한요소를 가진 열차-궤도-노반 비선형 연결시스템에 대한 진동 분석모델과 그것의 교차 반복 알고리즘을 개발하였다. Xie[9]는 이동하중을 받는 윙클러 보(Winkler beam)의 동적 응답을 연구하였다. 싱가포르국립대학교의 Koh[10]는 이동 요소 방법을 제안하고 단순화 레일모델의 동적 분석을 수행하였다.

앞에서 언급한 연구들은 레일 보를 연속체로 다루며 지배 미분방정식을 풀기 위하여 몇몇 분석적 또는 수치적 수단을 채용한다. 게다가 무한히 긴 보의 길이를 양쪽 끝에서 인위적으로 끝을 잘라내기(truncate) 위하여 몇몇 경계조건이 도입되어야 한다. 이동 차량은 '흐름에 따른(downstream)' 쪽에 대한 인위적 경계 끝에 가까워질 것이며 인위적 경계 끝을 넘어서기조차 할 수 있다. 선로종점을 향한 경계 근처의 수치 해(解)는 무시되어야 한다.

이 장에서는 열차-슬래브궤도 연결시스템의 동적 분석에서 이동 좌표계(moving frame of reference)의 유한요소가 이용될 것이다. 슬래브궤도의 3-층 보 모델을 수립함으로써 이동 좌표계에서 슬래브궤도의 요소 행렬, 감쇠 행렬 및 강성 행렬이 추론된다. 이 장의 연구는 제9장의 전체 차량 모델을 택하며, 차륜-레일 접촉력의 평형 방정식과 기하구조 적합 조건(compatibility condition)으로 열차와 궤도구조의 연결을 실현하며, 그것은 계산 결과에 대한 경계에서의 영향을 효과적으로 피하고, 따라서 계산 효율을 개선한다.

10.1 기본가정

중국 CRTS II 슬래브궤도의 3-층 보 요소 모델을 수립하기 위하여 다음과 같은 가정을 한다.

① 차량-궤도 연결시스템의 수직 진동영향만이 고려된다.
② 차륜과 레일 간의 선형 탄성 접촉이 고려된다.
③ 차량과 슬래브궤도가 궤도의 중심선에 관하여 좌우 양측으로 대칭적이므로 계산의 편의를 위해 연결시스템의 반(半)만 이용된다.
④ 레일은 연속 점탄성 지지를 가진 2D 보 요소로 간주한다. 레일패드와 체결장치의 강성계수와 감쇠 계수는 각각 k_r과 c_r으로 나타낸다.
⑤ 프리캐스트(precast) 궤도슬래브는 연속 점탄성 지지를 가진 2D 보 요소로 이산화된다. 프리캐스트 궤도슬래브 아래의 시멘트 아스팔트 모르터 층의 강성계수와 감쇠 계수는 각각 k_s과 c_s로 나타낸다.
⑥ 콘크리트 지지층은 연속 점탄성 지지를 가진 2D 보 요소로 이산화된다. 콘크리트 지지층 아래 노반의 강성과 감쇠 계수는 각각 k_h과 c_h로 나타낸다.
⑦ 궤도슬래브의 중간부만 논의될 것이다. 궤도슬래브의 양쪽에 관해서는 그들의 관련 행렬이 같은 방법으로 논의될 것이다.

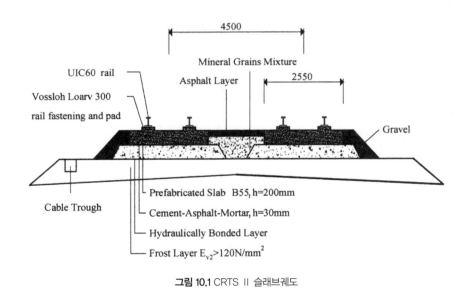

그림 10.1 CRTS II 슬래브궤도

10.2 이동 좌표계에서 슬래브궤도의 3-층 보 요소 모델

슬래브궤도의 기하구조 크기는 **그림 10.1**에 나타낸다. **그림 10.2**는 슬래브궤도의 단순화된 3-층 연속 보 모델이다.

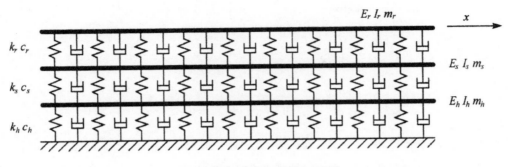

그림 10.2 슬래브궤도의 3-층 연속 보 모델

그림 10.2에서 E_r, E_s 및 E_h는 레일, 궤도슬래브 및 콘크리트 지지층의 탄성계수를 나타낸다. I_r, I_s 및 I_h는 레일, 궤도슬래브 및 콘크리트 지지층의 단면 2차 모멘트를 나타내고, m_r, m_s 및 m_h는 레일, 궤도슬래브 및 콘크리트 지지층의 단위 길이당 질량을 나타낸다.

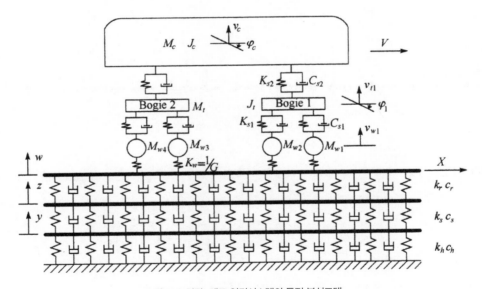

그림 10.3 차량-궤도 연결시스템의 동적 분석모델

10.2.1 슬래브궤도의 지배 방정식

그림 10.3에 나타낸 것처럼, 차량-궤도 연결시스템의 동적 분석모델은 상부의 차량 서브 시스템과 하부의 슬래브궤도 서브 시스템으로 나뉜다. 차량은 V의 속도로 궤도 x방향을 따라 이동한다.

레일, 프리캐스트 궤도슬래브 및 콘크리트 지지층의 수직 변위는 w, z 및 y로 나타내며, 슬래브궤도 서브 시스템의 지배 방정식은 다음과 같다.

$$E_r I_r \frac{\partial^4 w}{\partial x^4} + m_r \frac{\partial^2 w}{\partial t^2} + c_r \left(\frac{\partial w}{\partial t} - \frac{\partial z}{\partial t} \right) + k_r (w - z) = F(t)\delta(x - Vt) \tag{10.1}$$

$$E_s I_s \frac{\partial^4 z}{\partial x^4} + m_s \frac{\partial^2 z}{\partial t^2} + c_s \left(\frac{\partial z}{\partial t} - \frac{\partial y}{\partial t} \right) - c_r \left(\frac{\partial w}{\partial t} - \frac{\partial z}{\partial t} \right) + k_s (z - y) - k_r (w - z) = 0 \tag{10.2}$$

$$E_h I_h \frac{\partial^4 z}{\partial x^4} + m_h \frac{\partial^2 y}{\partial t^2} + c_h \frac{\partial y}{\partial t} - c_s \left(\frac{\partial z}{\partial t} - \frac{\partial y}{\partial t} \right) + k_h y - k_s (z - y) = 0 \tag{10.3}$$

여기서, $F(t)$는 차륜-레일 접촉점에서의 동하중이고, δ는 디랙 델타함수(Dirac delta function)이며, x는 궤도의 종 방향에서의 고정좌표(stationary coordinate)이고, 그것의 원점은 임의적이다. 편의를 위해, 원점(原點)은 일반적으로 왼쪽 경계의 끝점에서 선택된다.

그림 10.4는 수치 모델링을 위해 슬래브궤도의 끝을 잘라냄(truncation)과 이동 요소의 유한(有限) 수(數)로의 이산화(반드시 길이가 같지는 않음)를 보여준다. 끝을 잘라낸 궤도의 흐름을 거슬러 가는 끝(upstream end)과 흐름에 따른 끝(downstream end)은 그들 끝의 힘과 이동이 영(제로)이 되도록 접촉력에서 충분히 멀리 떨어지게 취한다.

그림 10.4 이동 요소에 따른 슬래브궤도의 나눔

노드 I와 노드 J를 가진 길이 l에 대해 전형적인 이동 요소를 고려하면, 이동 좌표(moving coordinate)는 다음과 같이 정의할 수 있다.

$$r = x - x_I - Vt \tag{10.4}$$

여기서, x_I는 노드 I의 고정좌표이다.

따라서, r 좌표의 원점은 이동하는 힘/차량과 함께 이동된다. 이 단순 변화를 식 (10.1)~(10.3)에 대입하면, 이동 좌표계(moving frame of reference)에서 슬래브궤도 서브 시스템의 3-층 보 모델은 다음과 같다.

$$E_r I_r \frac{\partial^4 w}{\partial r^4} + m_r \left[V^2 \left(\frac{\partial^2 w}{\partial r^2} \right) - 2V \left(\frac{\partial^2 w}{\partial r \partial t} \right) + \left(\frac{\partial^2 w}{\partial t^2} \right) \right] + c_r \left[\left(\frac{\partial w}{\partial t} \right) - V \left(\frac{\partial w}{\partial r} \right) \right]$$
$$- c_r \left[\left(\frac{\partial z}{\partial t} \right) - V \left(\frac{\partial z}{\partial r} \right) \right] + k_r (w - z) = F(t)\delta(r + x_I) \tag{10.5}$$

$$E_s I_s \frac{\partial^4 z}{\partial r^4} + m_s \left[V^2 \left(\frac{\partial^2 z}{\partial r^2} \right) - 2V \left(\frac{\partial^2 z}{\partial r \partial t} \right) + \left(\frac{\partial^2 z}{\partial t^2} \right) \right] + c_s \left[\left(\frac{\partial z}{\partial t} \right) - V \left(\frac{\partial z}{\partial r} \right) \right]$$
$$- c_s \left[\left(\frac{\partial y}{\partial t} \right) - V \left(\frac{\partial y}{\partial r} \right) \right] - c_r \left[\left(\frac{\partial w}{\partial t} \right) - V \left(\frac{\partial w}{\partial r} \right) \right] + c_r \left[\left(\frac{\partial z}{\partial t} \right) - V \left(\frac{\partial z}{\partial r} \right) \right] \tag{10.6}$$
$$+ k_s (z - y) - k_r (w - z) = 0$$

$$E_h I_h \frac{\partial^4 y}{\partial r^4} + m_h \left[V^2 \left(\frac{\partial^2 y}{\partial r^2} \right) - 2V \left(\frac{\partial^2 y}{\partial r \partial t} \right) + \left(\frac{\partial^2 y}{\partial t^2} \right) \right] + c_h \left[\left(\frac{\partial y}{\partial t} \right) - V \left(\frac{\partial y}{\partial r} \right) \right]$$
$$- c_s \left[\left(\frac{\partial z}{\partial t} \right) - V \left(\frac{\partial z}{\partial r} \right) \right] + c_s \left[\left(\frac{\partial y}{\partial t} \right) - V \left(\frac{\partial y}{\partial r} \right) \right] + k_h y - k_s (z - y) = 0 \tag{10.7}$$

요소들 대부분이 차량시스템과 접촉하지 않는 것에 주목하라. 그러한 요소들의 경우는 식 (10.5)의 오른쪽에 있는 힘의 항이 영(제로)이다.

10.2.2 이동 좌표계에서 슬래브궤도의 요소 질량, 감쇠 및 강성 행렬

그림 **10.5**에 나타낸 것처럼, 이동 좌표계의 전형적인 슬래브궤도 요소에 대하여, v_1과 v_4는 레일의 수직 변위를 나타내고, θ_1과 θ_4는 레일의 회전각이다. v_2와 v_5는 궤도슬래브의 수직 변위이고, θ_2과 θ_5는 궤도슬래브의 회전각이다. v_3과 v_6은 콘크리트 지지층의 수직 변위이고 θ_3과 θ_6은 콘크리트 지지층의 회전각이다.

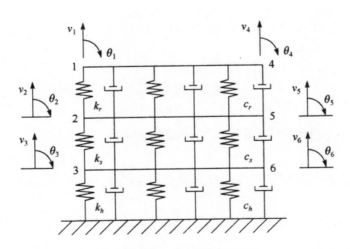

그림 10.5 CRTS II 슬래브궤도 요소 모델

이동 좌표계의 각 슬래브궤도 요소는 12 자유도를 갖는다. 요소 노드 변위 벡터는 다음과 같다.

$$a^e = \left\{ v_1 \quad \theta_1 \quad v_2 \quad \theta_2 \quad v_3 \quad \theta_3 \quad v_4 \quad \theta_4 \quad v_5 \quad \theta_5 \quad v_6 \quad \theta_6 \right\}^T \tag{10.8}$$

레일의 어떤 한 점에서의 변위는 보간 함수(補間函數, interpolation function)로 나타낼 수 있다.

$$
\begin{aligned}
w &= N_1 v_1 + N_2 \theta_1 + N_3 v_4 + N_4 \theta_4 \\
&= \{\, N_1 \quad N_2 \quad 0 \quad 0 \quad 0 \quad 0 \quad N_3 \quad N_4 \quad 0 \quad 0 \quad 0 \quad 0 \,\}\, a^e \\
&= N_r\, a^e
\end{aligned}
\tag{10.9}
$$

여기서, N_r은 레일 변위의 보간 함수 행렬이고, $N_1 \sim N_4$는 슬래브궤도 요소의 변위 보간 함수이다.

$$
\begin{aligned}
N_1 &= 1 - \frac{3}{l^2}r^2 + \frac{2}{l^3}r^3, & N_2 &= -r + \frac{2}{l}r^2 - \frac{1}{l^2}r^3, \\
N_3 &= \frac{3}{l^2}r^2 - \frac{2}{l^3}r^3, & N_4 &= \frac{1}{l}r^2 - \frac{1}{l^2}r^3
\end{aligned}
\tag{10.10}
$$

같은 방식으로, 프리캐스트 궤도슬래브의 어떤 한 점에서의 변위는 다음과 같다.

$$
\begin{aligned}
z &= N_1 v_2 + N_2 \theta_2 + N_3 v_5 + N_4 \theta_5 \\
&= \{\, 0 \quad 0 \quad N_1 \quad N_2 \quad 0 \quad 0 \quad 0 \quad 0 \quad N_3 \quad N_4 \quad 0 \quad 0 \,\}\, a^e \\
&= N_s\, a^e
\end{aligned}
\tag{10.11}
$$

여기서, N_s은 궤도슬래브 변위의 보간 함수 행렬이다.

콘크리트 지지층의 어떤 한 점에서의 변위는 다음과 같다.

$$
\begin{aligned}
y &= N_1 v_3 + N_2 \theta_3 + N_3 v_6 + N_4 \theta_6 \\
&= \{\, 0 \quad 0 \quad 0 \quad 0 \quad N_1 \quad N_2 \quad 0 \quad 0 \quad 0 \quad 0 \quad N_3 \quad N_4 \,\}\, a^e \\
&= N_h\, a^e
\end{aligned}
\tag{10.12}
$$

여기서, N_h은 콘크리트 지지층 변위의 보간 함수 행렬이다.

10.2.2.1 이동 좌표계에서 슬래브궤도 요소의 제1층 보 행렬

지배 방정식 (10.5)는 가중함수(변동·variation) w로 곱해지고, 그다음에 요소길이에 걸쳐 적분이 되며, 다음과 같은 변동(또는 약한) 형태로 이어진다.

$$
\begin{aligned}
\int_0^l w(r) \Bigg\{ & E_r I_r \frac{\partial^4 w}{\partial r^4} + m_r \left[V^2 \left(\frac{\partial^2 w}{\partial r^2} \right) - 2V \left(\frac{\partial^2 w}{\partial r \partial t} \right) + \left(\frac{\partial^2 w}{\partial t^2} \right) \right] + c_r \left[\left(\frac{\partial w}{\partial t} \right) - V \left(\frac{\partial w}{\partial r} \right) \right] \\
& - c_r \left[\left(\frac{\partial z}{\partial t} \right) - V \left(\frac{\partial z}{\partial r} \right) \right] + k_r (w - z) - F(t) \delta(r) \Bigg\} dr = 0
\end{aligned}
\tag{10.13}
$$

요소길이 l에 걸쳐 전술의 방정식의 각 항에 대하여 부분적분법을 취한다. 즉,

$$\int_0^l w(r) E_r I_r \frac{\partial^4 w}{\partial r^4} dr = E_r I_r \int_0^l w(r) d\left(\frac{\partial^3 w}{\partial r^3}\right) = E_r I_r \left[\left(w(r) \cdot \frac{\partial^3 w}{\partial r^3}\right)\Big|_0^l - \int_0^l \frac{\partial^3 w}{\partial r^3} \cdot \frac{\partial w}{\partial r} dr\right]$$

$$= -E_r I_r \int_0^l \frac{\partial w}{\partial r} d\left(\frac{\partial^2 w}{\partial r^2}\right) = -E_r I_r \left[\left(\frac{\partial w}{\partial r} \cdot \frac{\partial^2 w}{\partial r^2}\right)\Big|_0^l - \int_0^l \frac{\partial^2 w}{\partial r^2} \cdot \frac{\partial^2 w}{\partial r^2} dr\right]$$

$$= E_r I_r \int_0^l \left(\boldsymbol{N}_{r,rr} \boldsymbol{a}^e\right)^T \left(\boldsymbol{N}_{r,rr} \boldsymbol{a}^e\right) dr = \left(\boldsymbol{a}^e\right)^T \cdot E_r I_r \int_0^l \boldsymbol{N}_{r,rr}^T \boldsymbol{N}_{r,rr} dr \cdot \left(\boldsymbol{a}^e\right)$$

$$\text{(10.14)}$$

$$\int_0^l w(r) m_r V^2 \frac{\partial^2 w}{\partial r^2} dr = m_r V^2 \int_0^l w(r) \frac{\partial^2 w}{\partial r^2} dr$$

$$= m_r V^2 \int_0^l w(r) d\left(\frac{\partial w}{\partial r}\right) = m_r V^2 \left[\left(w(r) \cdot \frac{\partial w}{\partial r}\right)\Big|_0^l - \int_0^l \frac{\partial w}{\partial r} \cdot \frac{\partial w}{\partial r} dr\right]$$

$$= -m_r V^2 \int_0^l \left(\boldsymbol{N}_{r,r} \boldsymbol{a}^e\right)^T \left(\boldsymbol{N}_{r,r} \boldsymbol{a}^e\right) dr = -\left(\boldsymbol{a}^e\right)^T \cdot m_r V^2 \int_0^l \boldsymbol{N}_{r,r}^T \boldsymbol{N}_{r,r} dr \cdot \left(\boldsymbol{a}^e\right)$$

$$\text{(10.15)}$$

$$-2\int_0^l w(r) m_r V\left(\frac{\partial^2 w}{\partial r \partial t}\right) dr = -2m_r V \int_0^l w(r)\left(\frac{\partial^2 w}{\partial r \partial t}\right) dr$$

$$= -2m_r V \int_0^l \left(\boldsymbol{N}_r \boldsymbol{a}^e\right)^T \left(\boldsymbol{N}_{r,r} \boldsymbol{a}^e\right) dr \qquad \text{(10.16)}$$

$$= -\left(\boldsymbol{a}^e\right)^T \cdot 2m_r V \int_0^l \boldsymbol{N}_r^T \boldsymbol{N}_{r,r} dr \cdot \left(\dot{\boldsymbol{a}}^e\right)$$

$$\int_0^l w(r) m_r \left(\frac{\partial^2 w}{\partial t^2}\right) dr = m_r \int_0^l w(r)\left(\frac{\partial^2 w}{\partial t^2}\right) dr$$

$$= m_r \int_0^l \left(\boldsymbol{N}_r \boldsymbol{a}^e\right)^T \left(\boldsymbol{N}_r \ddot{\boldsymbol{a}}^e\right) dr \qquad \text{(10.17)}$$

$$= \left(\boldsymbol{a}^e\right)^T \cdot m_r \int_0^l \boldsymbol{N}_r^T \boldsymbol{N}_r dr \cdot \left(\ddot{\boldsymbol{a}}^e\right)$$

$$\int_0^l w(r) c_r \left(\frac{\partial w}{\partial t}\right) dr = c_r \int_0^l w(r)\left(\frac{\partial w}{\partial t}\right) dr = c_r \int_0^l \left(\boldsymbol{N}_r \boldsymbol{a}^e\right)^T \left(\boldsymbol{N}_r \dot{\boldsymbol{a}}^e\right) dr$$

$$= \left(\boldsymbol{a}^e\right)^T \cdot c_r \int_0^l \boldsymbol{N}_r^T \boldsymbol{N}_r dr \cdot \left(\dot{\boldsymbol{a}}^e\right) \qquad \text{(10.18)}$$

$$-\int_0^l w(r) c_r V\left(\frac{\partial w}{\partial r}\right) dr = -c_r V \int_0^l w(r)\left(\frac{\partial w}{\partial r}\right) dr$$

$$= -c_r V \int_0^l \left(\boldsymbol{N}_r \boldsymbol{a}^e\right)^T \left(\boldsymbol{N}_{r,r} \dot{\boldsymbol{a}}^e\right) dr$$

$$= -\left(\boldsymbol{a}^e\right)^T \cdot c_r V \int_0^l \boldsymbol{N}_r^T \boldsymbol{N}_{r,r} dr \cdot \left(\dot{\boldsymbol{a}}^e\right) \qquad \text{(10.19)}$$

$$-\int_0^l w(r)\,c_r\left(\frac{\partial z}{\partial t}\right)dr = -c_r\int_0^l w(r)\left(\frac{\partial z}{\partial t}\right)dr$$
$$= -c_r\int_0^l \left(\boldsymbol{N}_r\,\boldsymbol{a}^e\right)^T\left(\boldsymbol{N}_s\,\dot{\boldsymbol{a}}^e\right)dr = -\left(\boldsymbol{a}^e\right)^T \cdot c_r\int_0^l \boldsymbol{N}_r^T\boldsymbol{N}_s\,dr \cdot \left(\dot{\boldsymbol{a}}^e\right) \tag{10.20}$$

$$\int_0^l w(r)\,c_r\,V\left(\frac{\partial z}{\partial r}\right)dr = c_r\,V\int_0^l w(r)\left(\frac{\partial z}{\partial r}\right)dr$$
$$= c_r\,V\int_0^l \left(\boldsymbol{N}_r\,\boldsymbol{a}^e\right)^T\left(\boldsymbol{N}_{s,r}\,\boldsymbol{a}^e\right)dr = \left(\boldsymbol{a}^e\right)^T \cdot c_r\,V\int_0^l \boldsymbol{N}_r^T\boldsymbol{N}_{s,r}\,dr \cdot \left(\boldsymbol{a}^e\right) \tag{10.21}$$

$$\int_0^l w(r)\,k_r\,w(r)dr = k_r\int_0^l w(r)^2 dr = k_r\int_0^l \left(\boldsymbol{N}_r\,\boldsymbol{a}^e\right)^T\left(\boldsymbol{N}_r\,\boldsymbol{a}^e\right)dr$$
$$= \left(\boldsymbol{a}^e\right)^T \cdot k_r\int_0^l \boldsymbol{N}_r^T\boldsymbol{N}_r\,dr \cdot \left(\boldsymbol{a}^e\right) \tag{10.22}$$

$$-\int_0^l w(r)\,k_r\,z(r)dr = -k_r\int_0^l w(r)z(r)dr = -k_r\int_0^l \left(\boldsymbol{N}_r\,\boldsymbol{a}^e\right)^T\left(\boldsymbol{N}_s\,\boldsymbol{a}^e\right)dr$$
$$= -\left(\boldsymbol{a}^e\right)^T \cdot k_r\int_0^l \boldsymbol{N}_r^T\boldsymbol{N}_s\,dr \cdot \left(\boldsymbol{a}^e\right) \tag{10.23}$$

에너지의 원리(principle of energy)를 이용하여, 이동 좌표계에서 슬래브궤도 요소의 제1층 보 질량, 감쇠 및 강성 행렬을 다음과 같이 구할 수 있다.

$$m_r^e = m_r\int_0^l \boldsymbol{N}_r^T\boldsymbol{N}_r\,dr \tag{10.24}$$

$$c_r^e = -2m_r\,V\int_0^l \boldsymbol{N}_r^T\boldsymbol{N}_{r,r}\,dr + c_r\int_0^l \boldsymbol{N}_r^T\boldsymbol{N}_r\,dr - c_r\int_0^l \boldsymbol{N}_r^T\boldsymbol{N}_s\,dr \tag{10.25}$$

$$k_r^e = E_r\,I_r\int_0^l \boldsymbol{N}_{r,rr}^T\boldsymbol{N}_{r,rr}\,dr - m_r\,V^2\int_0^l \boldsymbol{N}_{r,r}^T\boldsymbol{N}_{r,r}\,dr - c_r\,V\int_0^l \boldsymbol{N}_r^T\boldsymbol{N}_{r,r}\,dr$$
$$+ c_r\,V\int_0^l \boldsymbol{N}_r^T\boldsymbol{N}_{s,r}\,dr + k_r\int_0^l \boldsymbol{N}_r^T\boldsymbol{N}_r\,dr - k_r\int_0^l \boldsymbol{N}_r^T\boldsymbol{N}_s\,dr \tag{10.26}$$

10.2.2.2 이동 좌표계에서 슬래브궤도 요소의 제2층 보 행렬

지배 방정식 (10.6)은 가중함수(변동 · variation) z로 곱해지고, 그다음에 요소길이에 걸쳐 적분이 되며, 다음과 같은 변동(또는 약한) 형태로 이어진다.

$$\int_0^l z(r)\left\{E_s I_s\frac{\partial^4 z}{\partial r^4} + m_s\left[V^2\left(\frac{\partial^2 z}{\partial r^2}\right) - 2V\left(\frac{\partial^2 z}{\partial r\,\partial t}\right) + \left(\frac{\partial^2 z}{\partial t^2}\right)\right] + c_s\left[\left(\frac{\partial z}{\partial t}\right) - V\left(\frac{\partial z}{\partial r}\right)\right]\right.$$
$$\left. - c_s\left[\left(\frac{\partial y}{\partial t}\right) - V\left(\frac{\partial y}{\partial r}\right)\right] - c_r\left[\left(\frac{\partial w}{\partial t}\right) - V\left(\frac{\partial w}{\partial r}\right)\right] + c_r\left[\left(\frac{\partial z}{\partial t}\right) - V\left(\frac{\partial z}{\partial r}\right)\right] + k_s(z-y) - k_r(w-z)\right\}dr = 0 \tag{10.27}$$

요소길이 l에 걸쳐 전술의 방정식의 각 항에 대하여 부분적분법을 취한다. 즉,

$$\int_0^l z(r)E_s I_s \frac{\partial^4 z}{\partial r^4} dr = E_s I_s \int_0^l z(r)d\left(\frac{\partial^3 z}{\partial r^3}\right) = E_s I_s\left[\left(z(r)\cdot\frac{\partial^3 z}{\partial r^3}\right)_0^l - \int_0^l \frac{\partial^3 z}{\partial r^3}\cdot\frac{\partial z}{\partial r} dr\right] \quad (10.28)$$

$$= -E_s I_s \int_0^l \frac{\partial z}{\partial r}d\left(\frac{\partial^2 z}{\partial r^2}\right) = -E_s I_s\left[\left(\frac{\partial z}{\partial r}\cdot\frac{\partial^2 z}{\partial r^2}\right)_0^l - \int_0^l \frac{\partial^2 z}{\partial r^2}\cdot\frac{\partial^2 z}{\partial r^2} dr\right]$$

$$= E_s I_s \int_0^l (\boldsymbol{N}_{s,rr}\boldsymbol{a}^e)^T(\boldsymbol{N}_{s,rr}\boldsymbol{a}^e)dr = (\boldsymbol{a}^e)^T\cdot E_s I_s \int_0^l \boldsymbol{N}_{s,rr}^T \boldsymbol{N}_{s,rr}dr\cdot(\boldsymbol{a}^e)$$

$$\int_0^l z(r)m_s V^2\left(\frac{\partial^2 z}{\partial r^2}\right)dr = m_s V^2\int_0^l z(r)\left(\frac{\partial^2 z}{\partial r^2}\right)dr$$

$$= m_s V^2 \int_0^l z(r)d\left(\frac{\partial z}{\partial r}\right) = m_s V^2\left[\left(z(r)\cdot\frac{\partial z}{\partial r}\right)_0^l - \int_0^l \frac{\partial z}{\partial r}\cdot\frac{\partial z}{\partial r} dr\right] \quad (10.29)$$

$$= -m_s V^2 \int_0^l (\boldsymbol{N}_{s,r}\boldsymbol{a}^e)^T(\boldsymbol{N}_{s,r}\boldsymbol{a}^e)dr = -(\boldsymbol{a}^e)^T\cdot m_s V^2\int_0^l \boldsymbol{N}_{s,r}^T \boldsymbol{N}_{s,r}dr\cdot(\boldsymbol{a}^e)$$

$$-2\int_0^l m_s V z(r)\left(\frac{\partial^2 z}{\partial r\partial t}\right)dr = -2m_s V\int_0^l z(r)\left(\frac{\partial^2 z}{\partial r\partial t}\right)dr$$

$$= -2m_s V\int_0^l (\boldsymbol{N}_s\boldsymbol{a}^e)^T(\boldsymbol{N}_{s,r}\boldsymbol{a}^e)dr \quad (10.30)$$

$$= -(\boldsymbol{a}^e)^T\cdot 2m_s V\int_0^l \boldsymbol{N}_s^T \boldsymbol{N}_{s,r}dr\cdot(\dot{\boldsymbol{a}}^e)$$

$$\int_0^l z(r)m_s\left(\frac{\partial^2 z}{\partial t^2}\right)dr = m_s\int_0^l z(r)\left(\frac{\partial^2 z}{\partial t^2}\right)dr$$

$$= m_s\int_0^l (\boldsymbol{N}_s\boldsymbol{a}^e)^T(\boldsymbol{N}_s\ddot{\boldsymbol{a}}^e)dr \quad (10.31)$$

$$= (\boldsymbol{a}^e)^T\cdot m_s\int_0^l \boldsymbol{N}_s^T \boldsymbol{N}_s dr\cdot(\ddot{\boldsymbol{a}}^e)$$

$$\int_0^l z(r)c_s\left(\frac{\partial z}{\partial t}\right)dr = c_s\int_0^l z(r)\left(\frac{\partial z}{\partial t}\right)dr = c_s\int_0^l (\boldsymbol{N}_s\boldsymbol{a}^e)^T(\boldsymbol{N}_s\dot{\boldsymbol{a}}^e)dr$$

$$= (\boldsymbol{a}^e)^T\cdot c_s\int_0^l \boldsymbol{N}_s^T \boldsymbol{N}_s dr\cdot(\dot{\boldsymbol{a}}^e) \quad (10.32)$$

$$-\int_0^l z(r)c_s V\left(\frac{\partial z}{\partial r}\right)dr = -c_s V\int_0^l z(r)\left(\frac{\partial z}{\partial r}\right)dr$$

$$= -c_s V\int_0^l (\boldsymbol{N}_s\boldsymbol{a}^e)^T(\boldsymbol{N}_{s,r}\dot{\boldsymbol{a}}^e)dr \quad (10.33)$$

$$= -(\boldsymbol{a}^e)^T\cdot c_s V\int_0^l \boldsymbol{N}_s^T \boldsymbol{N}_{s,r}dr\cdot(\dot{\boldsymbol{a}}^e)$$

$$-\int_0^l z(r)c_s\left(\frac{\partial y}{\partial t}\right)dr = -c_s\int_0^l z(r)\left(\frac{\partial y}{\partial t}\right)dr$$

$$= -c_s\int_0^l (\boldsymbol{N}_s\boldsymbol{a}^e)^T(\boldsymbol{N}_h\dot{\boldsymbol{a}}^e)dr = -(\boldsymbol{a}^e)^T\cdot c_s\int_0^l \boldsymbol{N}_s^T \boldsymbol{N}_h dr\cdot(\dot{\boldsymbol{a}}^e) \quad (10.34)$$

$$\int_0^l z(r)\,c_s\,V\left(\frac{\partial y}{\partial r}\right)dr = c_s\,V\int_0^l z(r)\left(\frac{\partial y}{\partial r}\right)dr$$

$$= c_s\,V\int_0^l \left(\boldsymbol{N}_s\,a^e\right)^T\left(\boldsymbol{N}_{h,r}\,a^e\right)dr = \left(a^e\right)^T \cdot c_s\,V\int_0^l \boldsymbol{N}_s^T\boldsymbol{N}_{h,r}\,dr \cdot \left(a^e\right) \tag{10.35}$$

$$-\int_0^l z(r)\,c_r\left(\frac{\partial w}{\partial t}\right)dr = -c_r\int_0^l z(r)\left(\frac{\partial w}{\partial t}\right)dr = -c_r\int_0^l \left(\boldsymbol{N}_s\,a^e\right)^T\left(\boldsymbol{N}_r\,\dot{a}^e\right)dr$$

$$= -\left(a^e\right)^T \cdot c_r\int_0^l \boldsymbol{N}_s^T\boldsymbol{N}_r\,dr \cdot \left(\dot{a}^e\right) \tag{10.36}$$

$$\int_0^l z(r)\,c_r\,V\left(\frac{\partial w}{\partial r}\right)dr = c_r\,V\int_0^l z(r)\left(\frac{\partial w}{\partial r}\right)dr$$

$$= c_r\,V\int_0^l \left(\boldsymbol{N}_s\,a^e\right)^T\left(\boldsymbol{N}_{r,r}\,\dot{a}^e\right)dr$$

$$= \left(a^e\right)^T \cdot c_r\,V\int_0^l \boldsymbol{N}_s^T\boldsymbol{N}_{r,r}\,dr \cdot \left(\dot{a}^e\right) \tag{10.37}$$

$$\int_0^l z(r)\,c_r\left(\frac{\partial z}{\partial t}\right)dr = c_r\int_0^l z(r)\left(\frac{\partial z}{\partial t}\right)dr$$

$$= c_r\int_0^l \left(\boldsymbol{N}_s\,a^e\right)^T\left(\boldsymbol{N}_s\,\dot{a}^e\right)dr = \left(a^e\right)^T \cdot c_r\int_0^l \boldsymbol{N}_s^T\boldsymbol{N}_s\,dr \cdot \left(\dot{a}^e\right) \tag{10.38}$$

$$-\int_0^l z(r)\,c_r\,V\left(\frac{\partial z}{\partial r}\right)dr = -c_r\,V\int_0^l z(r)\left(\frac{\partial z}{\partial r}\right)dr$$

$$= -c_r\,V\int_0^l \left(\boldsymbol{N}_s\,a^e\right)^T\left(\boldsymbol{N}_{s,r}\,a^e\right)dr = -\left(a^e\right)^T \cdot c_r\,V\int_0^l \boldsymbol{N}_s^T\boldsymbol{N}_{s,r}\,dr \cdot \left(a^e\right) \tag{10.39}$$

$$\int_0^l z(r)\,k_s\,z(r)\,dr = k_s\int_0^l z(r)^2\,dr = k_s\int_0^l \left(\boldsymbol{N}_s\,a^e\right)^T\left(\boldsymbol{N}_s\,a^e\right)dr$$

$$= \left(a^e\right)^T \cdot k_s\int_0^l \boldsymbol{N}_s^T\boldsymbol{N}_s\,dr \cdot \left(a^e\right) \tag{10.40}$$

$$-\int_0^l z(r)\,k_s\,y(r)\,dr = -k_s\int_0^l z(r)y(r)\,dr = -k_s\int_0^l \left(\boldsymbol{N}_s\,a^e\right)^T\left(\boldsymbol{N}_h\,a^e\right)dr$$

$$= -\left(a^e\right)^T \cdot k_s\int_0^l \boldsymbol{N}_s^T\boldsymbol{N}_h\,dr \cdot \left(a^e\right) \tag{10.41}$$

$$-\int_0^l z(r)\,k_r\,w(r)\,dr = -k_r\int_0^l z(r)\,w(r)\,dr = -k_r\int_0^l \left(\boldsymbol{N}_s\,a^e\right)^T\left(\boldsymbol{N}_r\,a^e\right)dr$$

$$= -\left(a^e\right)^T \cdot k_r\int_0^l \boldsymbol{N}_s^T\boldsymbol{N}_r\,dr \cdot \left(a^e\right) \tag{10.42}$$

$$\int_0^l z(r)\, k_r\, z(r)dr = k_r \int_0^l z(r)^2 dr = k_r \int_0^l \left(N_s a^e\right)^T \left(N_s a^e\right) dr$$
$$= \left(a^e\right)^T \cdot k_r \int_0^l N_r^T N_s\, dr \cdot \left(a^e\right) \tag{10.43}$$

에너지의 원리를 이용하여, 이동 좌표계에서 슬래브궤도 요소의 제2층 보 질량, 감쇠 및 강성 행렬을 다음과 같이 구할 수 있다.

$$m_s^e = m_s \int_0^l N_s^T N_s\, dr \tag{10.44}$$

$$c_s^e = -2m_s V \int_0^l N_s^T N_{s,r}\, dr + c_s \int_0^l N_s^T N_s\, dr$$
$$- c_s \int_0^l N_s^T N_h\, dr - c_r \int_0^l N_s^T N_r\, dr + c_r \int_0^l N_s^T N_s\, dr \tag{10.45}$$

$$k_s^e = E_s I_s \int_0^l N_{s,rr}^T N_{s,rr}\, dr - m_s V^2 \int_0^l N_{s,r}^T N_{s,r}\, dr$$
$$- c_s V \int_0^l N_s^T N_{s,r}\, dr + c_s V \int_0^l N_s^T N_{h,r}\, dr + c_r V \int_0^l N_s^T N_{r,r}\, dr$$
$$- c_r V \int_0^l N_s^T N_{s,r}\, dr + k_s \int_0^l N_s^T N_s\, dr - k_s \int_0^l N_s^T N_h\, dr \tag{10.46}$$
$$- k_r \int_0^l N_s^T N_r\, dr + k_r \int_0^l N_s^T N_s\, dr$$

10.2.2.3 이동 좌표계에서 슬래브궤도 요소의 제3층 보 행렬

지배 방정식 (10.7)은 가중함수(변동 · variation) y로 곱해지고, 그다음에 요소길이에 걸쳐 적분이 되며, 다음과 같은 변동(또는 약한) 형태로 이어진다.

$$\int_0^l y(r) \left\{ E_h I_h \frac{\partial^4 y}{\partial r^4} + m_h \left[V^2 \left(\frac{\partial^2 y}{\partial r^2} \right) - 2V \left(\frac{\partial^2 y}{\partial r \partial t} \right) + \left(\frac{\partial^2 y}{\partial t^2} \right) \right] + c_h \left[\left(\frac{\partial y}{\partial t} \right) - V \left(\frac{\partial y}{\partial r} \right) \right] \right.$$
$$\left. - c_s \left[\left(\frac{\partial z}{\partial t} \right) - V \left(\frac{\partial z}{\partial r} \right) \right] + c_s \left[\left(\frac{\partial y}{\partial t} \right) - V \left(\frac{\partial y}{\partial r} \right) \right] + k_h y - k_s (z - y) \right\} dr = 0 \tag{10.47}$$

요소길이 l에 걸쳐 전술의 방정식의 각 항에 대하여 부분적분법을 취한다. 즉,

$$\int_0^l y(r) E_h I_h \left(\frac{\partial^4 y}{\partial r^4} \right) dr = E_h I_h \int_0^l y(r) d \left(\frac{\partial^3 y}{\partial r^3} \right) = E_h I_h \left[\left(y(r) \cdot \frac{\partial^3 y}{\partial r^3} \right) \Big|_0^l - \int_0^l \frac{\partial^3 y}{\partial r^3} \cdot \frac{\partial y}{\partial r}\, dr \right]$$
$$= -E_h I_h \int_0^l \frac{\partial y}{\partial r} d \left(\frac{\partial^2 y}{\partial r^2} \right) = -E_h I_h \left[\left(\frac{\partial y}{\partial r} \cdot \frac{\partial^2 y}{\partial r^2} \right) \Big|_0^l - \int_0^l \frac{\partial^2 y}{\partial r^2} \cdot \frac{\partial^2 y}{\partial r^2}\, dr \right] \tag{10.48}$$
$$= E_h I_h \int_0^l \left(N_{h,rr} a^e \right)^T \left(N_{h,rr} a^e \right) dr = \left(a^e \right)^T \cdot E_h I_h \int_0^l N_{h,rr}^T N_{h,rr}\, dr \cdot \left(a^e \right)$$

$$\int_0^l y(r) m_h V^2 \left(\frac{\partial^2 y}{\partial r^2} \right) dr = m_h V^2 \int_0^l y(r) \left(\frac{\partial^2 y}{\partial r^2} \right) dr$$

$$= m_h V^2 \int_0^l y(r) d\left(\frac{\partial y}{\partial r} \right) = m_h V^2 \left[\left(y(r) \cdot \frac{\partial y}{\partial r} \right)_0^l - \int_0^l \frac{\partial y}{\partial r} \cdot \frac{\partial y}{\partial r} dr \right] \qquad (10.49)$$

$$= - m_h V^2 \int_0^l \left(N_{h,r} a^e \right)^T \left(N_{h,r} a^e \right) dr = - \left(a^e \right)^T \cdot m_h V^2 \int_0^l N_{h,r}^T N_{h,r} dr \cdot \left(a^e \right)$$

$$- 2 \int_0^l m_h V y(r) \left(\frac{\partial^2 y}{\partial r \partial t} \right) dr = - 2 m_h V \int_0^l y(r) \left(\frac{\partial^2 y}{\partial r \partial t} \right) dr$$

$$= - 2 m_h V \int_0^l \left(N_h a^e \right)^T \left(N_{h,r} a^e \right) dr \qquad (10.50)$$

$$= - \left(a^e \right)^T \cdot 2 m_h V \int_0^l N_h^T N_{h,r} dr \cdot \left(\dot{a}^e \right)$$

$$\int_0^l y(r) m_h \left(\frac{\partial^2 y}{\partial t^2} \right) dr = m_h \int_0^l y(r) \left(\frac{\partial^2 y}{\partial t^2} \right) dr$$

$$= m_h \int_0^l \left(N_h a^e \right)^T \left(N_h \ddot{a}^e \right) dr \qquad (10.51)$$

$$= \left(a^e \right)^T \cdot m_h \int_0^l N_h^T N_h dr \cdot \left(\ddot{a}^e \right)$$

$$\int_0^l y(r) c_h \left(\frac{\partial y}{\partial t} \right) dr = c_h \int_0^l y(r) \left(\frac{\partial y}{\partial t} \right) dr = c_h \int_0^l \left(N_h a^e \right)^T \left(N_h \dot{a}^e \right) dr$$

$$= \left(a^e \right)^T \cdot c_h \int_0^l N_h^T N_h dr \cdot \left(\dot{a}^e \right) \qquad (10.52)$$

$$- \int_0^l y(r) c_h V \left(\frac{\partial y}{\partial r} \right) dr = - c_h V \int_0^l y(r) \left(\frac{\partial y}{\partial r} \right) dr$$

$$= - c_h V \int_0^l \left(N_s a^h \right)^T \left(N_{h,r} \dot{a}^e \right) dr \qquad (10.53)$$

$$= - \left(a^e \right)^T \cdot c_h V \int_0^l N_h^T N_{h,r} dr \cdot \left(\dot{a}^e \right)$$

$$- \int_0^l y(r) c_s \left(\frac{\partial z}{\partial t} \right) dr = - c_s \int_0^l y(r) \left(\frac{\partial z}{\partial t} \right) dr$$

$$= - c_s \int_0^l \left(N_h a^e \right)^T \left(N_s \dot{a}^e \right) dr = - \left(a^e \right)^T \cdot c_s \int_0^l N_h^T N_s dr \cdot \left(\dot{a}^e \right) \qquad (10.54)$$

$$\int_0^l y(r) c_s V \left(\frac{\partial z}{\partial r} \right) dr = c_s V \int_0^l y(r) \left(\frac{\partial z}{\partial r} \right) dr$$

$$= c_s V \int_0^l \left(N_h a^e \right)^T \left(N_{s,r} a^e \right) dr = \left(a^e \right)^T \cdot c_s V \int_0^l N_h^T N_{s,r} dr \cdot \left(a^e \right) \qquad (10.55)$$

$$\int_0^l y(r) \, c_s \left(\frac{\partial y}{\partial t} \right) dr = c_s \int_0^l y(r) \left(\frac{\partial y}{\partial t} \right) dr = c_s \int_0^l \left(\boldsymbol{N}_h \boldsymbol{a}^e \right)^T \left(\boldsymbol{N}_h \dot{\boldsymbol{a}}^e \right) dr$$
$$= \left(\boldsymbol{a}^e \right)^T \cdot c_s \int_0^l \boldsymbol{N}_h^T \boldsymbol{N}_h \, dr \cdot \left(\dot{\boldsymbol{a}}^e \right) \tag{10.56}$$

$$-\int_0^l y(r) \, c_s V \left(\frac{\partial y}{\partial r} \right) dr = -c_s V \int_0^l y(r) \left(\frac{\partial y}{\partial r} \right) dr$$
$$= -c_s V \int_0^l \left(\boldsymbol{N}_h \boldsymbol{a}^e \right)^T \left(\boldsymbol{N}_{h,r} \dot{\boldsymbol{a}}^e \right) dr = -\left(\boldsymbol{a}^e \right)^T \cdot c_s V \int_0^l \boldsymbol{N}_h^T \boldsymbol{N}_{h,r} \, dr \cdot \left(\dot{\boldsymbol{a}}^e \right) \tag{10.57}$$

$$\int_0^l y(r) \, k_h \, y(r) dr = k_h \int_0^l y(r)^2 dr = k_h \int_0^l \left(\boldsymbol{N}_h \boldsymbol{a}^e \right)^T \left(\boldsymbol{N}_h \boldsymbol{a}^e \right) dr$$
$$= \left(\boldsymbol{a}^e \right)^T \cdot k_h \int_0^l \boldsymbol{N}_h^T \boldsymbol{N}_h \, dr \cdot \left(\boldsymbol{a}^e \right) \tag{10.58}$$

$$-\int_0^l y(r) \, k_s \, z(r) dr = -k_s \int_0^l y(r) \, z(r) dr = -k_s \int_0^l \left(\boldsymbol{N}_h \boldsymbol{a}^e \right)^T \left(\boldsymbol{N}_s \boldsymbol{a}^e \right) dr$$
$$= -\left(\boldsymbol{a}^e \right)^T \cdot k_s \int_0^l \boldsymbol{N}_h^T \boldsymbol{N}_s \, dr \cdot \left(\boldsymbol{a}^e \right) \tag{10.59}$$

$$\int_0^l y(r) \, k_s \, y(r) dr = k_s \int_0^l y(r)^2 dr = k_s \int_0^l \left(\boldsymbol{N}_h \boldsymbol{a}^e \right)^T \left(\boldsymbol{N}_h \boldsymbol{a}^e \right) dr$$
$$= \left(\boldsymbol{a}^e \right)^T \cdot k_s \int_0^l \boldsymbol{N}_h^T \boldsymbol{N}_h \, dr \cdot \left(\boldsymbol{a}^e \right) \tag{10.60}$$

에너지의 원리를 이용하여, 이동 좌표계에서 슬래브궤도 요소의 제3층 보 질량, 감쇠 및 강성 행렬을 다음과 같이 구할 수 있다.

$$m_h^e = m_h \int_0^l \boldsymbol{N}_h^T \boldsymbol{N}_h \, dr \tag{10.61}$$

$$c_h^e = -2 m_h V \int_0^l \boldsymbol{N}_h^T \boldsymbol{N}_{h,r} \, dr + c_h \int_0^l \boldsymbol{N}_h^T \boldsymbol{N}_h \, dr$$
$$- c_s \int_0^l \boldsymbol{N}_h^T \boldsymbol{N}_s \, dr + c_s \int_0^l \boldsymbol{N}_h^T \boldsymbol{N}_h \, dr \tag{10.62}$$

$$\boldsymbol{k}_h^e = E_h I_h \int_0^l \boldsymbol{N}_{h,rr}^T \boldsymbol{N}_{h,rr} \, dr - m_h V^2 \int_0^l \boldsymbol{N}_{h,r}^T \boldsymbol{N}_{h,r} \, dr$$
$$- c_h V \int_0^l \boldsymbol{N}_h^T \boldsymbol{N}_{h,r} \, dr + c_s V \int_0^l \boldsymbol{N}_h^T \boldsymbol{N}_{s,r} \, dr - c_s V \int_0^l \boldsymbol{N}_h^T \boldsymbol{N}_{h,r} \, dr \tag{10.63}$$
$$+ k_h V \int_0^l \boldsymbol{N}_h^T \boldsymbol{N}_h \, dr - k_s \int_0^l \boldsymbol{N}_h^T \boldsymbol{N}_s \, dr + k_s \int_0^l \boldsymbol{N}_h^T \boldsymbol{N}_h \, dr$$

마지막으로, 이동 좌표계에서 슬래브궤도 요소의 질량, 감쇠 및 강성 행렬은 다음과 같다.

$$m_l^e = m_r^e + m_s^e + m_h^e \tag{10.64}$$

$$c_l^e = c_r^e + c_s^e + c_h^e \tag{10.65}$$

$$k_l^e = k_r^e + k_s^e + k_h^e \tag{10.66}$$

유한요소 조합규칙(assembling rule)에 기초하여, 이동 좌표계에서 슬래브궤도 요소의 전체적 질량 행렬, 전체적 감쇠 행렬 및 전체적 강성 행렬은 요소 질량 행렬 (10.64), 요소 감쇠 행렬 (10.65) 및 요소 강성 행렬 (10.66)을 조합(assembling)함으로써 구해질 수 있다.

$$m_l = \sum_e m_l^e, \quad c_l = \sum_e c_l^e \quad k_l = \sum_e k_l^e \tag{10.67}$$

이동 좌표계에서의 슬래브궤도구조의 유한요소 방정식은 라그랑주 방정식(Lagrange equation)을 이용하여 다음과 같이 구할 수 있다.

$$m_l \ddot{a}_l + c_l \dot{a}_l + k_l a_l = Q_l \tag{10.68}$$

여기서, Q_l은 슬래브궤도구조의 전체적 노드 하중 벡터이다.

10.3 차량요소 모델

여기에서의 차량요소 모델은 제9장의 **그림 9.4**에서와 같다. 차량요소의 강성 행렬(k_u^e), 질량 행렬(m_u^e), 감쇠 행렬(c_u^e) 및 노드 하중 벡터 (Q_u^e)는 각각 식 (9.58), (9.71), (9.74) 및 (9.59)를 적용할 수 있다.

10.4 차량–슬래브궤도 연결시스템의 유한요소 방정식

차량과 슬래브궤도의 유한요소 방정식이 두 요소, 즉 슬래브궤도 요소와 차량요소로 구성됨을 고려하면, 슬래브궤도 요소의 강성 행렬, 질량 행렬, 감쇠 행렬은 각각 k_l^e, m_l^e, c_l^e이며, 계산공식은 제10.2절에서 설명되었다. 차량요소의 강성 행렬, 질량 행렬, 감쇠 행렬은 각각 k_u^e, m_u^e, c_u^e이며, 제9장의 식 (9.58), (9.71) 및 (9.74)에 나타내었다. 수치계산에서는 궤도구조의 전체적 강성 행렬, 전체적 질량 행렬, 전체적 감쇠 행렬 및 전체적 하중 벡터를 한 번만 조합하면 된다. 그리고, 각각 그다음의 시간 단계를 계산하는 데에 있어, 표준 유한요소 조합규칙을 이용하여 차량요소의 강성 행렬, 질량 행렬, 감쇠 행렬 및 하중 벡터를 궤도구조의 전체적 강성 행렬, 전체적 질량 행렬, 전체적 감쇠 행렬 및 전체적 하중 벡터로 조합함으로써, 차량–궤도 연결시스템의 전체적 강성 행렬, 전체적 질량 행렬, 전체적 감쇠 행렬 및 전체적 하중 벡터를 구할 수 있다.

그러므로 차량–슬래브궤도 연결시스템의 동적 유한요소 방정식은 다음과 같다.

$$M\ddot{a} + C\dot{a} + Ka = Q \tag{10.69}$$

여기서, M, C, K 및 Q는 각각 차량–슬래브궤도 연결시스템의 전체적 강성 행렬, 전체적 질량 행렬, 전체적 감쇠 행렬 및 전체적 하중 벡터이다.

$$M = \sum_e (m_l + m_u^e), \quad C = \sum_e (c_l + c_u^e), \quad K = \sum_e (k_l + k_u^e), \quad Q = \sum_e (Q_l + Q_u^e) \tag{10.70}$$

차량–슬래브궤도 연결시스템의 동적 유한요소 방정식에 대한 수치 해는 뉴마크 적분법(Newmark integration method)과 같은 직접 적분법으로 획득할 수 있다.

10.5 알고리즘 검증

계산 프로그램 FEST(Finite Element program for Slab Track, 슬래브궤도용 유한요소 프로그램)은 MAT-LAB를 사용하여 전술의 알고리즘에 따라 개발되었다. 이 장의 모델과 알고리즘에 대한 정확성을 검증하기 위하여, 72km/h의 속도로 CRTS Ⅱ 슬래브궤도를 통하여 주행하는 중국 고속열차 CRH3에 대한 차량과 궤

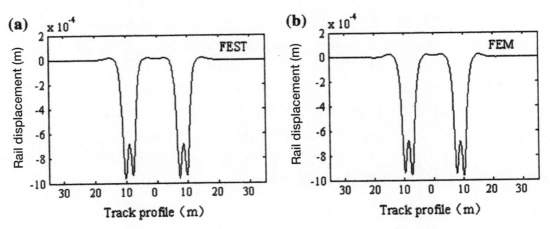

그림 10.6 궤도 위치에 따른 레일 수직 변위의 분포 : (a) FEST 접근법으로 계산한 결과, (b) FEM 접근법으로 계산한 결과

도구조의 동적 응답을 조사해보자. 계산 결과는 종래의 유한요소법으로 구한 것과 비교되었다. 궤도가 완전히 매끈하다고(틀림이 없다고) 가정하면, 계산의 시간 단계는 0.001s이다. 중국 고속열차 CRH3와 CRTS Ⅱ 슬래브궤도의 파라미터는 **표 6.7**과 **10.1**에서 나열하였다. 결과는 **그림 10.6**과 **10.7**에서 보여주며, **그림 10.6**은 궤도방향을 따른 레일 변위의 분포이고, **그림 10.7**은 차륜−레일 접촉력의 시간 이력이다.

표 10.1 CRTS Ⅱ 슬래브궤도 구조의 파라미터

파라미터	값	파라미터	값
레일 탄성계수 (Mpa)	2.1×10^5	콘크리트 지지층의 단면 2차 모멘트 (m⁴)	3.3×10^{-3}
레일 단면 2차 모멘트 (m⁴)	3.217×10^{-5}	레일패드와 체결장치의 강성 (MN/m)	60
레일 질량 (kg/m)	60	레일패드와 체결장치의 감쇠 (kNs/m)	47.7
궤도슬래브 질량 (kg/m)	1,275	CA 모르터 강성 (MN/m)	900
궤도슬래브의 탄성계수 (Mpa)	3.9×10^4	CA 모르터 감쇠 (kNs/m)	83
궤도슬래브의 단면 2차 모멘트 (m⁴)	8.5×10^{-5}	노반 강성 (MN/m)	60
콘크리트 지지층의 질량 (kg/m)	2,340	노반 감쇠 (kNs/m)	90
콘크리트 지지층의 탄성계수 (Mpa)	3×10^4	요소길이 (m)	0.5

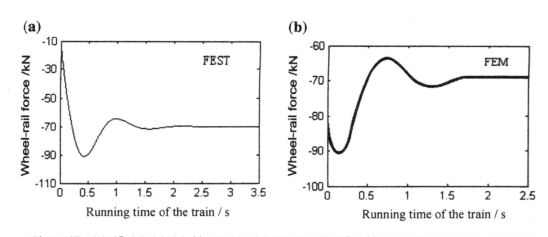

그림 10.7 차륜−레일 접촉력의 시간 이력 : (a) FEST 접근법에 따른 차륜−레일 접촉력, (b) FEM 접근법에 따른 차륜−레일 접촉력

그림 10.6에서 보여주는 것처럼, 이 장에서 제시된 모델과 알고리즘을 이용하여 구한 레일 수직 변위는 종래의 유한요소법으로 구한 것과 잘 일치한다[11]. **그림 10.7**은 두 방법으로 구한 차륜−레일 접촉력의 시간 이력이다. 두 알고리즘 간의 차이와 초기 계산조건의 영향 때문에, 안정 전(前) 계산 결과의 곡선들은 서로 다르지만, 마침내 그들은 모두 차륜에 가해진 정하중 값으로 수렴된다. 궤도가 완전히 매끈하다(틀림이 없다)고 가정되므로 계산 결과가 정확하다는 것을 보여주며, 따라서 모델과 알고리즘의 정확성과 타당성을 입증한다.

10.6 고속열차와 슬래브궤도 연결시스템의 동적 분석

적용 예로서, 제시된 모델과 알고리즘으로 고속열차와 슬래브궤도 연결시스템의 동적 분석이 수행되었다. **그림 10.8**과 **10.9**에 나타낸 것처럼, 차량은 중국 고속열차 CRH3이고, 궤도구조는 노반 구간의 CRTS II 슬래브궤도이다. 차량 파라미터와 궤도 파라미터는 **표 6.7**과 **10.1**에 나타내었다. 열차속도 200km/h가 명시된다. **그림 10.10**에 나타낸 것과 같은 궤도 틀림을 시뮬레이션하기 위하여 고속철도에 대한 독일의 저(低) 간섭 스펙트럼(low interference spectrum)이 채용되었다. 초기 조건의 영향 때문에, 처음 몇 초의 계산 결과는 대개 부정확하다. 다음은 계산이 안정된 후 5s 이내의 동적 응답이며, 차체의 가속도, 레일, 궤도슬래브, 콘크리트 지지층의 변위 및 그들의 상응하는 속도, 게다가 차륜−레일 접촉력을 포함한다.

그림 10.8 중국 고속열차 CRH3

그림 10.9 노반 구간의 고속철도용 CRTS II 슬래브궤도

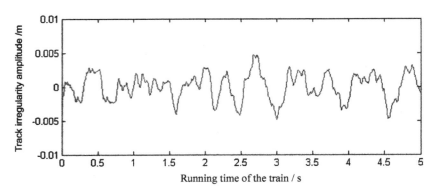

그림 10.10 독일의 저(低) 간섭 스펙트럼을 가진 궤도 틀림 표본

차륜과 레일 간의 상호작용은 궤도의 불규칙한 틀림(random irregularity) 때문에 상당히 증가한다. **그림 10.11, 11.12** 및 **10.13**은 각각 두 번째의 차륜-레일 접촉점에서의 레일, 궤도슬래브 및 콘크리트 지지층의 수직 변위의 시간 이력을 보여준다. 궤도의 불규칙한 틀림 때문에 레일, 궤도슬래브 및 콘크리트 지지층의 수직 변위가 동요한다.

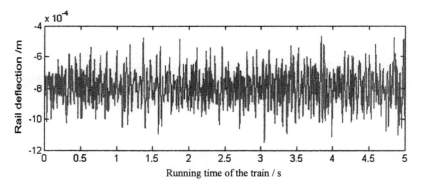

그림 10.11 레일 수직 변위의 시간 이력

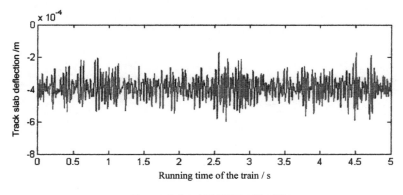

그림 10.12 슬래브 수직 변위의 시간 이력

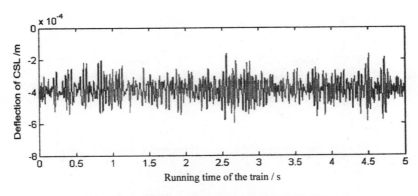

그림 10.13 콘크리트 지지층(CSL)의 수직 변위의 시간 이력

그림 10.14, 11.15 및 10.16은 각각 궤도 위치에 따른 레일, 궤도슬래브 및 콘크리트 지지층의 수직 변위 분포를 보여준다. **그림 10.14**의 레일 변위 다이어그램에는 네 개의 명백한 피크가 있으며, 이것은 네 차륜 작용점에 해당한다. **그림 10.15**에는 **그림 10.14**의 것보다 훨씬 더 작은 최대진폭을 가진 궤도슬래브 변위 다이어그램의 두 순응적인 피크만이 있다. 콘크리트 지지층의 변위 분포에 대해서도 **그림 10.16**에서 같은 상황이 관찰되며, 이것은 레일패드와 체결장치 및 CA 모르터의 존재 때문에 열차운행으로 유발된 추가의 동하중이 명

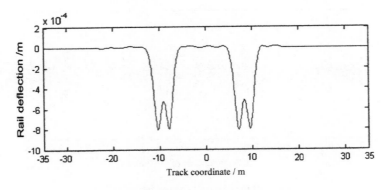

그림 10.14 궤도 위치에 따른 레일 수직 변위

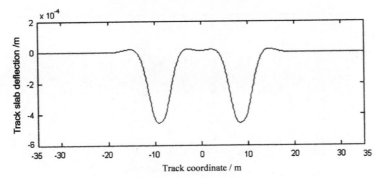

그림 10.15 궤도 위치에 따른 궤도슬래브 수직 변위

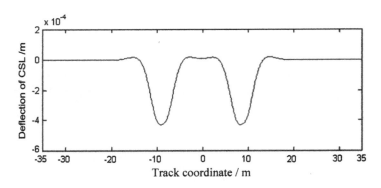

그림 10.16 궤도 위치에 따른 콘크리트 지지층(CSL)의 수직 변위

백하게 줄어든다는 것을 설명한다.

그림 10.17, 11.18 및 10.19는 각각 두 번째의 차륜-레일 접촉점에서의 레일, 궤도슬래브 및 콘크리트 지지층의 수직 속도의 시간 이력을 나타내며, 이것은 결과적으로 레일, 궤도슬래브 및 콘크리트 지지층의 진동속도를 보여준다. 그림 10.20, 11.21 및 10.22는 각각 두 번째의 차륜-레일 접촉점에서의 레일, 궤도슬래브 및 콘크리트 지지층 수직가속도의 시간 이력을 보여준다. 레일패드와 체결장치 및 CA 모르터의 존재 때문에,

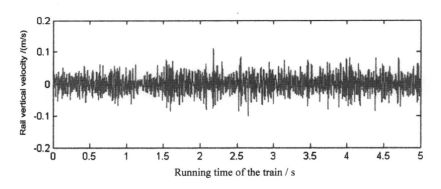

그림 10.17 레일 수직 속도의 시간 이력

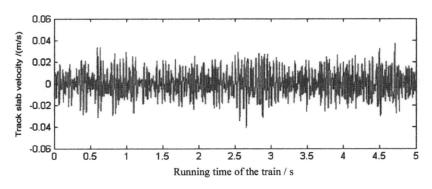

그림 10.18 궤도슬래브 수직 속도의 시간 이력

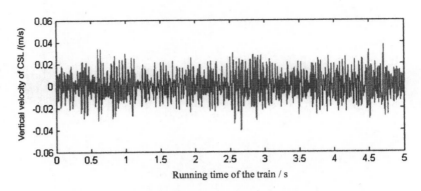

그림 10.19 콘크리트 지지층(CSL)의 수직 속도의 시간 이력

궤도슬래브 및 콘크리트 지지층의 수직가속도도 명백하게 줄어든다.

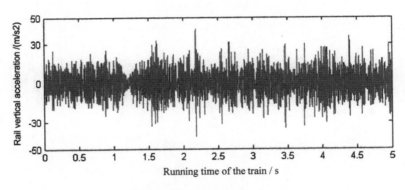

그림 10.20 레일 수직가속도의 시간 이력

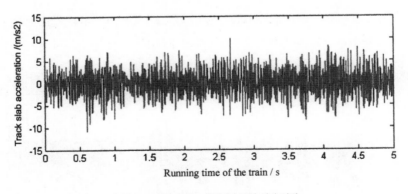

그림 10.21 궤도슬래브 수직가속도의 시간 이력

그림 10.23은 차체 진동가속도의 시간 이력을 보여준다. 그것은 승차감 측정의 중요 지표이다. 이 그림에서 나타낸 것처럼, 고속철도에 대한 200km/h의 열차속도와 독일의 저(低) 간섭 스펙트럼으로 생성된 궤도

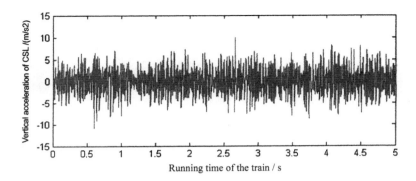

그림 10.22 콘크리트 지지층(CSL)의 수직가속도의 시간 이력

틀림의 경우에, 차체의 가속도진폭은 합리적인 범위에 있으며, 그것은 승차감을 보장할 수 있다.

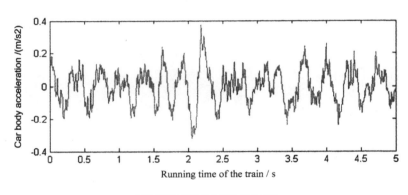

그림 10.23 차체 가속도의 시간 이력

그림 10.24는 차륜-레일 접촉력의 시간 이력을 보여주며, 그것으로부터 차륜-레일 접촉력이 120kN보다 많지 않은 최대 피크와 함께 70kN의 정하중 주위에서 오르내린다는 것을 알 수 있다.

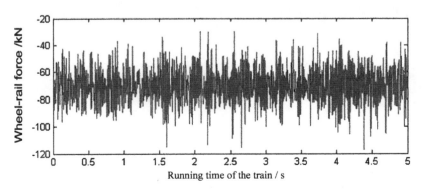

그림 10.24 차륜-레일 접촉력의 시간 이력

끝맺음으로, 이 장에서는 차량-궤도 연결시스템의 동적 분석을 위한 이동 좌표계의 슬래브궤도 요소 모델과 관련 알고리즘을 나타내었다. 슬래브궤도에 대한 3-층 연속 보 모델이 개발되었으며, 이동 좌표계에서 슬래브궤도 요소의 질량, 감쇠 및 강성 행렬이 추론되었다. 전체의 차량은 26 자유도를 가진 차량요소로 고려된다.

　접근법의 주된 장점은 FEM에서와는 달리 이동 차량이 항상 수치 모델의 동일 지점에서 움직이는 것이며, 그렇게 함으로써 개별 요소에 관한 접촉점을 추적할 필요를 제거한다. 게다가 이동하는 차량은 끝을 잘라 낸 모델을 전혀 벗어나지 않을 것이다. 그러나, 단점은 궤도구조가 연속이라고 가정되는 것이며, 그것은 레일이 단속적(斷續的)으로 지지된다는 사실과 다르다.

참고문헌

1. Grassie SL, Gregory RW, Harrison D, Johnson KL (1982) The dynamic response of railway track to high frequency vertical excitation. J Mech Eng Sci 24:77–90
2. Eisenmann J (2002) Redundancy of Rheda-type slab track. Eisenbahningenieur 53(10):13–18
3. Zhai WM (1991) Vehicles-track vertical coupling dynamics. Doctor's dissertation of Southwest Jiaotong University, Chengdu
4. Zhai WM (1992) The vertical model of vehicle-track system and its coupling dynamics. J China Railway Soc 14(3):10–21
5. Xiang J, He D (2007) Analysis model of vertical vibration of high speed train and Bögle slab track system. J Traffic Transp Eng 7(3): 1–5
6. He D, Xiang J, Zeng QY (2007) A new method for dynamics modeling of ballastless track. J Central South Univ 12(6):1206–1211
7. Lei XY, Sheng XZ (2008) Theoretical research on modern track, 2nd edn. China Railway Publishing House, Beijing
8. Lei XY, Zhang B, Liu QJ (2009) Model of vehicle and track elements for vertical dynamic analysis of vertical-track system. J Vibr Shock 29(3): 168–173
9. Xie WP, Zhen B (2005) Analysis of stable dynamic response of Winkler beam under moving load. J Wuhan Univ Technol 27(7):61–63
10. Koh CG, Ong JSY, Chua KH, D Feng J (2003) Moving element method for train—track dynamics. Int J Numer Methods Eng 56:1549–1567
11. Wang J (2012) Moving element method for high-speed railway ballastless track dynamic performance analysis. Master thesis. East China Jiaotong University, Nanchang
12. Lei XY, Wang J (2014) Dynamic analysis of the train and slab track coupling system with finite elements in a moving frame of reference. J Vib Control 20(9):1301–1317

제11장 차량–궤도–노반–지반 연결시스템의 수직 동적 분석용 모델

제6~10장에서는 차량–궤도 연결시스템의 수직 동적 분석을 위한 몇몇 모델과 그들의 알고리즘을 상술하였다. 분석에서는 노반과 지반의 영향이 고려되지 않았으며, 노반은 점탄성 감쇠 요소로 단순화되었다. 사실은, 궤도구조에 대한 차량 동적 작용의 정확한 분석을 위해서는 차량, 궤도, 노반 및 지반 간의 상호작용을 고려하여야 한다[1~6]. 이 장에서는 통합된 차량–궤도–노반–지반 연결시스템의 수직 동적 분석을 위한 모델이 수립되며 이전에 논의한 모델들에 기초하여 그것의 수치적 방법이 탐구된다.

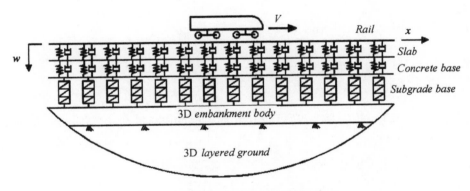

그림 11.1 슬래브궤도–성토–지반 연결시스템의 모델

11.1 이동하중을 받는 슬래브궤도–성토–지반 시스템의 모델

그림 11.1은 슬래브궤도–성토–지반 연결시스템의 분석모델이다. 레일, 궤도슬래브 및 콘크리트 기초는 무한의 오일러 보(infinite Euler Beam)이다. 레일패드와 체결장치 및 CA 모르터 조정 층의 강성과 감쇠는 균등하게 분포된 선형 스프링과 댐퍼로 시뮬레이션 된다. 지반은 3차원 층으로 단순화된다. 일반적으로, 노반 층과 성토 본체(embankment body)는 그들 폭 간의 큰 차이 때문에 따로따로 분석된다. 노반 층은 궤도구조모델로 분류되며 그것의 휨강성을 제외하고 궤도 선형을 따라 균등하게 분포된 질량, 수직 강성 및 감쇠를 가진 탄성체로 간주한다. 성토 본체는 3차원 지반의 표면을 덮고 있는 흙의 층으로 취해진다. 슬래브궤도–

성토-지반 시스템은 두 층, 즉 상부와 하부로 나뉜다. 상부는 슬래브궤도-노반 층 시스템이며 X방향에서 1차원적 무한의 본체라고 가정되고, 하부는 성토 본체-지반 시스템이며 3차원적 반(半)-무한의 본체라고 고려된다. 두 부분은 성토 본체의 중심선에 대하여 접촉을 유지한다. 접촉 폭은 $2b$(노반 층의 폭)로 나타낸다.

11.1.1 슬래브궤도-노반 층 시스템의 동적 방정식과 해

레일 진동의 지배 방정식은 다음과 같다.

$$EI_r \frac{\partial^4 w_r}{\partial x^4} + m_r \ddot{w}_r + k_p(w_r - y_s) + c_p(\dot{w}_r - \dot{y}_s) = P(x, t) \tag{11.1}$$

여기서, $P(x, t) = \sum_{l=1}^{M} P_l e^{i\Omega t} \delta(x - Vt - a_l)$

궤도슬래브의 지배 방정식은 다음과 같다.

$$EI_s \frac{\partial^4 y_s}{\partial x^4} + m_s \ddot{y}_s - k_p(w_r - y_s) - c_p(\dot{w}_r - \dot{y}_s) + k_s(y_s - y_d) + c_s(\dot{y}_s - \dot{y}_d) = 0 \tag{11.2}$$

콘크리트 기초의 지배 방정식은 다음과 같다.

$$EI_d \frac{\partial^4 y_d}{\partial x^4} + m_d \ddot{y}_d - k_s(y_s - y_d) - c_s(\dot{y}_s - \dot{y}_d) = -F_3 \tag{11.3}$$

노반 층(subgrade bed)이 매우 두꺼우므로(일반적으로 2.5~3m), 층의 수직 변위는 두께의 방향을 따라 선형적 변화를 한다고 가정된다. 관성 영향을 나타내기 위하여 근사적으로 연속(連續) 질량 행렬(consistent mass matrix)을 사용하면, 노반 층 진동의 지배 방정식은 다음과 같이 나타낼 수 있다.

$$\frac{m_c}{6}\begin{bmatrix} 2 & 1 \\ 1 & 2 \end{bmatrix}\begin{Bmatrix} \ddot{y}_d \\ \ddot{y}_c \end{Bmatrix} + k_c\begin{bmatrix} 1 & -1 \\ -1 & 1 \end{bmatrix}\begin{Bmatrix} y_d \\ y_c \end{Bmatrix} + c_c\begin{bmatrix} 1 & -1 \\ -1 & 1 \end{bmatrix}\begin{Bmatrix} \dot{y}_d \\ \dot{y}_c \end{Bmatrix} = \begin{Bmatrix} F_3 \\ -F_4 \end{Bmatrix} \tag{11.4}$$

식 (11.1)~(11.4)에서 기호의 표시는 다음과 같다. ($\dot{}$)와 ($\ddot{}$)는 각각 t의 일차 도함수(first-order derivative)와 이차도함수이다. w_r, y_s, y_d 및 y_c는 각각 $w_r(x, t)$, $y_s(x, t)$, $y_d(x, t)$ 및 $y_c(x, t)$의 간단한 표현이며, 레일, 궤도슬래브, 콘크리트 기초 및 노반 층의 수직 변위를 의미한다. EI_r, EI_s 및 EI_d는 각각 레일, 궤도슬래브 및 콘크리트 기초의 휨강성이다. m_r, m_s, m_d 및 m_c는 각각 레일, 궤도슬래브, 콘크리트 기초 및 노반 층의 단위 길이당 질량이다. k_p, k_s, k_c와 c_p, c_s, c_c는 각각 레일패드와 체결장치, CA 모르터 조정 층 및 노반 층의 단위 길이당 강성과 감쇠이다. F_3와 F_4는 각각 $F_3(x, t)$와 $F_4(x, t)$의 간단한 표현이며, 콘크리트 기초와 노반 층 간의 상호작용력 및 노반 층과 성토 본체 간의 힘을 의미한다. δ는 디랙 함수(Dirac function)이다. V는 열차속도이다. $P_l e^{i\Omega t}$는 l번째 윤축 하중이며 이동 차축 하중 또는 조화(harmonic) 궤도 틀림으로 유발된 동적 차륜-레일 힘을 나타낸다. 하중 주파수는 rad/s의 단위를 가진 Ω이고, 하중 진폭은 P_l이며, 하향의 방향은 양(陽)이다. a_l은 $t = 0$일 때 l번째 윤축 하중과 원점(原點) 간의 거리를 의미한다. M은 윤축 하중의 총수(總數)이다.

X 방향의 푸리에 변환(Fourier transform)과 역(逆) 푸리에 변환(inverse Fourier transform)은 다음과 같이 정의된다.

$$\tilde{f}(\beta, t) = \int_{-\infty}^{+\infty} f(x, t)\, e^{-i\beta x}\, dt, \quad f(x, t) = \frac{1}{2\pi} \int_{-\infty}^{+\infty} \tilde{f}(\beta, t)\, e^{i\beta x}\, d\beta \tag{11.5}$$

여기서, β는 rad/m의 단위를 가진 공간 좌표(space coordinates) x의 진동 파수(vibration wave number)이다.

식 (11.1)~(11.4)에 X 방향의 푸리에 변환을 적용하면 다음을 산출한다.

$$EI_r \beta^4 \tilde{w}_r(\beta, t) + m_r \frac{\partial^2 \tilde{w}_r(\beta, t)}{\partial t^2} + k_p \left[\tilde{w}_r(\beta, t) - \tilde{y}_s(\beta, t) \right] + c_p \left[\frac{\partial \tilde{w}_r(\beta, t)}{\partial t} - \frac{\partial \tilde{y}_s(\beta, t)}{\partial t} \right]$$
$$= \tilde{P}(x, t) \tag{11.6}$$

$$EI_s \beta^4 \tilde{y}_s(\beta, t) + m_s \frac{\partial^2 \tilde{y}_s(\beta, t)}{\partial t^2} - k_p \left[\tilde{w}_r(\beta, t) - \tilde{y}_s(\beta, t) \right] - c_p \left[\frac{\partial \tilde{w}_r(\beta, t)}{\partial t} - \frac{\partial \tilde{y}_s(\beta, t)}{\partial t} \right]$$
$$+ k_s \left[\tilde{y}_s(\beta, t) - \tilde{y}_d(\beta, t) \right] + c_s \left[\frac{\partial \tilde{y}_s(\beta, t)}{\partial t} - \frac{\partial \tilde{y}_d(\beta, t)}{\partial t} \right] = 0 \tag{11.7}$$

$$EI_d \beta^4 \tilde{y}_d(\beta, t) + \left[m_d + \frac{m_c}{3} \right] \frac{\partial^2 \tilde{y}_d(\beta, t)}{\partial t^2} + \frac{m_c}{6} \frac{\partial^2 \tilde{y}_c(\beta, t)}{\partial t^2}$$
$$- k_s \left[\tilde{y}_s(\beta, t) - \tilde{y}_d(\beta, t) \right] - c_s \left[\frac{\partial \tilde{y}_s(\beta, t)}{\partial t} - \frac{\partial \tilde{y}_d(\beta, t)}{\partial t} \right]$$
$$+ k_c \left[\tilde{y}_d(\beta, t) - \tilde{y}_c(\beta, t) \right] + c_c \left[\frac{\partial \tilde{y}_d(\beta, t)}{\partial t} - \frac{\partial \tilde{y}_c(\beta, t)}{\partial t} \right] = 0 \tag{11.8}$$

$$\frac{m_c}{6} \frac{\partial^2 \tilde{y}_d(\beta, t)}{\partial t^2} + \frac{m_c}{3} \frac{\partial^2 \tilde{y}_c(\beta, t)}{\partial t^2} - k_c \left[\tilde{y}_d(\beta, t) - \tilde{y}_c(\beta, t) \right]$$
$$- c_c \left[\frac{\partial \tilde{y}_d(\beta, t)}{\partial t} - \frac{\partial \tilde{y}_c(\beta, t)}{\partial t} \right] = -\tilde{F}_4(\beta, t) \tag{11.9}$$

여기서, $\tilde{w}_r(\beta, t)$, $\tilde{y}_s(\beta, t)$, $\tilde{y}_d(\beta, t)$, $\tilde{y}_c(\beta, t)$, $\tilde{F}_4(\beta, t)$ 및 $\tilde{P}(\beta, t)$는 각각 $w_r(x, t)$, $y_s(x, t)$, $y_d(x, t)$, $y_c(x, t)$, $F_4(x, t)$ 및 $P(x, t)$의 상응하는 푸리에 변환이다. $\tilde{P}(x, t) = \sum_{l=1}^{M} P_l e^{-i\beta a_l} e^{i(\Omega - \beta V)t}$.

식 (11.6)~(11.9)의 정상(定常) 변위(steady displacement)를 풀고, 다음을 가정하자.

$$
\begin{aligned}
\tilde{w}_r(x, t) &= \overline{w}_r(\beta) e^{i(\Omega - \beta V)t}, & \tilde{y}_s(x, t) &= \overline{y}_s(\beta) e^{i(\Omega - \beta V)t}, \\
\tilde{y}_d(x, t) &= \overline{y}_d(\beta) e^{i(\Omega - \beta V)t}, & \tilde{y}_c(x, t) &= \overline{y}_c(\beta) e^{i(\Omega - \beta V)t}, \\
\tilde{F}_4(x, t) &= \overline{F}_4(\beta) e^{i(\Omega - \beta V)t}, & \tilde{P}(x, t) &= \overline{P}(\beta) e^{i(\Omega - \beta V)t}
\end{aligned}
\tag{11.10}
$$

여기서, $\overline{P}(\beta) = \sum_{l=1}^{M} P_l e^{-i\beta a_l}$

$\omega = \Omega - \beta V$ 라고 하고, 식 (11.10)을 식 (11.6)~(11.9)에 대입하면, 다음을 갖는다.

$$
EI_r \beta^4 \tilde{w}_r(\beta) - m_r \omega^2 \tilde{w}_r(\beta) + (k_p + i\omega c_p)\left[\tilde{w}_r(\beta) - \tilde{y}_s(\beta)\right] = \overline{P}(\beta) \tag{11.11}
$$

$$
\begin{aligned}
EI_s \beta^4 \tilde{y}_s(\beta) - m_s \omega^2 \tilde{y}_s(\beta) - (k_p + i\omega c_p)\left[\tilde{w}_r(\beta) - \tilde{y}_s(\beta)\right] \\
+ (k_s + i\omega c_s)\left[\tilde{y}_s(\beta) - \tilde{y}_d(\beta)\right] = 0
\end{aligned}
\tag{11.12}
$$

$$
\begin{aligned}
EI_d \beta^4 \tilde{y}_d(\beta) - \left(m_d + \frac{m_c}{3}\right)\omega^2 \tilde{y}_d(\beta) - \frac{m_c}{6}\omega^2 \tilde{y}_c(\beta) \\
- (k_s + i\omega c_s)\left[\tilde{y}_s(\beta) - \tilde{y}_d(\beta)\right] + (k_c + i\omega c_c)\left[\tilde{y}_d(\beta) - \tilde{y}_c(\beta)\right] = 0
\end{aligned}
\tag{11.13}
$$

$$
-\frac{m_c}{6}\omega^2 \tilde{y}_d(\beta) - \frac{m_c}{3}\omega^2 \tilde{y}_c(\beta) - (k_c + i\omega c_c)\left[\tilde{y}_d(\beta) - \tilde{y}_c(\beta)\right] = -\tilde{F}_4(\beta) \tag{11.14}
$$

방정식 (11.11)~(11.14)는 5개의 미지수(未知數)를 가지며, 그것은 노반 층과 성토 본체-층상(層狀) 지반 시스템 간의 연결 관계를 고려하여 풀 필요가 있다.

11.1.2 성토 본체-지반 시스템의 동적 방정식과 해

성토 본체를 지반 표면을 덮고 있는 흙층으로 간주하면, 성토 본체-지반 시스템은 3차원-층상(層狀) 모델로 단순화될 수 있다. 노반 층과 성토 본체 간의 접촉력이 본체 표면에 균등하게 분포되고 접촉 폭이 $2b$(노반 층의 폭)이라고 가정하면, 본체 표면에 대한 조화(調和) 하중(harmonic load)은 다음과 같다[7].

$$
\begin{aligned}
P_x &= 0 \\
P_y &= 0 \\
P_z &= \begin{cases} \dfrac{F_4(x, t)}{2b} & -b < y < b \\ 0 & \text{그 외} \end{cases}
\end{aligned}
\tag{11.15}
$$

식 (11.15)에 대하여 푸리에 변환(Fourier transform)을 수행하고 식 (11)과 조합하면, 푸리에 변환영역의 조화 하중 진폭은 다음과 같이 나타낼 수 있다.

$$\overline{P}_x = 0$$
$$\overline{P}_y = 0$$
$$\overline{P}_z = \frac{\overline{F}_4(\beta)\sin\gamma b}{\gamma b} \qquad (11.16)$$

여기서, β와 γ는 각각 공간 좌표 x와 y의 파수(波數)이며, 단위는 rad/m이다.

식 (11.16)을 참고문헌[7]의 제2장 식 (2.16)에 대입하면, 푸리에 변환영역에서 성토 본체의 표면 변위진폭은 다음과 같이 구해질 수 있다.

$$\overline{u}_{10}(\beta, \gamma, \omega) = \overline{Q}_{13}(\beta, \gamma, \omega)\frac{\sin\gamma b}{\gamma b}\overline{F}_4(\beta)$$
$$\overline{v}_{10}(\beta, \gamma, \omega) = \overline{Q}_{23}(\beta, \gamma, \omega)\frac{\sin\gamma b}{\gamma b}\overline{F}_4(\beta) \qquad (11.17)$$
$$\overline{w}_{10}(\beta, \gamma, \omega) = \overline{Q}_{33}(\beta, \gamma, \omega)\frac{\sin\gamma b}{\gamma b}\overline{F}_4(\beta)$$

여기서, $\overline{Q}(\beta, \gamma, \omega)$는 푸리에 변환영역에서 성토 본체의 이동(移動) 동적 유연도(flexibility)이다(※ 이 문장은 역자가 추가).

푸리에 변환영역의 이동 동적 유연도 행렬(flexibility matrix) $\overline{Q}(\beta, \gamma, \omega)$의 유도과정은 참고문헌[7]의 제2장 제2.2절에서 구할 수 있다. 반(半) 무한 영역에서 층상(層狀) 지반의 경우에, $\overline{Q}(\beta, \gamma, \omega)$에 대한 일반적인 표현은 다음과 같다.

$$\overline{Q}(\beta, \gamma, \omega) = \begin{bmatrix} \overline{Q}_{11} & \overline{Q}_{12} & \overline{Q}_{13} \\ \overline{Q}_{21} & \overline{Q}_{22} & \overline{Q}_{23} \\ \overline{Q}_{31} & \overline{Q}_{32} & \overline{Q}_{33} \end{bmatrix} = -\left(RS^{-1}T_{21} - T_{11}\right)^{-1}\left(T_{12} - RS^{-1}T_{22}\right) \qquad (11.18)$$

여기서, R은 푸리에 변환영역의 탄성 반(半) 공간에서 상부 표면 흙 변위에 대한 계수(係數) 행렬이고, S는 푸리에 변환영역의 탄성 반 공간에서 상부 표면 흙 응력에 대한 계수 행렬이며, T는 전달행렬(傳達行列, transfer matrix)이다. 구체적인 식(expression)은 참고문헌[7]에서 얻을 수 있다.

특별한 경우에 지반이 단지 무한의 탄성 반 공간 본체일 때는 다음과 같을 것이다.

$$\overline{Q}(\beta, \gamma, \omega) = -RS^{-1} \qquad (11.19)$$

여기서, $\omega \neq 0$일 때, 다음을 갖는다.

$$R = \begin{bmatrix} -\dfrac{i\beta}{k_{\infty,1}^2} & 1 & 0 \\[2ex] -\dfrac{i\gamma}{k_{\infty,1}^2} & 0 & 1 \\[2ex] \dfrac{\alpha_{\infty,1}}{k_{\infty,1}^2} & \dfrac{i\beta}{\alpha_{\infty,2}} & \dfrac{i\gamma}{\alpha_{\infty,2}} \end{bmatrix} \qquad (11.20)$$

$$S = \begin{bmatrix} \dfrac{2i\mu_\infty\beta\alpha_{\infty,1}}{k_{\infty,1}^2} & -\dfrac{\mu_\infty(\beta^2+\alpha_{\infty,2}^2)}{\alpha_{\infty,2}} & -\dfrac{\mu_\infty\beta\gamma}{\alpha_{\infty,2}} \\[3mm] \dfrac{2i\mu_\infty\gamma\alpha_{\infty,1}}{k_{\infty,1}^2} & \dfrac{-\mu_\infty\gamma\beta}{\alpha_{\infty,2}} & -\dfrac{\mu_\infty(\gamma^2+\alpha_{\infty,2}^2)}{\alpha_{\infty,2}} \\[3mm] \lambda_{n+1}-\dfrac{2\mu_\infty\alpha_{\infty,1}^2}{k_{\infty,1}^2} & -2i\mu_\infty\beta & -2i\mu_\infty\gamma \end{bmatrix} \tag{11.21}$$

$\omega = 0$일 때는 다음을 갖는다.

$$R = \begin{bmatrix} 0 & 1 & 0 \\[2mm] 0 & 0 & 1 \\[2mm] -\dfrac{\lambda_\infty+3\mu_\infty}{2\alpha_{\infty,1}\mu_\infty} & \dfrac{i\beta}{\alpha_{\infty,1}} & \dfrac{i\gamma}{\alpha_{\infty,1}} \end{bmatrix} \tag{11.22}$$

$$S = \begin{bmatrix} -\dfrac{i\beta\mu_\infty}{\alpha_{\infty,1}} & -\dfrac{\beta^2\mu_\infty+\alpha_{\infty,1}^2\mu_\infty}{\alpha_{\infty,1}} & -\dfrac{\beta\gamma\mu_\infty}{\alpha_{\infty,1}} \\[3mm] -\dfrac{i\gamma\mu_\infty}{\alpha_{\infty,1}} & -\dfrac{\beta\gamma\mu_\infty}{\alpha_{\infty,1}} & -\dfrac{\gamma^2\mu_\infty+\alpha_{\infty,1}^2\mu_\infty}{\alpha_{\infty,1}} \\[3mm] \lambda_\infty+2\mu_\infty & -2i\mu_\infty\beta & -2i\mu_\infty\gamma \end{bmatrix} \tag{11.23}$$

전술의 식 (11.20)~(11.23)에서 아래 첨자 '∞'는 무한의 탄성 반 공간 본체의 물리량을 나타낸다. 방정식에서,

$$\alpha_{\infty,1}^2 = \beta^2+\gamma^2-k_{\infty,1}^2, \quad k_{\infty,1}^2 = \dfrac{\rho_\infty\omega^2}{\lambda_\infty+2\mu_\infty}$$

$$\alpha_{\infty,2}^2 = \beta^2+\gamma^2-k_{\infty,2}^2, \quad k_{\infty,2}^2 = \dfrac{\rho_\infty\omega^2}{\mu_\infty}$$

$$\lambda_\infty = \dfrac{\nu_\infty E_\infty[1+i\eta_\infty\,\mathrm{sgn}(\omega)]}{(1+\nu_\infty)(1-2\nu_\infty)}, \quad \mu_\infty = \dfrac{E_\infty[1+i\eta_\infty\,\mathrm{sgn}(\omega)]}{2(1+\nu_\infty)}$$

$E_\infty[1+i\eta_\infty\,\mathrm{sgn}(\omega)]$는 감쇠가 포함된 무한의 탄성 반 공간 본체의 탄성계수이며, 여기서 $\mathrm{sgn}(\omega)$는 부호함수(notation function)를 나타낸다. 즉, $\omega > 0$일 때는 $\mathrm{sgn}(\omega) = 1$이며, $\omega < 0$일 때는 $\mathrm{sgn}(\omega) = -1$이다. ω는 진동의 각(角) 주파수(angular frequency)이고, η_∞는 손실계수(loss factor)이며, ν_∞는 푸아송비이다.

식 (11.17)을 참고문헌[7]의 제2장 식 (2.16)에 대입하면, 푸리에 변환영역에서 성토 본체의 일정한 표면 변위는 다음과 같이 나타낼 수 있다.

$$\tilde{u}_{10}(\beta,\gamma,t) = \overline{u}_{10}(\beta,\gamma)e^{i(\Omega-\beta V)t} = \overline{Q}_{13}(\beta,\gamma,\omega)\dfrac{\sin\gamma b}{\gamma b}\overline{F}_4(\beta)e^{i(\Omega-\beta V)t}$$

$$\tilde{v}_{10}(\beta,\gamma,t) = \overline{v}_{10}(\beta,\gamma)e^{i(\Omega-\beta V)t} = \overline{Q}_{23}(\beta,\gamma,\omega)\dfrac{\sin\gamma b}{\gamma b}\overline{F}_4(\beta)e^{i(\Omega-\beta V)t} \tag{11.24}$$

$$\widetilde{w}_{10}(\beta, \gamma, t) = \overline{w}_{10}(\beta, \gamma)e^{i(\Omega - \beta V)t} = \overline{Q}_{33}(\beta, \gamma, \omega)\frac{\sin\gamma b}{\gamma b}\overline{F}_4(\beta)e^{i(\Omega - \beta V)t}$$

식 (11.24)에 대하여 역($逆$) 푸리에 변환을 적용하면, 공간 영역에서 성토 본체의 표면 변위 $u_{10}(x, y, t)$, $v_{10}(x, y, t)$ 및 $w_{10}(x, y, t)$을 구할 수 있다.

11.1.3 슬래브궤도-성토-지반 시스템의 연성 진동

노반 층과 성토 본체 접촉 표면의 중심선을 따라 $y = 0$의 지점에서 수직 변위의 일관된 조건(consistent condition)을 고려하면, 다음을 갖는다.

$$y_c(x, t) = w_{10}(x, y, t)\big|_{y=0} = w_{10}(x, 0, t) \tag{11.25}$$

여기서,

$$
\begin{aligned}
w_{10}(x, 0, t) &= \frac{1}{4\pi^2}\int_{-\infty}^{\infty}\int_{-\infty}^{\infty}\widetilde{w}_{10}(\beta, \gamma, t)e^{i(\beta x + \gamma y)}d\beta d\gamma\bigg|_{y=0} \\
&= \frac{1}{4\pi^2}\int_{-\infty}^{\infty}\int_{-\infty}^{\infty}\widetilde{w}_{10}(\beta, \gamma, t)e^{i\beta x}d\beta d\gamma
\end{aligned}
\tag{11.26}
$$

식 (11.25)에 대하여 X 방향의 푸리에 변환을 적용하고 식 (11.26)을 결합하면 다음을 얻는다.

$$\tilde{y}_c(\beta, t) = \frac{1}{2\pi}\int_{-\infty}^{\infty}\widetilde{w}_{10}(\beta, \gamma, t)d\gamma \tag{11.27}$$

식 (11.24)를 식 (11.27)에 대입하고 식 (11.10)을 조합하면, 다음을 갖는다.

$$\overline{y}_c(\beta) = \left[\frac{1}{2\pi}\int_{-\infty}^{\infty}\overline{Q}_{33}(\beta, \gamma, \omega)\frac{\sin\gamma b}{\gamma b}d\gamma\right]\cdot\overline{F}_4(\beta) = \overline{H}(\beta)\cdot\overline{F}_4(\beta) \tag{11.28}$$

여기서,

$$\overline{H}(\beta) = \frac{1}{2\pi}\int_{-\infty}^{\infty}\overline{Q}_{33}(\beta, \gamma, \omega)\frac{\sin\gamma b}{\gamma b}d\gamma \tag{11.29}$$

식 (11.11)~(11.14)와 (11.28)을 동시에 풀면 다음을 갖는다.

$$\overline{w}_r(\beta) = \overline{P}(\beta)\bigg/\left[EI_r\beta^4 - m_r\omega^2 + i\omega c_p + k_p - \frac{(k_p + i\omega c_p)^2}{K_{14}}\right] \tag{11.30}$$

$$\overline{y}_s(\beta) = \frac{k_p + i\omega c_p}{K_{14}} \, \overline{w}_r(\beta) \tag{11.31}$$

$$\overline{y}_d(\beta) = \frac{k_s + i\omega c_s}{K_{13}} \, \overline{y}_s(\beta) \tag{11.32}$$

$$\overline{F}_4(\beta) = K_{12} \cdot \overline{y}_d(\beta) \tag{11.33}$$

여기서,

$$K_{11} = EI_d\beta^4 - \left(m_d + \frac{m_c}{3}\right)\omega^2 + (k_s + k_c) + i\omega(c_s + c_c),$$

$$K_{12} = \frac{m_c\omega^2/6 + k_c + i\omega c_c}{\left(-m_c\omega^2/3 + k_c + i\omega c_c\right)\overline{H}(\beta) + 1},$$

$$K_{13} = K_{11} + \left(-m_c\omega^2/6 - k_c - i\omega c_c\right)\overline{H}(\beta)K_{12},$$

$$K_{14} = EI_s\beta^4 - m_s\omega^2 + (k_p + k_s) + i\omega(c_p + c_s) - \frac{(k_s + i\omega c_s)^2}{K_{13}}$$

식 (11.30)~(11.33)과 (11.28)을 식 (11.10)으로 치환하고 역(逆) 푸리에 변환을 수행하면, 공간–시간 영역의 해(解)를 얻는다.

$\overline{w}_r(\beta)$, $\overline{y}_s(\beta)$, $\overline{y}_d(\beta)$, $\overline{F}_4(\beta)$, $\overline{y}_c(\beta)$, $\overline{u}_{10}(\beta, \gamma)$, $\overline{v}_{10}(\beta, \gamma)$ 및 $\overline{w}_{10}(\beta, \gamma)$의 역 푸리에 변환이 $\hat{w}_r(x)$, $\hat{y}_s(x)$, $\hat{y}_d(x)$, $\hat{F}_4(x)$, $\hat{y}_c(x)$, $\hat{u}_{10}(x, y)$, $\hat{v}_{10}(x, y)$ 및 $\hat{w}_{10}(x, y)$이라고 하면, 공간–시간 영역에서 슬래브궤도–성토–지반 시스템의 해는 다음과 같이 나타낼 수 있다.

$$\begin{aligned}
w_r(x, t) &= \hat{w}_r(x - Vt)e^{i\Omega t} \\
y_s(x, t) &= \hat{y}_s(x - Vt)e^{i\Omega t} \\
y_d(x, t) &= \hat{y}_d(x - Vt)e^{i\Omega t} \\
y_c(x, t) &= \hat{y}_c(x - Vt)e^{i\Omega t} \\
F_4(x, t) &= \hat{F}_4(x - Vt)e^{i\Omega t} \\
u_{10}(x, y, t) &= \hat{u}_{10}(x - Vt, y)e^{i\Omega t} \\
v_{10}(x, y, t) &= \hat{v}_{10}(x - Vt, y)e^{i\Omega t} \\
w_{10}(x, y, t) &= \hat{w}_{10}(x - Vt, y)e^{i\Omega t}
\end{aligned} \tag{11.34}$$

윤하중이 이동 차축 하중이고 그것의 주파수가 $\Omega = 0$일 때, 이동 차축 하중이 유발한 슬래브궤도–성토–지반 시스템의 진동 변위는 전술의 방정식으로 직접 계산될 수 있다.

11.2 이동하중을 받는 자갈궤도-성토-지반 시스템의 모델

그림 11.2는 자갈궤도-성토-지반 시스템의 분석모델이다[7]. 레일은 단속적(斷續的)으로 지지하는 침목 위에서 기능하는 무한의 오일러 보(infinite Euler Beam)로 여전히 가정된다. 윤축 질량이 레일을 따라 이동할 때, 파라미터 가진(加振, excitation)이 초래될 것이다. 종래의 자갈궤도의 경우에 주파수가 200Hz보다 낮을 때는 침목의 단속 지지의 영향이 무시될 수 있다. 낮은 주파수는 틀림의 더 긴 파장을 의미한다. 큰 파장의 틀림 진폭은 대개 크며, 그 영향은 대개 파라미터 가진을 초월한다. 그러므로 침목은 균등하게 분포된 질량으로 단순화된다. 레일패드와 체결장치의 강성과 감쇠는 균등하게 분포된 선형 스프링과 댐퍼로 시뮬레이션된다. 궤도구조의 구성요소들 사이의 약한 압박(constraint) 때문에, 도상은 궤도 선형을 따라 균등하게 분포된 질량, 수직 강성 및 감쇠를 가진 탄성체로 간주한다. 노반 층, 성토 본체 및 지반의 모델은 제11.1절의 것과 같다. 그리고, 자갈궤도-성토-지반 시스템도 유사하게 상부와 하부로 나뉜다. 상부는 자갈궤도-노반 층 시스템이고, X 방향을 따른 1차원 무한 본체라고 가정되며, 반면에 하부는 성토 본체-지반 시스템이고, 3차원 반(半) 무한 본체라고 고려된다. 두 부분은 성토 본체의 중심선에서 서로 맞닿아 있다. 접촉 폭은 $2b$(노반 층의 폭)으로 표시된다.

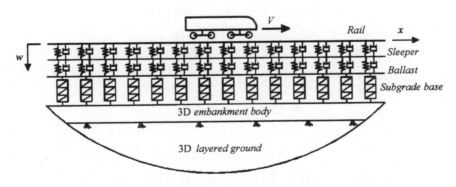

그림 11.2 자갈궤도-성토-지반 연결시스템의 모델

11.2.1 자갈궤도-노반 층 시스템의 동적 방정식과 해

레일 진동의 지배 방정식은 식 (11.1)과 같다. 즉

$$EI_r\frac{\partial^4 w_r}{\partial x^4}+m_r\ddot{w}_r+k_p(w_r-y_s)+c_p(\dot{w}_r-\dot{y}_s)=P(x,t) \qquad (11.35)$$

여기서, $P(x,t)=\sum_{l=1}^{M}P_l e^{i\Omega t}\delta(x-Vt-a_l)$

침목 진동의 지배 방정식은 다음과 같다.

$$m_s \ddot{y}_s - k_p(w_r - y_s) - c_p(\dot{w}_r - \dot{y}_s) + k_s(y_s - y_d) + c_s(\dot{y}_s - \dot{y}_d) = 0 \tag{11.36}$$

도상 진동의 지배 방정식은 다음과 같다.

$$m_d \ddot{y}_d - k_s(y_s - y_d) - c_s(\dot{y}_s - \dot{y}_d) = -F_3 \tag{11.37}$$

노반 층 진동의 지배 방정식은 식 (11.4)와 같다. 즉

$$\frac{m_c}{6}\begin{bmatrix} 2 & 1 \\ 1 & 2 \end{bmatrix}\begin{Bmatrix} \ddot{y}_d \\ \ddot{y}_c \end{Bmatrix} + k_c\begin{bmatrix} 1 & -1 \\ -1 & 1 \end{bmatrix}\begin{Bmatrix} y_d \\ y_c \end{Bmatrix} + c_c\begin{bmatrix} 1 & -1 \\ -1 & 1 \end{bmatrix}\begin{Bmatrix} \dot{y}_d \\ \dot{y}_c \end{Bmatrix} = \begin{Bmatrix} F_3 \\ -F_4 \end{Bmatrix} \tag{11.38}$$

식 (11.35)에서 (11.38)까지의 기호 표시는 다음과 같다. (˙)와 (¨)는 각각 t의 일차 도함수(first−order derivative)와 이차도함수이다. y_s와 y_d는 각각 $y_s(x, t)$와 $y_d(x, t)$의 간단한 표현이며, 침목과 도상의 수직 변위를 상징한다. m_s와 m_d는 각각 침목과 도상의 단위 길이당 질량이다. k_s와 c_s는 도상의 단위 길이당 강성과 감쇠이다. F_3은 $F_3(x, t)$의 간단한 표현이며, 도상과 노반 층 간의 상호작용력을 의미한다. 그 밖의 의미는 제11.1절의 것과 같다.

식 (11.35)~(11.38)에 X 방향의 푸리에 변환을 적용하고 변환영역에서 정상(定常) 변위(steady displacement)의 해를 조화함수(harmonic function)로 가정하면, 다음을 산출한다.

$$EI_r \beta^4 \overline{w}_r(\beta) - m_r \omega^2 \overline{w}_r(\beta) + (k_p + i\omega c_p)[\overline{w}_r(\beta) - \overline{y}_s(\beta)] = \overline{P}(\beta) \tag{11.39}$$

$$-m_s \omega^2 \overline{y}_s(\beta) - (k_p + i\omega c_p)[\overline{w}_r(\beta) - \overline{y}_s(\beta)] + (k_s + i\omega c_s)[\overline{y}_s(\beta) - \overline{y}_d(\beta)] = 0 \tag{11.40}$$

$$-\left(m_d + \frac{m_c}{3}\right)\omega^2 \overline{y}_d(\beta) - \frac{m_c}{6}\omega^2 \overline{y}_c(\beta) - (k_s + i\omega c_s)[\overline{y}_s(\beta) - \overline{y}_d(\beta)] + (k_c + i\omega c_c)[\overline{y}_d(\beta) - \overline{y}_c(\beta)] = 0 \tag{11.41}$$

$$-\frac{m_c}{6}\omega^2 \overline{y}_d(\beta) - \frac{m_c}{3}\omega^2 \overline{y}_c(\beta) - (k_c + i\omega c_c)[\overline{y}_d(\beta) - \overline{y}_c(\beta)] = -\overline{F}_4(\beta) \tag{11.42}$$

네 방정식 (11.39)~(11.42)에는 5 미지수가 있으며, 노반 층과 성토 본체−층상(層狀) 지반 시스템 간의 연결 관계를 고려하여 풀 필요가 있다.

11.2.2 자갈궤도−성토−지반 시스템의 연성 진동

성토 본체−지반 시스템의 모델은 제11.1절의 3차원−층상(層狀) 지반 모델과 같다. 노반 층과 성토 본체의 인터페이스에서 균형 잡힌 접촉력과 같은 접촉 변위를 고려하여, 푸리에 변환영역에서 $y_c(x, t)$와

$F_4(x, t)$간 진폭의 관계는 식 (11.28)에서 나타낸 것처럼 제11.1절에서와 유사한 추론으로 최종적으로 수립될 수 있다.

식 (11.39)~(11.42)와 (11.28)을 동시에 풀면 다음과 같이 된다.

$$\overline{w}_r(\beta) = \overline{P}(\beta) / \left[EI_r\beta^4 - m_r\omega^2 + i\omega c_p + k_p - \frac{(k_p + i\omega c_p)^2}{K_{14}} \right] \tag{11.43}$$

$$\overline{y}_s(\beta) = \frac{k_p + i\omega c_p}{K_{14}}\overline{w}_r(\beta) \tag{11.44}$$

$$\overline{y}_d(\beta) = \frac{k_s + i\omega c_s}{K_{13}}\overline{y}_s(\beta) \tag{11.45}$$

$$\overline{F}_4(\beta) = K_{12} \cdot \overline{y}_d(\beta) \tag{11.46}$$

$$\overline{y}_c(\beta) = \overline{H}(\beta) \cdot \overline{F}_4(\beta) \tag{11.47}$$

여기서,

$$K_{11} = -\left(m_d + \frac{m_c}{3}\right)\omega^2 + (k_s + k_c) + i\omega(c_s + c_c),$$

$$K_{12} = \frac{m_c\omega^2/6 + k_c + i\omega c_c}{\left(-m_c\omega^2/3 + k_c + i\omega c_c\right)\overline{H}(\beta) + 1},$$

$$K_{13} = K_{11} + \overline{H}(\beta)\left(-m_c\omega^2/6 - k_c - i\omega c_c\right)K_{12},$$

$$K_{14} = -m_s\omega^2 + (k_p + k_s) + i\omega(c_p + c_s) - \frac{(k_s + i\omega c_s)^2}{K_{13}}$$

$\overline{w}_r(\beta)e^{i\omega t}$, $\overline{y}_s(\beta)e^{i\omega t}$, $\overline{y}_d(\beta)e^{i\omega t}$, $\overline{F}_4(\beta)e^{i\omega t}$, $\overline{y}_c(\beta)e^{i\omega t}$에 대하여 역 푸리에 변환을 적용하면, 공간-시간 영역에서의 해가 구해질 수 있다.

11.3 이동 차량–궤도–노반–지반 연결시스템의 해석적 진동모델

이 절에서는 파수–주파수 영역법(wave number–frequency domain method)으로 이동 차량–궤도–노반–지반 연결시스템의 진동모델이 개발된다. 먼저, 윤축 지점에서의 이동 차량과 차륜–레일 접촉지점에서의 궤도–노반–지반 연결시스템의 유연도 행렬(flexibility matrix)이 추론되고, 그다음에 궤도 틀림과 차륜–레일 접촉지점에서의 변위 제약조건(displacement constraint condition)을 고려하여 이동 차량–궤도–노반–지반 연결시스템의 해석적 진동모델(analytic vibration model)이 수립된다[7].

11.3.1 윤축 지점에서의 이동 차량의 유연도 행렬

그림 11.3에 나타낸 것처럼, 일차와 이차 현가장치 시스템을 가진 이동 차량이 고려된다[7, 8]. 차량은 V 의 속도로 궤도구조 위를 이동하는 다물체(多物體) 시스템(multi-body system)으로 시뮬레이션 된다. 차체와 대차 및 대차와 윤축은 선형 스프링과 점성 댐퍼(viscous damper)로 연결된다. 차체와 대차의 바운싱 진동 (bouncing vibration, 역주 : 수직축 방향에서 운동하는 상하진동)과 피치 진동(pitch vibration, 역주 : 가로 축을 중심으로 하는 전후 회전 진동), 그리고 윤축의 바운싱 진동이 고려된다. 주파수 영역에서 분석하기 위하여 실제 차량의 현가장치 시스템의 비선형 특성은 선형 스프링과 점성 댐퍼로 다루어진다. 하향의 수직 변위와 시계방향의 회전각이 양(陽)으로 정의된다. 차륜-레일 접촉력은 압축에 대하여 양이다. 차량 모델은 10 자유도를 갖는다.

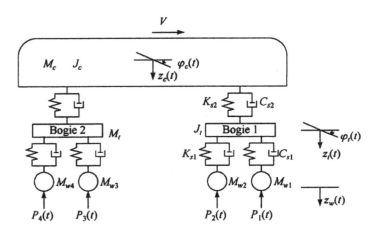

그림 11.3 일차와 이차 현가장치 시스템을 가진 차량 모델

이동하는 차량 진동의 지배 방정식은 다음과 같다.

$$M_u \ddot{Z}_u(t) + C_u \dot{Z}_u(t) + K_u Z_u(t) = Q_u(t) \tag{11.48}$$

여기서, M_u, C_u 및 K_u는 각각 차량의 질량 행렬, 감쇠 행렬 및 강성 행렬을 나타낸다. $Z_u(t)$, $\dot{Z}_u(t)$ 및 $\ddot{Z}_u(t)$는 각각 차량의 변위 벡터, 속도 벡터 및 가속도 벡터를 나타낸다. $Q_u(t)$는 궤도 틀림에 기인한 차량 동하중 벡터를 나타내며, 차량 동하중에 대한 그 밖의 영향을 무시한다.

일반적으로, 차량의 중력 하중(gravity load, 연직하중)은 차량-궤도 연성 진동에 대한 그것의 관여를 고려하지 않은 동적 차축 하중의 형태로 궤도구조에 작용한다. 전술의 방정식에서 변수에 대한 명시적 표현은 다음과 같다.

$$M_u = \mathrm{diag}\{ M_c \quad J_c \quad M_t \quad M_t \quad J_t \quad J_t \quad M_{w1} \quad M_{w2} \quad M_{w3} \quad M_{w4} \} \tag{11.49}$$

$$Z_u = \{ z_c(t) \quad \phi_c(t) \quad z_{t1}(t) \quad z_{t2}(t) \quad \phi_{t1}(t) \quad \phi_{t2}(t) \quad z_{w1}(t) \quad z_{w2}(t) \quad z_{w3}(t) \quad z_{w4}(t) \}^T \tag{11.50}$$

$$\dot{Z}_u = \{ \dot{z}_c(t) \quad \dot{\phi}_c(t) \quad \dot{z}_{t1}(t) \quad \dot{z}_{t2}(t) \quad \dot{\phi}_{t1}(t) \quad \dot{\phi}_{t2}(t) \quad \dot{z}_{w1}(t) \quad \dot{z}_{w2}(t) \quad \dot{z}_{w3}(t) \quad \dot{z}_{w4}(t) \}^T \tag{11.51}$$

$$\ddot{Z}_u = \{ \ddot{z}_c(t) \quad \ddot{\phi}_c(t) \quad \ddot{z}_{t1}(t) \quad \ddot{z}_{t2}(t) \quad \ddot{\phi}_{t1}(t) \quad \ddot{\phi}_{t2}(t) \quad \ddot{z}_{w1}(t) \quad \ddot{z}_{w2}(t) \quad \ddot{z}_{w3}(t) \quad \ddot{z}_{w4}(t) \}^T \tag{11.52}$$

$$Q_u(t) = \{ 0 \quad 0 \quad 0 \quad 0 \quad 0 \quad 0 \quad -P_1(t) \quad -P_2(t) \quad -P_3(t) \quad -P_4(t) \}^T \tag{11.53}$$

$$K_u = \begin{bmatrix}
2K_{s2} & 0 & -K_{s2} & -K_{s2} & 0 & 0 & 0 & 0 & 0 & 0 \\
 & 2L_2^2 K_{s2} & -L_2 K_{s2} & L_2 K_{s2} & 0 & 0 & 0 & 0 & 0 & 0 \\
 & & 2K_{s1}+K_{s2} & 0 & 0 & 0 & -K_{s1} & -K_{s1} & 0 & 0 \\
 & & & 2K_{s1}+K_{s2} & 0 & 0 & 0 & 0 & -K_{s1} & -K_{s1} \\
 & & & & 2L_1^2 K_{s1} & 0 & -K_{s1}L_1 & K_{s1}L_1 & 0 & 0 \\
 & & & & & 2L_1^2 K_{s1} & 0 & 0 & -K_{s1}L_1 & K_{s1}L_1 \\
 & & \text{대칭} & & & & K_{s1} & 0 & 0 & 0 \\
 & & & & & & & K_{s1} & 0 & 0 \\
 & & & & & & & & K_{s1} & 0 \\
 & & & & & & & & & K_{s1}
\end{bmatrix} \tag{11.54}$$

$$C_u = \begin{bmatrix}
2C_{s2} & 0 & -C_{s2} & -C_{s2} & 0 & 0 & 0 & 0 & 0 & 0 \\
 & 2L_2^2 C_{s2} & -L_2 C_{s2} & L_2 C_{s2} & 0 & 0 & 0 & 0 & 0 & 0 \\
 & & 2C_{s1}+C_{s2} & 0 & 0 & 0 & -C_{s1} & -C_{s1} & 0 & 0 \\
 & & & 2C_{s1}+C_{s2} & 0 & 0 & 0 & 0 & -C_{s1} & -C_{s1} \\
 & & & & 2L_1^2 C_{s1} & 0 & -C_{s1}L_1 & C_{s1}L_1 & 0 & 0 \\
 & & & & & 2L_1^2 C_{s1} & 0 & 0 & -C_{s1}L_1 & C_{s1}L_1 \\
 & & \text{대칭} & & & & C_{s1} & 0 & 0 & 0 \\
 & & & & & & & C_{s1} & 0 & 0 \\
 & & & & & & & & C_{s1} & 0 \\
 & & & & & & & & & C_{s1}
\end{bmatrix} \tag{11.55}$$

전술의 식들에서, M_c와 J_c는 차체의 질량과 관성 모멘트이다. M_t와 J_t는 대차의 질량과 관성 모멘트이다. $M_{wi}(i = 1, 2, 3, 4)$는 i 번째 윤축의 질량을 나타낸다. K_{s1}, C_{s1} 및 K_{s2}, C_{s2}는 각각 차량의 일차와 이차 현가장치 시스템에 대한 강성과 감쇠 계수를 나타낸다. z_c는 차체의 수직 변위이며 하향을 양(陽)으로 나타낸다. ϕ_c는 수평축을 중심으로 한 차체의 회전각이며 시계방향을 양으로 한다. z_t는 대차의 수직 변위이다. ϕ_c는 수평축을 중심으로 한 대차의 회전각이다. z_w는 차륜의 수직 변위이다. $2L_2$는 차체의 대차 피벗 중심 간의 거리이다. $2L_1$은 축거(軸距)이다.

궤도 틀림에 기인하는 차량의 동하중이 조화 하중(harmonic load)이라고 가정하면, 차량의 진동도 조화이다.

$$Q_u(t) = Q_u(\Omega)e^{i\Omega t} \tag{11.56}$$

$$Z_u(t) = Z_u(\Omega)e^{i\Omega t} \tag{11.57}$$

여기서, Ω는 가진원(加振源, excitation source)의 주파수이다.

식 (11.56)과 (11.57)을 식 (11.48)에 대입하면, 다음과 같이 된다.

$$Z_u(\Omega) = \left(K_u + i\Omega C_u - \Omega^2 M_u\right)^{-1} Q_u(\Omega) = A_u Q_u(\Omega) \tag{11.58}$$

여기서, $A_u = \left(K_u + i\Omega C_u - \Omega^2 M_u\right)^{-1}$는 차량의 유연도 행렬을 나타낸다.

다음과 같이 $P(\Omega)$를 궤도 틀림에 기인하는 동적 차륜–레일 힘의 진폭, $Z_w(\Omega)$를 차륜 변위의 진폭이라고 하자.

$$P(\Omega) = \left\{ P_1(\Omega) \quad P_2(\Omega) \quad P_3(\Omega) \quad P_4(\Omega) \right\}^T \tag{11.59}$$

$$Z_w(\Omega) = \left\{ z_{w1}(\Omega) \quad z_{w2}(\Omega) \quad z_{w3}(\Omega) \quad z_{w4}(\Omega) \right\}^T \tag{11.60}$$

그러면, 다음과 같이 된다.

$$Q_u(\Omega) = -H^T P(\Omega) \tag{11.61}$$

$$H Z_u(\Omega) = Z_w(\Omega) \tag{11.62}$$

여기서, $H = \left[0_{4 \times 6} \quad I_{4 \times 4} \right]$.

식 (11.54)의 좌변에 H를 곱하고, 식 (11.61)과 (11.62)를 그것으로 치환하면, 다음과 같이 된다.

$$Z_w(\Omega) = -H A_u H^T P(\Omega) = -A_w P(\Omega) \tag{11.63}$$

여기서, $A_w = H A_u H^T$는 윤축 지점에서 차량의 유연도 행렬이다. 열차가 N 차량으로 편성되었을 때, 차륜 지점에서 열차의 유연도 행렬은 다음과 같을 것이다.

$$A_{TW} = \text{diag}\{ A_{w1}, \cdots A_{wi}, \cdots, A_{wN} \} \tag{11.64}$$

여기서, A_{wi}는 윤축 지점에서 i번째 차량의 유연도 행렬을 나타낸다.

11.3.2 차륜-레일 접점에서의 궤도-노반-지반의 유연도 행렬

제11.1절과 제11.2절에서는 이동 조화 하중(harmonic load)을 받는 궤도-노반-지반 시스템에서 개개 부분의 변위를 논의하고 구하였다. 단위 조화 하중(unit harmonic load)이 궤도구조에 작용하고, $t = 0$일 때, 하중이 원점(原點)에 위치한다고 가정하면, 다음과 같이 레일 변위를 쉽게 구할 수 있다.

$$w_r^e(x, t) = \overline{w}_r^{\,e}(x - ct)e^{i\Omega t} \tag{11.65}$$

여기서, 위첨자 e는 단위 조화 하중을 나타낸다.

다수의 윤축 하중이 궤도구조에 작용할 때, k번째 차륜-레일 접촉지점에서의 단위 힘으로 유발된 j번째 차륜-레일 접촉지점에서의 레일 변위는 다음과 같을 것이다.

$$w_{r,jk}^e = \overline{w}_r^{\,e}(l_{jk})e^{i\Omega t} \tag{11.66}$$

여기서, $l_{jk} = a_j - a_k$는 두 윤축 간의 거리이다.

변위진폭은 다음과 같이 정의된다.

$$\delta_{jk} = \overline{w}_r^{\,e}(l_{jk}) \tag{11.67}$$

단일 차량 모델에서는 네 차륜의 작용이 있으며, 따라서 동적 차륜-레일 힘으로 생성된 차륜-레일 접촉지점에서의 레일 변위 $Z_R(\Omega)$는 다음과 같아야 한다.

$$Z_R(\Omega) = \{z_{R1}(\Omega) \quad z_{R2}(\Omega) \quad z_{R3}(\Omega) \quad z_{R4}(\Omega)\}^T = A_R P(\Omega) \tag{11.68}$$

여기서,

$$A_R = \begin{bmatrix} \delta_{11} & \delta_{12} & \delta_{13} & \delta_{14} \\ \delta_{21} & \delta_{22} & \delta_{23} & \delta_{24} \\ \delta_{31} & \delta_{32} & \delta_{33} & \delta_{34} \\ \delta_{41} & \delta_{42} & \delta_{43} & \delta_{44} \end{bmatrix}$$

은 차륜–레일 접촉지점에서 궤도–노반–지반 시스템의 유연도 행렬이다.

그리고 유사하게, N 차량을 가진 열차는 $4N$ 차륜–레일 접촉지점을 가지며, 따라서 이동하는 열차의 차륜–레일 접촉지점에서의 궤도–노반–지반 시스템의 유연도 행렬을 풀기가 쉽다.

11.3.3 궤도 틀림을 고려한 차량-노반-지반 시스템의 연결

차륜–레일 접촉이 선형 탄성 접촉이라고 가정하면, 접촉 강성은 다음과 같다.

$$K_W = \frac{3}{2G} p^{1/3} \tag{11.69}$$

여기서, G 는 접촉 처짐 계수이며, 원뿔형 답면(圓錐形 踏面, conical tread)을 가진 차륜에 대하여 $G = 4.57 R^{-0.149} \times 10^{-8} (\text{m/N}^{2/3})$ 이고, 마모된 프로파일 답면을 가진 차륜에 대하여 $G = 3.86 R^{-0.115} \times 10^{-8} (\text{m/N}^{2/3})$ 이다. p 는 차축 정하중과 대략 같다.

단일차량모델에서 차륜–레일 접촉지점에서의 상대적 변위진폭 $\eta(\Omega)$ 은 다음과 같다.

$$\eta(\Omega) = \{\eta_1(\Omega) \quad \eta_2(\Omega) \quad \eta_3(\Omega) \quad \eta_4(\Omega)\}^T = A_\Delta P(\Omega) \tag{11.70}$$

여기서, $A_\Delta = \text{diag}\{1/K_W \quad 1/K_W \quad 1/K_W \quad 1/K_W\}$.

궤도 고저(면) 틀림(track surface irregularity) $\Delta z(x)$ 이 조화함수라고 가정하면, 즉,

$$\Delta z(x) = -A e^{i(2\pi/\lambda)x} \tag{11.71}$$

여기서, A 는 궤도 고저(면) 틀림의 진폭이고, λ 는 틀림의 파장이다.

l 번째 차륜–레일 접촉지점에서의 궤도 틀림은 다음과 같이 나타낼 수 있다.

$$\Delta z_l(x) = -A e^{i(2\pi/\lambda)(a_l + Vt)} = -A e^{i(2\pi/\lambda)a_l} e^{i2\pi(V/\lambda)t} = -\Delta z_l(\Omega) e^{i\Omega t} \tag{11.72}$$

여기서, $\Delta z_l(\Omega) = A e^{i(2\pi/\lambda)a_l}$, $\Omega = 2\pi V/\lambda$.

단일 차량 모델에서는 차륜–레일 접촉지점에서의 궤도 고저(면) 틀림의 진폭이 다음과 같다.

$$\Delta Z(\Omega) = - \left\{ Ae^{i(2\pi/\lambda)a_1} \quad Ae^{i(2\pi/\lambda)a_2} \quad Ae^{i(2\pi/\lambda)a_3} \quad Ae^{i(2\pi/\lambda)a_4} \right\}^T \tag{11.73}$$

차륜이 레일과 항상 접촉하고 있다고 가정하면, 차륜–레일 접촉지점에서의 변위 제약조건(displacement constraint condition)은 다음과 같다.

$$Z_w(\Omega) = Z_R(\Omega) + \eta(\Omega) + \Delta Z(\Omega) \tag{11.74}$$

식 (11.63), (11.68), (11.70) 및 (11.73)을 식 (11.74)에 대입하면, 다음을 갖는다.

$$(A_w + A_R + A_\Delta)P(\Omega) = \Delta Z(\Omega) \tag{11.75}$$

식 (11.75)로부터, 궤도 틀림으로 발생한 동적 차륜–레일 힘의 진폭이 도출될 수 있으며, 동적 차륜–레일 힘은 $P(t) = P(\Omega)e^{i\Omega t}$ 로 계산될 수 있다. 그러므로 제11.1절과 제11.2절의 유도에 기초해, 궤도 틀림으로 발생한 동적 차륜–레일 힘을 받는 궤도–노반–지반 시스템의 모든 부분에 대한 동적 응답이 구해질 수 있다.

11.4 고속열차–궤도–노반–지반 연결시스템의 동적 분석

제시된 이론에 기초하여, 고속열차–궤도–노반–지반 연결시스템의 동적 분석을 위한 계산 프로그램이 설계되었다. 더 쉬운 계산을 취하기 위하여 단일 TGV 고속동력차가 고려되었다.

11.4.1 성토 본체 진동에 대한 열차속도와 궤도 틀림의 영향

TGV 고속동력차에 대한 파라미터는 제6장에서 주어졌다. 궤도구조의 조건은 다음과 같다. 즉, 60kg/m 장대레일의 자갈궤도 구조, 레일의 휨강성 $EI = 2 \times 6.625\,\text{MN/m}^2$, III형 침목, 침목 간격 0.6m, 침목 길이 2.6m. 도상 두께 35cm. 도상 어깨 폭 50cm. 도상 어깨 기울기 1:1.75. 도상 밀도 1900kg/m³. 노반 두께 3.0m, 노반 폭 8.2m, 노반어깨 기울기 1:1.5. 그리고 노반 밀도 1900kg/m³, 궤도와 노반 층의 그 외 파라미터는 **표 11.1**에 나타낸다. 성토 본체는 **표 11.2**에 나타낸 것처럼 경질토질의 2m 두께이다. 지반은 탄성 반(半)공간 본체이며, 상세한 파라미터는 **표 11.2**에 나타낸다. 프랑스 궤도 틀림의 고저(면) 틀림(profile irregularity) 값과 관리표준이 여기서 채용되며, 그것은 반(半) 피크 값이 $A = 3$mm이고 파장이 $l = 12.2$m이다.

표 11.1 궤도의 파라미터

궤도구조	단위 길이당 강성 (MN/m²)	단위 길이당 감쇠 (kN s/m²)
레일패드와 체결장치	80/0.6	50/0.6
도상	120/0.6	60/0.6
노반 층	1,102	275

표 11.2 성토 본체와 지반의 파라미터

흙의 층	흙의 유형	탄성계수 (10³ kN/m²)	푸아송비	밀도 (kg/m³)	손실률
성토 본체	경질토질	269	0.257	1,550	0.1
	중(中) 경질토질	60	0.44	1,550	0.1
	연약 토질	30	0.47	1,500	0.1
지반	반(半) 공간 본체	2,040	0.179	2,450	0.1

계산 결과는 **그림 11.4**와 **11.5**에 나타낸다[9, 10]. **그림 11.4**는 서로 다른 열차속도에 대한 성토 본체의 수직 변위를 보여주며, **그림 11.5**는 변하지 않은 서로 다른 파라미터와 함께 고저(면) 틀림의 서로 다른 반(半)-피크를 고려하여 성토 본체의 수직 변위가 궤도 중심으로부터의 거리에 따라 감소한다는 것을 설명한다.

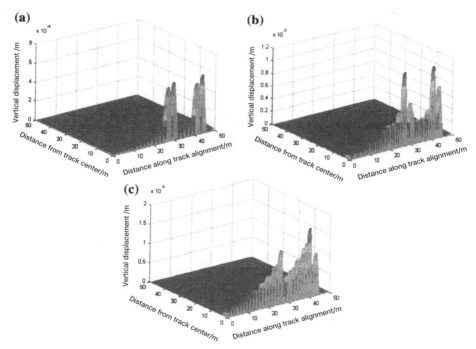

그림 11.4 성토 본체의 수직 변위에 대한 열차속도의 영향 : (a) 열차속도 $V=200$km/h, (B) $V=250$km/h, (c) $V=300$km/h

그림 11.4로부터 열차속도의 증가에 따라 성토 본체의 수직 변위의 변동성이 점점 더 명백해지는 것이 관찰

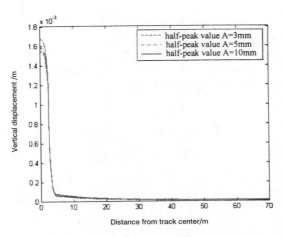

그림 11.5 성토 본체의 수직 변위에 대한 궤도 틀림의 영향

된다. 열차속도가 200km/h에 달할 때, 성토 본체의 수직 변위는 윤하중 지점에서만 크고 다른 지점에서는 대단히 작다. 열차속도가 300km/h에 달할 때, 윤하중 지점 옆의 다른 지점들에서 큰 수직 변위가 생긴다. **그림 11.5**에서, 궤도 고저(면) 틀림의 반(半)−피크 값의 증가에 따라 성토 본체의 수직 변위도 증가하지만, 현저하지 않으며 궤도에 가까운 성토 본체의 진동 변위에만 영향을 미친다. 그러므로 성토 본체의 수직 변위는 주로 이동 차축 하중이 원인이라고 추론할 수 있다.

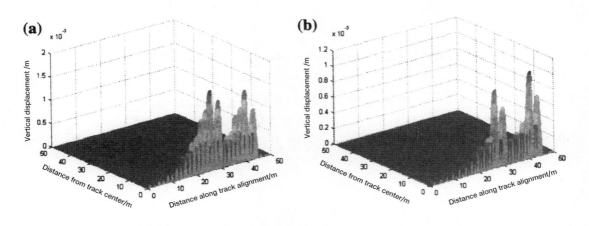

그림 11.6 성토 본체의 수직 변위에 대한 노반 강성의 영향 : (a) 노반 강성 $k_c = 0.5 \times 1,102MN/m^2$, (B) $k_c = 0.25 \times 1,102MN/m^2$

11.4.2 성토 본체 진동에 대한 노반 층 강성의 영향

열차속도가 200km/h이고 그 밖의 파라미터가 제11.4.1항의 것과 같다고 가정하여, 서로 다른 노반 층 강성을 가진 성토 본체의 수직 변위의 분포를 비교하여 보자. 계산 결과는 **그림 11.6**에 나타낸다[10].

그림 11.4(a)와 **11.6** 사이의 비교는 노반 층 강성이 성토 본체의 수직 변위에 상당한 영향을 미친다는 것을 보여준다. 강성의 감소에 따라, 성토 본체의 수직 변위가 극적으로 증가하며 변동성도 현저하게 증가한다.

11.4.3 성토 본체 진동에 대한 성토 흙 강성의 영향

열차속도가 200km/h이고 그 밖의 파라미터가 제11.4.1항의 것과 같다고 가정하여, 흙 종류가 서로 다른 성토 본체의 수직 변위의 분포를 조사하여 보자. 계산 결과는 **그림 11.7**에 나타낸다[10]. 성토 흙 종류의 파라미터는 **표 11.2**에 나타낸다. **그림 11.7**에서 흙 종류의 파라미터는 성토 본체의 수직 변위에 상당한 영향을 미친다는 것을 나타낸다. 연약 토질 성토의 수직 변위는 경질토질과 비교하여 상당히 증가한다. 그러므로 공학 응용에서 연약 토질 성토의 영향에 주의하여야 하며 진동 변위를 줄이기 위하여 성토 흙 강성의 증가와 같은 특별한 조치가 취해져야 한다.

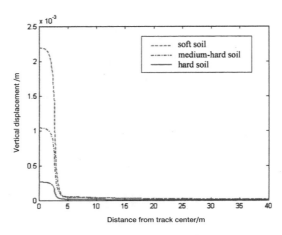

그림 11.7 성토 본체의 수직 변위에 대한 성토 흙 종류의 영향

1. Xie W, Hu J, Xu J (2002) Dynamic responses of track-ground system under high-speed moving loads. Chin J Rock Mech Eng 21(7):1075–1078
2. Xuecheng Bian, Yunmin Chen (2005) Dynamic analyses of track and ground coupled system with high-speed train loads. Chin J Theor Appl Mech 37(4):477–484
3. Li Z, Gao G, Feng S, Shi G (2007) Analysis of ground vibration induced by high-speed train. J Tongji Univ (Sci) 35(7):909–914
4. Sheng X, Jones CJC, Thompson DJ (2004) A theoretical model for ground vibration from trains generated by vertical track irregularities. J Sound Vib 272:937–965
5. Lombaert G, Degrande G, Kogut J (2006) The experimental validation of a numerical model for the prediction of railway induced vibrations. J Sound Vib 297:512–535
6. Sheng X, Jones CJC, Petyt M (1999) Ground vibration generated by a harmonic load acting on a railway track. J Sound Vib 225(1):3–28
7. Feng Q (2013) Research on ground vibration induced by high-speed trains. Doctor's dissertation, Tongji University, Shanghai
8. Lei X, Sheng X (2008) Advanced studies in modern track theory, 2nd edn. China Railway Publishing House, Beijing
9. Feng Q, Lei X, Lian S (2008) Vibration analysis of high-speed railway tracks with geometric irregularities. J Vib Eng 21(6):559–564
10. Feng Q, Lei X, Lian S (2010) Vibration analysis of high-speed railway subgrade-ground system. J Railway Sci Eng 7(1):1–6

제12장 열차, 자갈궤도 및 노반 연결시스템의 동적 거동의 분석

고속철도의 대규모 건설과 속도향상 사업의 완료에 따라 중국의 철도수송은 고속시대에 들어갔다. 결과적으로, 열차속도의 증가는 당연히 궤도에 대하여 더 큰 동적 힘을 유발하며, 그것은 점차로 궤도구조의 기능 저하와 파손으로 이어질 것이다. 한편, 광폭 침목, 일체화 도상 층(integrated ballast bed) 및 중량 레일과 같은 새로운 궤도구조의 채택 및 촉진과 함께, 차륜-레일 충격과 궤도 진동은 훨씬 더 극심해질 것이며, 그것은 레일표면 쉐링(shelling), 도상자갈 세립화(flaking) 및 도상 딱딱해짐(hardening)과 같은 문제로 귀착될 것이다. 따라서 궤도 진동의 유도와 모든 궤도 구성요소 간의 전달 메커니즘에 관한 연구를 통하여, 궤도에 대한 진동의 파괴적인 영향, 그리고 효과적인 진동 감소 및 진동 저항능력을 향상하는 진동 격리수단이 궤도 하중 부하 용량을 높이고 차량의 주행 안전을 보장하는 데 가장 중요한 방법의 하나이다. 앞에 말한 목적을 달성하기 위해서는 궤도 동역학에 관한 분석이 전제로 된다. 이 장에서는 열차-자갈궤도-노반(aubgrade) 연결시스템의 동적 거동의 분석이 수행된다. 특히 고속철도의 노반(roadbed)-교량 접속부(joint)에서 차량 범핑(bumping, 덜컹거림)에 기인하는 궤도결함(track fault)에 대한 계산 소프트웨어가 제9장의 차량요소와 궤도요소의 모델과 알고리즘에 기초하여 개발된다[1~5]. 그리고, 과도구간(過渡區間, transition)에 관하여, 변화하는 열차속도, 궤도 강성 분포의 변화하는 패턴 및 궤도 차량과 궤도구조의 동적 응답에 대한 과도구간 불규칙과 같은 영향 인자를 연구하기 위하여 시뮬레이션 분석이 수행된다.

그림 12.1 중국 고속열차 CRH3

12.1 차량과 궤도구조의 파라미터

이 장에서 노반–교량 접속부에 대한 차량과 궤도구조의 동적 거동을 분석하는 데 관련된 차량은 **그림 12.1**에 나타낸 것과 같은 중국 고속열차 CRH3이다. 고속열차 CRH3의 파라미터는 제6장의 **표 6.7**에 주어졌다. 궤도는 60kg/m 장대레일과 Ⅲ형 침목을 가진 자갈궤도이다. 궤도구조의 파라미터는 **표 12.1**에 주어진다. 뉴마크 체계(Newmark scheme)에 대한 수치 적분법(numerical integration)의 시간 단계는 $\Delta t = 0.001s$를 채용한다.

표 12.1 자갈궤도의 파라미터

파라미터		값		파라미터	값
레일	질량 (kg/m)	60	침목	침목 간격 (m)	0.57
	밀도 (kg/m³)	7,800		질량 (kg)	340
	단면적 (cm²)	77.45	도상	강성 (MN/m)	120
	수평축에 관한 단면2차모멘트 (cm⁴)	3,217		감쇠 (kN s/m)	60
	탄성계수 (MPa)	2.06×10^5		질량 (kg)	2,718
레일패드와 체결장치	강성 (MN/m)	80	노반	강성 (MN/m)	60
	감쇠 (kN s/m)	50		감쇠 (kN s/m)	90

12.2 열차속도의 영향 분석

철도선로에는 다수의 노반–교량 과도구간, 노반–암거(暗渠) 과도구간, 건널목이 존재하며, 이들은 결점이 있는 구간이다. 국내외의 학자들은 궤도 과도구간에 관하여 풍부한 연구결과를 얻었지만[6~11], 연구는 주로 실험과 공학적 측정에 국한되며 심층적 이론 연구가 부족하다. 이 절부터는 열차속도의 영향 분석으로부터 시작하여 궤도 과도구간에 대한 차량과 궤도구조의 동적 응답의 법칙과 영향 인자가 조사될 것이다.

노반–교량 과도구간에서의 차량과 궤도구조의 동적 응답을 분석하기 위한 계산모델은 **그림 12.2**에 나타낸다. 시뮬레이션에서 계산용 총 궤도길이는 300m이며, 이것은 경계 효과를 제거하기 위한 왼쪽과 오른쪽 궤도 끝에 대한 100m와 20m 가외(加外)의 궤도길이를 포함한다. 시작 지점은 왼쪽 궤도 경계로부터 100m이다. 궤도 강성의 변화는 170m 위치에서 일어난다. 교량구간에서 딱딱한(rigid) 노반의 강성 K_f는 종래 자갈궤도의 강성 K_{f0}의 5배라고, 즉 $K_f = 5K_{f0}$이라고 가정하자. 여기서, $K_{f0} = 60$MN/m. 궤도구조 모델은 1591 노드(node)가 있는 526 궤도요소로 이산화(離散化, discretize)된다.

경계 효과를 고려하여, 차량과 궤도구조의 동적 분석을 위하여 시작 지점으로부터 25, 45, 65, 70, 80, 100 및 120m의 거리에서 궤도를 따라 O1, O2, …, O7으로 나타낸 일곱 관찰지점이 선택된다. 일곱 출력지점 중에, 셋은 종래의 노반 자갈궤도에 위치하고, 셋은 오른쪽 교량 궤도에 위치하며, 하나는 정확하게 노반–교량 접속부의 강성 변화의 지점에 있다. **그림 12.2**에 나타낸 것과 같은 차량과 궤도구조의 동적 응답 분

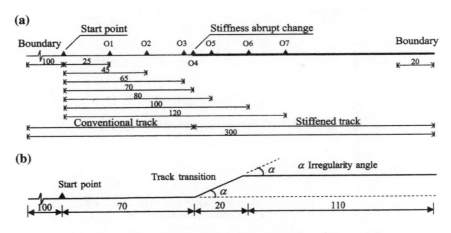

그림 12.2 노반–교량 과도구간에서의 차량과 궤도구조의 동적 응답 분석용 계산모델(단위 : m)

포를 조사하기 위하여, 네 종류의 열차속도(V = 160, 200, 250, 300km/h)가 명시된다.

열차속도의 영향을 종합적으로 분석하고 평가하기 위하여 레일 수직가속도, 차체의 수직가속도 및 차륜–레일 힘에 대하여 구해진 시간 이력 곡선을 포함하는 일부의 결과는 **그림 12.3, 12.4 및 12.5**에 나타낸다[11].

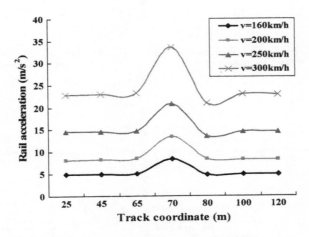

그림 12.3 레일 수직가속도에 대한 열차속도의 영향

노반 강성의 변화가 레일 수직가속도와 차륜–레일 접촉력에 상당한 영향을 미치는 것이 **그림 12.3, 12.4 및 12.5**에서 관찰된다. 열차속도의 증가에 따라, 동적 응답이 현저히 증가한다. 열차속도의 영향은 상당히 실질적이다. 노반 강성의 변화 지점에서 레일 수직가속도와 차륜–레일 접촉력은 뚜렷한 피크 값을 나타낸다. 그리고 피크 값은 열차속도의 증가에 따라 크게 증대하며, 이것은 궤도구조에 큰 충격을 부과한다. 그러나 차량의 일차와 이차 현가장치 시스템에서 생기는 우수한 진동 격리 때문에 열차속도는 근본적으로 차체의 수직가속도에 영향을 미치지 않는다.

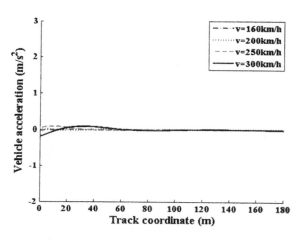

그림 12.4 차체의 수직가속도에 대한 열차속도의 영향

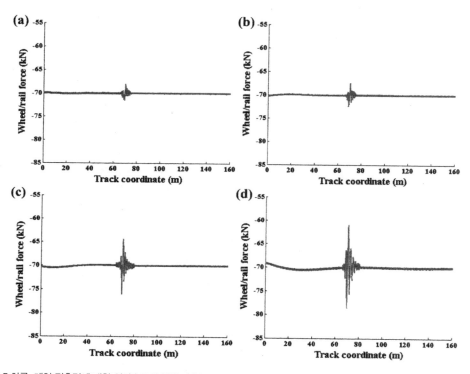

그림 12.5 차륜–레일 접촉력에 대한 열차속도의 영향 : (a) V = 160km/h, (b) V = 200km/h, (c) V = 250km/h, (d) V = 300km/h

12.3 궤도 강성 분포의 영향 분석

궤도 과도구간의 동적 응답에 대한 궤도 강성 분포에서 서로 다른 과도구간 패턴의 영향을 분석하기 위한 계산모델은 **그림 12.6**에 나타낸다. 계산을 위한 총 궤도길이는 300m이며, 그것은 경계 효과를 제거하기 위

한 왼쪽과 오른쪽 궤도 끝의 100m와 20m 가외(加外) 궤도길이를 포함한다. 과도구간은 20m 길이이고, 노반 강성 변화는 170m 위치에서, 즉 시작 지점 뒤로 70m에서 일어난다. 열차속도는 $V = 250$km/h라고 가정하며, 궤도구조 모델은 1591 노드(node)가 있는 526 궤도요소로 이산화(離散化, discretize)된다.

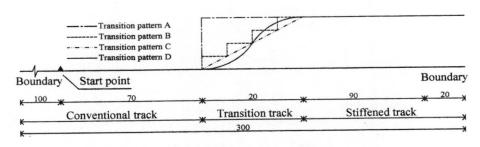

그림 12.6 궤도 강성 분포에 대한 네 종류의 과도구간 패턴(단위 : m)

궤도 강성 분포의 영향을 종합적으로 이해하기 위하여 다음과 같은 네 과도구간(過渡區間, transition) 패턴이 연구된다.

패턴 A : 갑작스러운 변화. 도상의 강성은 갑자기 5배로 바뀌며, 노반의 강성은 그에 따라서 40배로 바뀐다.

패턴 B : 점진적인 변화. 도상의 강성은 단계적으로 1-2-3-4-5배로 바뀌며, 노반의 강성은 그에 따라서 1-5-10-20-40배로 바뀐다.

패턴 C : 선형적 변화. 도상의 강성은 1에서 5배까지 선형적으로 변화한다. 노반의 강성도 1에서 40배까지 선형적으로 변화한다.

패턴 D : 코사인 변화(cosine change). 도상의 강성은 코사인 곡선에서 변화하며, 1~5 코사인 보간법(補間法)을 적용한다. 노반의 강성도 그에 따라서 코사인 변화를 하며, 1~40 코사인 보간 계산법을 적용한다.

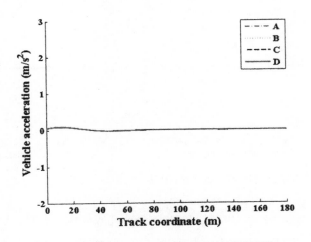

그림 12.7 차체의 수직가속도에 대한 궤도 강성 분포의 영향

출력 결과는 **그림 12.7, 12.8** 및 **12.9**에 각각 나타낸 것처럼 차체의 수직가속도, 레일 수직가속도 및 차륜—레일 접촉력의 시간 이력 곡선을 포함한다[11].

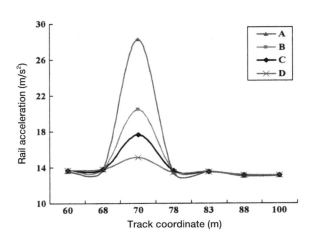

그림 12.8 레일 수직가속도에 대한 궤도 강성 분포의 영향

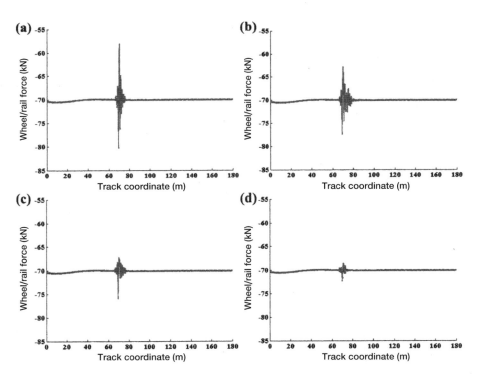

그림 12.9 차륜—레일 접촉력에 대한 궤도 강성 분포의 영향 : (a) 패턴 A, (b) 패턴 B, (c) 패턴 C, (d) 패턴 D

그림 12.7에 나타낸 것처럼, 네 종류의 궤도 강성과도 패턴에 상당하는 차체의 수직가속도는 완전히 겹치며, 그것은 궤도 강성의 변화가 차체 가속도에 대하여 거의 영향을 미치지 않음을 의미한다. 차량의 일차와

이차 현가장치 시스템에서 생기는 우수한 진동 격리 때문에, 차체 가속도에 대한 궤도 강성 분포의 영향은 유효하지 않다. **그림 12.8**은 레일 수직가속도가 종래의 궤도기초나 딱딱한(rigid) 궤도기초에서 변하지 않는다는 것을 보여주며, 이것은 궤도 강성이 레일 수직가속도에 거의 영향을 미치지 않음을 나타낸다. 그러나, 과도구간의 궤도 강성 변화 지점에서는 레일 수직가속도가 극적으로 변한다. 궤도 강성과도 패턴의 변화에 따라, 레일 수직가속도는 크게 서로 다르며, 그중에 코사인 패턴은 가장 적은 영향을 미친다. 게다가, 차륜-레일 접촉력은 네 종류의 궤도 강성과도 패턴의 변화에 따라 서로 다르다. **그림 12.9**와 **표 12.2**는 노반-교량 과도구간의 궤도 강성이 코사인 패턴의 변화를 할 때의 차륜-레일 접촉력이 가장 적고, 추가의 동적 작용도 가장 적다는 것을 나타내며, 이것은 차량과 궤도구조에 대한 충격을 상당히 줄일 수 있으며, 따라서 승차감을 개선하고, 고속 주행을 보장한다.

표 12.2 차륜-레일 접촉력과 레일 가속도에 대한 궤도 강성 분포의 영향

차륜-레일 접촉력	갑자기 변화	점진적 변화	선형적 변화	코사인 변화
최대 (kN)	−58.050	−62.775	−67.18	−68.406
최소 (kN)	−80.253	−77.382	−75.937	−72.301
진폭 (kN)	22.203	14.627	8.757	3.895
과도 패턴 A와 비교한 감소율 (%)	0	34.12	60.56	82.46
최대 레일 가속도 (m/s^2)	28.248	20.442	17.638	15.138
과도 패턴 A와 비교한 감소율 (%)	0	27.63	37.56	46.41

12.4 과도구간 불규칙의 영향 분석

열차가 노반-교량 과도구간에서 주행하고 있을 때, 교량 앞(bridge head)에서는 차량 범핑(bumping, 덜컹거림)이 빈번하게 일어난다. 범핑은 새로 건설된 철도에서 노반-교량 접속부(joint)의 시공 후 침하, 주기적 차량 하중 부하를 받아 더 조밀하고 압축된 교대 접속부(fitting)에서 생기는 노반 침하 및 노반과 교량 간의 고르지 않은 강성과 같은 다수의 요인으로 초래된다. 이전의 연구는 노반-교량 과도구간의 궤도 강성 변화가 차량의 주행 안전과 승차감에 거의 영향을 미치지 않으며, 반면에 노반-교량 침하차에 기인한 과도구간 불규칙은 차량의 안전 주행에 엄청난 영향을 미친다는 것을 나타낸다[6~9]. 다음의 분석에서는 노반-교량 과도구간의 궤도 강성의 영향을 제외하고 과도구간 불규칙(transition irregularity)으로 유발된 동적 응답만이 연구된다. 그리고, 철도의 실제 조건을 정확히 시뮬레이션하기 위하여 제5장에서 제안된 방법으로 불규칙한 궤도 고저(면) 틀림이 고려된다. 다음의 분석에서는 세 종류의 불규칙 패턴이 검토된다.

패턴 A : 규칙적 과도(過渡). 차량은 250km/h의 속도로 과도구간으로 이동한다.

패턴 B : 불규칙적 과도. 노반-교량 침하차는 5cm이다. 두 유형의 과도구간 불규칙, 즉 선형적 불규칙과 코사인의 불규칙이 고려되며, 차량은 250km/h의 속도로 과도구간으로 이동한다.

패턴 C : 불규칙적 과도. 차량은 250km/h의 속도로 과도구간에서 나오며, 그 밖의 조건은 패턴 B와 같다.

모델에서 계산을 위한 총 궤도길이는 300m이며, 그것은 경계 효과를 제거하기 위해 궤도 시작과 궤도 끝에 대한 100m와 20m 경계 부분을 포함한다. 과도구간은 20m 길이이다.

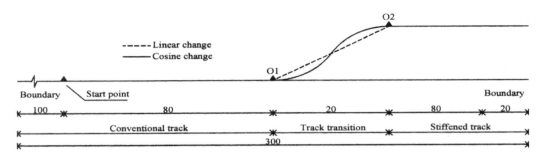

그림 12.10 교량 상판으로 이동하는 차량에 대한 분석모델(m)

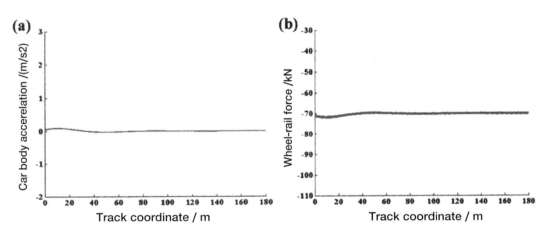

그림 12.11 과도구간으로 이동하는 열차의 차체 가속도와 차륜–레일 접촉력 (패턴 A) : (a) 차체 가속도, (b) 차륜–레일 접촉력

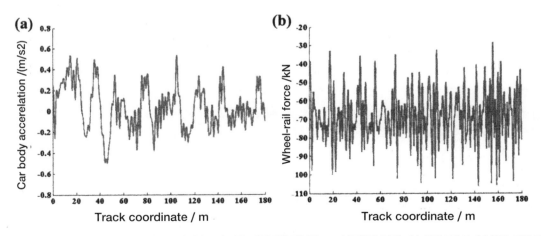

그림 12.12 과도구간으로 이동하는 열차의 차체 가속도와 차륜–레일 접촉력(패턴 A + 불규칙한 틀림) : (a) 차체 가속도, (b) 차륜–레일 접촉력

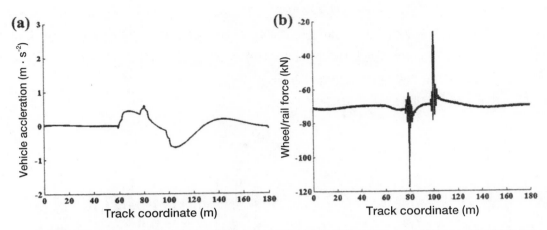

그림 12.13 선형적 과도구간으로 이동하는 열차의 차체 가속도와 차륜―레일 접촉력 (패턴 B) : (a) 차체 가속도, (b) 차륜―레일 접촉력

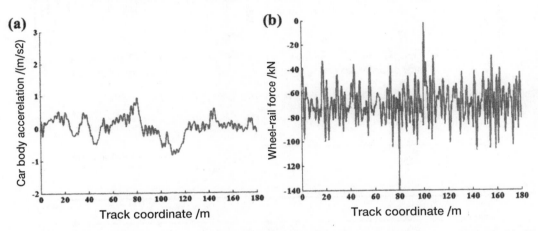

그림 12.14 선형적 과도구간으로 이동하는 열차의 차체 가속도와 차륜―레일 접촉력 (패턴 B + 불규칙한 틀림) : (a) 차체 가속도, (b) 차륜―레일 접촉력

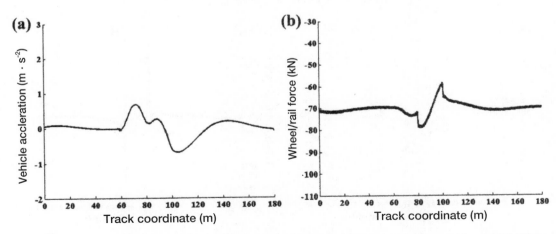

그림 12.15 코사인 과도구간으로 이동하는 열차의 차체 가속도와 차륜―레일 접촉력 (패턴 B) : (a) 차체 가속도, (b) 차륜―레일 접촉력

궤도 틀림의 표본은 선로 수준 6에 대한 궤도 틀림 스펙트럼에 기초한 삼각급수(trigonometric series)를 이용하여 생성하며, 선로 수준은 미국 AAR(미국철도협회, ※ 역자가 ARR을 수정)의 표준에 명기된다. 여기에 나열된 것은 전형적인 동역학 평가지표 곡선의 일부분일 뿐이다. 여러 가지의 과도구간 불규칙 패턴에 대하여 계산한 결과는 각각 **그림 12.10~12.21**에서 보여준다.

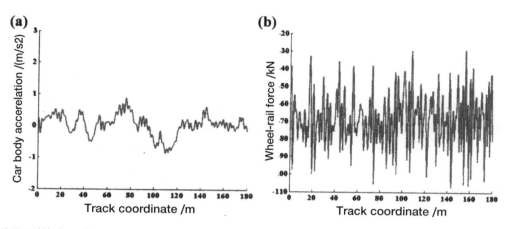

그림 12.16 코사인 과도구간으로 이동하는 열차의 차체 가속도와 차륜—레일 접촉력 (패턴 B + 불규칙한 틀림) : (a) 차체 가속도, (b) 차륜—레일 접촉력

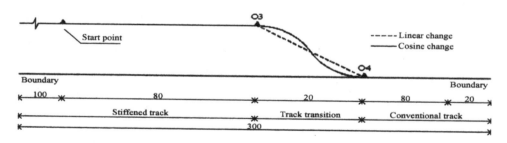

그림 12.17 교량 상판에서 나오는 차량에 대한 분석모델 (m)

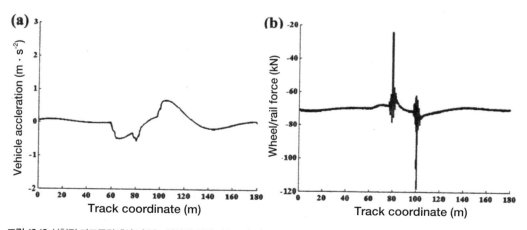

그림 12.18 선형적 과도구간에서 나오는 열차의 차체 가속도와 차륜—레일 접촉력 (패턴 C) : (a) 차체 가속도, (b) 차륜—레일 접촉력

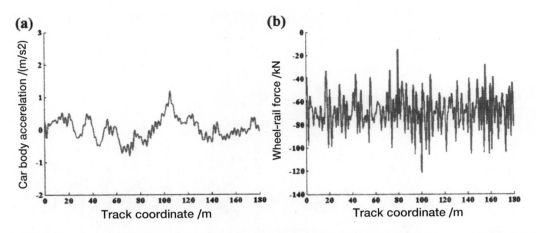

그림 12.19 선형적 과도구간에서 나오는 열차의 차체 가속도와 차륜–레일 접촉력 (패턴 C + 불규칙한 틀림) : (a) 차체 가속도, (b) 차륜–레일 접촉력

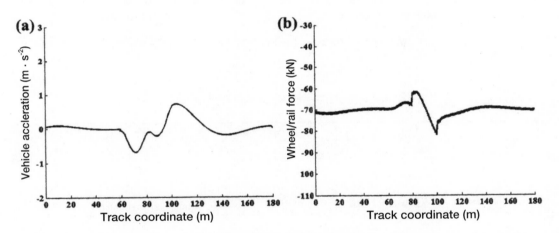

그림 12.20 코사인 과도구간에서 나오는 열차의 차체 가속도와 차륜–레일 접촉력 (패턴 C) : (a) 차체 가속도, (b) 차륜–레일 접촉력

전술의 계산에 기초하여, 결론은 다음과 같이 요약될 수 있다.

① **그림 12.11~11.16, 11.18~12.21**은 차체 가속도와 차륜–레일 접촉력에 관한 계산 결과가 적절한 범위에 분포되어 있음을 나타낸다. 차량이 과도구간(過渡區間, transition section)으로 이동할 때, 그것은 스텝–업 과정(step-up process)을 거치며, 과도구간의 시작점 O1에 추가의 충격을 가한다. 그러므로 그곳에 하향 최소 차륜–레일 접촉력이 생긴다. 스텝–업 과정이 종료될 때, 일시적인 차륜–레일 분리가 존재한다. 따라서 O2의 지점에서 차륜–레일 접촉력의 피크 값이 다시 나타나지만, 그것은 상향 최대치이다. 차량이 과도구간에서 나올 때, 그것은 스텝–다운 과정(step-down process)을 거친다. O3의 지점에서는 차량이 뜬 상태(suspension state)에 있을 수도 있으며 탈선의 위험에 있다. 스텝–다운 과정이 종료될 때는 차량이 지점 O4에 추가의 충격을 가한다. 과도구간으로 이동하는 차량과 과도구간을

나오는 차량의 시뮬레이션은 현실에서 일어나는 일과 일치하며, 그것은 계산모델이 유효하고 결과가 신뢰할 수 있다고 입증한다.

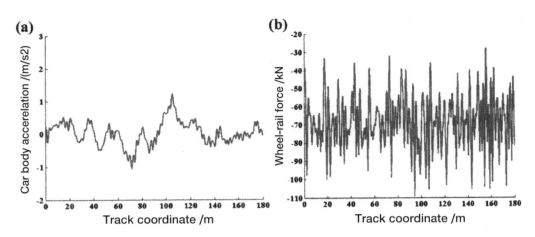

그림 12.21 코사인 과도구간에서 나오는 열차의 차체 가속도와 차륜—레일 접촉력 (패턴 C + 불규칙한 틀림) : (a) 차체 가속도, (b) 차륜—레일 접촉력

표 12.3 서로 다른 과도구간 불규칙 패턴에 대한 차륜—레일 접촉력

차륜—레일 접촉력	규칙적 과도구간	불규칙 과도구간			
		선형적 진입	코사인 진입	선형적 진출	코사인 진출
최대 (kN)	−70	−26.192	−58.30	−23.873	−61.25
최소 (kN)	−70	−117.81	−79.17	−118.34	−81.82
진폭 (kN)	0	91.618	20.87	94.467	20.57

② **표 12.3**에서 볼 수 있는 것처럼, 과도구간 불규칙이 선형적 변화일 때, O1의 지점에서 과도구간 궤도에 대한 차량의 충격은 O4의 지점에서의 것보다 약하며, 즉 과도구간에 나오는 차량으로 유발되는 궤도구조에 대한 파괴는 과도구간으로의 이동보다 더 심하다. O3 지점에서의 최대 차륜—레일 접촉력은 O2 지점에서의 것보다 더 크며, 이것은 차량이 과도구간으로 이동할 때보다 과도구간에서 나올 때 탈선의 위험이 더 크다는 것을 의미한다. 과도구간 불규칙이 코사인 변화에 있을 때도 과도구간에서 나오는 차량에 의한 충격이 과도구간으로 이동하는 차량에 의한 것보다 더 크다. 선형적 변화와는 달리, 차량이 과도구간으로 이동할 때 탈선의 위험이 더 크다. 그것은 불규칙이 과도구간의 동적 변화에 대한 주(主)인자라는 것을 설명한다.

③ 궤도 틀림의 과도 패턴은 차량과 궤도구조의 동적 지표에 대하여 극적인 영향을 미친다. 과도구간이 선형적 변화에 있을 때, 동적 응답이 아주 크며, 반면에 과도구간이 적당한 코사인 변화에 있을 때는 응답이 눈에 띄게 약해진다.

④ 궤도의 불규칙한 틀림은 차량과 궤도 진동의 주요한 가진원(加振源, excitation source)이며, 이것은 열

차의 원활하고 안전한 운행에 직접으로 영향을 미친다. 차체 가속도는 승차감을 평가하는 데에 중요한 지표이고 궤도의 불규칙한 틀림에 민감하지만, 차량의 일차와 이차 현가장치 시스템은 시스템 진동을 효과적으로 격리하고 줄일 수 있다.

12.5 궤도 강성과 과도구간 불규칙 결합의 영향 분석

궤도 강성과 과도구간 불규칙 결합의 영향 분석은 노반-교량 과도구간의 실제 조건에 근거한다. 궤도 과도구간에는 불규칙한 틀림과 노반-교량 궤도기초의 강성 변화가 모두 존재한다. 그러므로 다음의 분석은 차량과 고속 이동 차량 하의 궤도의 동적 응답에 대한 궤도표면 틀림과 궤도 강성 변화의 결합 영향에 주로 초점을 맞춘다.

궤도 강성과 과도구간 불규칙 결합의 영향 분석을 위한 모델은 **그림 12.22**에서 보여 준다. 계산을 위한 총 궤도길이는 300m이며, 그것은 경계 효과를 제거하기 위한 왼쪽과 오른쪽 궤도 끝의 100m와 20m 가외(加外) 궤도길이를 포함한다. 시작점은 왼쪽 경계로부터 100m이며, 과도구간은 170m 위치에서 시작한다. 과도구간의 총 길이는 20m이다. 열차속도는 $V = 250$km/h라고 가정하며, 궤도구조 모델은 1591 노드(node)가

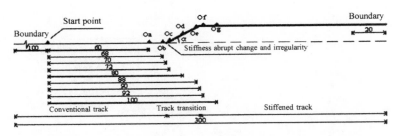

그림 12.22 차량과 궤도의 동적 응답에 대한 궤도 강성과 불규칙결합 영향 분석의 계산모델(m)

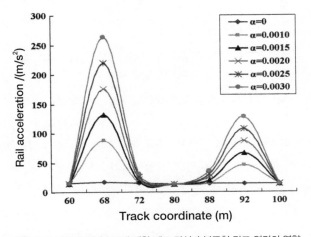

그림 12.23 레일 수직가속도에 대한 궤도 강성과 불규칙 각도 연결의 영향

있는 526 궤도요소로 이산화(離散化, discretize)된다.

그림 12.22에서 나타낸 것처럼, 궤도 과도구간의 서로 다른 불규칙 각도의 관점에서, $\alpha = 0$, 0.0010, 0.0015, 0.0020, 0.0025 및 0.0030rad의 여섯 가지 사례가 고려된다. 다음의 분석은 하기와 같은 가정에 기초한다. 즉, ① 교량구간에서 딱딱한 노반의 강성 K_f는 종래의 자갈궤도 노반 강성 K_{f0}의 다섯 배라고 가정한다. 즉, $K_f = 5K_{f0}$. 여기서 $K_{f0} = 60$MN/m. ② 열차속도 $V = 250$km/h. ③ 차량과 궤도구조의 동적 응답을 분석하기 위하여 궤도를 따른 일곱 관찰지점(Oa, Ob, …, Og로 표시)이 선택된다. 그에 따른 궤도좌표는 60, 68, 72, 80, 88, 92 및 100m이다. 계산 결과는 **그림 12.23, 12.24** 및 **12.25**에서 보여준다[11].

여러 가지의 경우에 관한 궤도 강성과 과도구간 불규칙 결합의 영향 분석은 열차가 일정한 속도로 이동하고 궤도 강성의 갑작스러운 변화가 존재할 때, 궤도 과도구간의 불규칙 각도가 레일 수직 변위와 차륜-레일 접촉력에 대하여 상당한 영향을 미침을 입증한다. 그리고, 불규칙 각도가 클수록 영향이 더 커진다. 결합한 영향은 궤도 강성이나 과도구간 불규칙의 분리된 영향보다 훨씬 더 명백하다. **그림 12.23**에서 나타낸 것처럼, 레일 수직가속도의 두 피크는 궤도좌표 68과 91m에서 관찰된다. 첫 번째 피크의 진폭은 두 번째 것의 2.1배이다. 이것은 레일 수직가속도의 첫 번째 피크가 궤도 과도구간의 불규칙 각도와 노반 강성의 갑작스러운 변화로 동시에 유발되는 반면에, 두 번째 피크는 궤도 과도구간의 불규칙 각도로만 발생하기 때문이다. **그림 12.24**에서 여러 가지의 불규칙 각도에 대한 차체 수직가속도의 곡선은 차량의 일차와 이차 현가장치 시스템의 적당한 진동 감소 때문에 크기에서 약간의 차이만 갖는다.

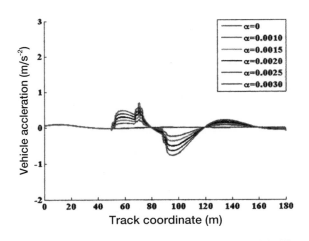

그림 12.24 차량 가속도에 대한 궤도 강성과 불규칙 각도 연결의 영향

이 장은 자갈궤도 시스템의 동적 거동에 관하여, 특히 교량 앞에서의 열차 범핑(bumping)에 기인하는 궤도결함의 메커니즘에 관하여 면밀하게 조사하였다. 오늘날까지, 기술의 큰 어려움과 공학적 적용에 대한 뒤처진 연구 때문에 결함에 대한 궁극적인 해결은 아직 실현되지 않았다. 문제는 열차속도를 제한하고 운행비용을 증가시킬 뿐만 아니라 극단적인 경우에 차량의 주행 안전을 위태롭게 만든다. 따라서 철도 서비스 수준을 크게 낮추며 철도의 사회적 이익과 경제적 수익에 영향을 준다. 철도가 크게 발달한 나라에서조차 교량 앞

에서의 차량 범핑은 성공적으로 해결되기를 원하는 여전히 어려운 문제의 하나이다. 좋은 궤도 조건을 보장하기 위하여, 관련 부서가 궤도 과도구간의 유지보수와 수선을 자주 수행하여야 한다. 이런 의미에서, 교량 앞에서의 차량 범핑에 관한 이론연구는 공학 적용에 대한 구체적인 문제에 대한 약간의 지침을 마련할 수 있다.

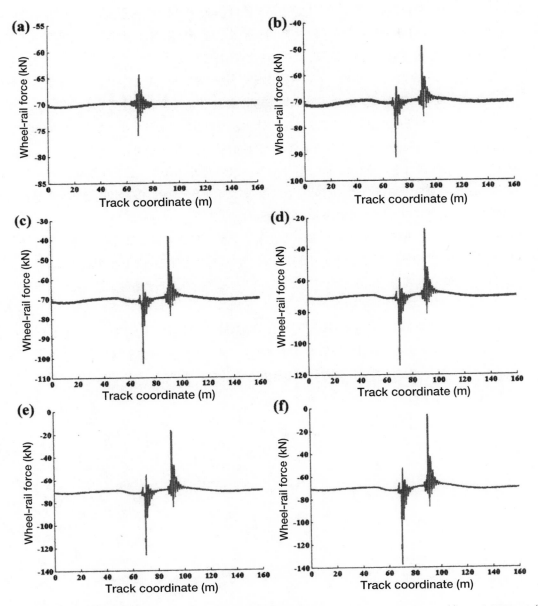

그림 12.25 차륜–레일 접촉력에 대한 궤도 강성과 불규칙 각도 연결의 영향 : (a) $\alpha = 0$, (b) $\alpha = 0.0010$ rad, (c) $\alpha = 0.0015$ rad, (d) $\alpha = 0.0020$ rad, (e) $\alpha = 0.0025$ rad, (f) $\alpha = 0.0030$ rad

이 장에서, 계산 소프트웨어는 MATLAB에서 개발되고 코드화됐다. 전형적인 궤도 과도(過渡, transition)가 선택됐다. 차량과 궤도구조의 동적 응답에 대한 여러 가지 열차속도, 궤도 강성 분포의 각각 다른 패턴 및 과도구간(過渡區間, transition) 불규칙과 같은 영향 인자가 시뮬레이션 되고 분석됐으며, 종합적으로 평가됐다. 분석을 통하여 다음과 같은 결론이 구해질 수 있다.

① 노반–교량 과도구간에 대한 열차속도의 영향 분석은 다음을 나타내었다. 즉, 궤도 강성이 일단 변화되면, 열차속도는 차량과 궤도구조의 모든 동적 지표에 분명한 영향을 미칠 것이다. 그리고 만일 속도가 대단히 빠르고 강성 변화가 매우 크다면, 결합 영향은 더 분명할 것이다.

② 노반–교량 궤도기초의 강성 변화는 서로 다른 정도로 차량–궤도 연결시스템의 동적 지표에 영향을 미치지만, 열차의 운행 안전에는 약간의 영향을 미친다. 궤도 강성 분포에 대한 영향 분석은 궤도 강성의 코사인 분석이 바람직하고 공학적 유지보수에 대한 이론적 지침으로 적용하여야 함을 나타내었으며, 그 이유는 그것이 궤도에 대한 충격과 파괴를 효과적으로 줄일 수 있기 때문이다.

③ 노반–교량 침하 차이에서 생기는 과도구간 불규칙은 모든 동적 지표에 두드러진 영향을 미친다. 차량과 궤도구조는 궤도 틀림에 매우 민감하며 궤도 틀림의 더 높은 수준을 요구한다. 열차의 안전 운행에 대한 궤도 강성 분포의 영향은 궤도 틀림의 것만큼 크다.

④ 결합 영향의 분석은 궤도 강성 변화와 궤도 틀림 양쪽 모두가 있을 때는 결합 영향이 궤도 강성이나 궤도 틀림의 분리된 영향보다 훨씬 더 명백함을 나타내었다. 적절한 궤도 과도구간 패턴의 적용은 과도구간 궤도구조에 대한 차량 충격을 줄일 수 있으며, 따라서 승차감과 고속운행의 요구사항을 충족시킬 수 있다.

⑤ 승차감과 운행 안전에 대한 궤도 틀림의 영향은 고속철도의 개발에 대한 주요 제약의 하나이다. 철도 유지보수 기술자들의 노력과 관심은 궤도 틀림의 제거를 향하여야 한다. 교량 앞에서의 차량 범핑(bumping)을 방지하고 피하도록 틀림을 최대한으로 줄이고 매끈하게 보수하는 것은 과도구간 결함을 줄이고 운행 안전을 보장하기 위하여 매우 중요하다.

참고문헌

1. Lei X, Zhang B (2010) Influence of track stiffness distribution on vehicle and track interactions in track transition. J Rail Rapid Transit Proc Inst Mech Eng Part F 224(1):592–604
2. Lei Xiaoyan, Zhang Bin (2011) Analysis of dynamic behavior for slab track of high-speed railway based on vehicle and track elements. J Transp Eng 137(4):227–240
3. Lei Xiaoyan, Zhang Bin (2011) Analyses of dynamic behavior of track transition with finite elements. J Vib Control 17(11):1733–1747
4. Xiaoyan Lei, Bin Zhang, Qingjie Liu (2010) Model of vehicle and track elements for vertical dynamic analysis of vehicle-track system. J Vib Shock 29(3):168–173
5. Bin Zhang, Xiaoyan Lei (2011) Analysis on dynamic behavior of ballastless track based on vehicle and track elements with finite element method. J China Railw Soc 33(7):78–85
6. Kerr AD, Moroney BE (1993) Track transition problems and remedies. Bull 742 Am Railw Eng Assoc 267–298
7. Moroney BE (1991) A study of railroad track transition points and problems. Master's thesis of University of Delaware, Newark
8. Linya Liu, Xiaoyan Lei (2004) Designing and dynamic performance evaluation of roadbed-bridge transition on existing railways. Railw Stan Des 1:9–10
9. Chengbiao Cai, Wanming Zhai, Tiejun Zhao (2001) Research on dynamic interaction of train and track on roadbed-bridge transition section. J Traffic Transp Eng 1(1):17–19
10. Xiaoyan Lei, Bin Zhang, Qingjie Liu (2009) Finite element analysis on the dynamic characteristics of the track transition. China Railw Sci 30(5):15–21
11. Zhang Bin (2007) Finite element analysis on the dynamic characteristics of track structure for high-speed railway. Master's thesis of East China Jiaotong University, Nanchang

제13장 열차, 슬래브궤도 및 노반 연결시스템의 동적 거동의 분석

슬래브궤도는 종래의 자갈궤도에 대한 경쟁 우위에 따라 고속철도가 잘 발달한 나라에서 널리 적용된다. 오늘날 중국은 궤도구조의 주요 유형으로서 구간별로 부설된 슬래브궤도와 함께 여객전용선로를 활발히 개발하고 있다. 그러나 이 진보된 슬래브궤도 구조유형에 관해서는 구조의 시스템적 설계, 건설, 관리, 운용 및 유지보수의 경험이 아직 부족하다. 이동 열차 하중을 받는 슬래브궤도의 진동과 변형 특성, 운행 신뢰성과 안전에 관한 이론과 실험 연구도 절실히 필요하다. 이런 의미에서, 그것은 슬래브궤도에 관한 동적 거동을 분석하기 위하여 매우 실질적인 값의 것이다. 고속열차와 슬래브궤도 간의 동적 상호작용은 열차-궤도 연결시스템의 진동분석에서 주요 문제이다. 이동 열차 하중을 받는 슬래브궤도구조의 강제 진동은 구조의 작동 상태와 내용 연한에 직접 영향을 준다. 한편, 승차감 품질과 안전은 슬래브궤도의 파라미터가 합리적으로 설계되었는지 아닌지를 평가하는 중요한 지표이다.

슬래브궤도는 자갈궤도와 비교하여 더 높은 강성을 가지며, 그것은 고속 차륜-레일 시스템의 더 강한 진동을 유발한다. 궤도기초 강성은 열차의 승차감 성능에 영향을 주는 주요한 요인일 뿐만 아니라 차륜-레일 시스템의 동적 특성에 영향을 주는 중요한 파라미터이다. 고속철도의 빠른 발달에 따라 슬래브궤도기초 강성은 국내외 연구자들에게 핫이슈(hot issue)의 하나로 되었다.

제9장에서 제안된 차량요소와 궤도요소의 모델과 알고리즘[1~6]에 기초하여, 이동하중을 받는 슬래브궤도의 동적 거동이 이 장에서 연구된다. 특히 구조의 파라미터 분석이 수행될 것이다. 파라미터 분석을 통하여, 궤도변형을 줄이고 궤도 내용 연한을 늘리며 궤도 안정성을 높이도록 슬래브궤도구조의 파라미터를 최적화하려고 시도한다.

13.1 사례 검증

이 장에 제시된 열차-슬래브궤도-노반 연결시스템의 모델과 알고리즘을 검증하기 위하여 두 종류의 궤도 상태, 즉 매끈한(smooth) 궤도와 틀림이 있는 궤도를 고려하여 열차-Bögle 슬래브궤도 연결시스템의 수직 진동특성 분석이 수행되었다. 관련된 차량은 1 동력차와 1 부수차로 편성된 중국-스타(star) 고속열차이다. 중국-스타 고속열차와 Bögle 슬래브궤도에 대한 파라미터는 문헌[7]의 것을 채용하였다. 제안된 모델로 계산된 결과는 각각 참고문헌[7]의 횡(橫) 유한(有限) 스트립(strip)과 슬래브 세그먼트 요소의 동적 분석모델과 참고문헌[8]의 슬래브궤도(이중–층 보)의 정적 모델에서 얻은 결과들과 비교된다.

경우 1 : 궤도는 완전히 매끈하고(smooth, 궤도 틀림이 없고) 중국–스타 고속열차가 50km/h의 속도로 Bögle 슬래브궤도 위를 주행한다고 가정한다. 레일과 Bögle 슬래브의 최대 수직 진동 변위가 계산되고 **표 13.1**에 나타낸 것처럼 문헌[7]과 문헌[8]의 것과 비교된다. 레일 처짐과 Bögle 슬래브 처짐의 시간 이력 곡선은 **그림 13.1**과 **13.2**에 나타낸다.

표 13.1 레일과 Bögle 슬래브의 최대 수직 변위

최대 수직 변위	이 장의 계산 결과	문헌[7]의 계산 결과	문헌[8]의 계산 결과
레일 (mm)	0.815	0.817	0.802
Bögle 슬래브 (μm)	2.038	1.700	0.800

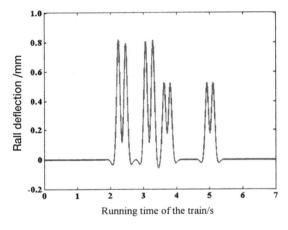

그림 13.1 레일 처짐의 시간 이력

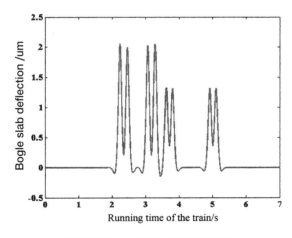

그림 13.2 Bögle 슬래브 처짐의 시간 이력

경우 2 : 1 동력차와 1 부수차로 편성된 중국-스타(star) 고속열차가 200km/h의 속도로 Bögle 슬래브궤도 위를 주행한다고 고려한다[7]. 궤도구조의 수직 진동 변위를 분석하기 위한 시뮬레이션이 수행된다. 가진원(加振源, excitation source)은 20m 파장과 6mm 진폭을 가진 궤도 고저 틀림의 주기적인 사인함수를 채용하였다. 레일 수직 변위와 Bögle 슬래브 수직 변위의 시간 이력 곡선은 **그림 13.3**과 **13.4**에 나타낸 것처럼 유한요소법으로 계산된 것들과 비교되었다.

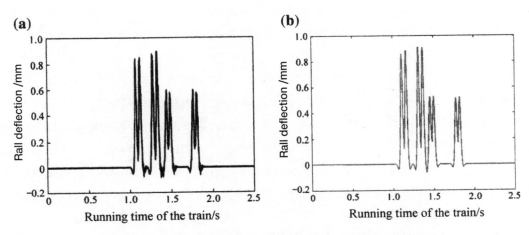

그림 13.3 레일 수직 변위의 시간 이력 : (a) FEM에 따른 결과, (b) 제안된 방법에 따른 결과

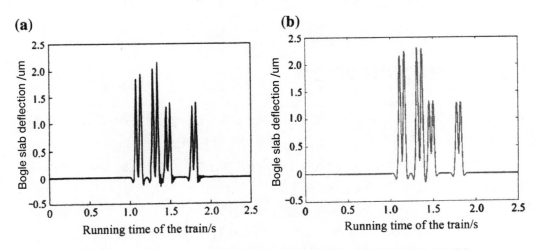

그림 13.4 Bögle 슬래브 수직 변위의 시간 이력 : (a) FEM에 따른 결과, (b) 제안된 방법에 따른 결과

두 경우에 대하여 계산된 결과는 상당히 일치하며, 이것은 이 장에서 제안된 모델과 알고리즘이 유효함을 입증한다. 게다가, 차륜의 영향이 뚜렷이 관찰된다.

13.2 열차, 슬래브궤도 및 노반 연결시스템의 동적 거동의 파라미터 분석

다음의 시뮬레이션에 관련된 차량은 중국 고속열차 CRH3이다. 관련된 슬래브궤도는 베이징(北京)-톈진 (天津) 시외철도(Beijing-Tianjin intercity railway)에 부설된 독일식 궤도이다. 고속열차 CRH3와 Bögle 슬래브궤도구조의 파라미터는 각각 제6장의 **표 6.7**과 **6.10**에 주어졌다.

Bögle 슬래브궤도의 특징은 궤도슬래브와 콘크리트 지지층 간에 부설된 CA 모르터이다. 프리캐스트 철근 콘크리트 궤도슬래브의 지지층으로서의 CA 모르터는 궤도슬래브와 콘크리트 지지층 간의 간극(間隙)을 채우며, 레일패드와 공동으로 종 방향 고저 차이를 조정하고 궤도구조를 정확하게 위치시킬 수 있다. 한편, 그것은 또한 충분한 궤도 강도와 확실한 궤도 탄성을 제공할 수 있다. 그러므로 CA 모르터의 합리적으로 선택된 파라미터는 슬래브궤도구조의 종합적인 동적 성능을 개선하기 위해 매우 중요하다. 슬래브궤도 시스템에서는 레일패드와 체결장치 및 노반의 강성과 감쇠도 차량과 슬래브궤도의 동적 성능에 영향을 준다.

다음의 파라미터 분석은 아래와 같은 가정에 기초한다 : 모델과 알고리즘은 제9장에 나타낸 차량요소와 궤도요소이다; 궤도는 완전히 매끈하다(smooth); 열차속도는 $V = 250$km/h이다; 뉴마크 체계(Newmark scheme)에 대한 수치 적분법(numerical integration)의 시간 단계는 $\Delta t = 0.001$s이다. 슬래브궤도구조의 동적 성능에 대한 레일패드와 체결장치, CA 모르터 및 노반의 강성과 감쇠의 영향을 분석하기 위하여 시뮬레이션이 수행되었다. 평가지표는 차체의 수직가속도, 차륜-레일 접촉력, 레일, 궤도슬래브 및 콘크리트 지지층의 처짐과 수직가속도를 포함한다. 그것은 분석을 통하여 Bögle 슬래브궤도구조에 대한 파라미터의 합리적인 선택을 위한 이론적 기초를 제공함을 목표로 한다.

13.3 레일패드와 체결장치 강성의 영향

차량과 궤도구조의 동적 성능에 미치는 레일패드와 체결장치 강성의 영향을 연구하기 위하여 다른 파라미터들은 변화되지 않고 레일패드와 체결장치 강성의 여섯 가지 경우, 즉 2×10^7N/m, 4×10^7N/m, 6×10^7N/m, 8×10^7N/m, 1.0×10^8N/m 및 1.2×10^8N/m가 고려된다. 계산 결과는 **그림 13.5~13.9**에 나타낸다[6].

그림 13.5~13.9는 레일패드와 체결장치 강성의 변화가 레일 진동에 상당한 영향을 미친다는 것을 나타낸다. 레일패드와 체결장치 강성의 증가에 따라 더 많은 진동에너지가 궤도기초로 전달되며, 그것은 레일 처짐과 레일 수직가속도를 극적으로 감소시킨다. 레일의 강한 수직 진동, 특히 레일 수직가속도는 레일을 훼손시키는 경향이 있다. 그러므로 레일패드와 체결장치 강성을 합리적으로 증가시킴은 레일 진동 응답을 감소시키는 데 도움이 될 수 있다. 그러나, 레일패드와 체결장치 강성의 증가에 따라, 궤도슬래브에 직접 가해진 힘이 더 집중될 것이며, 이것은 궤도슬래브 가속도의 증가로 이어진다. 그 결과, 궤도슬래브 진동가속도는 CA 모르터의 응력에 영향을 줄 것이다. **그림 13.9(d)**에서 나타내는 것처럼, 레일패드와 체결장치 강성의 증가에 따라 궤도슬래브 수직가속도가 증가한다. 그러므로 CA 모르터 응력을 낮춤의 단순한 관점에서, 레일패드와 체결장치 강성은 적당하게 감소하여야 한다.

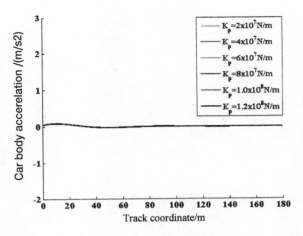

그림 13.5 차체 가속도에 대한 서로 다른 레일패드와 체결장치 강성의 영향

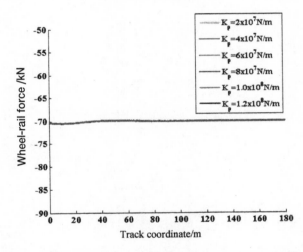

그림 13.6 차륜–레일 접촉력에 대한 서로 다른 레일패드와 체결장치 강성의 영향

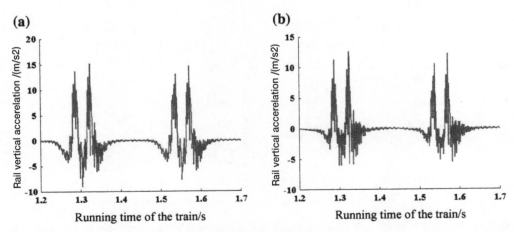

그림 13.7 레일 수직가속도에 대한 서로 다른 레일패드와 체결장치 강성의 영향 : (a) $K_p = 2 \times 10^7 \text{N/m}$, (b) $K_p = 1.2 \times 10^8 \text{N/m}$

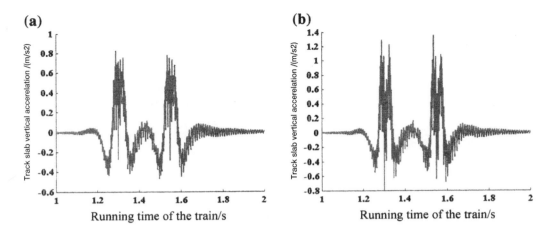

그림 13.8 궤도슬래브 수직가속도에 대한 서로 다른 레일패드와 체결장치 강성의 영향 : (a) $K_p = 2{\times}10^7$N/m, (b) $K_p = 1.2{\times}10^8$N/m

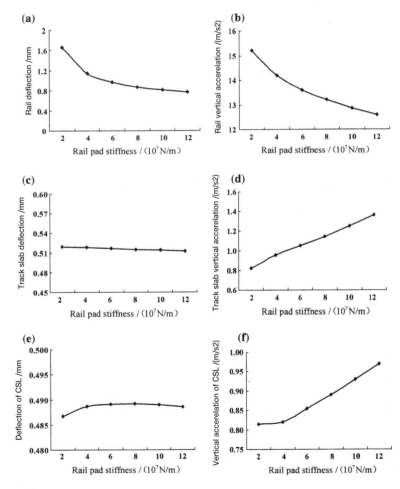

그림 13.9 여러 가지의 동적 평가지표에 대한 레일패드와 체결장치 강성의 영향 : (a) 레일 처짐, (b) 레일 수직가속도, (c) 궤도슬래브 처짐, (d) 궤도슬래브 수직가속도, (e) 콘크리트 지지층(CSL)의 처짐, (f) 콘크리트 지지층(CSL)의 가속도

전술의 분석은 레일패드와 체결장치 강성의 변화가 레일과 궤도슬래브에 대해 정반대(reverse) 효과를 준다는 것을 입증한다. 궤도구조의 설계에서, 레일과 궤도슬래브의 응답은 합리적인 값의 범위 내에서 제어되어야 하며, 따라서 궤도구조의 종합적인 동적 성능을 가장 좋은 조건에서 유지하여야 한다. 분석은 레일패드와 체결장치 강성의 합리적인 범위가 60~80kN/mm임을 나타내었다. 게다가, **그림 13.5**~**13.9**는 궤도슬래브와 콘크리트 지지층의 처짐에 대한 변화가 거의 일어나지 않는다는 것을 나타낸다. 그리고 차륜-레일 접촉력과 차체의 수직가속도에 대한 영향은 사소하다.

13.4 레일패드와 체결장치 감쇠의 영향

레일패드와 체결장치 감쇠의 합리적인 선택은 궤도 동적 성능의 개선을 위하여 대단히 중요하다. 차량과 궤도구조의 동적 성능에 미치는 레일패드와 체결장치 감쇠의 영향을 연구하기 위하여 레일패드와 체결장치 감쇠의 여섯 가지 경우, 즉 3.63×10^4N s/m, 4.77×10^4N s/m, 1.0×10^5N s/m, 3.0×10^5N s/m, 6.0×10^5N s/m 및 1×10^6N s/m가 고려된다. 계산 결과는 **그림 13.10**~**13.14**에 나타낸다[6].

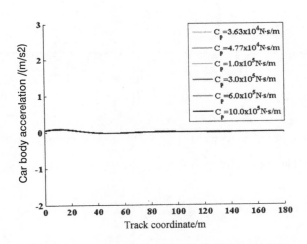

그림 13.10 차체 가속도에 대한 레일패드와 체결장치 감쇠의 영향

그림 13.10~**13.14**에서 나타내는 것처럼, 레일패드와 체결장치 감쇠의 증가에 따라 레일 처짐과 레일 수직가속도가 감소하는 반면에, 레일패드와 체결장치 감쇠의 증가에 따라 궤도슬래브와 콘크리트 지지층의 수직가속도는 증가한다. 레일패드와 체결장치 감쇠는 차륜-레일 접촉력에 대해 약간의 영향을 미치지만, 차체 가속도에 대해서는 거의 영향을 미치지 않는다. 궤도슬래브와 콘크리트 지지층에 대한 그것의 영향은 무시될 수 있다. 레일패드와 체결장치 감쇠가 1.0×10^5N s/m보다 클 때, 궤도구조의 각 구성요소에 대한 진동 응답은 극적으로 변화할 것이다. 일반적으로, 레일패드와 체결장치 감쇠에 대하여 합리적인 값은 약 1.0×10^5N s/m로 제어되어야 한다. 요약하면, 레일패드와 체결장치 감쇠를 증가시키면, 레일 진동을 줄일 수 있지만,

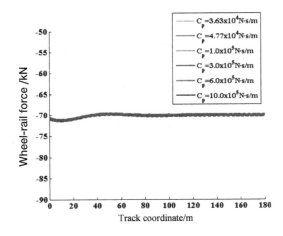

그림 13.11 차륜—레일 접촉력에 대한 레일패드와 체결장치 감쇠의 영향

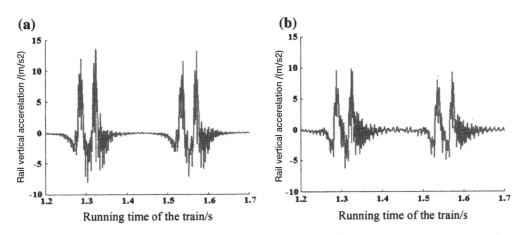

그림 13.12 레일 수직가속도에 대한 서로 다른 레일패드와 체결장치 감쇠의 영향 : (a) $C_p = 3.63 \times 10^4$N s/m, (b) $C_p = 1 \times 10^6$N s/m

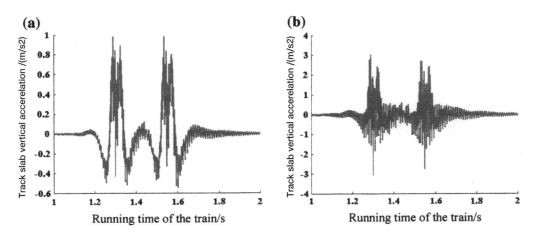

그림 13.13 궤도슬래브 수직가속도에 대한 서로 다른 레일패드와 체결장치 감쇠의 영향 : (a) $C_p = 3.63 \times 10^4$N s/m, (b) $C_p = 1 \times 10^6$N s/m

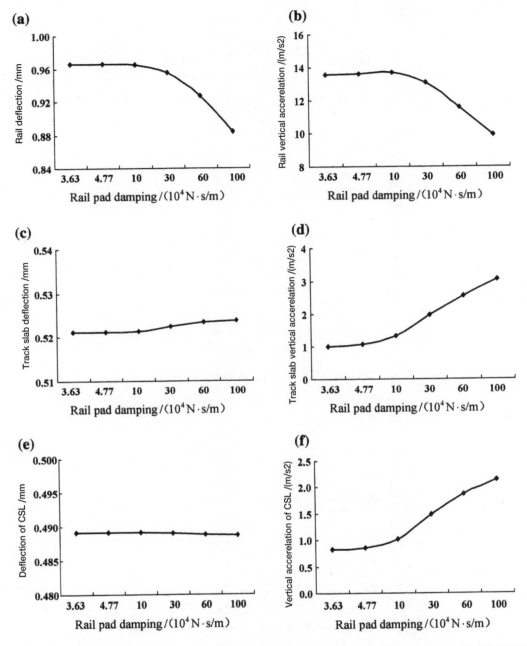

그림 13.14 여러 가지의 동적 평가지표에 대한 레일패드와 체결장치 감쇠의 영향 : (a) 레일 처짐, (b) 레일 수직가속도, (c) 궤도슬래브 처짐, (d) 궤도슬래브 수직가속도, (e) 콘크리트 지지층(CSL)의 처짐, (f) 콘크리트 지지층(CSL)의 가속도

궤도슬래브와 콘크리트 지지층의 동적 응답을 동시에 증가시킬 것이다. 그러므로 슬래브궤도의 내용 연한 (service life)을 연장하도록, 레일패드와 체결장치 감쇠 계수는 궤도구조의 각 구성요소로부터의 진동 응답 이 고려되어야 한다.

13.5 CA 모르터 강성의 영향

차량과 궤도구조의 동적 성능에 대한 CA 모르터 강성의 영향을 연구하기 위하여 다른 파라미터들은 변화되지 않고 CA 모르터 강성의 여섯 가지 경우, 즉 $3 \times 10^8 N/m$, $6 \times 10^8 N/m$, $9 \times 10^8 N/m$, $1.2 \times 10^9 N/m$, $1.5 \times 10^9 N/m$ 및 $3.0 \times 10^9 N/m$가 고려된다. 계산 결과는 **그림 13.15~13.19**에 나타낸다[6].

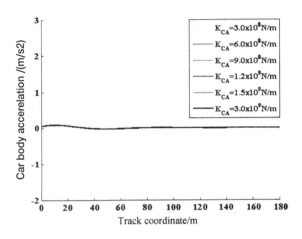

그림 13.15 차체 가속도에 대한 CA 모르터 강성의 영향

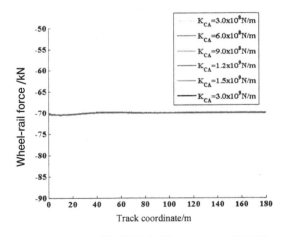

그림 13.16 차륜–레일 접촉력에 대한 CA 모르터 강성의 영향

그림 13.15~13.19에서 나타낸 것처럼, CA 모르터 강성의 변화는 레일 처짐과 궤도슬래브 처짐에 대해 분명한 영향을 미치지만, 콘크리트 지지층의 처짐에 대해서는 거의 영향을 미치지 않는다. 레일 처짐의 곡선과 궤도슬래브 처짐의 곡선은 CA 모르터 강성의 증가에 따라 최대 레일 처짐과 최대 궤도슬래브 처짐이 감소함을 나타낸다. CA 모르터 강성은 레일 수직가속도에 거의 영향을 미치지 않으며, 실제로 차체 가속도와 차륜–레일 접촉력에 영향을 미치지 않는다. 반면에, CA 모르터 강성의 증가에 따라 궤도슬래브와 콘크리트 지

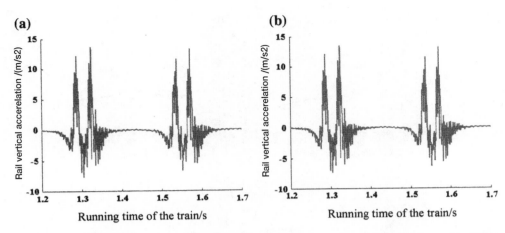

그림 13.17 레일 수직가속도에 대한 서로 다른 CA 모르터 강성의 영향 : (a) $K_{CA} = 3.0 \times 10^8$N/m, (b) $K_{CA} = 3.0 \times 10^9$N/m

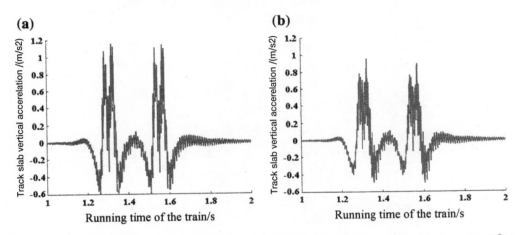

그림 13.18 궤도슬래브 수직가속도에 대한 서로 다른 CA 모르터 강성의 영향 : (a) $K_{CA} = 3.0 \times 10^8$N/m, (b) $K_{CA} = 3.0 \times 10^9$N/m

지층의 수직 변위가 감소한다. 그러므로 CA 모르터 강성의 증가는 어느 정도까지 궤도변형을 줄일 수 있지만, 과도한 CA 모르터 강성은 슬래브궤도 탄성을 약화시킬 수 있다고 결론지을 수 있으며, 그것은 궤도구조의 진동 감소에 유리하지 않다. 요컨대, 열차와 궤도구조에 대한 CA 모르터 강성의 영향은 레일패드와 체결장치 강성의 영향만큼 강하지 않다.

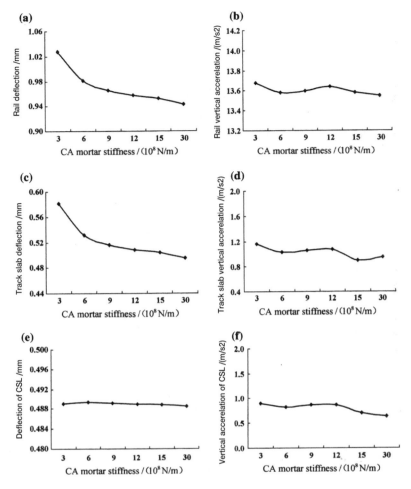

그림 13.19 여러 가지의 동적 평가지표에 대한 CA 모르터 강성의 영향 : (a) 레일 처짐, (b) 레일 수직가속도, (c) 궤도슬래브 처짐, (d) 궤도슬래브 수직가속도, (e) 콘크리트 지지층(CSL)의 처짐, (f) 콘크리트 지지층(CSL)의 가속도

13.6 CA 모르터 감쇠의 영향

차량과 궤도구조의 동적 성능에 미치는 CA 모르터 감쇠의 영향을 연구하기 위하여 다른 파라미터들은 변화되지 않고 CA 모르터 감쇠의 다섯 가지 경우, 즉 2×10^4N s/m, 4×10^4N s/m, 8.3×10^4N s/m, 1.6×10^5 N s/m 및 3.2×10^5N s/m가 고려된다. 계산 결과는 **그림 13.20~13.24**에 나타낸다[6].

그림 13.20~13.24에서 나타내는 것처럼, CA 모르터 감쇠의 증가에 따라 레일 처짐, 레일 수직가속도, 궤도슬래브 처짐 및 콘크리트 지지층의 처짐에 대한 변화가 발생하지 않으며, 반면에 궤도슬래브와 콘크리트 지지층의 수직가속도가 크게 줄어든다. 차륜-레일 접촉력과 차체의 수직가속도에 대한 CA 모르터 감쇠의 영향은 명백하지 않으며 거의 변화가 없다. 앞에 말한 분석으로부터, 궤도구조의 진동을 효과적으로 줄이고,

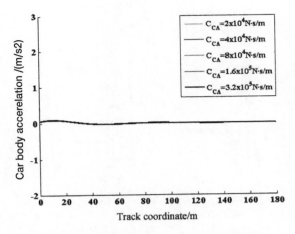

그림 13.20 차체 가속도에 대한 CA 모르터 감쇠의 영향

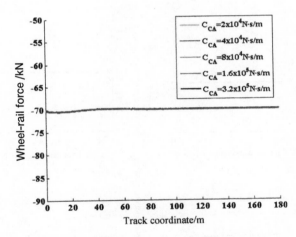

그림 13.21 차륜—레일 접촉력에 대한 CA 모르터 감쇠의 영향

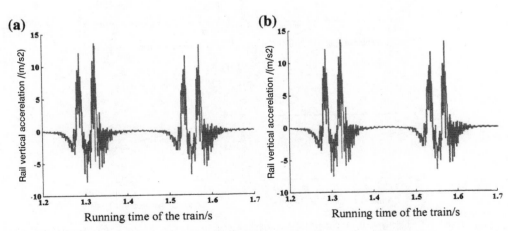

그림 13.22 레일 수직가속도에 대한 서로 다른 CA 모르터 감쇠의 영향 : (a) $C_{CA} = 2 \times 10^4$N s/m, (b) $C_{CA} = 3.2 \times 10^5$N s/m

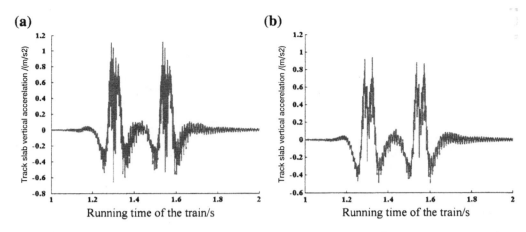

그림 13.23 궤도슬래브 수직가속도에 대한 서로 다른 CA 모르터 감쇠의 영향 : (a) $C_{CA} = 2 \times 10^4$N s/m, (b) $C_{CA} = 3.2 \times 10^5$N s/m

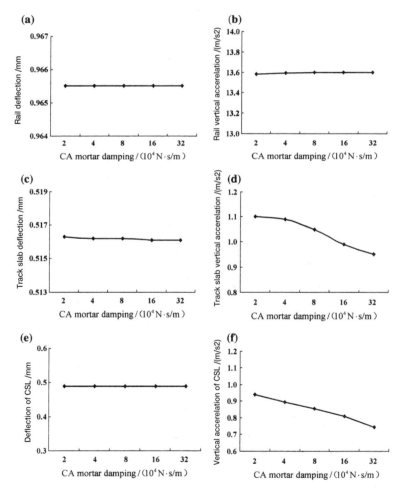

그림 13.24 여러 가지의 동적 평가지표에 대한 CA 모르터 감쇠의 영향 : (a) 레일 처짐, (b) 레일 수직가속도, (c) 궤도슬래브 처짐, (d) 궤도슬래브 수직가속도, (e) 콘크리트 지지층(CSL)의 처짐, (f) 콘크리트 지지층(CSL)의 가속도

슬래브궤도의 내용 연한을 연장하며, 궤도구조 유지보수의 작업부담을 덜어주기 위하여 더 큰 감쇠를 가진 CA 모르터가 적용되어야 한다고 결론지을 수 있다.

13.7 노반 강성의 영향

차량과 궤도구조의 동적 성능에 대한 노반 강성의 영향을 연구하기 위하여 다른 파라미터들은 변화되지 않고 노반 강성의 여섯 가지 경우, 즉 $2 \times 10^7 \mathrm{N/m}$, $4 \times 10^7 \mathrm{N/m}$, $6 \times 10^7 \mathrm{N/m}$, $8 \times 10^7 \mathrm{N/m}$, $1.0 \times 10^8 \mathrm{N/m}$ 및 $1.2 \times 10^8 \mathrm{N/m}$가 고려된다. 계산 결과는 **그림 13.25~13.29**에 나타낸다[6].

그림 13.25~13.29에서 나타낸 것처럼, 노반 강성의 변화는 전체 궤도구조의 진동에 대하여 상당한 영향을 미친다. 노반 강성이 증가할 때, 궤도구조 각 구성요소의 동적 지표는 감소 추세에 있다. 그에 비해, 레일, 궤

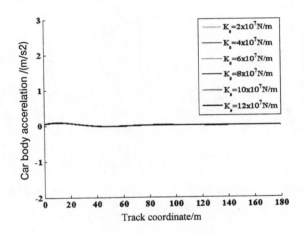

그림 13.25 차체 가속도에 대한 노반 강성의 영향

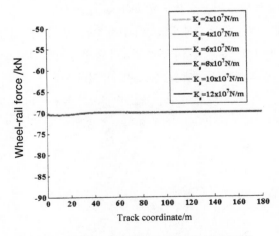

그림 13.26 차륜–레일 접촉력에 대한 노반 강성의 영향

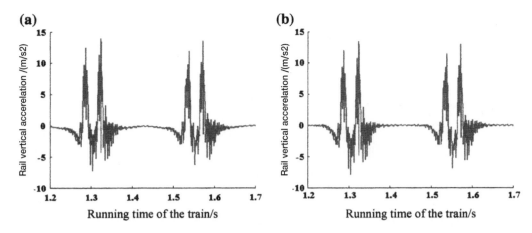

그림 13.27 레일 수직가속도에 대한 서로 다른 노반 강성의 영향 : (a) $K_s = 2 \times 10^7$N/m, (b) $K_s = 1.2 \times 10^8$N/m

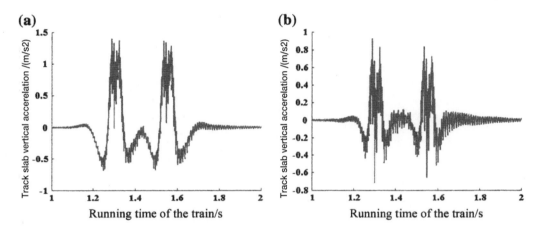

그림 13.28 궤도슬래브 수직가속도에 대한 서로 다른 노반 강성의 영향 : (a) $K_s = 2 \times 10^7$N/m, (b) $K_s = 1.2 \times 10^8$N/m

도슬래브 및 콘크리트 지지층에 대한 처짐의 감소 폭(decreased margin)은 그들의 상응하는 가속도보다 크다. 그것은 궤도구조 처짐에 미치는 노반 강성의 영향이 수직가속도에 미치는 영향보다 훨씬 더 크다는 것을 나타낸다. 게다가, 작은 노반 강성계수는 궤도구조의 거대한 동적 응답을 유발할 수 있다. 열차속도가 궤도의 임계속도에 도달하거나 초과하도록 상승할 때, 궤도구조의 강한 진동이 유발될 것이다. 노반 강성계수는 궤도의 임계속도에 영향을 줄 수 있는 중요 인자이며, 노반 강성의 증가에 따라 임계속도가 증가한다. 그러므로, 노반 강성의 증가는 궤도 안전과 궤도 안정에 이바지할 수 있다.

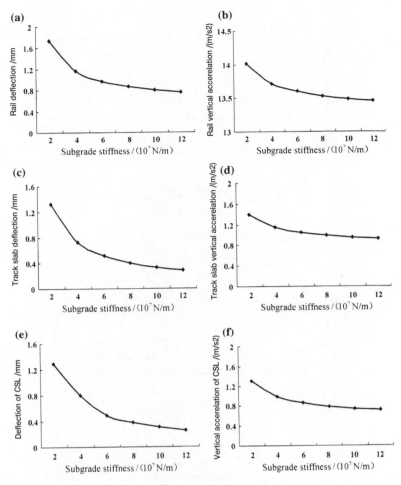

그림 13.29 여러 가지의 동적 평가지표에 대한 노반 강성의 영향 : (a) 레일 처짐, (b) 레일 수직가속도, (c) 궤도슬래브 처짐, (d) 궤도슬래브 수직가속도, (e) 콘크리트 지지층(CSL)의 처짐, (f) 콘크리트 지지층(CSL)의 가속도

13.8 노반 감쇠의 영향

차량과 궤도구조의 동적 성능에 미치는 노반 감쇠의 영향을 연구하기 위하여 다른 파라미터들은 변화되지 않고 노반 감쇠의 여섯 가지 경우, 즉 3×10^4N s/m, 6×10^4N s/m, 9×10^4N s/m, 1.2×10^5N s/m, 1.5×10^5N s/m 및 1.8×10^5N s/m가 고려된다. 계산 결과는 **그림 13.30~13.34**에 나타낸다[6].

그림 13.30~13.34에서 나타내는 것처럼, 노반 감쇠의 증가에 따라 레일 처짐, 레일 진동가속도, 궤도슬래브 처짐 및 콘크리트 지지층의 처짐에 대한 변화가 거의 일어나지 않지만, 궤도슬래브와 콘크리트 지지층의 수직가속도는 감소하고 있다. 차륜-레일 접촉력과 차체의 수직가속도에는 변화가 없다. 요컨대, 노반 감쇠는 궤도구조의 진동에 거의 영향을 미치지 않는다.

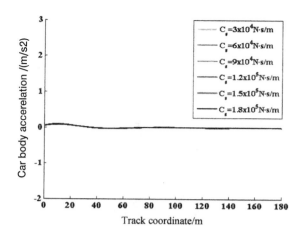

그림 13.30 차체 가속도에 대한 노반 감쇠의 영향

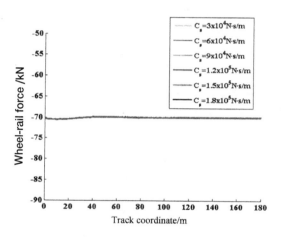

그림 13.31 차륜–레일 접촉력에 대한 노반 감쇠의 영향

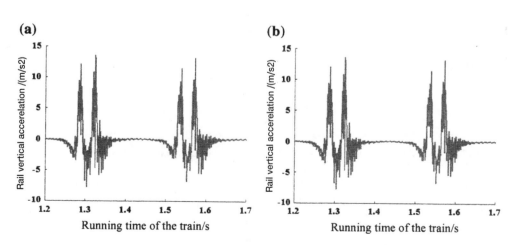

그림 13.32 레일 수직가속도에 대한 서로 다른 노반 감쇠의 영향 : (a) $C_s = 3 \times 10^4$N s/m, (b) $C_s = 1.8 \times 10^5$N s/m

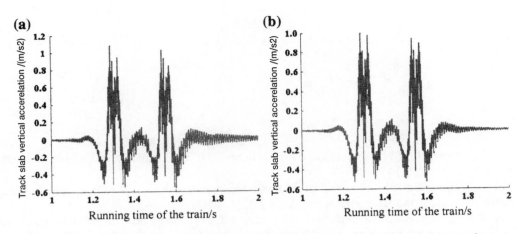

그림 13.33 궤도슬래브 수직가속도에 대한 서로 다른 노반 감쇠의 영향 : (a) $C_s = 3 \times 10^4$N s/m, (b) $C_s = 1.8 \times 10^5$N s/m

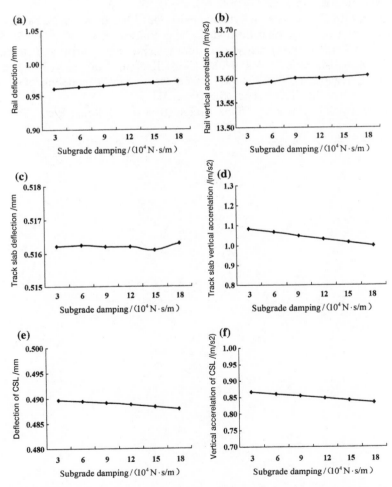

그림 13.34 여러 가지의 동적 평가지표에 대한 노반 감쇠의 영향 : (a) 레일 처짐, (b) 레일 수직가속도, (c) 궤도슬래브 처짐, (d) 궤도슬래브 수직가속도, (e) 콘크리트 지지층(CSL)의 처짐, (f) 콘크리트 지지층(CSL)의 가속도

참고문헌

1. Lei XY, Zhang B (2011) Analyses of dynamic behavior of track transition with finite elements. J Vib Control 17(11):1733–1747
2. Lei XY, Zhang B (2011) Analysis of dynamic behavior for slab track of high-speed railway based on vehicle and track elements. J Transp Eng 137(4):227–240
3. Lei XY, Zhang B (2010) Influence of track stiffness distribution on vehicle and track interactions in track transition. J Rail Rapid Transit Proc Inst Mech Eng Part F 224(1):592–604
4. Lei X, Zhang B, Qingjie Liu (2010) Model of vehicle and track elements for vertical dynamic analysis of vehicle-track system. J Vib Shock 29(3):168–173
5. Zhang B, Lei X (2011) Analysis on dynamic behavior of ballastless track based on vehicle and track elements with finite element method. J China Railway Soc 33(7):78–85
6. Zhang B (2007) Finite element analysis on the dynamic characteristics of track structure for high-speed railway. Master's Thesis of East China Jiaotong University, Nanchang
7. He D, Xiang J, Zeng Q (2007) A new method for dynamics modeling of ballastless track. J Central South Univ (Sci Technol) 38(6):1206–1211
8. Chen X (2005) Track engineering. China Architecture and Building Press, Beijing

제14장 자갈궤도와 무도상 궤도 간 과도구간의 동적 거동의 분석

철도시설에는 많은 수의 교량, 건널목 및 딱딱한 암거(暗渠)가 포함되며, 이것은 다량의 궤도 과도(過渡, transition)로 귀착된다. 궤도 과도구간은 궤도가 수직 강성의 갑작스러운 변화를 나타내는 위치이다. 이들은 콘크리트침목 궤도가 목침목 궤도로 바뀌는 개상(開床) 교량(open deck bridge)의 교대에서, 그리고 터널의 끝, 건널목, 자갈궤도의 침목 바닥에 가까이 있는 딱딱한 암거 위치에서 발생하며, 무도상 궤도와 비교하여 대개 자갈궤도에서 나타난다. 궤도 수직 강성의 갑작스러운 변화는 고르지 않은 궤도 처짐 때문에 차륜이 마찬가지로 높이의 갑작스러운 변화를 경험하게 한다.

시험은 열차가 수직 강성의 갑작스러운 변화 구간을 지나갈 때, 추가의 동적 상호작용이 분명히 증가할 것이고, 궤도 과도(過渡)구간에서 노반 변형이 유발될 것이며, 이것은 결과적으로 궤도 틀림으로 귀착될 것임을 나타내었다. 이 문제는 열차속도의 증가에 따라 더 심각해질 것이다. 자갈궤도와 무도상 궤도 간의 궤도 과도에 대하여 해외에서 수행된 측정은 차량 하중의 장기 작용 하에서 일련의 문제가 드러나고 궤도 과도에서 다소의 궤도구조 손상으로 이어짐을 나타내었다. 이들의 문제는 다음을 포함한다.

① 열차가 200km/h 이상의 속도로 주행할 때, 주행 열차에 대한 궤도 틀림의 영향이 증대될 것이다. 궤도 가지런함(선형 맞춤)이나 안정성의 필요조건을 충족시키기 위한 유지보수비가 막대할 것이다.
② 자갈궤도와 무도상 궤도 간의 과도구간에 대한 종래의 설계 접근법은 10m나 20m의 길이를 가진 철근 콘크리트 슬래브를 설치하는 것이다. 그러나, 차량 하중의 반복 작용 하에서, 슬래브의 상당한 부분적인 뜸(틀림, suspension)이 있을 것이며, 이것은 무도상 궤도 응력의 변화로 귀착되고 궤도구조 강도, 게다가 궤도와 무도상 궤도 간의 동적 상호작용에 심하게 영향을 미칠 것이다.
③ 자갈궤도의 틀림은 도상을 다져서(탬핑 작업으로) 없앨 수 있으며, 반면에 무도상 궤도의 틀림은 레일패드만을 조정하여 줄이거나 없앨 수 있다. 레일패드의 값을 조정하는 데에는 엄격한 제한이 있으므로 무도상 궤도에 대해서는 제한적이다. 그러나, 차량 하중의 반복 작용 하에서, 무도상 궤도의 변형은 궤도 과도구간에서 변형의 누적에 따라 레일패드의 조정 허용량을 초과할 것이다.
④ 궤도 과도(過渡)구간에서는 궤도슬래브에 뒤틀림이 발생한다. 궤도슬래브에 작용하는, 충격력에 기인하는 인장력은 콘크리트의 인장강도를 초과하며, 그것은 결과적으로 궤도슬래브 표면의 균열과 슬래브 내부 철근의 부식으로 이어지고, 최종적으로 슬래브 강도의 감소로 귀착된다.

⑤ 궤도 과도구간의 잔류 궤도변형은 궤도의 다른 구간에서의 것보다 명백하게 더 크다. 무도상 궤도에서 큰 변형이 발생하였을 때는 궤도를 보수하거나 원상태로 복구하기가 어렵다. 그리고 심각한 상황에서는 새로운 선로가 부설되어야 한다.

위에서 말한 문제의 이유는 무도상 궤도의 전체 강성이 자갈궤도의 것보다 훨씬 더 크기 때문이다. 궤도 과도구간의 강성차로 인한 추가의 동적 힘을 줄이기 위해서는 자갈궤도와 무도상 궤도 간에서 궤도 강성의 원활한 과도(過渡)가 요구된다.

국내외에서 수행된 차량과 궤도구조의 동적 특성에 관한 많은 연구는 약간의 이론적, 수치적 연구[5~10] 와 함께 주로 시험적 연구[1~10]에 초점을 맞추었다. 이 장은 열차속도와 궤도 강성의 영향을 고려하면서, 제9장에서 제안된 차량 모델과 궤도모델 및 그들의 알고리즘과 함께, 자갈궤도와 무도상 궤도 간의 과도(過 渡) 궤도의 주요 구조 패턴과 설계 파라미터에 기초하며, 자갈궤도와 무도상 궤도 간의 과도구간의 동적 특성 으로부터 개발된 소프트웨어를 사용하여 파라미터 분석을 제안한다[11, 12]. 바라건대, 그러한 분석은 궤도 과도구간에 관한 궤도 강성의 설계와 선택을 위한 이론적 지표를 제공한다.

14.1 자갈궤도와 무도상 궤도 간의 과도구간에 대한 열차속도의 영향 분석

다음의 파라미터 분석에 관련된 차량은 제12장의 **그림 12.1**에 나타낸 것과 같은 중국 고속열차 CRH3이며, 고속열차 CRH3의 파라미터는 제6장의 **표 6.7**에 주어진다. 자갈궤도는 Ⅲ형 침목과 함께 60kg/m 장대레일 이며, 자갈궤도구조의 파라미터는 제12장의 **표 12.1**에 나타낸다. 관련된 무도상 궤도는 제6장의 **표 6.10**에 주 어진 파라미터를 가진 독일 Bögle 슬래브궤도이다.

뉴마크 체계(Newmark scheme)에 대한 수치 적분법(numerical integration)의 시간 단계는 $\Delta t = 0.001s$ 를 채택한다.

자갈궤도와 무도상 궤도 간의 과도구간에서 차량과 궤도구조의 동적 응답에 대한 계산모델은 **그림 14.1**에 나타낸다. 시뮬레이션에서 계산을 위한 궤도 총 길이는 300m이며, 이것은 경계 효과를 제거하기 위한 왼쪽 과 오른쪽 궤도 끝의 100m와 20m 가외(加外) 궤도길이를 포함한다. 먼저, 과도구간이 없이, 즉 자갈궤도와 무도상 궤도가 선로의 190m 위치에서 직접 연결된 경우에 열차속도의 영향을 고려해보자. 궤도구조 모델은 1591 노드(node)가 있는 526 궤도요소로 이산화(離散化, discretize)된다.

차량과 궤도구조의 동적 응답 분석에서 모델경계의 영향을 제거하기 위하여 시작점에서부터 30, 50, 70, 90, 110, 130 및 150m의 거리에서 궤도를 따른 일곱 관찰지점이 선택되며, O1, O2, ⋯, O7로 나타낸다. 일 곱 출력 지점 중에서 세 점은 종래의 자갈궤도에 위치하고, 세 점은 무도상 궤도에 위치하며 한 점은 정확하 게 자갈궤도와 무도상 궤도의 연결부에 위치한다. **그림 14.1**에 나타낸 것처럼, 차량과 궤도구조의 동적 응답 의 분포를 조사하기 위하여 네 종류의 열차속도($V = 160, 200, 250$ 및 300km/h)가 지정된다.

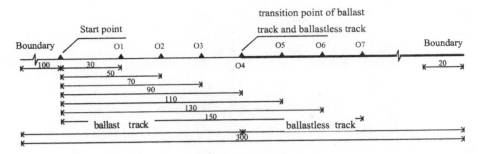

그림 14.1 열차속도의 영향에 대한 계산모델(m)

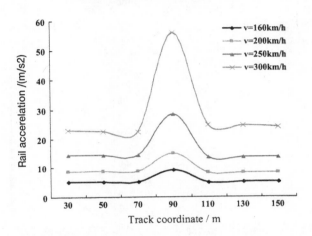

그림 14.2 레일 수직가속도에 대한 열차속도의 영향

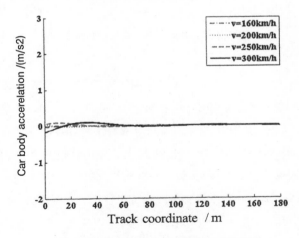

그림 14.3 차체의 수직가속도에 대한 열차속도의 영향

열차속도의 영향을 종합적으로 분석하고 평가하기 위하여 레일 수직가속도, 차체의 수직가속도 및 차륜-레일 접촉력에 대하여 구해진 시간 이력을 포함하는 일부의 결과를 **그림 14.2~14.4**에 나타낸다[13].

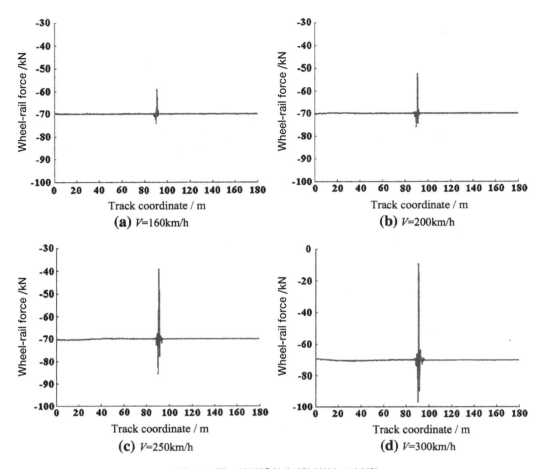

그림 14.4 차륜–레일 접촉력에 대한 열차속도의 영향

그림 14.2~14.4에서 관찰할 수 있는 것처럼, 무도상 궤도의 전반적인 구조적 강성은 자갈궤도의 몇 배이며, 종 방향 궤도 구간을 따라서 수직 강성에 관하여 상당한 차이가 있다. 그러한 강성차이는 더 큰 차륜–레일 접촉력으로 귀착되며, 그것은 열차속도의 증가에 따라 증가한다. 일부의 경우에, 차륜–레일 접촉력이 유발한 인장 응력은 궤도슬래브에서 철근콘크리트의 인장강도를 넘어설 수 있으며, 그것은 궁극적으로 슬래브의 균열과 뒤틀림으로 귀착된다. 궤도 과도(過渡) 이음부에서, 레일 수직가속도와 차륜–레일 접촉력이 최대에 도달하며, 특히 열차속도가 200km/h 또는 그 이상에 도달할 때 그러하고, 두 피크가 두 배로 되어 궤도구조에 대하여 큰 영향을 미친다. 그러나, 차량의 일차와 이차 현가장치 시스템에서 생기는 우수한 진동 격리 때문에, 열차속도는 근본적으로 차체의 수직가속도에 영향을 미치지 않는다.

14.2 자갈궤도와 무도상 궤도 간의 과도구간에 대한 궤도기초 강성의 영향 분석

자갈궤도와 무도상 궤도 사이에는 20m 길이의 과도 궤도가 부설되는데, 이 과도구간은 여객선로에서 대개 자갈궤도 쪽에 부설된다. 계산을 위한 궤도 총 길이는 300m이며, 이것은 경계 효과를 제거하기 위한 왼쪽과 오른쪽 궤도 끝의 100m와 20m 가외(加外) 궤도길이를 포함한다. 과도구간의 길이는 20m이며, **그림 14.5**에 나타낸 것처럼 자갈궤도와 무도상 궤도가 선로의 190m 위치에서 연결된다. 열차속도는 250km/h이고, 궤도구조 모델은 1591 노드(node)가 있는 526 궤도요소로 이산화(離散化, discretize)된다고 가정하자.

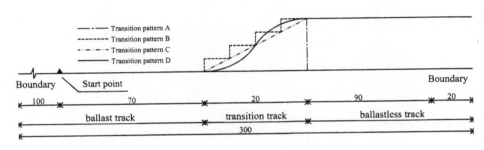

그림 14.5 궤도기초 강성의 영향에 대한 계산모델(m)

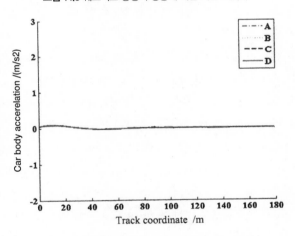

그림 14.6 차체의 수직가속도에 대한 과도 패턴의 영향

공학적 실무에서, 궤도 과도(過渡, transition)구간은 일반적으로 자갈궤도 쪽의 노반 과도구간에 부설된다. 궤도기초 강성의 영향 분석에서 다음과 같은 네 종류의 과도 패턴이 고려된다.

패턴 A : 과도 패턴은 갑작스러운 변화이다. 즉, 자갈궤도와 무도상 궤도 간에 과도구간이 없다.

패턴 B : 점진적인 과도. 도상의 강성은 단계적으로 1-2-3-4-5배로 변한다. 노반의 강성도 이에 따라서 1-5-10-20-20-40배로 변한다.

패턴 C : 선형적인 과도. 도상의 강성은 1에서 5배까지 선형적으로 변한다. 노반의 강성도 1에서 40배까지 선형적으로 변한다.

패턴 D : 코사인 과도. 도상의 강성은 1~5 코사인 보간법(cosine interpolation)을 취하는 코사인 곡선에서 변한다. 이에 따라서 노반의 강성도 코사인 보간법에서 1~5배로 변한다.

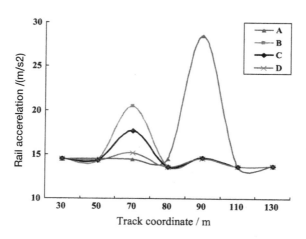

그림 14.7 레일 수직가속도에 대한 과도 패턴의 영향

차체의 수직가속도, 레일 수직가속도 및 차륜-레일 접촉력을 포함하는 출력 결과는 **그림 14.6~14.8**에 나타낸다[11].

그림 14.6에서 관찰할 수 있는 것처럼, 궤도 강성 과도(過渡) 패턴들에 상응하는 차체의 수직가속도는 완전히 겹쳐있으며, 이것은 궤도 강성의 변화가 차체 가속도에 대하여 거의 영향을 미치지 않는다는 것을 의미한다. 궤도 강성 분포가 차체 가속도에 미치는 영향은 차량의 일차와 이차 현가장치 시스템에서 생기는 우수한 진동 격리 때문에 유효하지 않다.

다음으로, **그림 14.7**에 나타낸 것처럼, 자갈궤도 쪽에서 궤도 강성이 바뀌면, 시작점에서부터 70m 떨어진 위치에서 레일 수직가속도가 극적으로 변화한다. 궤도 강성과도 패턴이 변화함에 따라, 레일 수직가속도가 상당히 증가하며, 그중에서 코사인 패턴의 영향이 가장 적다. 자갈궤도와 무도상 궤도 간의 과도구간에서, 즉 시작점에서부터 90m 떨어진 위치에서는 레일 수직가속도가 다시 피크를 갖는다. 과도구간이 있는 과도 패턴 B, C 및 D에 대한 모두 레일 수직가속도는 과도구간이 없는 과도 패턴 A보다 훨씬 작다. 이것은 자갈궤도와 무도상 궤도 간에 과도구간을 부설하면 궤도구조 진동을 크게 줄일 수 있다는 것을 나타낸다.

그림 14.8에 나타낸 것처럼, 과도구간이 있는 과도 패턴 B, C 및 D에 대한 차륜-레일 접촉력 피크는 두 번 있다. 70m 위치의 첫 번째 피크는 궤도 강성 변화로 유발되며, 최소 차륜-레일 접촉력은 코사인과도 패턴에 해당하는 반면에, 90m 위치의 두 번째 피크는 자갈궤도와 무도상 궤도 간의 궤도 강성차이로 유발된다. 과도구간이 없는 과도 패턴 A에 대한 최대 차륜-레일 접촉력은 과도구간이 있는 과도 패턴 B, C 및 D에 대한 것의 12배이다. 강한 차륜-레일 접촉력은 궤도구조의 큰 피해로 귀착되며, 이것은 다시 자갈궤도와 무도상 궤도 간 과도구간 부설의 중요성을 나타낸다.

70m와 90m의 차륜-레일 접촉력 피크에서 알 수 있듯이, 도상과 노반 강성 과도구간을 부설하는 것은 자

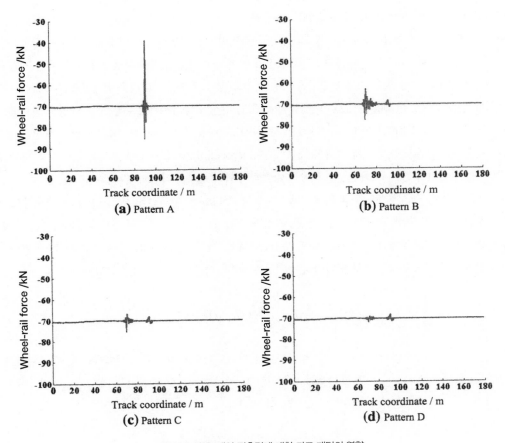

그림 14.8 차륜–레일 접촉력에 대한 과도 패턴의 영향

갈 궤도와 무도상 궤도 간의 궤도 강성의 고르지 못함을 효과적으로 해결한다. 그러나, 열차가 자갈궤도의 과도구간으로 들어갈 때, 그것의 충격은 자갈궤도와 무도상 궤도 간 연결구간의 충격보다 크며, 따라서 제2의 피크가 함께 생긴다. 이 경우에, 과도구간의 확장은 자갈궤도에 대한 차륜–레일 접촉력을 줄일 수 있으며 열차와 궤도구조에 대한 두 번째 충격을 피하고 따라서 승차감과 고속운행을 보장한다.

14.3 자갈궤도와 무도상 궤도 간 과도구간의 개선 수단

궤도 과도(過渡, transition)에 관련된 많은 시험연구가 중국에서 수행되었다. 관련된 시험 결과에 기초하고 외국의 시험을 이용한 '여객전용철도의 무도상 궤도설계에 관한 잠정 규정', '베이징(beijing, 北京)~상하이(shanghai, 上海) 고속철도의 설계에 관한 잠정 규정', '새로운 200~250km/h 여객전용 철도의 임시 설계 규정' 및 '새로운 300~350km/h 여객전용 철도의 임시 설계규정'과 같은 규정은 과도구간을 부설하기 위한 가이드라인을 정한다.

궤도 과도(過渡)구간은 일반적으로 자갈궤도 쪽에 부설된다. 강성 변화 과도구간의 부설에는 도상 두께의 점진적 변화를 달성함과 레일 아래 고무패드의 강성을 조정함이 포함되며, 그 외에 궤도의 수직 강성을 증가시키기 위한 주요 수단(measure)에는 예를 들어 질이 좋은 충전재로 노반을 채움, 더 높은 노반 압밀 표준을 채택함, 시멘트와 함께 입도 조정 깬자갈을 사용함, 노반의 표면층에 사다리꼴 철근콘크리트 슬래브를 설치함, 도상 층을 고결시킴(solidifying), 및 레일의 수직 휨 강성을 증가시키기 위한 보조 레일을 설치함 등이 있다(※ 역자가 문구 조정). 게다가, 강성이 낮은 레일패드를 사용하거나 슬래브 아래에 탄성 쿠션을 설치하여서, 그리고 궤도슬래브의 바닥에 미세 다공성 고무(microcellular rubber) 쿠션 층을 붙여서 무도상 궤도의 전체 강성을 줄여야 한다. 토목건설에 적용된 기술적 수단의 일부는 다음과 같이 주어진다.

수단 1 : 철도건설용 중국산업표준[2007] 47 '새로운 300~350km/h 여객전용 철도의 임시 설계규정'에서 명시한 것처럼, 교량 교대와 노반이 있는 자갈궤도 간 연결구간에 과도구간이 부설되어야 한다. **그림 14.9**에 나타낸 것처럼, 일반적으로 종 방향의 역(逆) 사다리꼴(inverted trapezoid) 입도 조정 깬자갈을 가진 과도구간이 선로를 따라서 채택될 수 있다. 다음의 방정식이 충족되어야 한다.

$$L = a + (H - h)n \qquad (14.1)$$

여기서, L은 과도구간의 길이를 나타내며, 일반적으로 적어도 20m이다. H는 시멘트와 함께 입도 조정 깬자갈의 높이이다. h는 노반 표면층의 두께이다. a는 상수 계수(constant coefficient)이며, 3~5m를 취한다. 그리고 n은 상수 계수이며, 2~5m를 취한다.

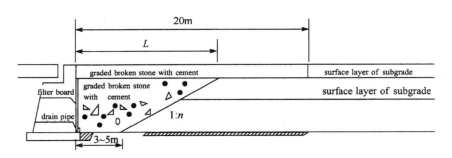

그림 14.9 선로를 따른 종 방향의 역 사다리꼴 입도조정깬자갈의 과도구간

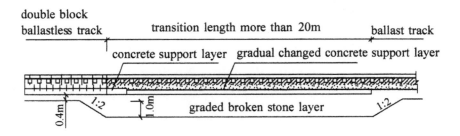

그림 14.10 자갈궤도와 무도상 궤도 간의 과도구간

수단 2 : 여객선로의 건설에서 종래의 수단은 자갈궤도 강성을 개선하는 것이다. 전형적인 실행은 서로 다른 위치에서 다양한 두께를 가진 콘크리트 지지층과 서로 다른 시멘트 비율을 가진 입도 조정 깬자갈을 부설하는 것이다. 자갈궤도와 무도상 궤도 간에 최소 20m 길이의 과도구간이 부설되어야 한다. (3 ~5% 시멘트를 가진) 입도 조정 깬자갈은 노반의 바닥에 부설된다. **그림 4.10**은 자갈궤도와 무도상 궤도 간의 과도구간에 대한 종단면도이다.

수단 3 : 무도상 궤도슬래브는 광저우(廣州, Guangzhou)~룽양(隆陽, Longyang) 철도의 Fengshupai 터널에 부설됐다. 자갈궤도와 무도상 궤도 간의 과도구간에서, 자갈궤도와 무도상 궤도 간의 강성차이를 줄이고 열차운행의 안정성을 높이기 위하여 다섯의 진동 감소 슬래브가 자갈궤도 쪽의 연결지역에 사용되었다.

수단 4 : 쑤이닝(Suining)~충칭(重慶, Chongqing) 철도의 무도상 궤도 시험 구간에서 자갈궤도 강성을 늘리면서 무도상 궤도 강성을 줄이는 조치가 동시에 취해졌다. 자갈궤도와 무도상 궤도 간 과도구간의 길이는 25m이며, 20m는 자갈궤도에 걸친다. 자갈궤도 과도구간에서, 도상 두께는 250에서 350mm까지 점차로 변한다. 무도상 궤도 강성을 줄이는 수단은 다섯 궤도슬래브의 하면에 미세 다공성 고무(microcellular rubber) 쿠션 층을 붙임, 슬래브궤도 구간 가까이에 길이 2.8m의 다섯 침목을 부설함, 35~55kN/mm처럼 낮은 레일패드와 체결장치 강성을 채택함, 그리고 과도구간의 보조 레일로서 50kg/m 가드레일을 사용함을 포함한다.

수단 5 : **그림 14.11**은 자갈궤도와 노반 위 독일 Bögle 슬래브궤도 간 과도구간의 종 방향 프로파일을 보여준다. 슬래브궤도의 수경성(水硬性) 지지층(hydraulically bearing layer)은 10m의 길이로 자갈궤도로 확장되고, 자갈궤도의 처음 15m 범위 내에서 에포본드 에폭시(epobond epoxy)로 완전히 접착되며, 반면에 자갈궤도의 두 번째 15m 범위 내에서 부분적으로 접착되고, 세 번째 15m에 대해서는 도상 어깨가 부분적으로 접착됨을 그림에서 나타낸다.

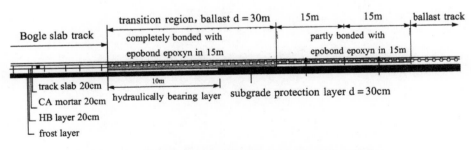

그림 14.11 자갈궤도와 노반 위 독일 Bögle 슬래브궤도 간의 과도구간

수단 6 : 노반 위 자갈궤도에서 교량 위 슬래브궤도로 고속열차의 원활한 운행을 보장하기 위하여 궤도 규칙성(선형 맞춤)을 확보하도록 자갈궤도와 슬래브궤도 간의 강성차이와 서로 다른 침하를 줄여야 한다. 노반 위 자갈궤도와 교량 위 슬래브궤도 간의 과도구간을 건설하기 위하여, 몇 가지 기술적인 수단이 취해질 수 있다.

① 콘크리트로 교대의 기초 구덩이(foundation ditch)를 다시 채우고 강도가 더 높고 변형이 더 낮은 양질의 입도 조정 깬자갈로 교대 가까이에 노반을 시공한다. 성토 노반 표면층의 조밀한 밀도와 간극비는 요구조건 $K_{30} \geq 190$MPa, $\eta < 15\%$를 충족시켜야 하며, 노반 밑은 $K_{30} \geq 150$MPa, $\eta < 20\%$를 충족시켜야 한다.

② 노반 위 자갈궤도 근처의 교량 위 궤도슬래브 바닥에는 탄성고무 완충 쿠션을 붙인다.

③ 과도구간의 자갈궤도에는 두 보조 레일을 채용한다.

수단 7 : 자갈궤도와 무도상 궤도 간의 갑작스러운 강성 변화를 피하도록, 슬래브궤도의 수경성 지지층은 10m의 길이로 자갈궤도로 확장된다. 무도상 궤도의 끝에서, 콘크리트 지지판과 수경성 지지층은 둘 사이의 만족스러운 연결을 보장하기 위하여 함께 고정되어야 한다. 공학적 실행에서 궤도 강성차이를 매끄럽게 하도록, 궤도 과도구간의 도상은 에포본드 에폭시(epobond epoxy)로 완전히 접착시킨다. 도상의 접착 강도는 무도상 궤도에서 자갈궤도까지 점차로 감소시킨다. 과도구간은 45m의 총 길이로 자갈궤도 쪽에 부설되며, 이것은 같은 길이로 세 부분으로, 즉 도상 층, 경계 보(boundary beam)및 침목이 완전히 접착된 부분; 도상 층과 경계 보 간의 부분적 접착 부분; 및 도상 층의 부분적인 접착 부분으로 나뉜다.

참고문헌

1. Kerr AD, Moroney BE (1995) Track transition problems and remedies. Bull 742 Am Railw Eng Assoc (742):267–297

2. Kerr AD (1987) A method for determining the track modulus using a locomotive or car on multi-axle trucks. Proc Am Railw Eng Assoc 84(2):270–286

3. Kerr AD (1989) On the vertical modulus in the standard railway track analyses. Railw Int 235 (2):37–45

4. Moroney BE (1991) A study of railroad track transition points and problems. Master's thesis of University of Delaware, Newark

5. Xiaoyan Lei, Lijun Mao (2004) Dynamic response analyses of vehicle and track coupled system on track transition of conventional high speed railway. J Sound Vib 271(3):1133–1146

6. Xiaoyan Lei (2006) Effects of abrupt changes in track foundation stiffness on track vibration under moving loads. J Vib Eng 19(2):195–199

7. Qichang Wang (1999) High-speed railway engineering. Southwest Jiaotong University Press, Chengdu

8. Xiaoyan Lei (2006) Influences of track transition on track vibration due to the abrupt change of track rigidity. China Railw Sci 27(5):42–45

9. Linya Liu, Xiaoyan Lei (2004) Designing and dynamic performance evaluation of roadbed-bridge transition on existing railways. Railw Stand Des 1:9–10

10. Xiaoyan Lei, Bin Zhang, Qingjie Liu (2009) Finite element analysis on the dynamic characteristics of the track transition. China Railw Sci 30(5):15–21

11. Lei Xiaoyan, Zhang Bin (2011) Analyses of dynamic behavior of track transition with finite elements. J Vib Control 17(11):1733–1747

12. Lei Xiaoyan, Zhang Bin (2011) Analysis of dynamic behavior for slab track of high-speed railway based on vehicle and track elements. J Transp Eng 137(4):227–240

13. Zhang B (2007) Finite element analysis on the dynamic characteristics of track structure for high-speed railway. Master's thesis of East China Jiaotong University, Nanchang

14. Provisional Design Regulations for the new 200–250 km/h Passenger-dedicated Railway (2005) Railway Consruction [2005]140. China Railway Publishing House, Beijing

15. Provisional Design Regulations for the new 300–350 km/h Passenger-dedicated Railway (2005) Railway Consruction [2007]47. China Railway Publishing House, Beijing

제15장 중첩된 지하철로 유발된 환경 진동분석

중국은 현재 도시 대중교통 건설의 황금기에 있다. 도시 지하철망 계획과 부설에서는 둘 또는 그 이상의 지하철 선로의 중첩(重疊, overlapping)이 불가피하다. 둘 또는 그 이상의 지하철 선로의 중첩으로 유발된 환경 진동은 각각의 것의 합계와 같지 않으며 단일 선로로 유발된 것과 크게 다르다. 중첩된 지하철의 수송 구조(transport organization)와 열차운행이 크게 다르고 아주 복잡하므로, 환경 진동에 대한 그들의 영향은 증폭되거나 환경 진동 표준을 초과할 수 있다. 현재, Jia[1], Ma[2] 및 Xu[3]가 수행한 연구와 같이 중국에서 이 문제를 다룬 소수의 연구가 있다. 그러나, 도시 대중교통의 빠른 개발과 건설 속도와 비교하여, 관련 연구는 충분하지 않으며, 특히 지하철의 4갱(坑, hole) 또는 그 이상의 갱에서 동시에 주행하는 열차들로 유발된 환경 진동에 관한 연구는 더 적다.

난창(南昌, Nanchang) 지하철 1과 지하철 2는 Bayi 광장에서 만나며, 중첩된 지하철을 형성한다. 광장 근처에 주요 지방 문화재 보호 유닛, 즉 장시(江西, Jiangxi)성의 전시센터라고도 알려진 마오쩌둥(毛澤東, Mao Zedong)의 전시홀이 위치한다. 이 장에서는 공학적 배경으로서 복잡한 4갱(坑) 중첩 지하철을 고려하여 궤도-터널-지반-건물 연결시스템의 3D 유한요소모델이 수립되며, 중첩된 지하철에서 주행하는 열차로 유발된 지반과 건물의 진동 응답과 그들의 전파 특성의 시뮬레이션 분석이 수행된다. 게다가, 지하철 1과 지하철 2의 개별적인 운행과 두 지하철의 동시 운행으로 유발된 지반과 건물에 대한 진동영향이 비교된다.

15.1 중첩된 지하철로 유발된 지반 진동의 분석

15.1.1 사업 개요

난창(南昌, Nanchang) 지하철 1과 지하철 2는 구도심에 위치하는 Bayi 광장의 서쪽, Bayi 거리 밑에서 만난다. Bayi 광장 역은 두 지하철의 교차지점에 위치한다. 오늘날까지, 지하철 1의 터널 굴착 건설과 지하철 2의 설계가 진행 중이다. 두 지하철은 상행선과 하행선이 평행한 이중의 터널 단면이다. 그들은 서로 간에 15m 떨어져 있고, 지하철 2 아래의 지하철 1과 직각 교차를 형성한다. 지하철 1의 터널 매설 깊이는 17m이고, 지하철 2의 것은 9m이다. 지하철은 원형 터널구조 단면으로서 실드 터널공법(shield tunnelling method)으로 건설된다. 터널 라이닝 두께는 0.3m이고, 내부와 외부 직경은 각각 5.4와 6m이다. 중첩된 지하철들은 **그림 15.1**의 계획 스케치에 나타낸 것처럼 Bayi 광장 주변의 땅을 4블록으로 나누었다.

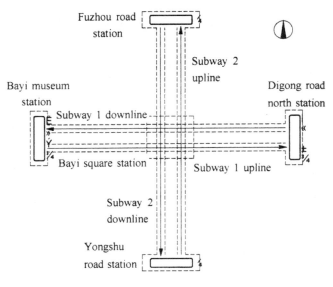

그림 15.1 중첩된 지하철들의 계획 스케치

네 블록의 중심대칭 때문에 환경 진동을 분석하기 위하여 네 가지 중 어느 한 가지를 선택하는 것이 가능하다. 다음은 세 번째 블록(사분면), 즉 지하철 1의 Bayi 박물관 역에서 Bayi 광장 역까지와 지하철 2의 Bayi 광장 역에서 Yongshu의 구간에 기초한 환경 진동분석이다.

15.1.2 재료 파라미터

지하철이 유발한 환경 진동은 미세진동의 범주에 속하므로, 동적 분석에서는 관련 파라미터를 선형 탄성 매질로 취하는 것이 바람직하다. 공학 지질 탐사 보고서[4~6]를 참조하면, 해당하는 흙층은 가중평균법(weighted average method)을 이용하여 고르게 가중된다. Bayi 광장의 지하 흙층은 여섯 층으로 단순화되며 각 흙층의 해당하는 재료 파라미터는 **표 15.1**에 나타낸다. 유한요소 계산에서 궤도구조와 터널의 파라미터는 **표 15.2**에 주어진다.

표 15.1 Bayi 광장 지하 흙 파라미터

흙 특성	두께 (m)	밀도 (kg/m³)	전단파 속도 (m/s)	탄성계수 (MPa)	푸아송비	흙 유형
잡 채움	1.5	1,850	150.7	115.96	0.38	연약 토
실트질 점토	3.0	1,950	189.9	194.09	0.38	연약 토
잔모래	6.0	1,950	174.2	159.77	0.35	연약 토
모래 자갈과 자갈	10.0	1,990	285.5	428.22	0.32	경질 토
중간 풍화 이토질 미사암	15.5	2,300	813.2	3,802.44	0.25	암석
미세 풍화 이토질 미사암	–	2,500	1,098.8	7,364.90	0.22	암석

표 15.2 궤도구조와 터널의 파라미터

구조	재료	밀도(kg/m³)	탄성계수(MPa)	푸아송비
터널 기초	C35 콘크리트	2,500	31,500	0.2
터널 라이닝	C35 콘크리트	2,500	31,500	0.2
레일	U75V 보통 열간압연 레일	7,800	210,000	0.3
플로팅 슬래브	C30 콘크리트	3,000	32,500	0.2

게다가, 보통의 레일패드와 체결장치의 강성과 감쇠 계수는 각각 50kN/mm과 75kN s/m이며, 침목 간격은 0.625m이다. 강(鋼) 스프링 플로팅 슬래브의 강성과 감쇠 계수는 각각 6.9kN/mm과 100kN s/m이며, 강 스프링 지지들 사이의 간격은 1.25m이고, 플로팅 슬래브의 두께와 폭은 0.35와 3.2m이다.

15.1.3 유한요소법

궤도–터널–지반 연결시스템의 3D 동적 분석모델은 대규모 유한요소 소프트웨어 ANSYS를 이용하여 수립할 수 있다. 일반적으로 철도가 유발한 진동영향은 진동원의 양쪽에 대해 60m의 범위 이내에 있다. 계산 정확성을 달성하기 위하여 유한요소법이 적당한 크기의 것임을 확실하게 하도록 모델경계와 진동원 간의 거리는 70m로 취하는 것이 적합하다. 일정량의 여분을 고려하여, 모델의 크기는 종 방향과 횡 방향으로 115m, 그리고 수직으로 60m이다. 지하철 1의 하행선(downlink)과 모델경계 간의 거리와 지하철 2의 상행선(uplink)과 모델경계 간의 거리는 25m이며, 지하철 1의 상행선과 모델경계 간의 거리와 지하철 2의 하행선과 모델경계 간의 거리는 75m이다. 양쪽 지하철에 대한 하행선과 상행선 간의 거리는 15m이다. 3D 등가 점탄성 경계는 모델경계에 채택하며, 그것은 경계요소의 법선(法線) 방향을 따라 등가 요소의 층을 확장하여 구현할 수 있다[7]. 등가 요소 층의 외부 경계 제약(outer boundary constraint)은 고정돼 있다. 경계 반사파(boundary reflection waves)의 영향은 등가 요소의 재료 특성을 한정함으로써 제거될 수 있다. 유한요소모델은 **그림 15.2**에서 보여준다[8].

난창(南昌, Nanchang) 지하철의 일반구간에서는 설계 데이터에 명시한 대로 일체화 도상 층(integrated

그림 15.2 궤도–터널–지반 시스템의 3D 유한요소모델

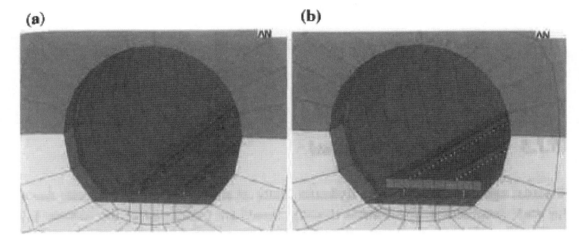

그림 15.3 유한요소모델의 부분 확대 보기 : (a) 일체화 도상 층이 있는 궤도, (b) 강 스프링 플로팅 슬래브가 있는 궤도

ballast bed)이 있는 궤도가 사용되고, 충격흡수장치가 있는 궤도는 보통의 진동경감지역에서 채택되며, 강 스프링 플로팅 슬래브가 있는 궤도는 특별 진동경감지역에 채택된다. 다음의 분석에서는 **그림 15.3**에 나타낸 것처럼 일체화 도상 층이 있는 궤도모델과 강 스프링 플로팅 슬래브가 있는 궤도모델이 각각 수립되며, 그것은 환경 진동에 대한 지하철 1과 2의 서로 다른 궤도구조의 영향을 비교하기 위하여 사용된다[8].

3D 유한요소모델의 요소들은 레일을 시뮬레이션하기 위한 공간 보 요소 BEAM 188, 레일패드와 체결장치 및 플로팅 슬래브의 강 스프링 지지에 대한 스프링과 감쇠 요소 COMBIN 14, 플로팅 슬래브와 터널 라이닝에 대한 쉘(shell) 요소 SHELL 63, 터널 기초와 흙에 대한 고형체 요소 SOLID 45를 포함한다. 요소 크기는 0.25~3m이고, 재료 전단파(shear wave)의 1/12보다 더 작은 미세 요소(fine element)들은 진동원에 가까운 영역에 사용된다. 반면에 재료 전단파의 1/6보다 더 작은 드문 분포의 요소(sparse element)들은 진동원에서 먼 영역에 채택한다. 모든 요소 크기는 정확성 요건을 충족시킨다.

15.1.4 감쇠 계수와 적분 단계

레일리 감쇠(Rayleigh damping)는 일반적으로 구조적 동적 분석에 채용된다. 즉,

$$C = \alpha M + \beta K \tag{15.1}$$

여기서, α와 β는 시스템의 고유주파수와 감쇠비에 관련된다.

유한요소모델의 모드 분석에서 흙 구조의 감쇠비는 시험 데이터에 기초하여 0.05로 취해지며, 처음 두 순서(order)의 고유주파수는 16.96과 18.21rad/s로 취해진다. 레일리 감쇠 계수(Rayleigh damping coefficient)는 다음과 같이 계산될 수 있다.

$$\alpha = \frac{2\omega_1\omega_2}{\omega_1 + \omega_2}\xi_0 = \frac{2 \times 19.96 \times 18.21}{19.96 + 18.21} \times 0.05 = 0.878 \tag{15.2}$$

$$\beta = \frac{2}{\omega_1 + \omega_2}\xi_0 = \frac{2}{19.96 + 18.21} \times 0.05 = 0.0028 \tag{15.3}$$

$f = 0 \sim 100\text{Hz}$ 범위의 동적 응답을 고려해 수치 적분 단계는 다음과 같아야 한다.

$$\Delta t = 1/2f = 0.005\ \text{s} \tag{15.4}$$

15.1.5 차량 동하중

실제의 운행에서 궤도에 대한 차량 동하중은 궤도 틀림 때문에 일정하지 않다. 차량 동하중은 차량 차축 하중과 추가의 동하중으로 구성되며, 후자는 차량의 윤하중으로 생긴 관성력(inertia force)으로 알려져 있다.

궤도에서 주행하는 차량의 동하중은 다음과 같이 나타낼 수 있다[9].

$$F(t) = -\sum_{l=1}^{n}\left(F_l + m_w\frac{\partial^2\eta}{\partial t^2}\right)\delta(x - Vt - a_l) \tag{15.5}$$

여기서, $F(t)$는 궤도에서 주행하는 차량의 동하중을 나타낸다. F_l은 l번째 윤축의 1/2 차축 하중을 나타낸다. m_w는 차륜 질량을 나타낸다. $\eta(x = Vt)$는 불규칙한 궤도 틀림을 나타낸다. δ는 디랙 함수(Dirac function)를 나타낸다. V는 차량 이동속도를 나타낸다. a_l은 $t = 0$일 때 l번째 윤축과 좌표 원점 간의 거리이다. 그리고 n은 윤축의 총수(摠數)이다.

오늘날까지, 도시 대중교통에 대하여 명시된 보편적인 중국 내 궤도 틀림 스펙트럼 밀도 함수가 없다. 따라서, 수치 분석에서는 선로 수준 6의 미국 궤도 틀림 스펙트럼이 취해지며, 그것의 수학적 표현은 다음과 같다.

$$S_v(\omega) = \frac{kA_v\omega_c^2}{(\omega^2 + \omega_c^2)\omega^2} \tag{15.6}$$

여기서, $S_v(\omega)$는 궤도 틀림 파워 스펙트럼 밀도 함수($\text{cm}^2/\text{rad/m}$)이고, ω는 공간주파수(rad/m)이며, ω_c와 ω_s는 차단주파수(rad/m)이고, A_v는 선로 수준(line level)에 관련된 거칠기계수(roughness coefficient)이며($\text{cm}^2/\text{rad/m}$), 그들의 값은 제5장의 **표 5.1**에 나타내고, k는 일반적으로 0.25이다.

그림 15.4는 삼각급수 법(trigonometric series method)으로 형성된 선로 수준 6에 대한 궤도 고저(면) 틀림 표본을 보여준다.

궤도구조의 3–층 연속 탄성 보 모델을 수립하고 식 (15.5)로 나타낸 이동 차량의 동하중을 궤도구조의 3–층 보 모델의 진동 지배 방정식에 대입하면, 궤도구조 진동 응답과 차륜–레일 접촉력은 푸리에 변환법으로 평가될 수 있다.

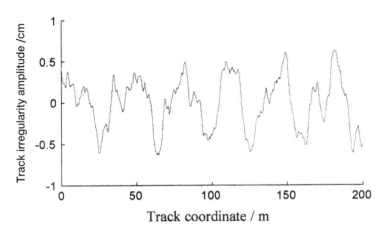

그림 15.4 선로 수준 6에 대한 궤도 고저(면) 틀림 표본

지하철 1과 지하철 2에서는 B형 차량이 채택된다. B형 차량의 파라미터는 대차 피벗 중심들 사이의 거리 12.6m, 고정 축거(軸距) 2.2m 및 윤축 질량 1,539kg을 포함한다. 지하철 열차는 B형 차량 6량으로 구성된다. **그림 15.5**는 열차가 80km/h의 속도로 이동할 때 전형적인 차륜 동하중의 시간 이력을 보여준다.

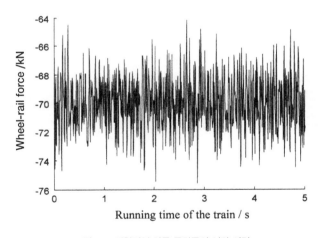

그림 15.5 전형적인 차륜 동하중의 시간 이력

ANSYS 3D 유한요소모델의 레일에 **그림 15.5**에 나타낸 지하철 열차의 동하중을 적용하면, 중첩된 지하철로 유발된 환경 진동의 분석은 뉴마크 내재적 적분법(Newmark implicit integration method)의 완전 행렬법(complete matrix method)으로 수행될 수 있다.

15.1.6 환경 진동 평가지표

'도시지역 환경 진동의 표준 GB10070-88' [10]에 기반을 둔 환경 진동 평가지표는 진동 레벨 Z, 즉 여러 가지의 주파수 가중계수(frequency weighted factor)로 보정 후에 구해진 수직 진동가속도이다. ISO2631-1 : 1985의 권고치가 진동 레벨 Z의 가중 곡선에 채택된다[11]. 진동 레벨 Z에 대한 계산공식은 다음과 같다.

$$VL_z = 20\lg\left(\frac{a'_{rms}}{a_0}\right) \tag{15.7}$$

여기서, a_0는 기준 가속도(reference acceleration)이며 일반적으로 $a_0 = 10^{-6}\,\text{m/s}^2$이다. a'_{rms}는 서로 다른 주파수 가중계수로 보정한 후에 구해진 가속도 RMS(m/s^2)의 유효치이다. a'_{rms}는 다음의 공식으로 유도될 수 있다.

$$a'_{rms} = \sqrt{\sum a_{frms}^2 10^{0.1c_f}} \tag{15.8}$$

여기서, a'_{rms}는 주파수 f에 상응하는 진동가속도의 유효치를 나타낸다. c_f는 수직 진동가속도의 감각 보정치(sensory modification value)를 나타낸다. 구체적인 값은 제1장의 **표 1.21**에 나타낸다.

많은 시험과 연구는 수직 진동이 수평과 종 방향 진동보다 더 크다는 것을 나타내고[12~14], 그것이 지하철 열차로 유발된 환경 진동의 주요 근원으로 고려된다. 그러므로 도시 대중교통으로 유발된 환경 진동의 평가에서 일반적으로 수직 진동가속도와 진동 레벨 Z가 평가지표로서 채택된다.

15.1.7 진동에 대한 상행선과 하행선의 운행 방향의 영향

중첩된 지하철에서 네 열차가 동시에 주행함에 따라, 그들의 교행은 훨씬 더 복잡하다. 분석을 단순화하기 위하여, 세 가지 운행 경우 하에서 지하철 1로 유발된 환경 진동이 조사되고 비교된다. 세 가지 운행 경우는 다음을 포함한다.

경우 A : 상행선(uplink) 편도 운행을 하는 지하철 1의 열차

경우 B : 상행선과 하행선(downlink) 양쪽의 교행 운행을 하는 지하철 1의 열차들

경우 C : 상행선과 하행선 양쪽의 동일 방향 운행을 하는 지하철 1의 열차들

지하철 1의 궤도기초는 일체화 도상 층이다. 지하철 1의 중심선에 직각인 선을 따라 10m의 간격으로 여덟 진동 응답 지점이 명시된다. 이들 중에 응답 지점 1은 지하철 중심의 직상(直上)에 있으며 응답 지점 8은 지하철 중심에서 수평으로 70m 떨어져 위치한다. 제한된 여백(餘白, space) 때문에 **그림 15.6**은 앞에서 말한 세 가지 운행 경우에 대하여 응답 지점 1에서의 진동가속도의 시간 이력과 가속도진폭 – 주파수 곡선만을 보여준다. **그림 15.7**은 가속도 피크와 진동 레벨 Z가 거리에 따라 약하게 되는 것을 보여준다.

그림 15.6에서 보는 것처럼, 가속도의 시간 이력과 진폭은 경우 B와 경우 C 양쪽에 대하여 약간 다르다. 그

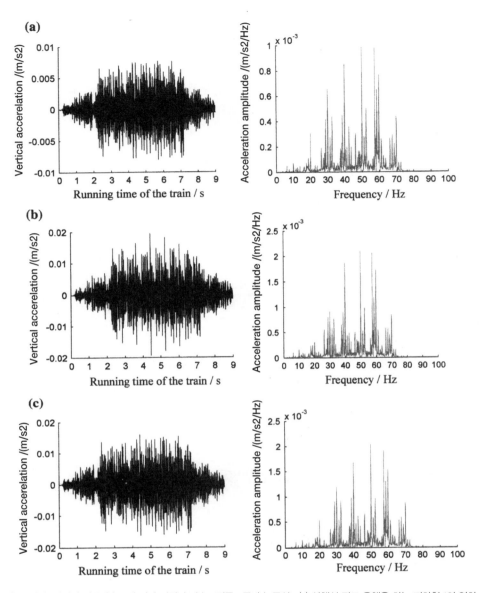

그림 15.6 응답 지점 1에서의 진동가속도의 시간 이력과 가속도진폭 – 주파수 곡선 : (a) 상행선 편도 운행을 하는 지하철 1의 열차, (b) 상행선과 하행선 양쪽의 교행 운행을 하는 지하철 1의 열차들, (c) 상행선과 하행선 양쪽의 동일 방향 운행을 하는 지하철 1의 열차들

러나, 경우 A에 대한 가속도진폭은 작으며, 경우 B와 경우 C에 대한 것의 반뿐이다. B와 C의 두 운행 경우(※ 역자가 '세 가지 운행 경우'를 'B와 C의 두 운행 경우'로 바꿈)의 가속도진폭—주파수 곡선들은 30~60Hz 범위의 기본주파수에 대해 유사하다. **그림 15.7**에서 보는 것처럼, 경우 B와 경우 C에 대한 가속도 피크와 진동 레벨 Z의 진동 경향은 거의 같은 값으로 유사하다. 반면에, 경우 A에 대한 가속도진폭—주파수 곡선은 경우 B와 경우 C에 대한 것과 크게 다르며, 좀 더 구체적으로 말하면 가속도 피크 값은 경우 B와 경우 C의 반이고, 진동 레벨 Z는 경우 B와 경우 C보다 5dB 만큼 작다.

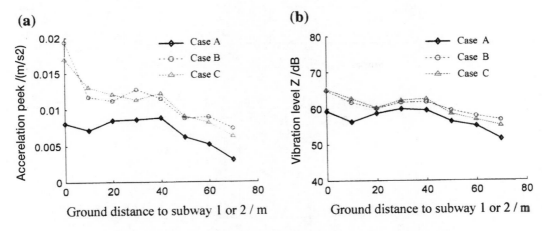

그림 15.7 거리에 따라 약하게 되는 가속도 피크와 진동 레벨 Z : (a) 가속도 피크, (b) 진동 레벨 Z

　　그러므로 교행 운행 조건 대신에 상행선과 하행선 양쪽의 동일 방향 운행을 하는 지하철 1의 열차들로 유발된 환경 진동을 분석하는 것이 가능하다. 이러한 접근법의 장점은 다양한 하중 조합을 고려함의 수고를 덜어주기 위하여 교차점의 구분도, 지반 진동에 가장 불리한 하중 조합의 구별도 없이 4갱 터널에서 주행하는 열차들의 복잡한 조건을 크게 단순화한다. 상행선과 하행선 양쪽의 동일 방향 운행으로 지하철 1의 열차들이 Bayi 박물관 역에서 Bayi Square 역으로 주행하고, 지하철 2의 열차들이 Yongshu Road 역에서 Bayi Square 역으로 주행할 때가 지반 진동에 가장 불리한 하중 조합이다. 다음의 절에서는 동일 방향 운행을 하는 지하철 1과 지하철 2의 양쪽 열차들로 유발된 환경 진동에 관한 연구가 수행될 것이다.

15.1.8 중첩된 지하철들에 대한 진동 감소 책략 분석

　　환경 진동에 대한 서로 다른 진동 감소 조합설계(combination scheme)의 영향을 연구하기 위하여, **표 15.3**에 나타낸 것처럼 여섯 가지 사례가 검토된다. 열차의 이동 방향과 지반에 대한 진동 응답 지점은 **그림 15.8**에서 보여준다. 이웃하는 두 지점 간의 $10\sqrt{2}$ 의 거리로 대각선을 따라 여덟 응답 지점이 명시된다. 각각의 응답 지점과 어떤 한 지하철 중심 간의 거리는 10m의 배수(倍數)이다.

표 15.3 계산 사례

사례	궤도 유형		지하철 조합
	지하철 1	지하철 2	
1	일체화 도상 층	–	지하철 1
2	–	일체화 도상 층	지하철 2
3	일체화 도상 층	일체화 도상 층	지하철 1 + 지하철 2
4	플로팅 슬래브궤도	일체화 도상 층	지하철 1 + 지하철 2

| 5 | 일체화 도상 층 | 플로팅 슬래브궤도 | 지하철 1 + 지하철 2 |
| 6 | 플로팅 슬래브궤도 | 플로팅 슬래브궤도 | 지하철 1 + 지하철 2 |

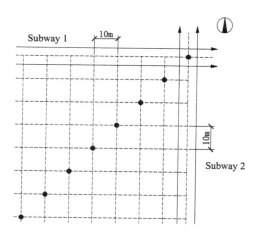

그림 15.8 열차의 이동 방향과 지반에 대한 진동 응답 지점

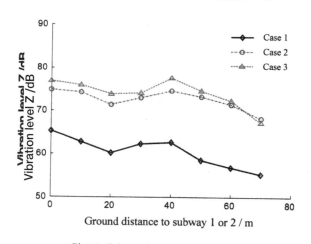

그림 15.9 사례 1, 2 및 3의 진동 레벨 Z의 비교

그림 15.9는 궤도구조가 일체화 도상 층(integrated ballast bed)일 때 계산 사례 1, 사례 2, 사례 3에 상응하는 지반 진동 레벨 Z의 비교를 보여주며, 여기서 수평 좌표는 지하철 1이나 지하철 2로부터 **그림 15.8**의 대각선에 대한 응답 지점의 거리를 의미한다. **그림 15.9**에 나타낸 것처럼, 사례 1에서 유발된 지반 진동은 사례 2에서 유발된 것보다 훨씬 더 작으며, 진동 레벨 Z은 약 10dB 더 작다. 사례 3에서 유발된 지반 진동은 70m의 지점을 제외하고 사례 2의 것보다 더 크며, 진동 레벨 Z은 약 2~3dB 더 크다. 게다가 궤도의 중심선으로부터의 거리에 따르는 사례 3에서의 진동 레벨 Z의 감소 거동은 더 작다. 40m의 거리에서 사례 3에 상응하는 피크가 있고 진동 레벨 Z가 0m의 거리에서의 것을 넘어서는 것이 주목할 만하다. 이것은 지하철 1과 지하철 2의 동일 방향 운행의 경우에 40m의 거리에서의 진동 레벨이 단일 지하철 운행의 경우에서의 것보다 더

두드러진다는 것을 나타낸다.

'도시지역의 환경 진동 표준'에 따라 혼합지역(역주 : 공업, 상업 및 경량교통이 명확하게 구분되지 않는 지역)과 CBDs(역주 : 집중된 상업중심지역)에서 주간(晝間) 진동 레벨 Z은 75dB보다 작아야 하며, 야간 은 72dB보다 작아야 한다. **그림 15.9**에서 보는 것처럼, 지하철 1과 2가 동시에 운행될 때 최대 지반 진동 레벨 Z는 77.6dB이며, 지반 진동 레벨 Z가 명시된 진동 한계를 넘는 75dB보다 큰 응답 지점은 모두 합쳐 3개소이다. 4갱 터널이 좀처럼 동시에 80km/h의 속도로 운행하지 않을지라도, 환경 진동과 한계치 간에 일정량의 여분을 보장하도록, 그리고 지하철의 장기 운행을 고려하여 적절한 진동 감소 수단이 채용되어 야 한다.

그림 15.10은 진동 감소 수단으로서 강 스프링 플로팅 슬래브를 채용함에 따른 환경 진동에 대한 서로 다른 계산 경우의 영향을 나타내며, 여기서 수평 좌표는 지하철 1과 지하철 2의 중심선으로부터 **그림 15.8**의 대각 선에 대한 응답 지점의 거리를 의미한다. **그림 15.10**에 나타낸 것처럼, 플로팅 슬래브궤도가 지하철 1에만 이 용될 때는 지반 진동 감소가 두드러지지 않고, 진동 감소 값은 1dB보다 적으며, 반면에 플로팅 슬래브궤도가 지하철 2에만 이용될 때는 지반 진동 감소가 현저하고, 진동 감소 값은 9~12dB까지에 이른다. 지하철 1과 지하철 2 모두에 플로팅 슬래브궤도를 채용함에 따른 지반 진동 감소 효과는 지하철 2에만 플로팅 슬래브궤 도를 채용할 때의 것과 유사하며, 진동 감소 값은 9~14dB이다. 이것은 지하철 1과 지하철 2의 동시 운행의 조건에서 가장 경제적인 진동 감소 수단은 얕게 매설된 지하철 2에서 진동 감소를 시행하는 것이고 깊게 매 설된 지하철 1에서의 수단이 아니라는 것을 나타낸다.

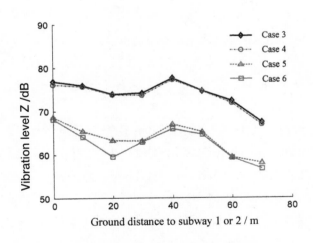

그림 15.10 사례 3, 4, 5 및 6의 진동 레벨 Z의 비교

15.1.9 진동주파수 분석

예를 들어, 사례 3과 사례 6을 취하여, **그림 15.11**에 나타낸 것처럼 지하철 1과 지하철 2가 동시에 운행할 때의 지반 진동주파수를 분석하기 위하여 **그림 15.8**의 대각선에 대한 0m, 20m, 40m 및 60m의 진동 응답

지점이 선택된다. **그림 15.11(a)**에서 지하철 1과 지하철 2 모두 일체화 도상의 궤도일 때 0m와 20m의 지점에서는 주(主) 진동주파수가 40과 70Hz 사이에 있고, 40m와 60m의 지점에서는 20과 40Hz 사이에 있음을 알 수 있다. 이것은 거리의 증가에 따라 40Hz 이상의 주파수가 감소하는 반면에, 40Hz 미만의 주파수는 천천히 감소함을 나타낸다. 게다가, **그림 15.6(b)**와 **(c)**를 비교하면, 지하철 1과 지하철 2의 동시 운행으로 유발된 지반 진동의 주(主) 진동주파수가 지하철 1의 독자적 운행에 따른 것과 유사함을 나타낸다. **그림 15.11(b)**에서 나타낸 것처럼, 지하철 1과 지하철 2 양쪽 모두에 플로팅 슬래브궤도가 채용될 때, 지반 진동의 주(主) 진동주파수가 7, 20 및 40Hz 근처에 있다. 한편, 거리의 증가에 따라 주파수가 약간 달라지며, 7과 20Hz의 주파수가 주파수 영역에서 두드러진다[8].

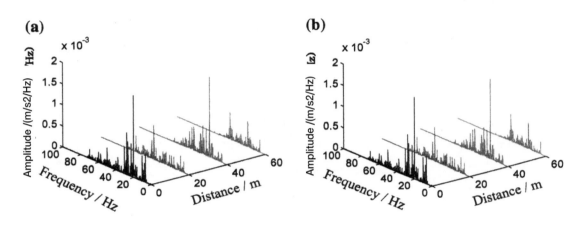

그림 15.11 진동가속도 진폭–주파수 곡선 : (a) 사례 3, (b) 사례 6

15.1.10 지반 진동 분포 특성

예를 들어, 사례 3을 취하면, 이웃하는 두 지점 간의 10m 간격으로 총 64개의 진동 응답 지점이 선택된다. 지반 진동 레벨 Z의 색도(色圖, color chart)는 **그림 15.12**에 나타낸 것처럼, 선형 보간법으로 구해질 수 있다. 그림에서 관찰되는 것처럼, 지하철 1과 지하철 2가 동시에 운행될 때 지반에는 4개의 진동–증폭 지역이 있다. 즉, ① 최대치 78.2dB을 가진 지하철 1과 지하철 2의 교차점, ② 76.5dB의 최대치를 가진, 지하철 2에서 40m 떨어진 지하철 1의 중심, ③ 78.2dB의 최대치를 가진, 지하철 1에서 40m 떨어진 지하철 2의 중심, ④ 77.6dB의 최대치를 갖는 지하철 1과 지하철 2 양쪽에서 40m 떨어진 지역. **그림 15.1**에 나타낸 나머지 세 사분면의 진동 분포 특성은 대칭으로 인하여 서로 유사하다. 이것은 지하철에서 40m 떨어진 곳에 지하철 1과 지하철 2로 유발된 진동–증폭 지역이 있다는 것을 나타낸다. 그러한 증폭 영향은 지하철 1과 지하철 2가 동시에 운행될 때 더 명백하다. 그러므로 진동–증폭 지역에 위치하는 진동–민감 건물에는 더 높은 등급의 진동 감소 수단이 채용되어야 한다.

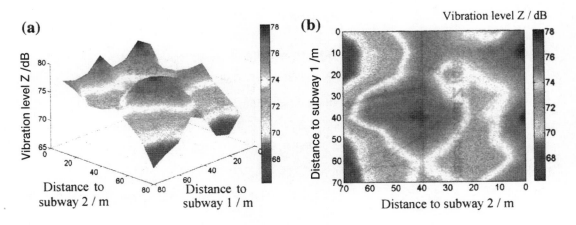

그림 15.12 지반 진동 레벨 Z의 색도 : (a) 3-D 다이어그램, (b) 수직 보기(view)

15.2 중첩된 지하철로 유발된 역사적 건물의 진동분석

Bayi 광장은 근처에 쇼핑몰이 있고 Bayi 혁명 기념탑, 장시(江西, Jiangxi) 전시센터, 우편과 통신 건물과 같은 몇몇 주요 건물이 있는 난창(南昌, Nanchang) 도심에 위치한다. 이들의 건물 중에서 지방의 주요 문화 유물 보호 유닛의 하나인 **그림 15.13**의 장시 전시센터는 지하철 1과 지하철 2에 가장 가까우며, 환경 진동에 더 민감하다. 이 절에서는 공학적 배경으로서 전시센터를 취하여, 궤도-터널-지반 연결시스템의 3D 유한 요소모델이 수립되며, 지하철 1만의 운행 및 지하철 1과 지하철 2 양쪽의 동시 운행으로 유발된 건물 진동의 예측과 평가가 수행된다.

그림 15.13 장시 전시센터

15.2.1 사업 개요

장시(江西, Jiangxi) 전시센터는 Bayi 광장의 오른쪽에 위치하며, 그 당시에 유명한 건축설계전문가가 총괄하여 설계하고 1968년 10월에 건설을 시작했다. 그것은 1960년대와 1970년대 시대의 특징을 가진 상징적인 건물인데, 원래 Mao Zedong(毛澤東) 사상관(thought pavilion)으로 이름을 붙였고 그 후 여러 번 이름을 바꾸었다. 1992년 이후, 장시전시센터로 이름을 붙였고 지방의 주요 문화유물 보호 유닛의 하나로 되었다.

건물은 현장 타설 철근콘크리트 보 슬래브 기초가 있는 철근콘크리트 골조구조이다. 건물 평면은 종 방향 길이가 55.5m이고 횡 방향 길이가 57.5m인 'E' 형상이다. 건물과 지하철 1 사이의 가장 가까운 거리는 17.5m이며, 건물과 지하철 2 사이의 거리는 32.5m이다. 지하철과 건물 간 위치 관계의 평면 스케치는 **그림 15.14**에서 보여준다.

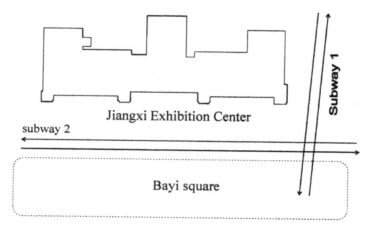

그림 15.14 장시 전시센터와 지하철의 평면 스케치

15.2.2 유한요소 모델

건물은 세 부분, 즉 왼쪽, 오른쪽 및 중앙을 가진 'E' 형상으로서, 각각은 변형 이음부(deformation joint)를 이용하여 서로 독립적이다. 그러므로 요소 수를 줄이기 위하여 그리고 계산 효율을 높이기 위하여 건물과 지하철 교차점 근처 오른쪽에 대한 지반만을 포함하는 3D 유한요소 모델이 **그림 15.15**에 나타낸 것처럼 수립되었다[8]. 지하철 1과 2는 대략 직각 교차로 고려되며, 모델에서 지반의 크기는 135m×135m×60m이다. 지하철 1이나 지하철 2의 중심선과 모델경계 간의 가장 가까운 거리는 32.5m이며, 반면에 지하철 1이나 지하철 2의 중심선과 모델경계 간의 가장 먼 거리는 102.5m이다. 모델 주위의 경계에는 3차원 등가 인위적 점 탄성 경계가 채용되며, 바닥은 고정된 지지이다. 건물은 보, 기둥 및 바닥으로 구성되는 철근콘크리트 골조구조이다. 건물 기하구조 크기는 설계도면으로 결정된다.

건물의 보, 기둥 및 바닥에 대한 재료는 탄성계수 300GPa, 밀도 2,500kg/m³ 및 푸아송비 0.25를 가진 콘크리트 C30이다. 그 밖의 재료에 대한 파라미터는 제15.1.2항에 주어졌다. 보와 기둥은 요소 BEAM 4로, 바닥은 요소 SHELL 63으로, 기초는 SOLID 45로 시뮬레이션된다. 그 밖의 구조에 대한 요소는 제15.1.3항과 같다.

일체화 도상 층과 강 스프링 플로팅 슬래브궤도 층에 대한 모델은 따로따로 수립되며, **표 15.3**에 나타낸 여섯 가지 계산 사례가 고려된다. 동적 분석에서 뉴마크 내재적 적분 알고리즘(Newmark implicit integration method algorithm)의 완전 행렬법(complete matrix method)은 80km/h의 열차속도 및 0.005s의 시간 단계와 함께 채용된다.

그림 15.15 궤도–중첩 터널–지반–건물의 3D 유한요소 모델

15.2.3 건물의 모드 분석

건물 모델의 모드 분석에서는 블록 란초스[4] 방법(Block Lanczos method)이 채용된다. 계산된 처음 20개의 고유주파수(natural frequency)는 **표 15.4**에 주어지며, 처음 10개의 진동 모드는 **표 그림 15.16**에 나타낸다. **표 15.4**에서 알 수 있는 것처럼, 처음 20개의 고유진동주파수는 0.96에서 7.26Hz까지의 범위이며, 이것은 저주파수로 분류된다.

표 15.4 처음 20개의 계산된 고유진동주파수

순서	고유진동주파수 (Hz)	순서	고유진동주파수 (Hz)
1	0.96137	11	7.1317
2	0.98083	12	7.1400

---

4) 역주 : 란초스 알고리즘은 Cornelius Lanczos가 고안한 반복 방법으로서, $n \times n$ 에르미트 행렬의 '가장 유용한' (극단적인 최고/최저의 경향이 있는) 고유치와 고유 벡터를 찾기 위한 거듭제곱 방법(power method)이다. 블록 난초스 알고리즘은 컴퓨터 과학에서 유한체(有限體, finite field)에 걸쳐 한 행렬의 영(零) 공간(nullspace)을 찾는 알고리즘으로서 그 행렬과 길고 가는 행렬들을 곱하는 곱셈만 사용한다. 블록 란초스 방법은 자동 이동 전략(automated shift strategy)을 사용하여 요구된 고유치의 수를 추출한다.

3	1.1321	13	7.1414
4	3.4159	14	7.1815
5	3.4872	15	7.1991
6	3.9310	16	7.2169
7	6.9235	17	7.2402
8	7.0622	18	7.2420
9	7.0946	19	7.2447
10	7.1191	20	7.2583

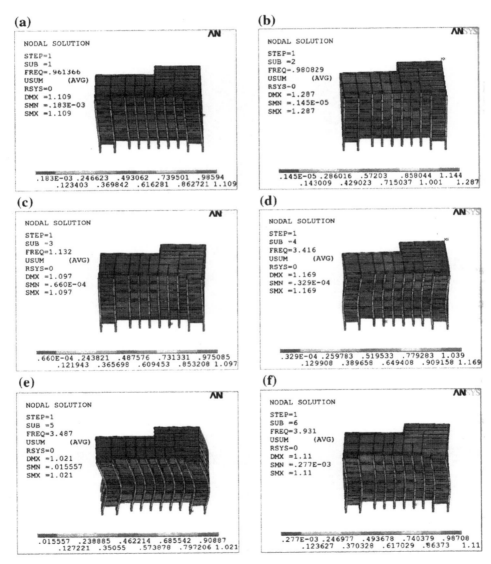

그림 15.16 건물의 처음 10개 진동 모드 : (a) 첫 번째 순서, (b) 두 번째 순서, (c) 세 번째 순서, (d) 네 번째 순서, (e) 다섯 번째 순서, (f) 여섯 번째 순서, (g) 일곱 번째 순서, (h) 여덟 번째 순서, (i) 아홉 번째 순서, (j) 열 번째 순서

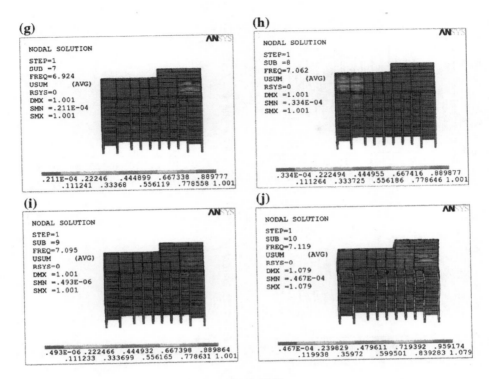

그림 15.16 (계속)

건물의 처음 6개의 진동 모드들은 최상층에서 최대 변위를 가진 강성 병진(剛性 竝進, rigid translation)과 강성 회전에 상응한다. 7층부터는 진동 모드가 탁 트인 방(open-space room)바닥의 부분적 수직 진동으로 전환된다. 그러므로, 전체의 건물은 더 큰 부분적 수직 진동과 함께 주로 수평 진동을 특색으로 한다. 동적 분석에서 진동 응답 지점은 지하철 근처 탁 트인 방의 각(各) 바닥의 중심에서 선택된다.

15.2.4 건물의 수평 진동분석

'인위적인 진동에 대한 역사적 건물의 보호를 위한 기술 시방서' GB/T 50452-2008에 기초하여, 역사적 건물의 구조적 진동의 평가지표는 진동속도이다. 그러므로 환경 진동분석과 계산은 각각의 진동 응답 지점에서 수집된 진동속도에 근거한다.

(1) 시간 영역과 주파수 영역의 분석

그림 15.17은 X (횡 방향, 지하철 1에 직각), Y (종 방향, 지하철 1에 평행) 및 Z (수직 방향)을 따라 진동 응답 지점에 대한 진동속도의 시간 이력과 진폭-주파수 곡선을 나타낸다[8]. 이들의 진동 응답 지점은 일체화 도상 층의 궤도를 가진 지하철 1에서 열차가 주행할 때 탁 트인 방의 최상층 중심에서 선택된다.

그림 15.17은 탁 트인 방의 최상층에 대한 X 방향의 진동속도 진폭과 Y 방향의 것이 유사하고, 피크 진폭은

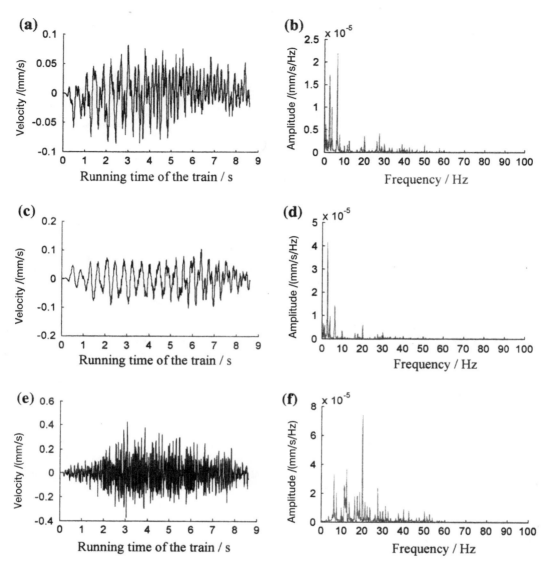

그림 15.17 지하철 1에서 열차가 주행할 때 최상층에 대한 진동속도의 시간 이력과 진폭–주파수 곡선 : (a) X–방향을 따른 진동속도의 시간 이력, (b) X–방향을 따른 진동속도의 진폭–주파수 곡선, (c) Y–방향을 따른 진동속도의 시간 이력, (d) Y–방향을 따른 진동속도의 진폭–주파수 곡선, (e) Z–방향을 따른 진동속도의 시간 이력, (f) Z–방향을 따른 진동속도의 진폭–주파수 곡선

약 0.1mm/s이며, 탁월 주파수(dominant frequency)는 약 5Hz라는 것을 나타낸다. 그러나 20Hz 이상에서는 X방향의 진동속도가 Y방향의 것보다 더 크다. Z방향의 진동속도에 관한 진폭은 X방향과 Y방향 양쪽의 것보다 크며, 후자의 5배로 된다. 그것의 탁월 주파수 20Hz에서도 마찬가지로 X방향과 Y방향 양쪽의 것보다 크다. 그러한 법칙은 X, Y 및 Z방향의 진동특성의 면에서 다른 층들에 적용될 수 있다. 이들은 건물바닥 진동이 수평 진동보다 더 큰 수직 진동과 함께 저주파수의 진동이며, 수평 진동 모드가 낮고, 반면에 수직 진동 모드가 높다는 것을 나타낸다.

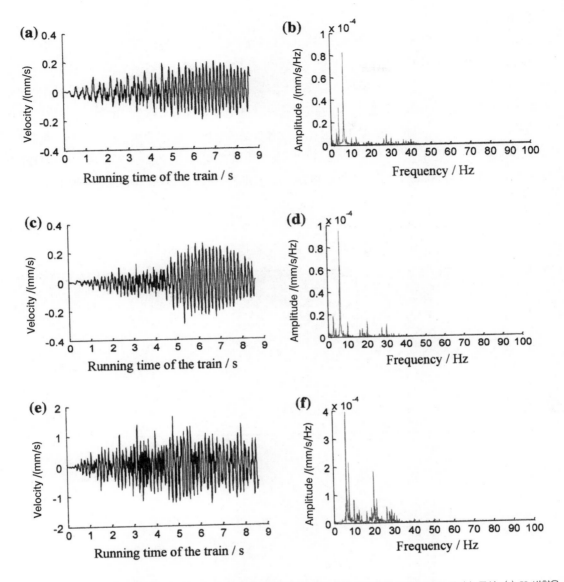

그림 15.18 지하철 1과 지하철 2에서 열차들이 동시에 주행할 때 최상층에 대한 진동속도의 시간 이력과 진폭-주파수 곡선 : (a) X-방향을 따른 진동속도의 시간 이력, (b) X-방향을 따른 진동속도의 진폭-주파수 곡선, (c) Y-방향을 따른 진동속도의 시간 이력, (d) Y-방향을 따른 진동속도의 진폭-주파수 곡선, (e) Z-방향을 따른 진동속도의 시간 이력, (f) Z-방향을 따른 진동속도의 진폭-주파수 곡선

 그림 15.18은 일체화 도상 층의 궤도가 채용된 지하철 1과 지하철 2에서 열차들이 동시에 주행할 때 진동속도의 시간 이력과 진폭-주파수 곡선을 나타낸다. **그림 15.18**은 양쪽 지하철이 동시에 운행될 때의 최상층의 진동속도 진폭이 지하철 1의 한 선로만 운행될 때의 것보다 두 배로 더 크고, 진동이 더 오래 존속된다는 것을 입증한다. 게다가, 주파수 분포와 그 밖의 진동특성은 두 운행 조건에서 유사하다.

(2) 진동 평가

지하철 옆 탁 트인 방의 각 층의 중심을 선택하고, 각 지점에서 수집된 진동속도를 입력하면, 각 층에 대한 진동속도의 최대치가 구해질 수 있으며, 이것은 인위적인 진동에 대한 역사적 건물의 보호를 위한 기술 시방서 GB/T 50452-200t에 명시된 한계치와 대조된다. 결과는 **표 15.5**에 나열되어 있으며, 그것은 어떠한 진동 감소 조치도 없이 단일 지하철 운행으로 유발된 각 층의 수평 진동 최대 속도와 두 지하철의 동시 운행으로 유발된 각 층의 수평 진동 최대 속도를 보여준다. 표준에서 명시한 바와 같이, 수평 진동은 벽돌과 석조구조의 건물에 관한 단 하나의 평가지표로서 채용되며, 표는 단지 X 방향, Y 방향 및 X와 Y의 합성 방향의 최대 속도만을 나열한다. **표 15.5**에 근거한 **그림 15.19**는 합성 방향에 대한 진동속도의 분포가 층에 따라 달라짐을 보여준다.

표 15.5 진동 감소 조치가 없는 각 층의 최대 진동속도 (mm/s)

층	지하철 1의 운행			지하철 2의 운행			지하철 1과 2의 동시 운행			한계치
	X 방향	Y 방향	합성방향	X 방향	Y 방향	합성방향	X 방향	Y 방향	합성방향	수평
1	0.090	0.089	0.126	0.127	0.123	0.177	0.155	0.139	0.208	0.27
2	0.082	0.087	0.120	0.124	0.103	0.161	0.180	0.239	0.299	0.27
3	0.070	0.083	0.108	0.111	0.090	0.143	0.126	0.207	0.242	0.27
4	0.056	0.075	0.093	0.085	0.094	0.126	0.125	0.151	0.197	0.27
5	0.060	0.062	0.086	0.092	0.092	0.130	0.168	0.249	0.300	0.27
6	0.053	0.060	0.080	0.066	0.066	0.093	0.108	0.134	0.172	0.27
최상층	0.085	0.105	0.135	0.149	0.146	0.208	0.201	0.289	0.352	0.27

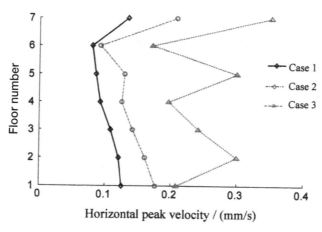

그림 15.19 진동 감소 조치가 없이 합성 방향을 따른 각 층의 진동속도 (경우 1 : 일체화 도상 층을 가진 지하철 1의 편도 운행, 경우 2 : 일체화 도상 층을 가진 지하철 2의 편도 운행, 경우 3 : 일체화 도상 층을 가진 양쪽 지하철들의 동시 운행)

표 15.5와 **그림 15.19**에서 나타낸 것처럼, 지하철 1이나 지하철 2의 하나가 독립적으로 운행할 때는 X 방

향, Y 방향 및 합성 방향의 진동속도가 한계치를 초과하지 않는다. 양쪽 지하철들이 동시에 운행될 때는 Y 방향의 진동속도 및 합성 방향을 따른 최상층과 2층, 게다가 5층의 진동속도가 한계치를 넘으며, 최대 초과 값은 0.082mm/s이다. 지하철 1과 지하철 2의 동시 운행으로 유발된 모든 방향의 건물 진동은 지하철 1이나 지하철 2의 독립적인 운행으로 유발된 것보다 더 크며, 지하철 2가 유발한 진동은 지하철 1이 유발한 것보다 더 크다. 이것은 건물 진동에 대한 낮은 매설 지하철의 영향이 깊은 매설 지하철의 것보다 더 크다는 사실을 설명한다. 이것을 제외하고, 지하철 1이나 지하철 2가 독립적으로 운행될 때, X 방향의 진동속도는 각 층의 Y 방향의 것과 유사하다. 층의 증가에 따라 X 방향과 Y 방향의 진동속도가 점차로 감소하지만, 1층의 것보다 더 큰 값으로 최상층에서 갑자기 증가한다. 지하철 1과 지하철 2가 동시에 운행하는 동안 X 방향의 진동속도는 1층을 제외하고는 각 층의 Y 방향의 것보다 더 작다. X와 Y방향 양쪽에 대한 최대 진동속도는 최상층에서 감지되며, 그 밖의 층에 대한 규칙성이 없다.

표 15.6 진동 감소 수단이 있는 양쪽 지하철들이 운행될 때 각 층의 최대 진동속도 (mm/s)

층	플로팅 슬래브가 있는 지하철 1			플로팅 슬래브가 있는 지하철 2			플로팅 슬래브가 있는 양쪽 지하철			한계치
	X 방향	Y 방향	합성방향	X 방향	Y 방향	합성방향	X 방향	Y 방향	합성방향	수평
1	0.140	0.158	0.212	0.107	0.097	0.144	0.045	0.053	0.070	0.27
2	0.178	0.208	0.274	0.131	0.102	0.166	0.119	0.080	0.143	0.27
3	0.120	0.164	0.203	0.095	0.127	0.158	0.082	0.061	0.102	0.27
4	0.095	0.145	0.174	0.082	0.082	0.117	0.067	0.057	0.088	0.27
5	0.165	0.217	0.273	0.112	0.093	0.146	0.121	0.086	0.149	0.27
6	0.100	0.114	0.152	0.078	0.066	0.102	0.056	0.050	0.075	0.27
최상층	0.194	0.239	0.307	0.147	0.158	0.216	0.154	0.101	0.184	0.27

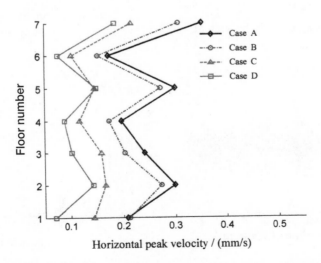

그림 15.20 양쪽 지하철이 운행될 때 각 층의 합성 방향의 진동속도 (경우 A : 일체화 도상의 궤도를 가진 양쪽 지하철, 경우, B : 플로팅 슬래브궤도를 가진 지하철 1, 경우 C : 플로팅 슬래브궤도를 가진 지하철 2, 경우 D : 플로팅 슬래브궤도를 가진 양쪽 지하철)

그러므로 앞으로는 양쪽 지하철들의 동시 운행을 고려하여, 건물 안전을 보장하도록 허용 진동 값에 대하여 적절한 여유가 있는 진동 감소 수단이 지하철에 채택되어야 한다. **표 15.6**은 진동 감소 수단이 있는 양쪽 지하철들이 동시에 운행될 때 각 층의 수평 최대 진동속도를 나타낸다. **그림 15.20**은 **표 15.6**에 근거하여 합성 방향의 진동속도 분포가 층에 따라 달라짐을 보여준다.

표 15.6과 **그림 15.20**에서 나타낸 것처럼, 진동 감소 수단이 채택되었을 때, 양쪽 지하철의 동시 운행으로

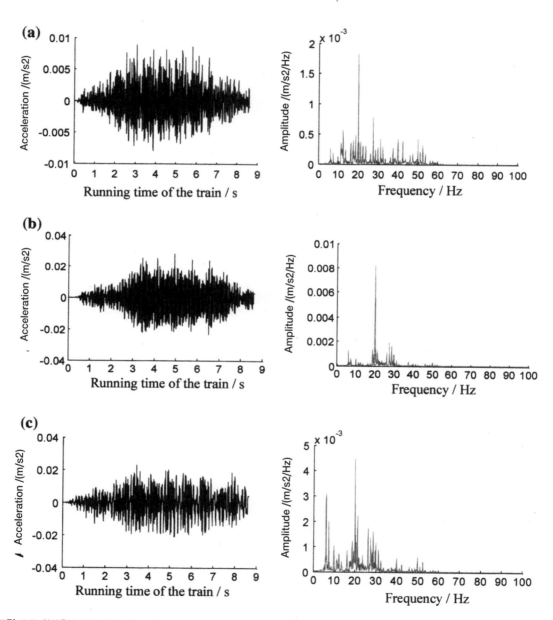

그림 15.21 최상층에 대한 진동가속도의 시간 이력과 진폭-주파수 곡선 : (a) 지하철 1에서 운행 중, (b) 지하철 2에서 운행 중, (c) 지하철 1과 2 양쪽에서 운행 중

유발된 X 방향과 Y 방향의 진동속도가 유사하며, 최상층에서 최대치를 갖는다. 반면에 다른 층들에 대해서는 규칙성(regularity)이 없으며 값 변화가 사소하다. 합성 방향의 진동속도에 관해서는 플로팅 슬래브궤도가 지하철 1에 채용되었을 때 최상층의 것만이 한계치를 초과한다. 플로팅 슬래브궤도가 지하철 2에, 또는 양쪽 지하철에 채용되었을 때 각 층의 진동속도가 한계치 아래에 있다. 게다가, **그림 15.20**에 나타낸 것처럼, 플로팅 슬래브궤도가 깊은 매설의 지하철 1에 단독으로 이용되었을 때 진동 감소 결과는 현저하지 않다. 반면에, 플로팅 슬래브궤도가 얕은 매설의 지하철 2에 이용되었을 때와 양쪽 지하철에 이용되었을 때의 진동 감소 결과는 유사하다. 그러므로 가장 경제적인 진동 감소 수단은 얕게 매설된 지하철에 적용되어야 하며, 이것은 앞 절의 수직 진동분석에서 구한 결론과 일치한다.

15.2.5 건물의 수직 진동분석

GB10070-88 '도시지역 환경 진동의 표준'과 JGJ/T170-2009 '도시철도 수송에 기인하는 건물 진동과 2차 소음의 한도와 측정법에 대한 표준'에 명시된 것처럼, 환경 진동 평가지표는 수직 진동가속도이다. 이하에서는 장시(江西, Jiangxi) 전시센터의 수직 진동분석과 환경 진동 평가가 수행된다.

(1) 시간 영역과 주파수 영역의 분석

그림 15.21은 지하철 1과 지하철 2 양쪽에 일체화 도상의 궤도가 이용될 때 최상층에 대한 진동가속도의 시간 이력과 진폭-주파수 곡선을 나타낸다[8].

그림 15.21에서 나타낸 것처럼, 지하철 2가 유발한 수직 진동가속도 진폭과 지하철 1과 2가 공동으로 유발한 수직 진동가속도 진폭은 유사하며, 지하철 1이 유발한 것의 3배이다. 이것은 수평 진동속도의 경우와 일치한다. 주파수 영역의 면에서, 주파수 분포는 각각 개별적인 지하철 운행의 경우에 유사하며, 주요 주파수

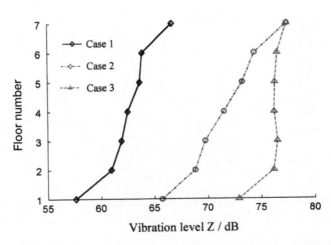

그림 15.22 일체화 도상의 궤도에 따른 각 층의 진동 레벨 Z (경우 1 : 지하철 1에서 운행 중, 경우 2 : 지하철 2에서 운행 중, 경우 3 : 지하철 1과 2 양쪽에서 운행 중)

가 20Hz 근처에 위치한다. 그리고 지하철 1과 2가 동시에 운행할 때의 저주파수 성분은 단일 지하철 운행의 것들 이상이다.

(2) 진동 레벨 Z의 분석

그림 15.22는 일체화 도상의 궤도가 이용된 단일 지하철 또는 양쪽 지하철이 유발한 각 층의 진동 레벨 Z의 분포를 보여주며, 그림 15.23은 진동 감소 수단이 채용될 때 각 층의 진동 레벨 Z의 분포를 보여준다[8].

그림 15.22에서 나타낸 것처럼, 지하철 2의 운행으로 유발된 건물의 수직 진동은 지하철 1이 유발한 것보다 상당히 더 크다, 즉 전자는 후자보다 8~11dB 더 크다. 게다가 양쪽의 지하철이 유발한 건물의 수직 진동은 지하철 2가 유발한 것보다 상당히 더 크지만, 층의 증가에 따라 차이가 점차로 감소한다. 지하철 2가 유발한 건물의 최대 수직 진동과 양쪽 지하철이 유발한 것 모두는 '도시지역 환경 진동의 표준'에 명시된 혼합 지구와 상업 중심지구에 대하여 75dB의 주간(晝間) 진동 한계를 초과한다. 그러므로 지하철에 진동 감소 수단이 취해져야 한다.

그림 15.23에서 보는 것처럼, 양쪽 지하철이 동시에 운행될 때의 서로 다른 진동 감소 조건을 견주어 보아, 건물의 수직 진동에 대한 진동 감소 효과는 지반의 수직 진동과 건물의 수평 진동에 대한 진동 감소 효과와 일치한다. 즉, 깊게 매설된 지하철 1에서의 진동 감소 수단 적용은 효과를 충분히 달성할 수 없다. 가장 경제적인 대안은 얕게 매설된 지하철 2에서 진동 감소 수단을 적용하는 것이다.

게다가, 그림 15.23에 나타낸 것처럼, 건물의 수직 진동은 층의 증가에 따라 점차로 증가하며, 각 층 간의 것은 약간 달라진다.

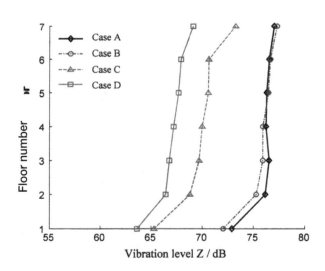

그림 15.23 양쪽 지하철이 운행될 때 각 층의 진동 레벨 Z (경우 A : 일체화 도상의 궤도를 가진 양쪽 지하철, 경우 B : 플로팅 슬래브궤도를 가진 지하철 1, 경우 C : 플로팅 슬래브궤도를 가진 지하철 2, 경우 D : 플로팅 슬래브궤도를 가진 양쪽 지하철)

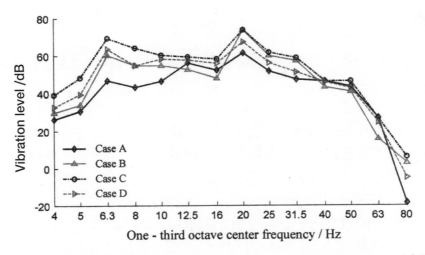

그림 15.24 1/3 옥타브 주파수의 건물 지붕의 진동가속도 레벨 (경우 A : 지하철 1에서 운행 중, 경우 B : 지하철 2에서 운행 중, 경우 C : 지하철 1과 2 양쪽에서 운행 중, 경우 D : 플로팅 슬래브궤도를 가진 지하철 2에서 운행 중)

(3) 1/3 옥타브 밴드 분석

다음은 **표 15.3**에 나타낸 계산 사례 1, 2, 3 및 5로 유발된 1/3 옥타브 밴드의 건물 지붕의 진동분석이다. 각각의 계산 사례에 상응하는 1/3 옥타브 밴드의 진동가속도 레벨은 **그림 15.24**에 나타내며, 그중에서 진동 레벨은 '도시철도 수송에 기인하는 건물 진동과 제2차 소음의 한계와 측정법에 대한 표준'에 명시된 주파수 가중계수(weighted factor of frequency)로 보정된다.

그림 15.24에서 나타낸 것처럼, 각각의 계산 사례에 상응하는 최대 진동가속도 레벨은 탁월 주파수 20Hz 에서 감지되며, 이들의 값은 **표 15.7**에 주어진다.

표 15.7 1/3 옥타브 주파수에서 건물 지붕의 최대 진동가속도 레벨

지하철 1의 운행		지하철 2의 운행		양쪽 지하철의 동시 운행		지하철 2의 플로팅 슬래브	
주파수 (Hz)	진동 레벨 (dB)	주파수 (Hz)	진동 레벨 (dB)	주파수 (Hz)	진동 레벨 (dB)	주파수 (Hz)	진동 레벨 (dB)
20	61.3	20	73.8	20	73.8	20	67.3

표 15.7에서 나타낸 것처럼, 지하철 2가 유발한 진동가속도 레벨과 양쪽 지하철이 유발한 것들은 '도시철도 수송에 기인하는 건물 진동과 제2차 소음의 한계와 측정법에 대한 표준'에 명시된 혼합지역(역주 : 공업, 상업 및 경량교통이 명확하게 구분되지 않는 지역)과 CBDs(역주 : 집중된 상업중심 지역)에 대한 주간(晝間) 70dB의 진동 한계를 초과하며, 반면에 지하철 1과 플로팅 슬래브궤도가 있는 지하철 2가 유발한 것들은 진동 한계보다 작으며, 이것은 '도시지역 진동의 표준'에 기초한 계산 결과와 일치한다.

15.3 결론

중첩된 지하철들이 유발한 지반 진동과 역사적 건물 진동의 분석에 기초하여 주요 결론을 다음과 같이 요약할 수 있다.

① 동일 방향의 상행선, 하행선 운행으로 발생하는 가장 불리한 환경 진동과 상행선·하행선의 교행 운행으로 발생하는 환경 진동의 진폭과 주파수 분포는 유사하다. 그러므로 중첩된 지하철들이 유발한 환경 진동의 분석에서, 분석을 단순화하기 위해서는 상행선과 하행선의 교행 운행을 같은 방향의 상행선과 하행선 운행으로 바꾸는 것이 바람직하다.

② 중첩된 지하철들이 유발한 지반 진동에서 몇몇 진동-증폭 영역이 감지되며, 그것은 지하철의 교차점 주위와 모든 지하철의 중심선에서 40m 떨어진 곳이다. 중첩된 지하철들이 유발한 진동영향 범위에는 총 아홉 개의 진동-증폭 영역이 있다. 만약에 진동 민감 건물이 이들의 진동-증폭 영역에 위치한다면, 지하철에 더 높은 등급의 진동 감소 수단이 취해져야 한다.

③ 건물의 모드 분석은 처음 10개의 고유진동주파수가 8Hz보다 낮으며 저주파수 진동에 속한다는 것을 나타낸다. 처음 6개의 모드는 최상층에서 최대 변형을 가진 수평 진동으로 특징지어진다. 일곱 번째 모드로부터, 탁 트인 방의 건물바닥에서 더 큰 수직 진동이 감지된다.

④ 건물바닥의 수평 진동의 주(主) 주파수(principal frequency)는 6Hz 근처에 있고, 처음 6개의 진동 모드에 속하며, 반면에 건물바닥의 수직 진동의 것은 20Hz 근처에 있고, 고차(高次) 진동 모드에 속한다.

⑤ 두 지하철의 동시 운행 하에서 건물 층의 증가에 따른 건물 층의 수평 진동에 대한 규칙성은 관찰되지 않는다. 건물 층의 수직 진동은 건물 층의 증가에 따라 증가하며, 반면에 인접한 층 사이의 증가 값은 약간이다.

⑥ 지하철들이 유발한 장시(江西, Jiangxi) 전시센터의 진동 평가의 결과는 인공 진동(man-made vibration)에 대한 역사적 건물의 보호를 위한 기술 시방서와 도시지역의 진동 표준 및 도시철도 수송에 기인하는 건물 진동과 제2차 소음의 한계와 측정법에 대한 표준을 기반으로 한다.

⑦ 얕게 매설된 지하철 2는 환경 진동에 큰 영향을 미친다. 양쪽의 지하철이 동시에 운행될 때, 일부 영역의 지반 진동과 건물바닥 진동은 진동 한계를 조금 초과할 것이다. 깊게 매설된 지하철 1의 진동 감소 수단의 적용은 효과를 충분히 달성할 수 없으며, 가장 경제적인 대안은 얕게 매설된 지하철 2에서 진동 감소 수단의 적용이다.

참고문헌

1. Jia Y, Liu W, Sun X et al (2009) Vibration effect on surroundings induced by passing trains in spatial overlapping tunnels. J China Railway Soc 231(2):104–109
2. Ma M, Liu W, Ding D (2010) Influence of metro train-induced vibration on xi'an bell tower. J Beijing Jiaotong Univ 34(4):88–92
3. Xu H, Fu Z, Liang L (2011) Analysis of environmental vibration adjacent to the vertical porous tunnel under the train load in the subway. Chin J Rock Eng 32(6):1869–1873
4. Wu F, Wang Z (2010) Environmental impact statement of Phase 1 Project of Nanchang rail transit line 2. China Railway Siyuan Survey and Design Group Co., LTD, Wuhan 4
5. Survey and Design Institute of Jiangxi Province (2009) Geological engineering survey report of Phase 1 of Nanchang rail transit line 1. Survey and Design Institute of Jiangxi Province, Nanchang
6. He L, Liang K (2011) Preliminary geological engineering survey report of Phase 1 of Nanchang rail transit line 2. Henan Geological Mining Construction Engineering (group) co., LTD, Zhengzhou, 10
7. Gu Y, Liu J, Du Y (2007) 3-D uniform viscoelasticity artificial boundary and viscoelasticity boundary element. Eng Mech 24(12):31–37

8. Tu Q (2014) Exploration into environment vibration induced by subway and vibration reduction technology. Master's Thesis of East China Jiaotong University, Nanchang
9. Lei X, Sheng X (2008) Advanced studies in modern track theory, 2nd edn. China Railway Publishing House, Beijing
10. Ministry of Environmental Protection (1988) Standard of vibration in urban area environment (GB 10070-88). China Standard Publishing House, Beijing
11. International Standard (1985) ISO2631-1 Mechanical vibration and shock evaluation of human exposure to whole-body vibration
12. Jia B, Lou M, Zong G et al (2013) Field measurements for ground vibration induced by vehicle load. J Vib Shock 32(4):10–14
13. Wei H, Lei X, Lv S (2008) Field testing and numerical analysis of ground vibration induced by trains. Environ Pollut Control 30(9):17–22
14. Li R (2008) Research on ground vibration induced by subway trains and vibration isolation measures. Doctor's Dissertation of Beijing Jiaotong University, Beijing
15. Tu Q, Lei X (2013) Finite element model analysis of ground vibration induced by subway. J East China Jiaotong Univ 30(1):26–31
16. Tu Q, Lei X, Mao S (2014) Prediction analysis of environmental vibration induced by Nanchang subways. Urban Mass Transit 17(10):30–36
17. Tu Q, Lei X, Mao S (2014) Analyses of subway induced environment vibration and vibration reduction of rail track structure. Noise Vibr Control 34(4):178–183

찾아보기

원저자 소개

Xiaoyan Lei는 동중국교통대학교(East China Jiaotong University)의 교수 겸 박사과정 지도교수이며, 교육부(the Ministry of Education)의 철도환경진동 및 소음공학연구센터 소장(director of Railway Environment Vibration and Noise Engineering Research Center)이다.

Xiaoyan Lei

그는 1989년에 Tsinghua University(清華大学)에서 고체역학의 박사학위를 받았다. 그는 1991~1994년의 기간에 오스트리아 Innshruck 대학교에서 방문학자, 2001년에 일본 규슈공업대학에서 객원교수, 그리고 2007년에 미국 켄터키대학교에서 선임연구원으로 종사했다. 그는 국가인재프로젝트(National Talents Project)의 1급과 2급 인재, 장시성(江西省, Jiangxi Province)의 주요 학문과 기술의 선도 인사 및 장시 간포인재 후보(Jiangxi Ganpo Talent Candidates) 555 프로그램을 포함하여 많은 학문적 직함(academic title)을 받았다. 그의 학문적 지위는 미국기계학회(ASME)의 선임멤버, 중국통신 · 교통협회 이사, 장시성 이론 · 응용역학학회의 사무국장, 그리고 장시성 철도학회의 사무차장을 포함한다. 게다가 그는 중국철도학회의 저널, 철도과학 · 공학의 저널, 도시대중교통의 저널, 교통공학 · 정보의 저널, 철도교통의 국제저널, 토목건축 · 교육연구 월간지 저널의 편집위원으로 일하였다.

그는 중국의 국가핵심기초연구사업, 주요 국제 조정 · 교류 프로젝트, 중국의 자연과학재단, 장시성 자연과학재단, 주요 국제입찰사업, 중국 교육부의 프로젝트, 중국철도공사와 장시성 과학기술개발계획 및 기업위탁조정 프로젝트를 포함하여 모든 레벨에서 60개 이상의 과학연구 프로젝트를 맡았다. 그의 출판물은 200편 이상의 학술논문과 철도공학에 대한 6편의 전공논문을 포함한다. 그는 또한 6건의 발명 특허와 18건의 컴퓨터 소프트웨어 저작권의 저작자이다. 그는 다음과 같은 학술상의 많은 목록을 갖고 있다. 즉, 2011년의 국가과학 · 기술진보상의 2등 상, 2005년의 장시성 자연과학 상의 1등 상, 2007년의 장시성 과학 · 기술진보상의 1등 상, 2011년의 철도과학 · 기술상의 1등 상, 교육부 자연과학의 2등 상, 장시성 우수교수상, 중화인민공화국 신문 · 간행물의 총괄관리 후원 제1차분 3백 권의 독창적인 자연과학서 상 등을 수상하였다. 그는 선도적 전문가 및 저명한 교수로서 10건 이상의 과학연구 프로젝트의 사정과 평가의 사회를 보았다.

그의 연구관심사는 고속철도 궤도 동역학 및 철도교통으로 야기된 환경 진동 · 소음에 주로 초점을 맞추었다.

역자 소개

- 1950년(단기 4283년, 庚寅년) 생, 공학박사(충북대학교), 철도기술사 (출제위원 역임)
- 1970년 2월에 국립 철도고등학교를 졸업(제1회)하고부터 반세기에 걸쳐 철도청 등의 철도기관(한국철도시설공단 2009. 3. 명예퇴직)과 업계에서 궤도기술업무에 종사
- 전 철도청 순천지방철도청 호남보선사무소장, 철도기술연구소 궤도연구관
- 전 고속전철사업기획단 궤도구조담임
- 전 한국고속철도건설공단·한국철도시설공단(현 국가철도공단) 궤도처장, 중앙궤도기술단장
- 전 삼표이앤씨(주)·(주)서현기술단 근무
- 전 우송대학교 겸임교수, 충남대학교·한밭대학교·배재대학교·한국철도대학 강사
- 현 삼안측지기술공사 재직

徐士範

- 저서 : 13권(《철도공학의 이해》; 2000년도 문화관광부 우수학술도서 선정, 《철도공학》; 2006년도 대한토목학회 저술상 수상)
- 역서 : 4권, •편저·편역 : 7권, •공저 : 2권
- 궤도인생 반세기(고희기념회고록, 2019년), 회갑기념논문집(2010년) 저술·발간
- 연구논문·학술기사 등 : 2020년 5월 현재 총 333편 집필